U0170666

国家科学思想库

中国学科发展战略

电子设备热管理

中国科学院

科学出版社

北 京

内 容 简 介

本书从电子设备热管理学科发展规律与挑战、芯片产热机理与热输运机制、芯片热管理方法、热扩展方法、界面接触热阻与热界面材料、高效散热器、电子设备热设计方法与软件、电力电子设备热管理技术、数据中心热管理技术、基于软件冷却概念的电子设备热管理和电子设备热管理学科建设与人才培养等方面，详细分析电子设备热管理学科与技术发展面临的挑战，梳理我国电子设备热管理学科发展脉络，探讨电子设备热管理技术未来发展趋势，勾勒出我国未来电子元器件与设备热管理技术发展路线图，提出我国电子设备热管理学科研究与技术发展的政策性建议。

本书不仅能够帮助科技工作者洞悉学科发展规律、把握前沿领域和重点方向，也是科技管理部门重要的决策参考，同时也是社会公众了解电子设备热管理学科发展现状及趋势的重要读本。

图书在版编目（CIP）数据

电子设备热管理 / 中国科学院编. —北京：科学出版社，2022.7
（中国学科发展战略）
ISBN 978-7-03-072472-4

Ⅰ.①电… Ⅱ.①中… Ⅲ.①电子设备-研究 Ⅳ.①TN02

中国版本图书馆 CIP 数据核字（2022）第 099732 号

丛书策划：侯俊琳　牛　玲
责任编辑：朱萍萍　霍明亮 / 责任校对：何艳萍
责任印制：赵　博 / 封面设计：黄华斌　陈　敬

科学出版社 出版
北京东黄城根北街 16 号
邮政编码：100717
http://www.sciencep.com

北京市金木堂数码科技有限公司印刷
科学出版社发行　各地新华书店经销
*

2022 年 7 月第 一 版　开本：720×1000　1/16
2025 年 2 月第五次印刷　印张：28 1/4

字数：468 000

定价：198.00 元
（如有印装质量问题，我社负责调换）

中国学科发展战略

指 导 组

组　　长：侯建国

副 组 长：高鸿钧　包信和

成　　员：张　涛　朱日祥　裴　钢

　　　　　郭　雷　杨　卫

工 作 组

组　　长：王笃金

副 组 长：苏荣辉

成　　员：钱莹洁　赵剑峰　薛　淮

　　　　　王　勇　冯　霞　陈　光

　　　　　李鹏飞　马新勇

中国学科发展战略·电子设备热管理

项 目 组

组　　长: 宣益民

成　　员 (按姓氏汉语拼音排序):

　　　　陈维江　陈竹梅　何雅玲　洪宇平　金红光

　　　　李　强　廖　强　刘　明　钱吉裕　吴慧英

　　　　要志宏　张　兴　张宏图

学术秘书: 李　强

编 写 组

组　　长: 宣益民

成　　员 (按姓氏汉语拼音排序):

　　　　陈维江　洪宇平　胡定华　李　强　林群青

　　　　史　波　孙　蓉　吴慧英　杨荣贵　诸　凯

总　序

九层之台，起于累土①

白春礼

近代科学诞生以来，科学的光辉引领和促进了人类文明的进步，在人类不断深化对自然和社会认识的过程中，形成了以学科为重要标志的、丰富的科学知识体系。学科不但是科学知识的基本的单元，同时也是科学活动的基本单元：每一学科都有其特定的问题域、研究方法、学术传统乃至学术共同体，都有其独特的历史发展轨迹；学科内和学科间的思想互动，为科学创新提供了原动力。因此，发展科技，必须研究并把握学科内部运作及其与社会相互作用的机制及规律。

中国科学院学部作为我国自然科学的最高学术机构和国家在科学技术方面的最高咨询机构，历来十分重视研究学科发展战略。2009 年 4 月与国家自然科学基金委员会联合启动了"2011～2020年我国学科发展战略研究"19 个专题咨询研究，并组建了总体报告研究组。在此工作基础上，为持续深入开展有关研究，学部于2010 年底，在一些特定的领域和方向上重点部署了学科发展战略研究项目，研究成果现以"中国学科发展战略"丛书形式系列出版，供大家交流讨论，希望起到引导之效。

根据学科发展战略研究总体研究工作成果，我们特别注意到学

---

① 题注：李耳《老子》第 64 章："合抱之木，生于毫末；九层之台，起于累土；千里之行，始于足下。"

科发展的以下几方面的特征和趋势。

一是学科发展已越出单一学科的范围，呈现出集群化发展的态势，呈现出多学科互动共同导致学科分化整合的机制。学科间交叉和融合、重点突破和"整体统一"，成为许多相关学科得以实现集群式发展的重要方式，一些学科的边界更加模糊。

二是学科发展体现了一定的周期性，一般要经历源头创新期、创新密集区、完善与扩散期，并在科学革命性突破的基础上螺旋上升式发展，进入新一轮发展周期。根据不同阶段的学科发展特点，实现学科均衡与协调发展成为了学科整体发展的必然要求。

三是学科发展的驱动因素、研究方式和表征方式发生了相应的变化。学科的发展以好奇心牵引下的问题驱动为主，逐渐向社会需求牵引下的问题驱动转变；计算成为了理论、实验之外的第三种研究方式；基于动态模拟和图像显示等信息技术，为各学科纯粹的抽象数学语言提供了更加生动、直观的辅助表征手段。

四是科学方法和工具的突破与学科发展互相促进作用更加显著。技术科学的进步为激发新现象并揭示物质多尺度、极端条件下的本质和规律提供了积极有效手段。同时，学科的进步也为技术科学的发展和催生战略新兴产业奠定了重要基础。

五是文化、制度成为了促进学科发展的重要前提。崇尚科学精神的文化环境、避免过多行政干预和利益博弈的制度建设、追求可持续发展的目标和思想，将不仅极大促进传统学科和当代新兴学科的快速发展，而且也为人才成长并进而促进学科创新提供了必要条件。

我国学科体系由西方移植而来，学科制度的跨文化移植及其在中国文化中的本土化进程，延续已达百年之久，至今仍未结束。

鸦片战争之后，代数学、微积分、三角学、概率论、解析几何、力学、声学、光学、电学、化学、生物学和工程科学等的近代科学知识被介绍到中国，其中有些知识成为一些学堂和书院的教学内容。1904年清政府颁布"癸卯学制"，该学制将科学技术分为格致科（自然科学）、农业科、工艺科和医术科，各科又分为诸多学科。1905年清朝废除科举，此后中国传统学科体系逐步被来自西方的新学科体系取代。

民国时期现代教育发展较快，科学社团与科研机构纷纷创建，现代学科体系的框架基础成型，一些重要学科实现了制度化。大学引进欧美的通才教育模式，培育各学科的人才。1912年詹天佑发起成立中华工程师会，该会后来与类似团体合为中国工程师学会。1914年留学美国的学者创办中国科学社。1922年中国地质学会成立，此后，生理、地理、气象、天文、植物、动物、物理、化学、机械、水利、统计、航空、药学、医学、农学、数学等学科的学会相继创建。这些学会及其创办的《科学》《工程》等期刊加速了现代学科体系在中国的构建和本土化。1928年国民政府创建中央研究院，这标志着现代科学技术研究在中国的制度化。中央研究院主要开展数学、天文学与气象学、物理学、化学、地质与地理学、生物科学、人类学与考古学、社会科学、工程科学、农林学、医学等学科的研究，将现代学科在中国的建设提升到了研究层次。

中华人民共和国成立之后，学科建设进入了一个新阶段，逐步形成了比较完整的体系。1949年11月中华人民共和国组建了中国科学院，建设以学科为基础的各类研究所。1952年，教育部对全国高等学校进行院系调整，推行苏联式的专业教育模式，学科体系不断细化。1956年，国家制定出《十二年科学技术发展远景规划纲要》，该规划包括57项任务和12个重点项目。规划制定过程中形成的"以任务带学科"的理念主导了以后全国科技发展的模式。1978年召开全国科学大会之后，科学技术事业从国防动力向经济动力的转变，推进了科学技术转化为生产力的进程。

科技规划和"任务带学科"模式都加速了我国科研的尖端研究，有力带动了核技术、航天技术、电子学、半导体、计算技术、自动化等前沿学科建设与新方向的开辟，填补了学科和领域的空白，不断奠定工业化建设与国防建设的科学技术基础。不过，这种模式在某些时期或多或少地弱化了学科的基础建设、前瞻发展与创新活力。比如，发展尖端技术的任务直接带动了计算机技术的兴起与计算机的研制，但科研力量长期跟着任务走，而对学科建设着力不够，已成为制约我国计算机科学技术发展的"短板"。面对建设创新型国家的历史使命，我国亟待夯实学科基础，为科学技术的持续发展与创新能力的提升而开辟知识源泉。

反思现代科学学科制度在我国移植与本土化的进程，应该看到，20 世纪上半叶，由于西方列强和日本入侵，再加上频繁的内战，科学与救亡结下了不解之缘，中华人民共和国成立以来，更是长期面临着经济建设和国家安全的紧迫任务。中国科学家、政治家、思想家乃至一般民众均不得不以实用的心态考虑科学及学科发展问题，我国科学体制缺乏应有的学科独立发展空间和学术自主意识。改革开放以来，中国取得了卓越的经济建设成就，今天我们可以也应该静下心来思考"任务"与学科的相互关系，重审学科发展战略。

现代科学不仅表现为其最终成果的科学知识，还包括这些知识背后的科学方法、科学思想和科学精神，以及让科学得以运行的科学体制，科学家的行为规范和科学价值观。相对于我国的传统文化，现代科学是一个"陌生的""移植的"东西。尽管西方科学传入我国已有一百多年的历史，但我们更多地还是关注器物层面，强调科学之实用价值，而较少触及科学的文化层面，未能有效而普遍地触及到整个科学文化的移植和本土化问题。中国传统文化以及当今的社会文化仍在深刻地影响着中国科学的灵魂。可以说，迄 20 世纪结束，我国移植了现代科学及其学科体制，却在很大程度上拒斥与之相关的科学文化及相应制度安排。

科学是一项探索真理的事业，学科发展也有其内在的目标，探求真理的目标。在科技政策制定过程中，以外在的目标替代学科发展的内在目标，或是只看到外在目标而未能看到内在目标，均是不适当的。现代科学制度化进程的含义就在于：探索真理对于人类发展来说是必要的和有至上价值的，因而现代社会和国家须为探索真理的事业和人们提供制度性的支持和保护，须为之提供稳定的经费支持，更须为之提供基本的学术自由。

　　20 世纪以来，科学与国家的目的不可分割地联系在一起，科学事业的发展不可避免地要接受来自政府的直接或间接的支持、监督或干预，但这并不意味着，从此便不再谈科学自主和自由。事实上，在现当代条件下，在制定国家科技政策时充分考虑"任务"和学科的平衡，不但是最大限度实现学术自由、提升科学创造活力的有效路径，同时也是让科学服务于国家和社会需要的最有效的做法。这里存在着这样一种辩证法：科学技术系统只有在具有高度创造活力的情形下，才能在创新型国家建设过程中发挥最大作用。

　　在全社会范围内创造一种允许失败、自由探讨的科研氛围；尊重学科发展的内在规律，让科研人员充分发挥自己的创造潜能；充分尊重科学家的个人自由，不以"任务"作为学科发展的目标，让科学共同体自主地来决定学科的发展方向。这样做的结果往往比事先规划要更加激动人心。比如，19 世纪末德国化学学科的发展史就充分说明了这一点。从内部条件上讲，首先是由于洪堡兄弟所创办的新型大学模式，主张教与学的自由、教学与研究相结合，使得自由创新成为德国的主流学术生态。从外部环境来看，德国是一个后发国家，不像英、法等国拥有大量的海外殖民地，只有依赖技术创新弥补资源的稀缺。在强大爱国热情的感召下，德国化学家的创新激情迸发，与市场开发相结合，在染料工业、化学制药工业方面进步神速，十余年间便领先于世界。

　　中国科学院作为国家科技事业"火车头"，有责任提升我国原始创新能力，有责任解决关系国家全局和长远发展的基础性、前瞻性、战略性重大科技问题，有责任引领中国科学走自主创新之路。中国科学院学部汇聚了我国优秀科学家的代表，更要责无旁贷地承担起引领中国科技进步和创新的重任，系统、深入地对自然科学各学科进行前瞻性战略研究。这一研究工作，旨在系统梳理世界自然科学各学科的发展历程，总结各学科的发展规律和内在逻辑，前瞻各学科中长期发展趋势，从而提炼出学科前沿的重大科学问题，提出学科发展的新概念和新思路。开展学科发展战略研究，也要面向我国现代化建设的长远战略需求，系统分析科技创新对人类社会发展和我国现代化进程的影响，注重新技术、新方法和新手段研究，提炼出符合中国发展需求的新问题和重大战略方向。开展学科发展战略研究，还要从支撑学科发展的软、硬件环境和建设国家创新体系的整体要求出发，重点关注学科政策、重点领域、人才培养、经费投入、基础平台、管理体制等核心要素，为学科的均衡、持续、健康发展出谋划策。

2010 年，在中国科学院各学部常委会的领导下，各学部依托国内高水平科研教育等单位，积极酝酿和组建了以院士为主体、众多专家参与的学科发展战略研究组。经过各研究组的深入调查和广泛研讨，形成了"中国学科发展战略"丛书，纳入"国家科学思想库—学术引领系列"陆续出版。学部诚挚感谢为学科发展战略研究付出心血的院士、专家们！

按照学部"十二五"工作规划部署，学科发展战略研究将持续开展，希望学科发展战略系列研究报告持续关注前沿，不断推陈出新，引导广大科学家与中国科学院学部一起，把握世界科学发展动态，夯实中国科学发展的基础，共同推动中国科学早日实现创新跨越！

前　言

　　电子设备热管理主要研究雷达、激光器、数据中心等电子设备和系统热设计、热排散的理论与方法，建立保障电子器件温度在正常使用范围的技术。随着电子技术的发展，电子芯片与器件的微小型化、高集成度、三维（3D）组装结构及高热流密度特征给芯片、器件的温度控制提出了严峻的挑战，带来了一系列新的基础科学问题和技术挑战，亟待攻克新型电子器件研制过程中的热管理关键技术瓶颈。近年来，第五代移动通信技术（5G）、大数据、人工智能和无人驾驶等新技术的发展与应用，对数据的计算、连接、传送、交换和存储等的要求越来越高，电子设备热管理已经不仅是可靠性保障的需求，而且被提升到决定芯片算力和处理能力的高度。热管理是电子元器件与设备研制的核心元素，也是近十多年来国际热科学领域的研究热点之一，成为未来"后摩尔"时代电子技术发展的重大挑战之一。目前，我国正处于电子设备热管理学科发展的关键阶段，系统分析电子设备热管理学科发展规律与挑战，总结电子设备热管理研究态势和存在的问题，提出未来5～10年学科发展趋势和战略建议，具有非常重要的现实意义和突出的紧迫性。

　　在中国科学院学部学科发展战略研究指导小组的指导下，由宣益民院士担任组长的电子设备热管理发展战略研究工作组成立，工作组成员包括金红光院士、何雅玲院士、陈维江院士和刘明院士，以及来自中国电子学会、南京航空航天大学、南京理工大学、华中科技大学、上海交通大学、天津商业大学、中国电子科技集团公司第十四研究所、中国科学院深圳先进技术研究院、国家电网有限公司、华为技术有限公司等多家高校、研究所和企业的专家与学者。

项目组广泛调研了我国电子、通信、航空航天、船舶等行业的研究院所、企业等对热管理技术的重大需求，详细分析了当前我国及国际上电子设备热管理学科面临的挑战，梳理了我国电子设备热管理学科发展问题，探讨了电子设备热管理技术未来发展趋势，给出了我国未来电子设备热管理技术发展路线图，提出了我国电子设备热管理学科研究与发展政策性建议，最终形成本书。全书共分 12 章，第一章概述了电子设备热管理学科的发展规律与挑战，由南京航空航天大学宣益民院士、南京理工大学李强和华为技术有限公司热控首席专家洪宇平共同完成；第二章、第三章针对芯片器件介绍了芯片产热机理与热输运机制、芯片热管理方法，其中第二章由华中科技大学杨荣贵和南京理工大学李强共同完成，第三章由南京理工大学李强和上海交通大学吴慧英共同完成；第四～第六章分别从电子器件热量传输路径的器件、界面和热沉三个不同层次出发，介绍了热扩展方法、界面接触热阻与热界面材料、高效散热器面临的挑战和研究现状，其中第四章、第六章由南京理工大学李强和胡定华共同完成，第五章由南京理工大学李强和中国科学院深圳先进技术研究院孙蓉共同完成；第七章分析总结热设计中的关键问题与挑战，探讨电子设备热设计方法与软件未来的发展方向，由南京理工大学李强完成；第八章介绍了电力电子设备热管理技术的发展现状与挑战，提出了电力电子设备热管理发展趋势与未来挑战，由国家电网有限公司陈维江院士完成；第九章针对数据中心热管理技术的研究现状进行了阐述，并总结归纳了当前发展面临的挑战与未来发展趋势，由天津商业大学诸凯和南京理工大学林群青共同完成；第十章介绍了软件冷却的概念和软件冷却技术发展的历程与关键问题，分析了软件冷却技术未来的主要发展方向，由南京理工大学胡定华完成；第十一章围绕电子设备热管理学科建设与人才培养，介绍了国外相关学科发展模式与人才培养方式，探讨和总结了我国目前学科发展问题与发展对策，由南京航空航天大学史波完成；第十二章对全书进行了总结，给出了我国电子设备热管理技术的发展趋势与路线图，提出了我国电子设备热管理学科研究与技术发展的政策性建议，由南京航空航天大学宣益民院士完成。宣益民院士对全书进行了统稿。

　　本书是在中国科学院技术科学部的大力支持下历经两年时间完成的，汇集了十多位热科学、电子、材料、机械等多个学科专家和学者的智慧与努力。中国科学院信息技术科学部和技术科学部的郝跃院士、成会明院士、金红光院士、陈维江院士、何雅玲院士、刘明院士对本书的初稿进行了审阅与指正，提出了宝贵的修改意见，在此一并表示感谢。同时，书中的不足之处，也敬请各位读者批评指正。

宣益民

2021 年 9 月

摘　　要

电子设备在国民经济和军事国防领域中发挥着不可或缺的关键核心和支撑作用。受电子器件自身效率的限制，输入电子器件的近80%电功率耗散会转变成废热；如果不能及时有效地解决电子元器件与设备产生的废热排散和温度控制问题，将导致电子器件温度升高，引起器件工作性能下降，影响器件与设备工作的可靠性，甚至超过其极限允许工作温度而烧毁失效。热管理是电子元器件与设备研制的核心元素，也是近十多年来国际热科学领域的研究热点之一，成为未来"后摩尔"时代电子技术发展的重大挑战之一。

一、基础科学问题和关键技术难点

电子设备热管理涉及产热、传热和散热等相互关联的复杂过程，影响因素众多，必须面对如下基础科学问题和关键技术难点。

1. 电–热–力耦合作用下的电子器件产热机理

器件工作过程中产生的焦耳热是电子设备热管理的源头，焦耳热产生涉及器件内部电子和声子等能量载子的迁移、输运与相互作用过程。随着芯片特征尺寸的减小，集成度增大，特别是3D集成电子器件的出现，器件产热是电场、温度场和力场相互作用的非线性耦合过程，呈现出强烈的电–热–力耦合效应。

2. 多层次、跨尺度的电子设备传热特性

沟通器件至外部冷却器之间的传热通道将器件产生的废热迅速高效传递至散热器（环境冷源），是电子设备热管理的关键。电子设备热量传递包括器件、组件、印制电路板（PCB）、机箱、机柜

和系统等不同层次单元内部、单元之间的传递过程，涉及从微观尺度的芯片、器件内部到宏观尺度的设备、系统之间的多尺度热量传递现象。而且，随着电子器件尺寸减小和功率密度的增大，器件局部热点温度高、温度分布不均、单元部件间接触界面传热温差大等局部效应和表面效应凸显，所有这些给电子器件与设备传热技术发展提出了新的问题。

3. 系统散热的优化匹配与热量综合管理

电子设备系统散热性能与单元部件自身热控制和单元部件之间的匹配关系密切相关，如何针对电子设备系统热管理需求，在系统层面合理配置不同层次、不同措施的热管理技术，研究电子设备热管理的系统优化匹配方法尤为重要。特别是针对数据中心等超大规模电子设备与系统，研究大型电子设备精准热控制方法，探索综合热管理与废热再利用技术，不仅可以显著地降低数据中心最大能耗源头——空调制冷设备的能耗，而且可以提高计算和数据处理系统等信息技术（IT）设备的效率，减小电子设备运行过程中废热的产生，为绿色、节能、高效的未来数据中心建设与运行管理提供关键技术支撑。

二、新的挑战

电子芯片、元器件的微小型化、高集成度、3D 组装结构、高热流密度、电子设备系统超大规模化和应用环境极端化等都给电子设备热管理提出了新的挑战。

1. 传统的宏观理论与方法受到挑战

电子设备热管理已逐渐拓展到微纳尺度、多尺度、跨尺度的广延空间，耗散产热机理和多载流子耦合作用的热质传递机制更加复杂，需要探索微观能量载子产生、传递和相互作用规律，发展新的热管理学科基础理论和方法。

2. 界面、表面传递效应凸显

一个完备的电子设备或系统涉及不同类型器件、模块和设备的集成组合，相邻器件、相邻模块和相邻设备之间的热接触状态可能成为热管理全链条上的控制环节，改变人们对经典热管理理论与方法的认知，需要从不同空间和时间尺度，系统地研究电子器件与设备产热、传热与散热的界面、表面传递规律与调控方法。

3. 学科交叉性日益明显

电子设备热管理必须结合现代信息、物理、热学、材料、力学和化学等学科的新概念和新方法，充分地考虑热–电–力–材料的相互作用，建立新型高效的热管理方法与技术。

三、国内外研究现状

1. 国外研究现状

美国等西方国家对电子设备热管理技术非常重视，在国家战略层面有清晰的技术发展路线和项目支持。美国国防部高级研究计划局（DARPA）针对电子器件与设备热量传递过程中的共性技术，以项目群的形式进行长期、系统的热管理前沿探索性研究，先后支持了 HERETIC、THREADS、MCC、TMT、ICECool 五个项目群，吸引了耶鲁大学、斯坦福大学、普渡大学，以及国际商业机器（IBM）公司、雷神公司、洛克希德·马丁空间系统公司等一些美国著名高校和公司参与，极大地促进了美国电子设备热管理技术的研究进展，引领并推动了美国电子设备热管理技术领域的发展。

2. 国内研究现状

近 10 多年来，我国国家自然科学基金委员会、科技部等资助了一些电子设备热管理研究项目，吸引了一批国内高校和研究院所投身于电子设备热管理研究领域，取得了一系列有特色的研究成果，推动了我国电子设备热管理领域基础科学研究的深入发展。我国电子、通信、航空航天等行业的企业和研究院所也持续开展了电子设备热管理技术的应用开发研究，热管理技术的产业得到了快速发展。但整体而言，我国在热管理基础方法创新和核心技术掌握等方面与国际先进水平仍然存在较大差距，突出表现在：①关键共性技术和前沿引领技术的研究仍有待加强，缺乏颠覆性引领性技术创新。②科学研究对相关领域产业发展的瓶颈问题聚焦仍显不足，缺乏对核心技术的把握。③热管理人才培养体系尚未建立,难以满足电子行业快速发展需求。④资源配置和科技管理体制仍不能完全适应电子产业创新性发展的需求。

四、我国未来电子设备热管理技术发展路线图

综合电子器件与设备的发展需求和规律,以及当前电子设备热管理技术发展水平,本书提出了我国未来电子设备热管理技术发展路线图。

1. 发展电子设备产热－传热－散热全链条多层次协同热管理方法与理论体系

从电子设备产热、传热和散热的全链条出发,认知并厘清电子器件与设备热排散全过程的影响因素和温度场的分布规律,阐明热阻分布与匹配机制和针对不同环节所采取的热管理措施之间协同匹配机制,形成以实现电子器件结温及其温度分布均匀性准确控制为目标的热管理技术与方法,建立器件－界面－热沉－系统多环节匹配和多层次协同的高功率密度电子设备热控制方法与理论体系。

2. 发展面向超高热流密度芯片近结点定向热管理方法

传统远程散热架构的冷却方式已无法满足新型高功率电子芯片和 3D 立体堆叠芯片的散热需求,由此推动了冷却技术向芯片近结架构发展,通过在芯片加工微通道方式,将冷却介质直接引入芯片结点附近,消除界面接触热阻和组件壳体热阻,能够迅速有效地排散芯片产生的耗散热,极大地提升了器件的抗热冲击能力和散热能力。近结点散热技术是适应"后摩尔"时代的未来下一代高热流密度芯片及 3D 堆叠芯片热管理方法与技术的必然趋势,是解决未来芯片 $1000W/cm^2$ 以上热流密度的关键核心技术。

3. 发展面向大型电子设备和数据中心的精准热管理方法

从系统热管理层面,精准化热控制将成为大型电子设备系统和未来数据中心热管理技术发展的重要方向与目标,其中需要重点发展精准化热感知和精准送冷技术,通过精准热感知技术,实现电子设备系统和数据中心热点精准实时定位甚至超前预测,然后通过精

准送冷技术在最小的能耗下实现数据中心高效热管理,避免因为设备或者数据中心出现局部高温而需要浪费大量能源和资源对整个设备或者数据中心进行全局冷却。

4. 发展基于软件冷却概念的智能化热管理方法

作为一种变革性热管理方法,软件冷却不需要通过散热硬件来实现,而是根据计算任务与芯片空闲程度,通过软件调度和科学的任务调配,合理调整多核处理器、多芯片服务器的处理器频率、开关与电压大小,从而减小局部单处理能耗过高的时间与概率,避免热耗局部积累和热点的形成,抑制过高的局部热负荷水平,实现芯片温度的有效控制和计算机资源的最佳配置与利用。尤其是随着人工智能技术的快速迭代发展,软件冷却技术不再局限于通过芯片核心调度来实现节能和温度控制,而是进一步将多核任务调度、冷却系统通过智能化软件有机协调起来,实现电子器件与设备更为高效、节能、智能化的热管理。

5. 发展电子设备能量综合管理与利用技术

如何实现大型数据中心的热管理和能量综合管理(排散废热的综合利用和可再生能源及环境冷源在系统热管理中的利用)是当前及未来数据中心热管理发展的首要问题。结合可再生能源建设零排放绿色数据中心,研究高效低成本的低品位废热回收利用方法与技术和建立综合利用可再生能源及环境冷源的机柜及基站和数据中心的热管理方法,将有效地抑制数据中心耗能需求快速增长的趋势,实现有效的节能减排,为实现碳中和目标做出显著的贡献。

五、我国电子设备热管理学科发展战略建议

面向我国电子技术的发展需求,本书提出了我国电子设备热管理学科发展战略建议。

1. 加强基础研究和跨学科交叉领域研究

尺度微小化、高集成度、3D组装结构、物理场复杂化及工作环境的极端化对传统的热管理方法与技术提出了挑战,需要围绕电子器件与设备跨时空尺度热量产生与传输机理、异相/异质界面传

热特性、高热流密度过冷沸腾与界面性能调控、多场多因素耦合驱动、相间强非线性和非平衡作用传热机理等前沿热点和基本科学问题，重视基础领域研究的突破与创新，探索高热流密度电子器件与设备热管理方法与技术。与此同时，要解决面向下一代高性能、高集成度、大规模电子设备散热瓶颈，需要从新型半导体材料和制备技术、高导热封装热管理材料和先进三维封装技术、高效相变换热技术和元件、系统热管理优化设计等多维度多层次协同攻关。这必然要涉及传热学、微电子学、物理学、材料、力学、机械和控制等多个学科交叉，针对大型数据中心的热管理还将会结合人工智能、大数据等信息技术，因此电子设备热管理是一个典型的多学科交叉领域，需要结合现代信息、物理、材料、化学等学科的新概念和新方法，充分地考虑热－电－力－材料的耦合作用，建立创新的热管理方法与技术。

2. 打造国家级电子设备热管理研究平台

未来十年将成为我国电子信息技术和产业赶超发达国家的重要窗口期，也是我国在高功率、高集成、高热流密度芯片热管理及超大型电子设备、大规模数据中心热管理等核心关键热管理技术领域突破瓶颈和封锁的关键时期。迄今，我国在电子器件与设备热管理学科领域尚未设立国家级研究机构和平台，研究力量有限且分散，研究方向杂散，亟待建设具有较强实力的国家级电子器件与设备热管理技术科研平台，设立相应的国家重点实验室，集聚并建设高水平研究队伍，从电子器件与设备的产热－传热－散热和电学性能等全链条着手，系统深入地开展基础性、前沿性、探索性和原创性的研究工作，突破高热流密度条件下电子器件与设备热控制的技术壁垒，不断形成具有我国自主知识产权的原创的电子器件与设备热管理方法和技术，支撑我国电子行业发展对热管理技术的需求，打破国外对该领域先进技术的封锁，改善我国电子信息行业长期缺乏核心技术、自主创新能力弱、发展受制于人的现状，加速推进我国电子信息行业的转型升级，为我国工业建设和国防安全中的先进电子设备与关键器件的研制提供战略性基础技术。

3. 加大学科投入、重视学科规划和加强人才培养

目前，我国尚未单独设立电子热管理学科，也未见专门针对电子设备热管理学科的系统发展规划，电子器件与设备热管理方面的研究工作还主要是依托工程热物理学科，这不仅限制了电子器件与设备热管理理论与方法的进一步发展，也导致相关人才培养难以跟上产业界需求。建议国家设立专门的人才培养与培育扶持计划，面向电子行业的技术发展和需求，积极促进热科学、电子学、物理、机械、力学、材料和计算机等多学科交叉，在现行大类招生的基础上，设立专门的电子器件与设备热管理的专业方向，开设一批前沿性、专业性和针对性的课程，加强相关课程建设和实验室条件建设的支持力度，加强与电子行业的企业和研究院所的合作办学和联合培养，加强国际学术交流，培养具有扎实的基础知识、熟练的专门技能、较强的创新意识和创新能力、清晰的国际视野、敏锐的专业洞察能力的电子器件与设备热设计的专业人才，支撑我国电子信息技术领域的快速发展。

4. 研发具有自主知识产权的热分析和设计软件

目前市场上成熟的电子器件与设备热分析和设计商用软件均是欧美地区的发达国家开发的，这些进口软件已经完全占领我国电子器件与设备热设计及热分析市场。我国目前尚未有一款成熟而使用面广的商业化热设计及分析软件面世，甚至目前都难以谈及具有自主知识产权的热设计软件开发，一旦发达国家对我国采取"卡脖子"措施，必将极大地影响我国电子器件与设备开发和研制。因此，建议设立电子器件与设备热设计与分析软件研制专项，组织动员全国高校、研究院所和企业用户等各方面的力量，开展大协作，协同攻关，研制并发展具有我国自主知识产权的电子器件与设备热设计软件；同时，要鼓励电子信息行业尽可能地采用国产电子器件与设备热设计与分析方面的软件，并给予一定的包容和扶持，否则极易错过未来十年的窗口机遇期，可能导致我国在热设计软件核心技术上长期落后于人。

　　总之，当前科学技术发展迅猛，面对日趋激烈的国际竞争局面，特别是面对关键核心技术"要不来、买不来、讨不来"的严峻现实，需要我们静下心来，勤奋工作，刻苦攻关，补上电子器件与设备热管理方面的短板；需要我们坚持创新驱动发展战略，坚定不移地走创新发展道路，敢于攻坚克难，敢于开展变革性研究，潜心培育创新人才，努力实现电子设备热管理方面关键核心技术和软件自主可控，牢牢把握和保障我们的发展主动权。

Abstract

Electronic devices play an indispensable and crucial role in the national economy and military defense. Near 80% of the electrical power input to the electronics is dissipated as waste heat due to the efficiency limit of electronics. The electronic device temperature rises if the waste heat dissipation and temperature control issues cannot be solved timely and effectively, thus resulting in the device performance decline, and affecting the device reliability. In some scenarios, the devices may burn out due to the temperature exceeding its maximum allowable temperature. To date, thermal management, as the key element of electronics development, has become one of the hotspots in the thermal science community over the past decade, and one of the major challenges for the development of electronic technology, especially in the coming "post-Moore" era.

This discipline development strategy report systematically investigated and analyzed the development and challenges in thermal management of electronic devices in China and around the world in multiple aspects, such as chip heat generation mechanisms, on-chip thermal management methods, heat spreading approaches, interfacial thermal resistance and thermal interface materials, high-efficiency heat sinks, electronic device thermal design methods and software, thermal management technology for power electronic equipment and data centers, thermal management based on the concept of "soft-cooling", and discipline construction and personnel training in thermal management. In addition, the current report also clarified the development challenges and perspectives of the thermal management discipline of electronic devices in China with some policy recommendations for disciplinary research and development.

I. Scientific and technical key issues

Thermal management of electronic devices involves a series of complicated interrelated processes among heat generation, transport, and dissipation, which is influenced by many factors. Especially, the following scientific and technical key issues are needed to be addressed.

(1) The heat generation mechanisms of electronic devices under the coupling effect of electricity, heat, and mechanics. Joule heat generated during the operation of electronic devices is the "source" of thermal management, which involves the migration, transport, and interaction processes of energy carriers such as electrons and phonons in the devices. With the decrease of chip characteristic dimension and the increase of integration of the elements, especially with the advent of 3D integrated electronic devices, the heat generation process has developed into a nonlinear coupling process with the interaction of multiple fields such as electric, temperature, and mechanics.

(2) Multi-level and cross-scale heat transfer characteristics of electronic devices. Opening the heat transfer pathway between the device and the external cooler to efficiently transfer the generated waste heat is the key to thermal management. Heat transport in electronic devices includes the transfer process within and between multi-level units such as devices, components, Printed Circuit Boards (PCB), chassis, cabinets, and systems, which involves multi-scale heat transfer phenomena from the microscale chip, internal elements, and to the macroscale device and system. In addition, as the size of electronic devices decreases and the power density increases, several "local effects" and "surface effects", such as the high temperature of local "hot spots" of devices, uneven temperature distribution, and large temperature differences between

interfaces of adjacent components, are increasingly prominent in recent years and concerned by the community. All these put forward new issues for the development of electronic devices heat transfer technologies.

(3) Optimization of system heat dissipation and comprehensive thermal management. The heat dissipation performance of electronic devices and systems is highly related to the matching relations between unit components. Therefore, in the view of thermal management requirements, it is particularly important to reasonably configure thermal management technologies of different levels and measures at the system level and to investigate system optimization and matching method in thermal management. Especially for ultra-large-scale electronic systems such as data centers, exploring precise thermal control methods for large electronic devices and comprehensive thermal management and waste heat recycling technologies not only significantly reduces the energy consumption of air-conditioning and refrigeration, which is the largest source of energy consumption in the data center, but also improves the efficiency of some IT equipment, such as computing and data processing systems, thus suppressing waste heat dissipation during electronic device operation, and providing technical support for the construction and operation management of green, energy-saving, and efficient future data centers.

II. New challenges

New challenges in thermal management of electronic devices are put forward due to the special requirements of electronic device packaging, such as the miniaturization of chips and components, high integration, 3D assembly structure, high heat flux, ultra-large-scale, and extreme application environment.

(1) Traditional macroscopical theories and approaches are challenged. Thermal management of electronic devices has been gradually developed to an extensive space of micro/nanoscale, multi-

scale, and cross-scale, which makes the mechanisms of dissipation heat generation and multi-carrier coupling heat and mass transfer more complex. So it is necessary to explore the law of generation, transfer, and interaction of microscopic energy carriers, and to develop new fundamental theories and approaches of the thermal management discipline.

(2) Interface and surface transfer effects are prominent. A complete electronic device/system involves an integrated combination of various devices, modules, and equipment. The thermal contact status between adjacent devices, modules, and equipment may become the controlling element in the whole chain of thermal management, thus altering the cognition of classical thermal management theories and methods. Therefore, it is necessary to systematically study the interface/surface transfer performance and regulation approaches of heat generation, transfer, and dissipation of electronic devices at different spatial and temporal scales.

(3) The interdisciplinarity is increasingly evident. Thermal management of electronic devices should combine new concepts and methods from various disciplines, such as modern information science, physics, thermodynamics, materials, mechanics, and chemistry, and fully consider the interaction of heat-electricity-mechanics-material to establish new and high-efficient thermal management methods and technologies.

III. Research status at home and abroad

The United States and other Western countries attach great attention to thermal management technology for electronic equipment and have a clear technical development route and project support planning at the national strategic level. Aiming at the generic technology in the heat transfer process of electronic devices, the U. S Defense Advanced Research Projects Agency (DARPA) conducts the long-term, systematic frontier research, and has successively supported five project clusters, such as HERETIC, THREADS, MCC, TMT, ICECool, which attracted the participation of prominent universities and industries, like Yale University, Stanford University, Purdue University, IBM, Raytheon, Lockheed Martin, thus greatly promoting the research progress of thermal management technology in the United States.

Over the past decade, the National Natural Science Foundation of China, the Ministry of Science and Technology, and other relevant ministries have funded some research projects on the thermal management of electronic devices, which have attracted many domestic universities and institutes to devote to the thermal management research. A series of distinctive research results have been obtained, which directly promote the in-depth fundamental scientific research in the thermal management community. Some application research related to thermal management has also been carried out continuously by some enterprises and institutes in electronics, communications, and aerospace, resulting in the rapid development of the thermal management technology industry. Overall, however, there is still a considerably big gap between China and the United States as well as several Western countries in terms of innovations related to key thermal management methods and technologies. Such a gap is mainly manifested from the following aspects. ① Research on key and cutting-edge technologies still needs to be strengthened, and there is a lack of disruptive and innovative technologies. ② The focus of scientific research on the bottleneck issues of industrial development in some related fields is still insufficient, and the grasp of key technologies is still lacking. ③ Thermal management personnel training system has not been established and the current situation is hard to meet the requirements of the rapid development of the electronics industry. ④ The current resource allocation and science technology management system cannot fully meet the needs for the innovative development of electronic cooling technologies.

IV. A roadmap for the development of thermal management technology for electronic equipment

Based on the above analysis, this report outlines a roadmap for the development of thermal management technology for electronic equipment

(1) Establish a multi-level collaborative thermal management method and theoretical system for the whole chain of heat generation, transfer, and dissipation. Based on this chain, the influences and temperature distribution during the heat dissipation process of electronics need to be clarified, and the thermal resistance distribution and matching, and the synergistic matching among the thermal management measures for different elements should be expounded. In addition, it is necessary to develop a thermal management technology and method aiming at achieving the accurate junction temperature control and temperature distribution uniformity, to establish a multi-link matching and multi-level coordination approach and theoretical system for thermal management of electronic devices with a high-power density.

(2) Develop a near-junction thermal management technology for chips with ultra-high heat flux. The traditional cooling method with a "remote" cooling architecture may no longer meet the cooling requirements of emerging high-power electronic chips and 3D stacked chips, thus promoting the development of cooling technology to the "near-junction" architecture. By introducing the coolant directly to the vicinity of the chip junction through microchannels fabricated in the chip, the contact thermal resistance and component case thermal resistance can be eliminated, and the heat from the junction can be removed effectively, thus greatly improving the thermal shock resistance and heat dissipation capability of the devices. "Near-junction" cooling technology is the inevitable trend for the thermal management of next-generation ultra-heat-flux chips in the "post-Moore" era, and it is also

the key to solving heat dissipation issues of future chips with a heat flux above 1000W/cm^2.

(3) Build precise thermal management methods for large-scale electronic equipment and systems. At the system level, precise thermal control will be an important direction for the development of thermal management technology in large-scale electronic equipment and future data centers. And it is necessary to focus on the development of precise heat sensing and cooling technology. Through precise thermal sensing technology, the hotspots in the electronic system and data center can be positioned in real-time or even predicted in advance. And the precise cooling technology realizes the efficient thermal management of the data center with the minimum energy consumption, avoiding the energy waste due to consuming a lot of energy to control the entire system at the device operating temperature level.

(4) Develop intelligent thermal management methods based on the concept of software-cooling. As a revolutionary thermal management technology, software-cooling is mainly realized by software scheduling and task allocation based on computing tasks and chip idle degree, without requiring any hardware. And the probability of high energy consumption during local single processing can be reduced, by reasonably adjusting the processor frequency, switch and voltage of multi-core processors and multi-chip servers, thereby avoiding the local accumulation of heat consumption and the formation of hot spots, and suppressing high local temperature increase. Therefore, the effective temperature control of chips and optimal configuration and utilization of computer resources can be achieved. Especially with the rapid iterative development of artificial intelligence technology, software-cooling technology is no longer limited to realizing energy saving and temperature control through chip core scheduling, but further organically coordinates multi-core task scheduling and cooling system to realize electronic thermal management more efficient, energy-saving, and

intelligent.

(5) Develop comprehensive energy management and utilization technologies for electronic equipment. How to realize integrated thermal and energy management of large-scale data centers is the primary issue for the current and future thermal management technology. Building a "zero-emission" green data center with renewable energy, investigating efficient and low-cost low-grade waste heat recovery technologies, and developing a thermal management approach for cabinets, base stations, and data centers that comprehensively utilize renewable energy and environmental cold sources will curb the rapidly growing trend of data center energy consumption, and realize energy conservation and emission reduction, thus making a significant contribution to achieving the goal of "carbon neutrality".

V. Some suggestions on the development strategy of thermal management discipline for electronic devices

to meet the development needs of electronic technology in China, this report proposes some suggestions on the development strategy of thermal management discipline for electronic devices.

(1) Strengthen fundamental and interdisciplinary research. Traditional thermal management methods and technologies are challenged due to the development of electronic technology, such as scale miniaturization, high integration, 3D assembly structure, complex physical fields, and extreme working conditions. Future research needs to focus on some new cutting-edge hot topics and fundamental science, such as electronic device heat generation and transfer mechanisms over spatial-temporal scales, heat transfer characteristics at heterogeneous interfaces, subcooled boiling and interface performance regulation with high heat flux, multi-field and multi-factor coupled driving, and heat transfer mechanism of interphase nonlinear and nonequilibrium. In the meantime, more attention should be paid to the breakthroughs and

innovations in fundamental research, and thermal management methods and technologies of electronic devices with high heat flux should also be explored. In addition, to solve the cooling bottleneck of the next-generation high performance, high-integration, and large-scale electronic devices, multi-dimensional and multi-level collaborative research is required from various aspects, such as the new semiconductor materials and preparation technology, high-thermal-conductivity packaging materials and advanced 3D packaging technology, high-efficiency phase change heat transfer technology and components, and system thermal management optimization design, which inevitably involves the interdisciplinary of heat transfer, microelectronics, physics, materials, mechanics, machinery and control. And some information technologies such as artificial intelligence and big data should also be introduced into thermal management solutions for large-scale data centers. Therefore, electronic device thermal management is a typical multidisciplinary field, which needs to be combined with new concepts and methods from various disciplines, such as modern information, physics, materials, and chemistry. Coupling effects of heat-electricity-mechanics-materials should be fully considered to develop innovative thermal management methods and technologies.

(2) Build national-level electronic device thermal management research platforms. The next decade is a paramount important window period for China's electronic information technology and industry to catch up with the developed countries, and also a critical period for China to break through bottlenecks and blockades of key thermal management technologies for ultra-large electronic equipment and large-scale data center. To date, China has not set up any national-level research institution or platform in the field of electronic device thermal management, resulting in limited and scattered research activities and scattered research directions. Therefore, it is urgent to build a national-level scientific research platform for electronic device

thermal management, set up corresponding national key laboratories, and build up a well-qualified research team. Fundamental, cutting-edge, exploratory, and original research work should be carried out systematically, starting from the whole chain of electronic device heat generation, transfer, and dissipation, to break through the technical barriers of thermal management of electronic devices with high heat flux, and continuously develop the original thermal management methods and technologies with independent intellectual property rights. All these measures are necessary to support the demands for the thermal management technology due to the rapid development of electronic industry and break the blockades of advanced technology in this field. In addition, it also improves the situation of the electronic information industry in our country for a long-term lack of key technologies, weak independent innovation capabilities, and development constrained by other countries, thereby accelerating the industry transformation and upgrading, and providing strategic fundamental technology for the development of advanced electronic equipment and key components in industrial construction and national defense security.

(3)Increase investment in disciplines and attach importance to discipline planning and personnel training. At present, a separate electronic thermal management discipline has not been established and the research related to thermal management of electronic devices is mainly based on engineering thermophysics. Such a situation not only restricts the further development of theories and methods of thermal management, but also leads to the relevant personnel training difficult to keep up with the needs of electronic industry. It is suggested that special personnel training and cultivation support program should be set up and actively promote the interdisciplinary of thermal science, electronics, physics, mechanics, materials, and computers to meet the technological development and needs of the electronic industry. Based on the current category admissions program, it is necessary to offer a special major focusing on thermal management of electronic devices and open a series of cutting-edge, professional, and targeted courses. To cultivate professionals in thermal management with solid fundamental knowledge, proficient professional skills, strong innovation consciousness and ability, clear international vision, and keen professional insight, some measures need to be strengthened, including the support for relevant courses and laboratory, cooperation and joint training with electronic industry related enterprises and institutes, international academic communication, to support the rapid development of electronic information technology.

(4)Develop thermal analysis and design software with independent intellectual property rights. For now, all the mature commercial software for thermal analysis and design of electronic devices on the market is developed by developed countries. Such imported software has almost completely occupied the whole domestic market. While we have not yet developed any mature and widely used commercial software, and to make matters worse, it is currently hard to discuss the development of this software with independent intellectual property rights. Once the developed countries take the "containment" restrictive measures, the current software market situation will greatly affect the development of electronic devices in China. Therefore, it is recommended to set up several special projects on the development of thermal design and analysis software. Meanwhile, the universities, institutes, and enterprises related to the electronic information industry should be encouraged to cooperate to develop our own thermal design and analysis software with 100% independent intellectual property rights. In addition, it is encouraged for the electronic information industry to use domestic software with a certain tolerance and support. Otherwise, it is easy to miss the important period of strategic opportunities in the next decade, which may lead to a long-term lag in thermal design software.

In conclusion, with the rapid development of science and

technology, and the increasingly fierce international competition, especially in the severe reality that key technologies cannot be obtained from the outside, we need to work hard to make up for the shortcomings of electronic device thermal management with a calm mind. It also requires us to adhere to the innovation-driven development strategy and transformational research performing. Meanwhile, we should cultivate innovative talents, and strive to realize the independent and controllable key technologies and software in thermal management. All above enable us to grasp and guarantee our development initiative.

This report was completed over a two-year period with the support of the Chinese Academy of Sciences. As the leader of the writing team, Dr. Yimin Xuan (Academician of Chinese Academy of Sciences) dedicated himself to the field of thermal management of electronic equipment for decades. The writing team is also composed of some core members in different research fields, including Dr. Hongguang Jin (Academician of Chinese Academy of Sciences), Dr. Yaling He (Academician of Chinese Academy of Sciences), Dr. Weijiang Chen (Academician of Chinese Academy of Sciences), and Dr. Ming Liu (Academician of Chinese Academy of Sciences). These experts come from various fields of energy conversion, thermal management of data centers, power electronics, and microelectronics, respectively. In addition, the authors are especially grateful to Dr. Yue Hao (Academician of Chinese Academy of Sciences) and Dr. Huiming Cheng (Academician of Chinese Academy of Sciences), who kindly reviewed the manuscript and offered valuable suggestions for finishing this report.

目　录

第一章

电子设备热管理学科的
发展规律与挑战

第一节　电子设备热管理的概念与内涵

由半导体器件、集成电路、光电子器件和真空电子器件等电子元器件组成的电子设备［如计算机、数控、信息技术（information technology，IT）设备、数据中心、激光器和雷达等］是社会经济和军事国防领域中的基础单元和关键设备，在国民经济和国防领域中发挥着十分重要的作用，如图1-1所示。

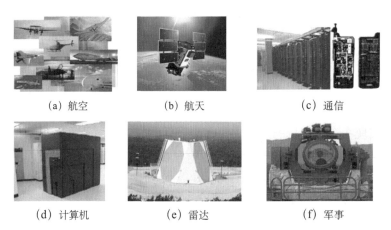

(a) 航空　　　　　　(b) 航天　　　　　　(c) 通信

(d) 计算机　　　　　(e) 雷达　　　　　　(f) 军事

图1-1　电子设备在国民经济的许多领域有广泛应用

由于受电子器件效率的内在限制，输入给电子器件的近 80% 电功率都将耗散转变成废热。如果不能有效地解决电子器件与设备产生的废热及时排散和温度控制问题，会导致电子器件温度升高，器件工作性能下降，甚至超过电子器件允许的极限工作温度而烧毁失效，严重影响电子器件与设备的工作性能与可靠性。以射频组件性能与温度的关系为例 [图 1-2(a)]，随着电子器件温度的增加，射频组件的输出功率和功率增益效率都在不断下降，电子器件性能与其温度存在密切关联[1]。如图 1-2(b) 所示，对典型场效应晶体管（field effect transistor，FET）而言，器件工作温度水平也是影响其失效和寿命的关键因素之一，当器件结温超过 150℃ 后，场效应晶体管每十万小时失效率将急剧增加[2]。

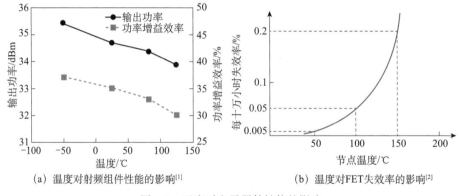

（a）温度对射频组件性能的影响[1]　　　　　（b）温度对 FET 失效率的影响[2]

图 1-2　温度对电子器件性能的影响

随着第五代移动通信技术（5th generation mobile networks，5G）、大数据、人工智能和无人驾驶等新技术的发展与应用，对数据的计算、连接、传送、交换和存储等的要求越来越高，电子器件与设备热管理已经不仅是可靠性保障的需求，已提升到决定芯片算力和处理能力的高度。历史上，晶体管工艺的进步可同时实现性能提升和能耗降低；当电子芯片特征尺寸演进到 10nm 时，已无法实现在降低能耗的同时大幅度提升性能，芯片每代性能提升 1 倍，芯片比功耗①至少需要提升 30%~40%，这导致当前芯片散热能力其实已远不能满足芯片全性能发挥时的散热需求。从实际应用角度看，散热能力决定了芯片的性能能够发挥到多少；从国际竞争角度看，高性能且高能效的电子器件

——————————
① 比功耗为单位面积或单位体积消耗的电功率，有时简称为功耗。

与设备热管理能力，可以部分弥补国产半导体工艺和国外差 2 代的显著代沟差距。因此，热管理已成为维护与保障电子设备工作性能和可靠性、研制新型电子设备的关键技术，是近十多年来国际热科学领域的研究热点之一。

第二节　电子设备热管理的发展规律和面临的挑战

一、电子设备热管理的发展规律

随着电子技术的发展，电子器件与设备热管理呈现两大发展规律，具体如下。

（一）电子芯片、器件特征尺寸越来越小，器件集成度越来越高，输入功率与功率损耗不断增大，导致其热流密度急剧升高

电子芯片特征尺寸是电子技术发展水平的一个重要标志，特征尺寸越小，芯片集成度越高。集成电路（intergrated circuit，IC）数字芯片演进的核心基石与标志是摩尔定律。芯片特征尺寸从 20 世纪 70 年代的 10μm 量级已经减小到当前的 10nm 量级，2019 年芯片已经达到 7nm，2021 年演进到 5nm，未来 10 年将持续向 3nm、2nm 等递进。芯片集成度随之以惊人的速度增大，从最初的单个芯片只能集成几十个晶体管，发展到目前单个芯片可以集成几十亿个晶体管[3]。

在芯片尺寸缩减演进过程中，芯片功率在不断增大。例如，20 世纪 80 年代单个芯片的功率只有几瓦，2005 年左右已增大到接近 100W，增大了几十倍。在过去 10 年中，对比功耗而言，算力和管道带宽性能的增幅要超过摩尔和超摩尔演进的降幅，芯片的比功耗增加了 5 倍，而人工智能（artificial intelligence，AI）芯片、高性能中央处理器（central processing unit，CPU）和大容量网络交换芯片的功耗都已经达到 300~400W。芯片在性能提升过程中遇到高速墙和内存墙，两个裸片距离太远，难以实现裸片之间大于 100Gbit/s 的高速通信需求，难以解决计算核心和内存之间的高带宽需求。为了解决这两个问题，当前的趋势是把多个裸片通过异构合封（heterogonous integration）组合在一起，满足大封装、大功耗的需求。基于性能演进需求，

预测未来 5 年芯片比功耗还将会增长 2～3 倍（图 1-3），单芯片功耗会达到并超过 1000W。

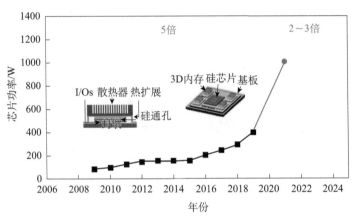

图 1-3　芯片比功耗演化预测

数据来源：华为技术有限公司

由于阈值电压的限制，晶体管的功耗降幅低于尺度小型化的降幅。如果维持工作频率不变，每代节点晶体管热流密度会上升约 30%，导致电子芯片和器件的热流密度急剧上升，热流密度从早期的不超过 10W/cm^2 已经增大至 100W/cm^2。例如，激光二极管和固态微波功率器件的热流密度已经达到 200～500W/cm^2，这样的热流密度相当于核弹爆炸的水平（图 1-4）[4]，因而

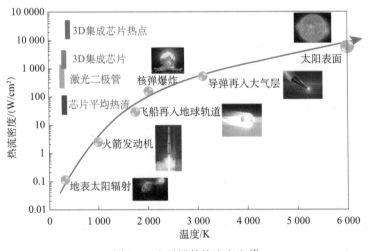

图 1-4　电子器件热流密度 [4]

亟待解决高热流密度条件下的电子器件温度控制问题。此外，由于芯片尺度的缩小，芯片自身的热容量及热惯性下降，抗瞬态热冲击的能力迅速下降，需要快速及时排散芯片工作过程中器件内部产生的焦耳热。

近年来，电子器件正从传统的二维平面组装向三维立体集成方向发展，通过将射频前端、信号处理、存储、传感、致动甚至能量源等功能的电子元件垂直集成在一起，从而达到增强功能密度、进一步缩小尺寸的目的，以克服"后摩尔"时代电子技术发展过程中面临的挑战。例如，西屋电气公司（Westinghouse Electric Corporation，WEC）采用三维（three dimension，3D）集成技术研制的 X 波段微波器件，由 8 个砷化镓（GaAs）单片微波集成电路（monolithic microwave integrated circuit，MMIC）晶片、4 个 GaAs 数控介质晶片、若干功放匹配网络及射频（radio frequency，RF）旁路电容等构成，互连电路基板为低温共烧陶瓷多层基板，其内部含有 22 层布线及多种形状复杂的空腔结构，线宽/间距均为 125μm，相对于原先的分立模块，体积和重量缩小了数十倍[5]。与二维（two dimension，2D）器件相比，3D 集成电子器件的热流密度将急剧增大。有数据表明，3D 集成器件功率密度将达到 $1kW/cm^2$ 以上，局部热点更是将超过 $5kW/cm^2$ [6]。显然，3D 集成器件在给电子技术发展带来新机遇的同时，给热管理技术提出了新的、更高的要求[7]。

因此，可以看出，热管理已经成为制约电子技术发展的关键瓶颈问题之一。2015 年，英特尔公司的首席执行官科再奇（Krzanich）称指导了过去 50 年电子行业发展的摩尔定律即将走向终结，并指出摩尔定律失效的主要原因之一是热死亡。电子技术未来发展亟待需要热管理新方法与新技术的支撑。

（二）电子设备、系统大型化、超大规模特征日益凸显，系统热耗巨大

电子技术的另一个发展特征体现在设备级和系统层次，随着对电子设备功能需求的不断提高，电子设备、系统的规模越来越大。例如，腾讯科技（深圳）有限公司在天津的数据中心服务器数量已超过 10 万个，天河二号超级计算机有 32 000 个 Ivy Bridge 处理器和 48 000 个 Xeon Phi，共有 312 万个计算核心。大型化、超大规模的电子设备和系统耗能巨大。以数据中心为例，2016 年我国数据中心保有量约为 5.6 万个，2020 年我国数据中心保有量超过 8 万个，与之相对应的是能源消耗也在逐年攀升。据统计，2009 年

我国数据中心的耗电量达到 364 亿 kW·h，大约相当于当年全国总能耗的 1%，2018 年我国数据中心用电量占全国的 2.35%，超过上海用电量（1567 亿 kW·h），碳排放达 9900 万 t，高耗能成为数据中心产业发展的大问题（图 1-5）[8]。数据分析表明，在数据中心总耗电量中，用于 IT 设备和制冷设备的能耗均占到了 40%（图 1-6），是数据中心最大的耗能源头[9]。当前，国家也在加强对设备能效进行目标牵引，工业和信息化部等 2019 年发布的《工业和信息化部 国家机关事务管理局 国家能源局关于加强绿色数据中心建设的指导意见》（工信部联节〔2019〕24 号）要求新建大型、超大型数据中心的电

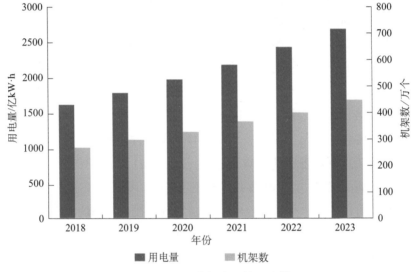

图 1-5　我国数据中心耗电量[8]

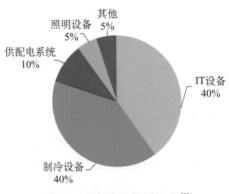

图 1-6　数据中心能耗构成[9]

能使用效率值达到 1.4 以下。因此，研究新型高效散热冷却技术不仅可以显著地降低数据中心冷却系统的能耗，而且可以提高 IT 设备的效率，减少设备废热的产生，降低数据中心的能耗，高效热管理是数据中心等大型电子设备和系统节能降耗、降低碳排放的关键。

综上所述，电子芯片、器件的微小型化、高集成度和 3D 立体组装结构及高热流密度特征给芯片和器件的热管理与温度控制提出了严峻的挑战，带来了一系列迫切需要研究的新的基础科学问题，亟待攻克新型电子器件研制过程中的热管理关键技术瓶颈。必须围绕电子设备热管理学科领域的前沿技术发展方向，系统开展电子设备与系统热管理新理论、新方法和新技术的研究，为我国新型电子器件与装备研制和电子信息技术与行业的发展提供关键技术支撑。

二、电子设备热管理面临的挑战

（一）电子器件与设备管理面临的关键技术挑战

系统地分析电子设备热量传递路径，可以发现，其存在着产热、传热和散热等相互关联的复杂过程，涉及芯片/器件、组件/电路板、机箱/机柜、系统/机房等多个环节，影响因素众多，而器件微小型化、设备高功率密度和系统大型化等都给电子设备热管理提出了涉及多方面、多因素的挑战。电子器件与设备热管理面临如下关键技术挑战。

1. 电–热–力耦合作用下的电子器件产热机理

器件工作过程中耗散产生的焦耳热是电子设备热管理的源头，焦耳热的产生涉及器件内部电子和声子等能量载子的迁移、输运与相互作用过程，与外加电场、器件结构和材料属性、载流子浓度及其分布和冷却条件等密切相关。由于芯片特征尺寸的减小，器件集成度增大，特别是 3D 集成电子器件的出现，芯片材料的电阻、电感、电容等电学参数随特征尺寸非线性改变，呈现出强烈的尺寸效应；同时也会因为温度的变化而变化，具有明显的温度依变特性。在外加电场的作用下，器件内部电子元件之间、元件与器件材料、互连线之间的焦耳加热效应相互影响，温度升高又将诱发应力场，器件产热是涉及电场、温度场、力场和电子材料属性的相互作用的非线性耦合过程，呈现出强烈的电–热–力耦合效应。因此，迫切需要研究电子器件产热机理和温度分布特性，揭示电–热–力耦合作用下的电子器件焦耳产热机理，阐明芯片结构、材料、外加电压和环境冷却条件对电子器件热量产生、温度分布特征的影响规律，为电子设备热管理和热设计提供基本依据。但是，与传统的常规电子器件不同，由于新型电子芯片特征尺寸已经减小至纳米量级，尺寸接近甚至远小于声子的平均自由程，传统的基于微观粒子随机统计规律的宏观方法受到了挑战，需要从微观的粒子能量输运本质着手，研究电子器件内部电子和声子等能量载流子的传递现象与相互作用规律，深入认识不同类型载流子之间、载流子与物质的相互作用机制，探索电子器件焦耳热的产生机理和传递机制，建立芯片热量快速及时排散的方法与技术。

2. 多层次、跨尺度的电子设备传热特性

构建通畅高效的器件至外部冷却器之间的传热通道，将器件产生的耗散废热高效传递至外部散热器是电子设备热管理的关键。电子设备热量传递包括了器件、组件、印制电路板（printed-circuit board，PCB）、机箱、机柜和系统等不同层次单元内部、单元之间的传递过程，涉及从微/介观尺度的芯片、器件内部到宏观尺度的设备、系统之间的多尺度热量传递现象（以数据中心为例，芯片栅长为10nm、晶体管为0.1μm、电路为10μm、线宽为100μm、多核为1cm、单芯片为2.5cm、多芯片为5cm、机箱为50cm、机柜为2m、数据中心为50m），空间尺度跨度达10个数量级。与此同时，随着电子器件尺寸减小和功率密度的增大，器件局部热点温度高、温度分布不均、单元部件间接触界面传热温差大等局部效应和表面效应凸显，所有这些都给电子设备传热技术提出了新的挑战。近年来，高导热微纳米材料［碳纳米管（carbon nanotube，CNT）、石墨烯（graphene，Gr）、碳基高导热材料等］的设计与制备方法、小尺寸轻量化热扩展方法、新型热界面材料（碳纳米管阵列、纳米金属弹簧等）与接触热阻抑制方法和高性能相变传热元件等新型传热方法引起了研究人员的关注。但是，其中还存在一些关键科学问题尚未完全明晰，如微纳米材料各向异性导热规律与尺度关联特性、异相/异质复合材料的界面传热调控与设计、接触传热机理与抑制方法、微小相变传热元件内部受限空间相变传热与强化机制等。迫切需要密切结合电子器件与设备的工作环境和热管理需求，探索电子设备内部多层次、跨尺度的热量传递基本规律和物理机制，进一步深化、拓展和创新电子设备热传递方法与技术的研究。

3. 极端和大型复杂条件下的系统强化散热方法

高热流密度、尺寸受限、均温性要求高及高低温、微重力、高过载等极端环境条件给电子设备散热提出了特殊要求。微通道相变冷却、浸没式相变冷却、喷雾和喷淋冷却、芯片嵌入式集成封装冷却等新型散热技术将会越来越多地应用于电子设备热管理领域，尺度微小化、物理场复杂化及工作环境的极端化，对经典流动和传热理论与方法的应用提出了挑战，需要围绕微小尺度沸腾核化受限机理、高热流密度过冷沸腾与界面性能调控、多场多因素耦合驱动、相间强非线性和非平衡作用热质传递机理等基本科学问题，探索高热流密度、高低温、微重力、高过载等极端复杂条件下散热的强化机理与方法。

电子设备大型化、超大规模的发展特征给系统级散热提出了新问题和新挑战，其散热过程影响因素多，且相互关联、相互影响，电子设备系统散热性能与单元部件自身热控制和单元部件之间的匹配关系密切相关。如何针对电子设备系统热管理需求，在系统层面合理配置不同层次、不同措施的热管理方法和技术，研究大型电子设备、系统的热管理优化设计方法与技术，可靠、高效地进行系统热管理至关重要。

（二）电子设备热管理学科的新特征

基于以上分析可以看出，随着科学技术发展和对学科内涵认识的逐步深入，电子设备热管理学科被赋予新的内涵与外延，出现了一些新特征。

1. 传统的宏观理论与方法受到挑战

电子设备热管理已逐渐拓展到微纳尺度、多尺度、跨尺度的广阔空间，耗散产热机理和多载流子耦合作用的热质传递机制更加复杂，需要探索微观能量载子产生、传递和相互作用规律，发展新的热管理学科基础理论和方法。

2. 界面、表面传递效应凸显

一个功能完备的电子设备或系统涉及不同类型器件、模块和设备的集成组合，相邻器件、相邻模块和相邻设备之间的热接触状态可能成为热管理全链条上的控制环节，改变了经典热管理理论与方法的认知，需要从不同空间和时间尺度，研究电子器件与设备产热、传热和散热的界面、表面传递规律与精准调控方法。

3. 学科交叉性日益明显

电子器件与设备热管理必须结合现代信息、物理、热学、材料、力学和化学等学科的新概念与新方法，充分考虑热-电-力-材料的相互作用，建立新型高效绿色的热管理方法与技术。

第三节　电子设备热管理的国内外研究现状

电子器件与设备热控制问题是一个涉及面广泛的基础理论问题，也是制约高热流密度电子设备性能、研制成本、研制周期的核心技术问题之一。长期以来，发达国家对该领域的关键核心研究成果和技术路径基本是保密的，关于高热流密度电子设备热控制理论与分析方法的公开报道较少。从各种可能获取的信息资料分析，发达国家（包括美国、德国和日本等）在电子设备热控制理论方面有较深入的研究。国内关于电子设备热控制基础理论的研究虽然起步较晚，但对其认识还是比较早的。20 世纪 80 年代，国内一些高校、科研院所就已经开展了电子设备热设计与热分析方法的研究，目前也取得了很多相当不错的技术成果与积累。

一、国际电子设备热管理的研究现状

美国等西方国家非常重视电子设备热管理技术，在国家战略层面有清晰的技术发展路线和项目支持。2000 年左右，由美国国防部高级研究计划局（Defense Advanced Research Projects Agency，DARPA）资助的基于热与电路集成的散热（Heat Removal by Thermo-Integrated Circuits，HERETIC）项目计划就旨在发展针对高密度高性能的电子和光学器件的散热冷却技术。相关课题分布在几十个大学和国家研究机构，经费资助总额高达 2500 万美元。其资助内容集中在四个方向：①核心技术（包括异质结构热电离子致冷、热电致冷、相变、合成微喷、微流道等研究）；②集成与封装；③建模与模拟；④实证演示。美国联邦政府的其他机构包括海军研究办公室（Office of Naval Research，ONR）、能源部（Department of Energy，DOE）及美国突击队（National Strike Force，NSF）、国家航空航天局（National Aeronautics and Space Administration，NASA）和国家安全局（National Security Agency，NSA）等也对这一类研究进行了大范围资助，同时电子产品工业界在该方向的研究应用上也投入了大量财力，内容包括：设计"冷"的电子器件（降低功耗、平均分布热量、减少热点等）、对冷却方案的自主研究开发及对相关冷却技术的风险投资。

目前，全球最大的光纤激光器生产厂商美国埃培智公司（The Interpublic Group of Companies，IPG），针对高功率激光器建立了有效热控制理论，开展了高热流密度电子设备产热机理的研究，掌握了高功率激光器热管理的关键技术，使其生产的连续光纤激光器输出功率提升到 50kW，远高于普通商用产品 10kW 的输出功率。美国诺斯罗普格鲁曼（Northrop Grumman）公司和雷神公司分别对高功率固体激光器先进热管理技术进行了研究，提出了针对连续波 100kW 量级的激光器热控理论与热分析方法，有望将其研制的基于 Yb:YAG 晶体平板波导放大器的 16kW 连续波激光器的输出功率升级到 100kW。除此之外，进行电子设备热控制理论与分析方法研究的一些国际机构还包括美国 NASA、喷气推进实验室（Jet Propulsion Laboratory，JPL）、德国并行与分布式系统研究所（Institute of Parallel and Distributed System，IPDS）、西班牙工程数值计算中心及波兰热工业研究所等。

美国国防部（Department of Defense，DoD）于 2007 年委托美国空军科学咨询委员会（Air Force Scientific Advisory Board，AFSAB）专门成立了热管理技术研究中心。DARPA 针对电子器件与设备热量传递过程中的共性技术，以项目群的形式进行长期、系统的热管理前沿探索性研究，2008～2015 年先后支持了 HERETIC、器件尺度的电子设备散热技术（Technologies for Heat Removal in Electronics at the Device scale，THREADS）、微尺度低温冷却器（Micro Cryo Coolers，MCC）、热管理技术（Thermal Management Technologies，TMT)、芯片内与芯片间强化冷却技术（Intrachip/Interchip Enhanced Cooling，ICECool）五个项目群[10]，分别围绕热扩展技术、高性能热界面材料、高效风冷散热器、单相／相变冷却器、主动式制冷技术等开展基础研究和工程验证，近期正在实施的 ICECool 计划则主要围绕高集成度芯片散热，开展与芯片集成封装的一体化热设计及冷却技术研究。上述五个研究计划吸引了耶鲁大学、斯坦福大学、普渡大学（Purdue University）、佐治亚理工学院（Georgia Institute of Technology）、IBM 公司、雷神公司、洛克希德·马丁公司等一些美国著名高校和公司参与，极大地促进了美国电子设备热管理技术的研究进展，引领并推动了美国电子设备热管理技术领域的发展。例如，2008 年，美国雷神公司联合加利福尼亚大学洛杉矶分校等从美国 DOD 获得710 万美元的经费资助，以研究下一代高功率雷达的散热技术（包括低接触热阻技术、高导热技术、高热流密度相变散热技术等）。研究计划耗时 4 年时间，分三个阶段。计划从芯片与设备两个层次研究下一代大功率、高热流密度军用雷达电子设备的高效散热技术，以降低高功率雷达电子设备冷却系统的重量与尺寸，解决高功率雷达电子设备热设计问题，满足未来高性能军用雷达电子设备的研制需求。在这个计划的资助下，美国佐治亚理工学院与雷神公司合作，研制针对高热流密度军用电子散热需求的新型高效散热材料，以满足下一代军用雷达的热管理需要。

此外，美国 NASA 的航空航天热管理系统路线图、电气与电子工程师协会（Institute of Electrical and Electronics Engineers，IEEE）牵头组织发布的国际半导体技术路线图（International Technology Roadmap for Semiconductors，ITRS）和国际电子制造商联盟（International Electronics Manufacturing Initiative，iNEMI）的热管理路线图，也都对相关领域的热管理技术研究与发展提出了未来 10～20 年的战略规划。

二、我国电子设备热管理的研究现状

与电子技术和行业自身发展相比，我国早期对电子设备热控制技术的重视程度还不够，投入开发的新技术并不多，研究活动相对零散。受当时我国电子技术水平的限制，热管理技术在电子信息行业一直只是被普遍当作一类辅助性保障技术。随着高功率电子设备的迅猛发展，器件耗散产热功率越来越大，电子器件与设备热管理的重要性越来越突出。虽然国内现在开展的常规热流密度电子设备热设计方法，如采用散热片、板式换热器、微通道冷板、热管、导热填料和多层隔热材料等，为保证我国电子设备及系统热设计提供了多种可供选择的手段，但从广度和深度及创新等方面来看，国内在电子器件与设备热管理技术研究方面与国外还存在不小的差距，制约了高性能电子技术和设备的研制。

　　针对高集成度、高功耗的电子器件，传统的风冷、单相液冷及热管冷却方法难以满足高热流密度散热需求，而且高功率密度电子设备给外部热沉冷却器也提出了特殊要求。例如，高热流密度（＞100W/cm²）、热沉尺寸受限、均温性要求高等亟待研究高热流密度条件下电子设备的热管理方法。目前，国内相关高校和中国电子科技集团公司下属的若干专业研究所等在高热流密度电子设备热控制技术方面都开展了初步的研究，使得射流冲击冷却、蒸汽腔相变热管和平板热管等一批具有代表性的先进热控制技术被应用到电子行业领域，基本可以满足中低热流密度（＜100W/cm²）电子设备的散热需要。

　　在高热流密度条件下，电子设备与外部热沉冷却装置间的接触热阻影响非常大。例如，热流密度增大一倍，接触面两侧的温差将相应增大一倍。如果不采取相应的界面传热强化方法，单纯依靠增大其他散热环节的冷却效果，有可能因为界面两侧温差大而导致器件温度超过正常使用范围，或者对所需的冷源提出更苛刻的要求（往往在一些应用场合难以满足这种要求），界面接触热阻已成为电子设备散热系统中最薄弱的环节和制约散热系统效率的短板。目前，界面接触热阻问题也受国内一些高校和研究机构的重视，在接触热阻研究方面取得了一些重要进展。例如，发明了正反双向热流固-固界面接触热阻测试方法及其测试装置，建立了界面接触传热的理论分析与测试方法，研制了多种高性能热界面材料产品。

　　在空间环境电子设备热控系统研究方面，我国相关专业研究院所和高等学校都进行了相关的研究，形成了一定的研究基础和技术积累。例如，开展了空间辐照粒子对热致变色可变发射器件辐射性能的影响，阐明了电子、质子对热致变色器件材料的辐照损伤机理，提出了热致变色可变发射率器件空间辐照环境防护方法，研制了空间辐照环境下性能稳定的热致变色可变发射率器件，提升了器件的实用性能。除了空间环境适应性研究，研究者对电子设备热控系统的机载环境也进行了研究，有效地提升了电子设备的环境适应性能。

　　近10多年来，我国国家自然科学基金委员会和科技部等资助了一些电子设备热管理研究项目，吸引了一批国内高校和研究院所投身于电子设备热管理研究领域，在单项冷却技术的前沿基础问题探索、大功率雷达热设计方法和数据中心冷却技术等方面取得了一系列有特色的研究成果，推动了我国电子设备热管理领域基础科学研究的深入发展。我国电子、通信、航空航天等行业的企业与研究院所也持续开展了电子设备热管理技术的应用开发研究，热管理技术的产业得到了快速发展。但整体而言，我国在热管理基础方法创新和核心技术突破与掌握等方面与国际先进水平仍然存在较大差距，需要厘清电子设备热管理在基础研究、原创性技术研究、产业转化和人才培养中需要解决的瓶颈问题，以此推动我国热管理前沿科学理论和技术探索，规划我国热管理科学和技术发展战略，促进国家层面上的项目组织和实施，促进我国电子设备热管理技术的发展。

本章参考文献

[1] James S W, Donald C P. Materials issues in thermal management of RF power electronics[C]. Thermal Materials Workshop, Cambridge, 2001.

[2] 平丽浩. 雷达热控技术现状及发展方向 [J]. 现代雷达 , 2009, 31(5): 1-6.

[3] He Z, Yan Y, Zhang Z. Thermal management and temperature uniformity enhancement of electronic devices by micro heat sinks: A review[J]. Energy, 2021(216): 119223.

[4] Bar-Cohen A. Embedded microfluidic cooling-path to high computational efficiency[C]. The 16th International Heat Transfer Conference, Beijing, 2018.

[5] Szczukiewicz S, Borhani N, Thome J R. Two-phase flow boiling in a single layer of future high-performance 3D stacked computer chips[C]. 13th InterSociety Conference on Thermal and Thermomechanical Phenomena in Electronic Systems, San Diego, 2012: 597-605.

[6] Knechtel J, Lienig J. Physical design automation for 3D chip stacks: Challenges and solutions[C]. Proceedings of the 2016 on International Symposium on Physical Design, Santa Rosa, 2016: 3-10.

[7] Serafy C, Bar-Cohen A, Srivastava A, et al. Unlocking the true potential of 3-D CPUs with microfluidic cooling[J]. IEEE Transactions on Very Large Scale Integration Systems, 2015, 24(4): 1515-1523.

[8] 绿色和平: 中国数据中心能耗与可再生能源使用潜力研究 [EB/OL]. https://www.dx2025.com/archives/87739.html[2020-06-19].

[9] 中国制冷学会数据中心冷却工作组 . 中国数据中心冷却技术年度发展研究报告（2018） [M]. 北京 : 中国建筑工业出版社 , 2019.

[10] Bar-Cohen A, Kaiser M, Joseph M. Micro and nano technologies for enhanced thermal management of electronic components[C]. Micro/Nano Manufacturing Workshop, Michigan, 2013.

第二章
芯片产热机理与热输运机制

第一节　研　究　内　涵

随着工艺技术的不断发展，芯片集成度越来越高。按照摩尔于 1965 年提出的摩尔定律的发展趋势，单个芯片上的晶体管数量大约每两年可翻一倍。目前，晶体管的尺寸已由最初的微米量级发展到现在的纳米量级 [1]，而单个芯片上的晶体管数量已多达几十亿个。芯片技术的高速发展在推动现代科技的同时，也给其热管理带来了前所未有的挑战。统计分析表明，每当电子器件的温度增加 10℃，可靠性便会随之降低 50%，而每年引发电子器件失效的各种因素之中，因为高温所造成的故障就高达 55%。例如，随着工作温度从 20℃升高到 40℃，基于硒化锌（ZnSe）的激光二极管的寿命由 489h 骤降到 143h[2]。然而，不良的热管理措施也使得半导体器件难以实现其理论上能达到的额定功率与效率。以高电子迁移率晶体管（high electron mobility transistor，HEMT）为例，尽管有研究证明基于氮化镓的 HEMT 在高偏置时的输出功率密度可超过 30W/mm[3]，但当基于氮化镓的 HEMT 应用到实际的功率放大设备中时，由于受到热管理技术水平的限制，其输出功率密度通常只能到 7W/mm[4]。因此，热管理问题成为制约高功率高频率芯片技术发展的重要瓶颈之一。

明确芯片中的产热机理和热输运机制对于芯片热设计具有重要意义。图 2-1(a) 所示为英特尔公司的硅基 CPU 芯片的工作温度分布图。芯片的高度集成化导致芯片的功率密度大幅提升，越来越多的耗散产热量需要从越来越小的面积散发出去，芯片的热管理问题也越来越严峻。另外，晶体管的工艺节点尺寸越来越小，导致芯片内产生纳米尺寸的高局域化热点，使得芯片的热管理问题更加突出和复杂。图2-1(b)所示为一个90nm硅基晶体管周围的温度分布图[5]，图中结果表明在晶体管的漏极区存在纳米级热点。纳米尺度的高度局域化产热和热输运使得宏观经典理论已经无法适用[6]。因此，需要从微观尺度来分析认识纳米电子器件中种种关于热的响应，精准预测与分析芯片产热位置分布、产热量和热输运过程。本书将从宏观到微观的角度来全面阐述器件中的产热机理和热输运机制，梳理芯片产热与热输运研究的关键科学问题，综述当前芯片产热与热输运研究的动态，厘清芯片产热与热输运研究的发展趋势，提出芯片产热与热输运研究的未来发展建议，为相关领域研究的后续发展提供关键理论支撑。

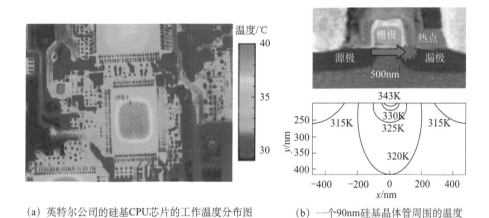

（a）英特尔公司的硅基CPU芯片的工作温度分布图　　　（b）一个90nm硅基晶体管周围的温度分布图显示纳米级热点的存在

图2-1　芯片产热示意图[5]

第二节　关键科学问题

器件工作过程中产生的焦耳热是电子器件与设备热管理的源头。焦耳热的产生涉及器件内部电子和声子等能量载子的迁移、输运与相互作用过程的耗散机制，与外加电场、器件结构和材料属性、载流子浓度及其分布和环境冷却条件等密切相关。由于芯片特征尺寸的减小，集成度增大，特别是3D

集成电子器件的出现，芯片材料的电阻、电容和电感等电学参数随特征尺寸非线性改变，呈现强烈的尺寸效应；同时也会因为温度的变化而变化，具有明显的温度依变特性。因此，迫切需要研究电子器件产热机理和温度分布特性，揭示电–热–力耦合作用下的电子器件焦耳产热机理，阐明芯片结构、材料、外加电压和冷却条件对电子器件热量产生、温度分布特征的影响规律，为电子设备热管理提供基本依据。

芯片产热与热输运研究的关键科学问题可以概述为三个方面：①纳米尺度芯片电–声耦合产热机理；②芯片微纳尺度热输运机制；③芯片电–热–力协同效应。如图 2-2 所示，芯片产热机理主要涉及材料内部电子与声子传递转换过程与相互作用规律，对芯片能量耗散与温度分布特性起决定性作用；芯片热输运机制则包括材料及芯片内部固–固异质接触界面的载流子散射、透射规律与能量迁移过程，决定芯片产热量能否顺利导出直至热沉，是芯片热传递链条中的关键环节；芯片电–热–力多场协同则是从器件角度考虑电场、热场和力场间的相互作用规律与协同设计。三个科学问题涵盖了芯片内部不同层面、不同尺度的电–热–力耦合过程，影响芯片全链条热管理的产热–传热环节，制约了芯片的电性能与热稳定性。下面将围绕这三个关键科学问题的内涵展开详细介绍。

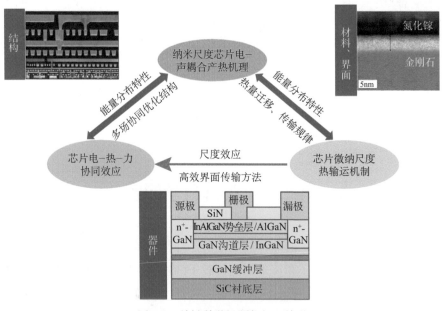

图 2-2　关键科学问题与相互关联

一、纳米尺度芯片电–声耦合产热机理

从宏观角度看，芯片中产热的主要来源是电流流过电阻产生的焦耳热。按照电流在芯片中的流通渠道来分，芯片中的产热可以有几个不同层次的来源。在芯片中的每个晶体管内，电流从源极通过沟道流向漏极产生焦耳热，这也是芯片中最基本最主要的热源单元。器件中的热瓶颈也主要集中在沟道靠近漏极附近的区域，即电子结附近的区域或近结区域，其局部热通量可达 $10kW/cm^2$ 甚至更高 [7,8]，已经超过了太阳表面的热通量（$6.3kW/cm^2$）。在集成电路中，数以亿计的晶体管之间通过金属连线彼此连接，电流通过金属连线也会产生焦耳热。另外，当芯片处于待机状态时，虽然芯片中的晶体管处于关闭状态，但仍会存在能耗，这种现象往往是因为漏电流所产生的。漏电流在芯片中流通也会产生一部分焦耳热。

从微观角度看，电阻的产生是由于电子（或空穴）的运动受到各种散射源的阻碍作用，包括电子之间的相互散射及电子与晶格振动（固体物理学用声子来描述晶体中规律的晶格振动）、界面、缺陷或杂质原子的散射（碰撞）。在所有这些因素中，电子仅通过声子散射而损失能量，从而加热晶格，引发晶格振动，即焦耳加热。其他散射机理都被认为是弹性的，只改变电子的动量不会使之失去能量。电子与声子相互作用（或声子间相互作用）时，声子数并不是守恒的，声子是可以产生和湮灭的，其作用过程遵从能量守恒和准动量守恒。如图 2-3 所示，能量小于 50meV 的电子主要以声学声子的形式释放能量，而具有较高能量的电子将释放光学声子。硅材料中，由于光学声子的群速度较低（约为 1000m/s），且在声子总数中占比较低，因而光学声子对热输运的贡献较小，主要热载流子为具有较高群速度的声学声子（横波为 5000m/s，纵波为 9000m/s）。一个光学声子可以衰减为多个声学声子，但衰减速率远低于电子释放出光学声子或声学声子的速率。在高电场下，高能电子释放出大量光学声子并被积聚，使得光学声子的数量随时间大幅增加，表现为热载流子的寿命增加，从而影响了电子输运，导致声子瓶颈（phonon bottleneck）效应 [9]。

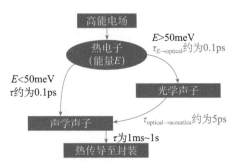

图 2-3　硅材料中能量传递过程及特种时间尺度 [9]

由于晶体管中的电子获得能量后必须经过数个非弹性平均自由程路径才能将其能量全部释放给晶格,而电子的非弹性平均自由程一般在 5～10nm 的量级,因此随着晶体管的尺寸持续缩小到 10nm 以下,基于连续介质理论所得到的结论便遭遇到很大的挑战。近年来,由于纳微米制程工艺的进步,已经能将沟道宽度减小至数个纳米的尺度,这也导致器件内存在更高度局域化的电场,进而在漏极产生仅有数个纳米大小的热点,而经典的传热理论很难准确地描述此类热流密度在空间中突然增大的现象。此外,模拟焦耳产热需要考虑电子与声子之间的交互作用,从电–声耦合的微观角度才能准确完整地描述晶格加热的过程。因此,需要从能量输运的微观本质着手,研究电子器件内部电子和声子等能量载子的传递现象与过程规律,深入认识载流子之间、载流子与物质的相互作用机制,探索纳米尺度功率芯片电–声耦合产热机理。

二、芯片微纳尺度热输运机制

芯片中热量的输运主要依靠电子(或空穴)和声子,其中金属材料主要依靠电子输运,绝缘体和掺杂半导体材料主要依靠声子输运,而在金属/半导体或金属/电介质界面则发生金属侧电子到非金属侧声子的耦合输运。在经典传热学中,通常采用傅里叶定律描述宏观的热输运过程,认为热量的输运是因为物体中存在的温度梯度驱使热量从高温处向低温处传递,而热输运的能力则可由材料的热导率大小来判定。然而,傅里叶定律是建立在两个基本假设之上的:一是热量的输运是瞬间完成的,即热输运的速度无限大;二是在空间中的不同位置上,热流密度与温度梯度之间没有任何关联,这也意味着热传导必须是在扩散输运的范畴内。然而，傅里叶定律的基本假设只在宏观情况下才近似成立。从微观角度看，真实的情况是热传导的速度是有限的，其传导速度约等于固体中的声速。根据气体动力论的推导结果，材料的热导率主要由比热、声子群速度和声子平均自由程这三个因素来决定。平均自由程可以理解成载流子在受到两次散射之间自由运动所经历的平均距离。以晶体硅为例，其电子平均自由程为 5~10nm，声子平均自由程为 200nm~2μm。由于当今芯片中典型结构（如晶体管）的特征尺寸已经与芯片中材料的电子平均自由程相当且远小于声子的平均自由程，使得载流子在纳米结构中的输运没有被散射就直接撞到界面，这样的输运过程称为弹道输运（ballistic transport）。弹道输运过程不再遵循宏观经典的傅里叶导热定律。由于散射的缺失，材料中的不同温度的声子之间将处于非平衡状态，并且由于声子之间的热量无法交换，所产生的热流将比傅里叶定律的预测值偏低，从而造成更大的导热热阻。此外，由于载流子无法在弹道输运中通过散射恢复到平衡态，这些处于非平衡态的载流子使得系统的温度也无法通过局部热平衡的观念来定义，这使得微纳米尺度下芯片内部的传热机制变得更为复杂。

芯片中除了纳米结构中的热传递，还存在大量异质结构的固体/固体界面，包括半导体和无定形态介电绝缘材料的界面（主要在门级）、半导体和半导体的界面及金属连线与半导体的界面等。在纳米尺度器件中，随着面积/体积的比值上升，异质界面的密度大幅提高，而异质界面形成的界面热阻严重限制了芯片中热量由内向外的传递。研究表明，在采用碳化硅（SiC）基底的氮化镓（GaN）HEMT 器件中，当 GaN 与 SiC 的界面热导 G 在小于 40 MW/(m²·K) 的范围内时，G 每降低 10 MW/(m²·K)，结温升高 15℃；而当 G 大于 50MW/(m²·K) 时，G 每降低 10 MW/(m²·K)，结温仅升高 2.6℃ [10]。热量通过这些异质界面的输运主要靠声子–声子散射。另外，金属–非金属之间的界面输运还包括电子–声子散射。图 2-4(a) 为苹果公司 28nm A7 芯片 A7 晶体管的透射电子显微镜（transmission electron microscope，TEM）图，其中除了存在半导体–半导体界面（如 SiGe/Si）、半导体–电介质界面，还存在半导体–金属界面。电流通过金属连线流入源极，然后进入沟道，再流进漏极，最后通过金属导线流出。在该过程中，不仅载流子在半导体与金属材料中的输运重要，载流子在金属–非金属界面上的输运也很重要，尤其是当晶体管的尺度大幅缩小之后。图 2-4(b) 为英特尔公司 22nm 鳍式场效应晶体管（fin field-effect transistor，FinFET）的 TEM 图，Si 翅片（Fin）与 W 之间具有复杂的多层结构，包括半导体–电介质界面、电介质–金属界面等。图 2-4(c) 与 (d) 显示了三菱电机绝缘栅双极型晶体管（insulated gate bipolar transistor，IGBT）的扫描电子显微镜（scanning electron microscope，SEM）图和 HEMT 的高角环形暗场结构图，同样也存在多种半导体–半导体界面、半导体–金属界面及半导体–电介质界面。

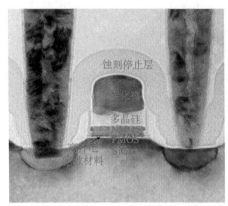

(a)苹果公司28nm A7晶体管的TEM图
来源：Chipworks

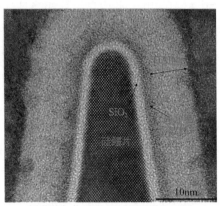

(b)英特尔公司22nm FinFET的TEM图
来源：Quantum Design GmbH

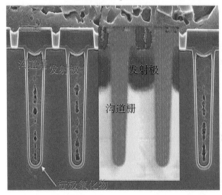

(c)三菱电机IGBT的SEM图
来源：Chipworks

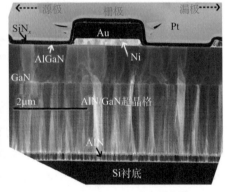

(d)HEMT的高角环形暗场结构图

图 2-4　芯片中的异质界面[11]

随着晶体管的尺寸持续减小和功率密度的增大，材料内部弹道输运与异质界面的界面热阻对芯片内部热量传输的影响逐渐增大。为了进一步提高芯片热传递能力，需要深入研究微纳尺度芯片热输运机制，分析芯片尺寸结构、界面材料和界面键合等因素对芯片微纳尺度热输运过程的影响规律，揭示芯片产热和传热的相互作用机制，建立芯片微纳尺度强化传热方法。

三、芯片电–热–力协同效应

在外加电场的作用下，器件内部电子元件之间、元件与器件材料之间、互连线之间的焦耳加热效应相互影响，而温度升高又将诱发应力场。如图2-5 所示，器件产热涉及电场、温度场和力场之间的非线性相互耦合作用过程，呈现强烈的电–热–力耦合效应。芯片温度升高会造成芯片漏电流的增加和电子输运阻力的增加，从而降低芯片的电学性能，而这进一步增加了芯片的温度。一旦出现芯片过热，通常需采用降低芯片工作频率的方法迫使芯片在较低性能下运行，抑制耗散废热的产生，直到芯片的温度回落。芯片温度的不均匀分布与材料热膨胀系数（coefficient of thermal expansion，CTE）的不匹配，又会在芯片中产生由温度引起的热应力，非均匀应力场

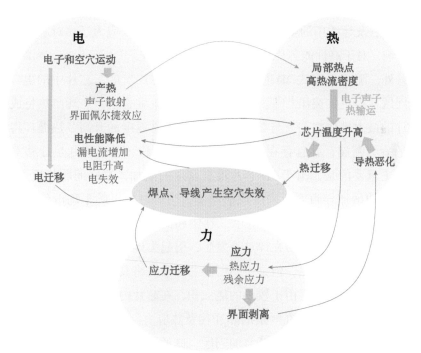

图 2-5 芯片中的电–热–力耦合问题

会造成连接界面的剥离，造成失效和导热恶化。另外，芯片中由于电子运动、温度梯度和应力梯度的存在还会促使电迁移、热迁移和应力迁移过程的改变[12]。电迁移是由于通电导体内运动电子将其动能传递给导体内的金属离子，使离子朝电场反方向运动而逐渐迁移，导致导体的原子扩散、损失。热迁移是由于原子或晶格热运动，在温度梯度下产生的扩散。应力迁移主要是原子在沿着应力梯度方向下发生的扩散，并释放应力。该现象往往通过空位在应力场中的漂移及最终在焊点和导线中汇聚成大的空穴而导致芯片的失效[13,14]。在芯片寿命与温度关系的论述中，有一种比较流行的"10℃=1/2"规则，即温度每升高10℃，芯片的寿命降低1/2。该规则基于类似计算化学反应速度常数与温度变化的阿伦尼乌斯方程（Arrhenius equation），$\lambda \propto e^{-E_a/k_BT}$，其中$\lambda$为反应的速率常数或芯片的失效速率，$E_a$为活化能，$k_B$为玻尔兹曼常量。该规则适用于芯片中由于化学反应或类化学反应而产生的寿命降低预测，如腐蚀、电迁移及制造缺陷等。当失效机制是其他原因时（如应力导致的剥离、断裂等）需要另行考虑。因此，通过考虑芯片内部电、热、力的协同效应，分析预测芯片的电性能、应力集中位置、焊点及导线中的空穴，研究电迁移、热迁移及应力迁移对芯片失效行为的影响，对于高性能芯片的设计有着重要的意义。

另外，随着平面式2D芯片向立体的3D芯片发展，芯片中的电-热-力耦合问题显得更加突出[15,16]。在3D芯片的密集堆叠中，焦耳产热将成为芯片设计的最大挑战之一。与2D芯片类似，器件温度的升高及热循环将造成焊点的疲劳断裂，并且存在界面反应、应力迁移、电迁移和热迁移等突出问题。更重要的是，由于3D芯片堆叠密度的增加，这些问题将更加严峻。堆叠密度的增加导致电流密度成倍增加，当经过焊点的平均电流密度达到1000A/cm^{2}时，电迁移就会发生[12]。在铝和铜金属连接线与焊点的尺寸一样的情况下，电迁移更容易在焊点处发生，引起失效。顶层和底层的芯片可以通过上下表面进行散热，但是中间层的芯片散热将具有极大的挑战。如果将热量从芯片边侧散出，由于较小的侧面积，在芯片内部将产生更大的温度梯度，微凸块焊接处将存在严重的热迁移及热应力问题。在3D芯片中，由于大温度梯度作用，除了界面开裂的问题，硅通孔分布不均及硅和通孔中铜的热膨胀失配还将导致芯片产生压应力，从而产生翘曲[12]。随着芯片堆叠数目的增加，翘曲的程度也会增加；翘曲使得微凸块焊接处受到应力的作用容易产生变形，使多层芯片堆叠更难对准，甚至破裂失效。因此，3D 芯片设计首要解决的就是芯片电–热–力协同的问题。

第三节　研 究 动 态

一、芯片产热机理

（一）芯片中的电–声耦合产热机理

电子与声子之间的交互作用简称为电 – 声耦合（electron-phonon coupling）效应。声子（即量子化的晶格振动波）具有能量 $\hbar\omega_j$ 和准动量 $\hbar q_j$，行为类似电子，具有粒子的属性，但又与电子有本质的区别。声子只是反映晶体原子集体运动状态的激发单元，不能脱离固体而单独存在，因此它并不是一种真实的粒子。声子是半导体和绝缘体材料热输运过程中最主要的能量载流子。当物体处于温度高于 0K 的环境中时，因为原子的热扰动影响并改变了物体内的晶格势能，这就会使得电子或者空穴遭受声子的散射，并限制电子的迁移率。同样地，当半导体内的电子或空穴浓度达到约为 $10^{20}\mathrm{cm}^{-3}$ 等级时，电子同样会对声子造成可观的散射，降低声子的热导率。

为了更好地理解半导体中电子和声子的耦合作用对芯片中产热及热输运的影响，有必要引入电子和声子频带结构的概念。能带结构也可以看成一种色散关系，即粒子的频率与波矢（或者说能量与动量）的关系。图 2-6(a)～(c) 所示为 Si、GaAs 及 GaN 的电子能带结构，其半导体带隙分别为 1.1eV、1.4 eV 及 3.6 eV。由图 2-6(a) 可以看出，半导体 Si 为间接带隙，导带底端位于 $\Gamma\sim X$，表示在布理渊区中一共存在六个简并的能带谷。当考虑电子–声子耦合效应时，电子的谷间散射（intervalley scattering）就必须被考虑进去；反之，GaAs 及 GaN 的散射则多为在 Γ 点附近的谷内散射（intravalley scattering）。此外，当 Si 价带顶部的电子受激发（如光子）时，需要有声子的参与获得额外的动能才得以确实跃迁至能带底部，而直接带隙的 GaAs 则不需要。因此，GaAs 一般认为在高速晶体管器件与光伏领域的应用中具有更好的前景。当带隙大于 2.0eV 时，一般将此类材料称为宽带隙半导体，如图 2-6(c) 所示的 GaN 最具代表性。这类半导体能承受较大电压，可以采用更高的开关频率而不影响工作性能，提高栅极驱动时的抗扰动能力，因此可以改善硅基芯片低开关频率、高功耗的缺点。GaN 在功率器件和 IGBT 等电子器件已有大量的应用。

图 2-6(d)~(f) 所示分别为 Si、GaAs 和 GaN 等主要电子材料的声子频带结构。根据振动模式的不同，在长波极限下可以将声子区分为声学分支（acoustic branch）和光学分支（optical branch），每个分支又包含一个纵向模态和两个横向模态。如图 2-6(d)~(f) 所示，在 GaN 的声子频带结构中，光学分支与声学分支的声子之间存在一个明显的频率带隙，而在 Si 和 GaAs 中则没有。从能量角度看，该频率带隙就对应于声子能量的禁带。声子频带结构提供的另外一个重要信息是声子的群速度（$d\omega/dk$）和相速度（ω/k）。群速度指的是一个波包在空间的传播速度，通常被认为是能量顺着波动传播的速度，而相速度指波的相位在空间中传递的速度，两者具有本质区别。Si 的

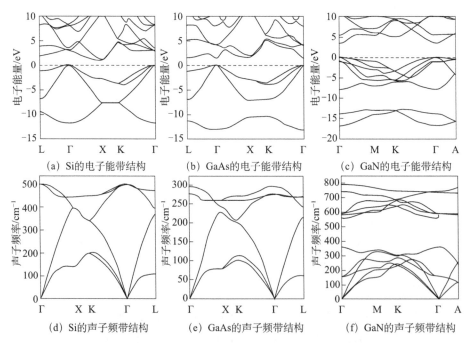

(a) Si的电子能带结构　　(b) GaAs的电子能带结构　　(c) GaN的电子能带结构

(d) Si的声子频带结构　　(e) GaAs的声子频带结构　　(f) GaN的声子频带结构

图 2-6　Si、GaAs 及 GaN 的电子能带与声子频带图

电子能带已对价带顶端进行平移。其中 Si 与 GaAs 为闪锌矿结构（zinc-blende structure）；

GaN 为纤锌矿结构（wurtzite structure）

数据来源：第一性原理计算结果，请注意此处并没有考虑电子的自旋轨道效应

纵向声学声子和横向声学声子的群速度分别为 9000m/s 与 5300m/s；GaAs 的纵向声学声子和横向声学声子的群速度分别为 5200m/s 与 3000m/s，而由于声学声子群速度反映了声子传递能量的速度，这也是 Si 具有比 GaAs 更高的热导率的部分原因。

在芯片工作过程中，半导体材料内部由于电子和声子相互作用而产生焦耳热。电子与声子相互作用（或声子彼此间相互作用）时，声子数并不是守恒的，声子既可以产生，也可以湮灭，其作用与演变过程遵循能量守恒和准动量守恒。电子与声子的相互作用会有两种结果：电子吸收声子获得更多能量，或者电子发射声子而释放能量。由于电子的能量越低越稳定，因此电子发射声子释放能量的概率要远大于其吸收声子获得能量的概率。这些释放的声子对应了不同晶格的振动简正模态，具体来说就是物体本身的温度上升了。这个过程称为热弛豫（thermal diffusion），相应的产热功率密度（每单位体积单位时间的耗散产热量）可以表述为 $p = J \cdot E$，其中 J（电流密度矢量）与 E（电场强度矢量）的单位分别为 A/m^2 和 N/C。在半导体中，当电子热弛豫到导带底部时，会与价带顶部相对应的空穴形成电子–空穴对（electron-hole pair），并且该电子与空穴在一定的条件下会复合。此复合的形式有两种：一是释放出光子，称为辐射复合；二是释放出声子使得物体温度上升，称为非辐射复合。在窄带半导体中或掺杂浓度较高的情况下，电子–空穴对的复合效应尤其不能被忽略。因此，电声耦合导致的焦耳产热的功率密度可以写为 [17]

$$P = J \cdot E + (R-G) \cdot (E_g + 3k_B T) \tag{2-1}$$

式中，等号右边第一项代表电子发射和传递过程中与声子相互作用所释放的耗散热量；第二项代表电子–空穴对的产生（G）及复合（R）而产生的热量，E_g 为半导体的带隙，k_B 为玻尔兹曼常量，T 为热力学温度。式（2-1）在研究微米尺度半导体器件的自热效应（self-heating effect）中取得了很大的成功 [18,19]。

尽管式（2-1）涵盖了芯片中焦耳产热的基本物理过程，其使用仍然具有局限性。首先，式（2-1）并没有完整地考虑到电子与声子（特别是不同类型声子）之间的交互作用，如材料温度升高后大量激发的声学声子反过来影响电子迁移率的效应。如前面所述，电子热弛豫到导带底部的过程会使晶体管升温，而电子迁移率又会因为电声耦合的影响而随温度升高而降低。例如，

Si 和 Ge 的电子迁移率与温度间的关系分别为 $\mu_e \sim T^{-2.49}$ 与 $T^{-1.64}$ [20]。在半导体中，高能电子的热弛豫以释放出光学声子为主，而光学声子（通常具有较高能量）则会以转变成两个能量较小的声频声子的方式来产生热阻。倘若在此机制中，电子放出光频声子的速率远大于光频声子衰减的速率，则光频声子的数量会大幅上升，进一步降低器件的电学输运性质，通常将这个现象称为声子瓶颈效应。这个效应对于 GaAs 或 GaN 这类极性半导体尤为重要，因为在极性半导体中纵波光频声子是热阻来源的主要贡献者。其次，式（2-1）也没有考虑晶体管器件内所存在的高度局域化电场的影响。由于晶体管中电子获得能量后必须经过数个非弹性平均自由程路径才能将其能量全部释放给晶格，而电子的非弹性平均自由程一般在 5～10nm 的量级，因此随着晶体管的尺寸持续缩小到 10nm 以下，基于连续介质理论所得到的结论便遭到很大的挑战。近年来，由于纳微米制程工艺的进步，已经能将沟道宽度降低至数个纳米的尺度，这也导致器件内存在更高度局域化的电场，进而在漏极产生仅有数个纳米大小的热点，而经典的传热理论难以准确地描述此类热流密度在空间中突然增大的现象。

研究计算半导体芯片中焦耳产热需要考虑各种电子与声子耦合的作用，才能从微观角度准确完整地描述晶格加热的过程。将蒙特卡罗（Monte Carlo，MC）模拟方法应用于计算纳米尺度下电声耦合导致的焦耳加热，可以计算不同频率的声子的热传递贡献率 [21-24]。在蒙特卡罗模拟中，电子能带和声子色散分别近似为椭圆体和二次方分布。模型考虑了所有谷间及谷内声子的非弹性散射。图 2-7 所示为蒙特卡罗方法模拟的硅电阻器在 50kV/cm 电场下净产生（发射减去吸收）的声子数的分布，生成的声子分布大致遵循能量状态密度。每个峰值下的面积与对应的电声耦合系数的平方成正比，因此也可以用来衡量每种散射的强度。IBM 公司的一个研究团队在场效应晶体管的产热与散热方面也做了一系列系统的工作 [25]。针对微 / 纳尺度场效应晶体管的工作过程，从载流子迁移的角度建立描述其内部产热及传热特性的多尺度格子–玻尔兹曼介观模型，通过在模型中引入源项去描述器件内部电子和声子的相互作用，可以获得不同工作状态下晶体管单元的温度分布特征 [26]。Lundstrom[27] 在 *Fundamentals of carrier transport* 中详细论述晶体管器件中电子和声子的输运机制及蒙特卡罗方法在模拟器件中载流子输运的应用。

　　除了不可逆的焦耳热，电流通过不同导体组成的回路时还会在异质界面处随着电流方向的不同分别出现吸热或放热现象，称为佩尔捷效应。佩尔捷效应的基本原理是：电荷载体在不同的材料中通常处于不同的能级，当它从高能级材料向低能级材料运动时，便释放出多余的能量；相反，从低能级向高能级运动时便从外界吸收能量。能量在两材料的界面处以热的形式吸收或放出。佩尔捷效应是可逆的，如果电流方向反过来，吸热便转变成放热。由于芯片中存在大量的异质界面，电流穿过异质界面时的佩尔捷效应可能不容忽略。目前相关的研究工作相对较少。一些先驱性研究工作发现[28-30]，在双极型晶体管中，异质界面的佩尔捷效应会随着施加的偏置电压而发生数量级的变化。

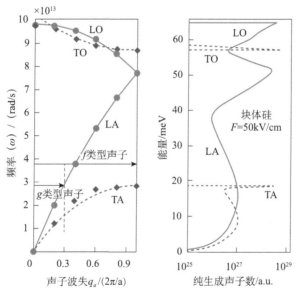

(a) 硅（100）方向上的声子色散图　(b) 计算得到的因焦耳加热而净产生
（发射减去吸收）的声子数

图 2-7　蒙特卡罗方法计算的芯片产热[22]

图中实线表示纵向声子，虚线表示横向声子

（二）芯片温度场多尺度模拟与热测试技术

　　厘清芯片中的温度场特别是局部热点的分布对于芯片的有效热管理和芯片的优化设计具有关键的指导作用。芯片中的温度场可以通过多尺度数值模拟或实验测试获得。虽然运用第一性原理计算方法分析声子–声子及电子–声子之间每一个散射过程并求取其散射率从而得到纳米材料和界面的导热率，但若将此方法无差别地推广到真实芯片的尺度则显得不现实。即便是分子动力学模拟也受限于当前的计算能力，难以分析真实芯片尺寸的传热问题。因此，多尺度热分析的技术成为精准描述芯片中热输运及热管理的重要工具。多尺度热学模拟通常横跨不同的尺度空间，可以采用不同的控制方程描述发生在不同的尺度空间内的电子–声子作用过程和热传递过程；也可以涵盖不同尺度的网格，对于热流密度较高的区域进行合理的加密。如前面所述，运用经典热传递理论来分析微小器件中的热输运容易产生可观的误差。因此，为了能准确地描述纳米尺度的热效应，可在尺寸效应较强的区域（如晶体管中的耗尽层）采用玻尔兹曼方程、弹道扩散模型、蒙特卡罗法或分子动力学方法来描述[31]；而在器件的特征长度明显大于声子平均自由程的区域（如晶体管的衬底），采用热扩散模型并辅以合理的边界条件以减少计算量[26]。

首先讨论经典传热方程应用在芯片热管理领域的极限。Turowski 等[32]使用了三维稳态热扩散方程来模拟一个射频集成电路芯片的温度场。如图 2-8 所示，实验所测量到的热点温度差为 4.9℃，而模拟热点温度差则为 3.2℃。虽然经典传热分析方法能够大致标定热点位置，但是对于预测温度场则存在一定的误差。直接运用玻尔兹曼方程计算绝缘体上硅（silicon on insulator, SOI）晶体管的温度场[33,34]，并将结果与傅里叶定律的结果相比较（图 2-9）：傅里叶扩散模型预测的晶体管最高温度为 320.7K；在玻尔兹曼方程计算中，灰声子模型预测的最高温度为 326.4K，比傅里叶扩散模型预测的温度略高，主要是声子的弹道输运与界面散射的原因。半灰声子模型预测的最高温度为 504.9K，远远高于扩散模型和灰声子模型预测的结果，其原因主要是在该模型中热浴态的声子到传播态的声子散射的弛豫时间很长，为 74.2ps。采用全声子谱模型计算得到的最高温度为 393.1K，与以上三种模型的预测均有很大不同，该模型中光学声子到声学声子散射的弛豫时间为 7.2ps。以上结果表明，傅里叶热传导方程由于不能考虑光学声子的热积累效应、声子的弹道输运效应和边界散射效应，所预测的温度远低于全声子谱模型。半灰声子模型的声子弛豫时间与全声子谱模型接近，但是该模型过高地估计了声学声子的速度，因而其预测的最高热点温度也偏低。半灰声子模型由于采用单一参数表征光学声子到声学声子散射的弛豫时间，且弛豫时间的值偏大，也无法准确预测最高热点温度。针对集成电路的热分析，可以基于求解混合玻尔兹曼输运方程与傅里叶方程，并配合分级多分辨率分区（hierarchical multiresolution partitioning）来布置加密网格。例如，一种多尺度的 Thermal Scope 分析方法结合了微观与宏观的热物理建模原则 [35]，只有在特征长度小于 $\eta \cdot \lambda_{ph}$（η 为一常数，而 λ_{ph} 为声子平均自由程）时求解玻尔兹曼方程，其他区域则采用傅里叶定律分析，而两者边界上的温度以迭代法计算至收敛。图 2-10(a) 显示了以粗粒化模型计算得到的芯片温度分布。从图中可以看出，温度峰值约在 363.5 K，而图 2-10(b) 则完整考虑了 FinFET 的结构，发现温度峰值达到 410 K，两者之间具有 11% 的误差。该研究结果表明了考虑器件精细结构对研究芯片温度分布的重要性。芯片功耗是集成电路的关键特性之一。随着制程的进步，由于漏电流导致的泄漏功耗占总功耗的比重将会增加。图 2-10(c) 显示出泄漏功耗较严重的地方，对于芯片设计具有重要的参考价值。

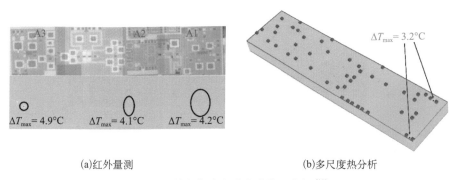

(a)红外量测 　　　　　　　　　　　(b)多尺度热分析

图 2-8　射频集成电路芯片的温度场 [32]

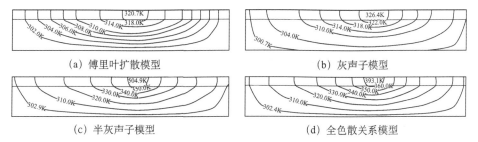

(a) 傅里叶扩散模型 　　　　　　　　(b) 灰声子模型

(c) 半灰声子模型 　　　　　　　　　(d) 全色散关系模型

图 2-9　采用玻尔兹曼输运方程求解得到的 SOI 晶体管二维模型中的温度分布 [34]

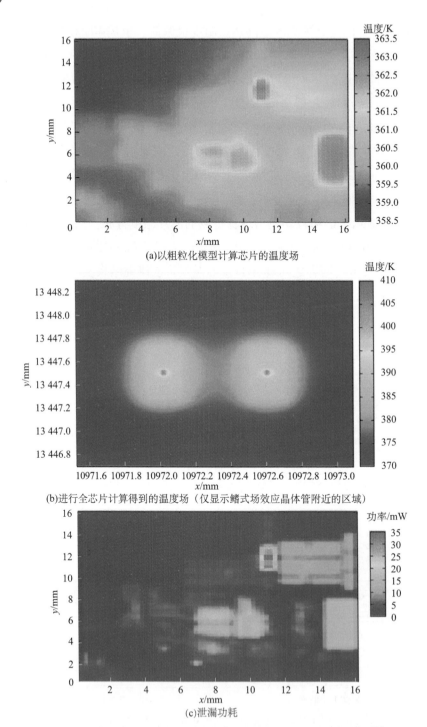

(a)以粗粒化模型计算芯片的温度场

(b)进行全芯片计算得到的温度场（仅显示鳍式场效应晶体管附近的区域）

(c)泄漏功耗

图 2-10　多尺度 Thermal Scope 分析方法求解的芯片温度分布图 [35]

芯片温度场的实验测量可以采用红外热成像法（infrared thermography）[36,37]、显微拉曼法（micro-Raman spectroscopy）[36]、热反射法（thermoreflectance）[38]和扫描热显微镜（scanning thermal microscopy，SThM）[39]等方法。通常，红外热成像仪通过检测电磁波谱的远红外范围（8～14μm）中的热辐射来产生相应的图像，称为热谱图。根据黑体辐射定律，所有温度高于0K的物体都会发出红外辐射，而且发出的辐射量随温度增加而增加。因此，热成像可以显示温度的变化。红外热像仪在测量芯片温度场的应用主要受限于空间分辨率。由于受到红外辐射波长衍射极限的限制，红外热像仪的空间分辨率一般都在微米以上。此外，红外测量受到探测器灵敏度的限制，一般需要较长的积分时间才能获得足够的信噪比，这也限制了红外热像仪不适应于探测瞬态的温度变化[36]。拉曼法测温是基于拉曼光谱与温度的关系进行测温的技术，在测温前都需要进行校准，获得拉曼信号（如峰移动、线宽加宽或强度比）的变化与温度关联的校准曲线。如何获得芯片内部复杂材料与异质接触面的校准曲线是拉曼法测温应用于芯片温度场测量的难点。图2-11显示了显微拉曼法测量晶体管的温度分布的一个应用实例[36]。热反射法测温是基于材料反射系数与温度成正比关系来进行测温的技术[40]。与拉曼法测温类似，对材料热反射系数的精确校正是热反射法测温的关键[41,42]。此外，热反射法测温必须在芯片表面镀覆热反射材料（铝、金等），对芯片电路造成破坏。扫描热显微镜是一种接触式的测量方法，使用一种能够感测温度的类似原子力显微镜的探头在整个

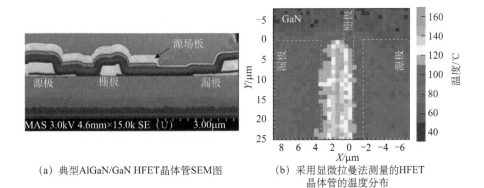

(a) 典型AlGaN/GaN HFET晶体管SEM图　　(b) 采用显微拉曼法测量的HFET晶体管的温度分布

图 2-11　采用显微拉曼法测量的 HFET 晶体管的温度分布[36]

HFET 晶体管栅区宽度为 50μm，长度为 0.4μm，AlGaN 的厚度为 30nm，GaN 的厚度为 1.3μm，4H-SiC 基底的厚度为 400 μm

设备表面扫描而得到温度分布。通过使用很尖锐的探头,这种方法在空间分辨率上可以达到百纳米量级。然而,其时间分辨率受到探头与设备表面之间热传导动力学的限制。此外,该方法不适用于被封装起来的电子器件与设备[43,44]。

需要指出的是,发展芯片内部温度场的原位精确探测方法与表征技术仍然面临突出的挑战,期待新原理和新方法的出现。

二、芯片热输运机制

(一)微纳尺度材料中的热输运

当载流子迁移处于弹道输运模式时,在同样的热流密度下,传统的傅里叶导热定律会过低地预测材料中的温度或过低地预测其导热热阻[45-47]。实验测量发现,在绝缘体上硅材料中,当声子平均自由程是硅薄膜厚度的 30 倍时,实际温升值会比采用传统的热传导理论的估计值高约 60%[48]。通过实验测量纳米尺度的热源到块体材料的热传导过程[47],发现当热量从纳米尺度的热源传导入蓝宝石块体材料时,由于声子弹道输运的非傅里叶效应,其导热的热阻相比宏观热阻可以增加 3 倍以上。当材料的尺寸小到和载流子平均自由程相当甚至更小时,声子迁移遇到材料边界时会被散射,即产生声子输运的尺度效应,这时材料的热导率不再是一个跟尺寸无关的常数,而是会随着输运尺度下降而降低[49]。因此,为了准确地描述芯片中微纳米结构的热传导,需要从微观视角了解固体中声子的传输,特别是研究声子的色散、平均自由程分布及各种散射机制。

对固体导热问题的微尺度研究始于 1914 年,德拜(Debye)首次将热传导归因于散布的晶格波并能够解释在高温下导热系数与温度的 $1/T$ 的关系。紧接着,派尔斯(Peierls)引入了声子玻尔兹曼方程,提出正规(normal)过程和倒逆(umklapp)过程这两个非简谐相互作用能使声子回归到热平衡[50]。在随后的 20 世纪四五十年代,相继出现了非简谐作用、点缺陷、位错等不同散射机制下的声子弛豫时间的近似表达式[51-53]。在 20 世纪 60 年代,人们推导出金属和合金材料的热导率模型,可以合理地解释纯晶体和合金的热导率随温度的变化[54-56]。实际上,这些热导率模型至今仍被频繁地用于研究各种材料的热传导特性,可以通过调整模型参数拟合宏观导热系数数据来获得材料中微观的声子传输特性。

　　尽管这类方法可以提供一些有用的见解，但它仍然必须基于特定的假设。近年来，纳米科技和芯片技术的快速发展极大地推动了微纳尺度热传递的研究，计算和实验方面都取得了长足进展，极大地深化了人们对热输运规律从原子尺度到设备规模的认识。目前，第一性原理计算方法可以在无任何拟合参数的情况下预测性地研究原子间相互作用及声子–声子相互作用对热导率的影响；原子格林函数可以计算声子在纳米结构中的散射及通过界面的传输；新的高效的蒙特卡罗算法能够模拟载流子在中等尺度复杂结构中的输运过程。通过这些无拟合参数的计算方法，实现了先通过数值计算提供预测然后实验验证的研究思路。

　　基于这个理念，Broido 等 [57] 与 Esfarjani 和 Stokes[58] 分别独立发展了在第一性原理的框架下提取三阶力常数的方法，配合求解玻尔兹曼方程，首次成功地计算出 Si 与 Ge 在不同温度下的热导率，计算结果如图 2-12(a) 所示。这套方法很快被用来研究各种材料的热输运参数，特别是与芯片应用高度相关的半导体，如 GaAs[59]、GaN[60] 和硅锗合金系统等 [57]。目前用于研究材料传热性质的高效能并行代码，如 ShengBTE[61] 及 almaBTE[62] 都是基于相同的处理方法。经由对每个声子散射过程的解析，可以绘制出声子自由程谱图，并得到对于热传导贡献最大的部分。以如图 2-12(b) 所示的 Si 为例，研究发现近 75% 的热导率是由平均自由程为 100nm～10μm 的声子贡献的 [63]。在当前半导体器件不断微型化的趋势下，这个重要计算结果对芯片设计提供了重要的信息。将第一性原理计算方法应用于研究四声子散射过程（这种机制在高温热传导过程中尤为重要）对于热导率的影响 [64]，发现当温度超过 1000K 时，考虑了四声子效应会导致 Si 热导率的计算值下降 25%，Ge 热导率的计算值下降 36%，显示了在温度较高的状况下高阶散射必须被考虑，这对于芯片热设计具有重要的指导作用。进一步的计算发现 [65]，立方砷化硼（c-BAs）在室温下的热导率高达 2200W/(m·K)，而在考虑了四声子的作用后，其值仍有 1400W/(m·K)，为现今发现具有最高热导率的半导体。2018 年，这个预测很快分别由三个实验团队所验证 [66-68]。经过第一性原理计算的分析发现，立方氮化硼（cubic boron nitride，c-BN）具有较高热导率是因为 As 原子与 B 原子的质量相差较大，因此材料中的光学模态会被赋予较高的振动频率，提高了声子带隙，进而大幅压制了三声子过程（特别是当涉及两个声频声子与一个光频声子时）的散射率，如图 2-12(c) 所示。这个结论给出了寻找具有超高热导率的半导体材料的新路径。

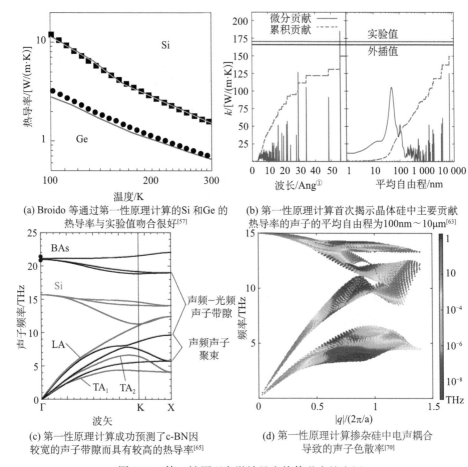

(a) Broido 等通过第一性原理计算的 Si 和 Ge 的热导率与实验值吻合很好[57]

(b) 第一性原理计算首次揭示晶体硅中主要贡献热导率的声子的平均自由程为100nm～10μm[63]

(c) 第一性原理计算成功预测了c-BN因较宽的声子带隙而具有较高的热导率[65]

(d) 第一性原理计算掺杂硅中电声耦合导致的声子色散率[70]

图 2-12　第一性原理在微纳尺度热传递中的应用

　　然而，上述的研究工作并没有考虑电子对声子产生的散射影响，即电子-声子耦合效应所带来的热阻。这是由于电子遵守费米-狄拉克分布，在一般的情况下（尤其是未经掺杂的半导体）能够散射声子的电子数量十分稀少，因此对热阻并没有显著的贡献。这类型的先驱研究由 Ziman[69] 在 1956 年

───────────────

　　① 埃米（Angstrom或Ang或Å）是晶体学、原子物理、超显微结构等常用的长度单位，音译为"埃"，长度为 10^{-10}m，纳米的 1/10。

完成。近数十年来，随着电子工业与芯片技术的迅猛发展，人们已经知道在各式各样的电子器件中，半导体材料必须通过掺杂，使得费米能阶附近电子的占有数增加，在外场或是温度的作用下，才能够跃过半导体能隙形成可供传导的自由电子。此时，由于电子的态密度增加，其对于声子所造成的散射就不可以被轻易地忽略。这也直接说明了在电子器件中热输运方面的研究方面，声子–电子耦合的效应必须被考虑。实际上，一直到 2015 年之后，人们才通过第一性原理计算的方式[70, 71]分别针对少数半导体与金属对该效应开展了相关的研究。图 2-12(d) 所示为第一性原理计算的掺杂晶体硅中电声耦合作用下声子的散射率。时至今日，电子–声子耦合对热输运影响的研究仍十分稀少，许多重要的机理，特别是在掺杂浓度较高的半导体材料中的能量传递机理，仍有待进一步探索。

在实验研究方面，实验测量特定声子的传输特性一直是一个巨大挑战。虽然今天的第一性原理计算方法的发展使得预测声子的传输特性成为可能，但这些预测仍然需要通过实验进行验证，并且用目前的方法来计算单元格中含有大量原子复杂材料（如 Yb14MnSb11）的声子传输特性仍是相当棘手的。因此，发展可靠的实验方法，准确测量声子的传输特性和微纳尺度材料的热导率显得尤为重要。

在声子的诸多传输特性中，声子的色散关系［即声子的频率（ω）和波矢（q）之间的关系 $\omega = \omega(q)$］是重要的一部分，集中反映了晶格的动力学特征。非弹性中子散射（inelastic neutron scattering，INS）和非弹性 X 射线散射（inelastic X-ray scattering，IXS）是两种经典的测量声子色散关系的方法。中子（或光子）在晶体中的非弹性散射可以看成中子（或光子）与声子交换能量和动量的过程，所以只要同时测量中子（或光子）在散射前后能量和动量的改变，就能得到声子色散曲线。实验测量获得一套色散曲线后，便可以根据原子间相互作用的物理模型，设定一套可以调整的力常数进行动力学矩阵计算，从而获得原子间相互作用的力常数，进而解释与此相关的物理现象。早期的非弹性中子散射实验因为需要很长的波束时间，所以实验测量通常限于晶体中的高对称线。近些年来，随着脉冲散裂源、飞行时间中子光谱仪和大面积探测器等的应用，已经允许多个波矢同时测量，从而大大减少了测量所需的光束时间[72-74]。图 2-13 为晶体硅[75]和 GaN[76]的色散谱，与第

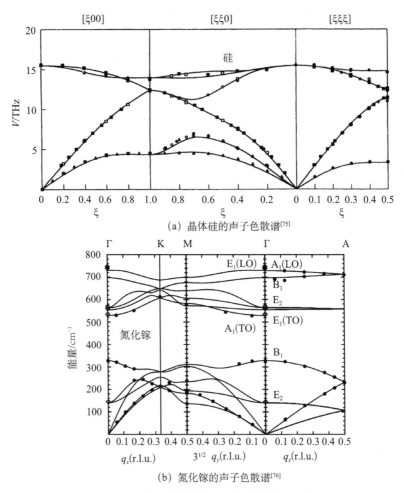

(a) 晶体硅的声子色散谱[75]

(b) 氮化镓的声子色散谱[76]

图 2-13　声子色散谱的测量与计算结果比较

其中符号代表非弹性中子散射和非弹性 X 射线散射的测量结果，曲线为第一性原理计算结果

一性原理计算的曲线吻合得很好。当然，中子非弹性散射技术虽然强大，也确实有其局限性。它一般只适合用于单晶样品，另外由于受到弹性散射峰的干扰也很难研究低能声子，而研究证明低能声子在热传导中也起着重要作用[49,63]。

　　声子的另一重要输运特性是声子的平均自由程，尤其需要关注传输热量的那部分声子的平均自由程的大小。因此，定义了声子的平均自由程累积函数，即平均自由程小于截断值的所有声子贡献的热导率与该截断值的函数。当前，声子的平均自由程累积函数可以通过基于激光加热和探测的泵浦-探测技术［包括时域热反射法（time-domain thermoreflectance，TDTR）和频域

热反射法（frequency-domain thermoreflectance，FDTR）〕直接测量。TDTR
和 FDTR 是通过激光器发出的泵浦光对镀有薄金属层的样品表面进行加热，
同时由另外一束探测光对金属表面的反射率进行探测，由于金属表面的反射
率与温度线性相关，通过反射率的改变可以得到样品表面温度的变化，最后
通过传热模型拟合实验数据得出样品材料的导热系数及界面热阻。然而，实
验发现当光斑的尺寸小到一定程度（<2μm）或者泵浦光的调制频率高到一
定程度（>1MHz）时，TDTR 和 FDTR 测到的热导率值将不是一个定值，而
与所用的光斑尺寸及调制频率相关。近些年来，学者提出了各种理论和模型
来解释 TDTR 与 FDTR 实验中的测量值对加热光斑大小和调制频率的依赖
关系，如声子平均自由程累积函数理论[77,78]、双通道非平衡传热模型[79,80]、
Levy 超扩散传热模型[81,82]、声子水动力学[83]和黏性加热模型[84]等。

（二）异质界面的热输运

对于轻度掺杂的半导体−半导体界面和半导体−电介质界面，其界面的热
输运主要由声子的界面散射决定。异质界面处声子−声子输运模型主要有声
学失配模型（acoustic mismatch model，AMM）[85]和漫射失配模型（diffuse
mismatch model，DMM）[86]，通过假定声子在界面上发生镜面反射和漫散射，
可以便捷地计算界面间的声子输运。但是，这些简单数理模型的缺点是无法
考虑实际的异质界面的精细微观结构，如界面粗糙度[87]、界面处不同材料间
相互混合/扩散的程度[88-90]、界面区域中存在的位错/应变/缺陷的水平[91]，
以及界面处不同材料的结合强度[92]和非弹性输运，因而计算结果往往出现与
测量值在数量级上的偏差[93]。

考虑界面的纳米结构、界面的作用力和其他微纳米尺度因素，原子尺度
的模拟方法近年来被广泛地应用于研究异质界面的声子输运。这些方法包
括分子动力学和原子格林函数等[94,95]。分子动力学基于经典的牛顿力学，通
过给定体系里面每个原子（或粒子）的初始速度和原子（或粒子）间的作用
力，求解原子（或粒子）的运动轨迹，再通过统计学的方法得到温度和热流
的信息。分子动力学一般采用非平衡方法计算界面热阻，即通过在计算区域
的两端施加热流边界条件或者温差边界条件，当系统达到稳态后，得到跨过
界面的温度差及热流，通过傅里叶定律计算界面热阻。最近，在非平衡分子

动力学模拟的基础上出现了频谱分析的方法[96,97]，可以从分子动力学模拟中得到随频率变化的声子透射系数；通过对分子动力学模拟中的瞬态热流在频域进行分解[98]，发展了界面热传导的模态分析方法，也可以得到界面热导随频率变化的信息。分子动力学可以模拟各种复杂的界面结构形貌，能同时考虑声子的弹性散射和非弹性散射。分子动力学模拟的不足在于其基于经典力学，假定声子分布满足经典玻尔兹曼分布，无法准确地反映声子的玻色–爱因斯坦量子态分布，因此只适合模拟较高温度（大于 Debye 温度）的情况。原子格林函数方法基于晶格动力学，通过系统的微小扰动来计算声子的输运。该方法在频域空间模拟，可以计算随频率变化的声子透射系数，但缺点是对于非弹性声子散射的计算量非常大，因此适用于低温下界面热输运的模拟。最近，包含非简谐项且计算量小的原子格林函数方法被推导出来，用于计算包含非简谐效应及随频率累积的 Si-Ge 界面热阻[99]。但是，原子格林函数无法模拟界面原子形貌的变化，只能模拟简单结构的界面。相反地，原子格林函数结合分子动力学模拟[100]，可以首先采用分子动力学模拟出界面的原子结构，再计算原子间的力学常数，最后采用原子格林函数方法可以计算复杂界面的透射系数。早期采用原子尺度模拟方法研究界面输运，多采用经验势能描述原子（或粒子）间的力场，带来较大的计算准确性问题。近些年来，基于第一性原理的原子尺度模拟方法迅速发展，大大提高了计算的准确性[101-103]。图 2-14 给出了联合第一性原理、分子动力学模拟和原子格林函数的研究界面热输运的一种多尺度模拟方法：首先采用第一性原理计算原子间的作用力常数，然后通过分子动力学模拟界面的结构，同时分子动力学可以

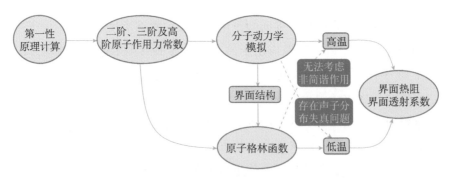

图 2-14　联合第一性原理计算、分子动力学模拟和原子格林函数的研究界面热输运的一种多尺度模拟方法

用来模拟高温下的界面热输运，最后将前面计算得出的原子间作用力常数与界面结构信息输入原子格林函数方法，可用于计算低温下的界面热输运。三种方法的耦合使用可以在大温度范围内对通过复杂界面的热输运进行研究。

芯片常用的半导体材料有 Si、Ge、GaN 和 SiC 等，研究与这些半导体材料相关的异质界面的热输运及获得界面热阻值对芯片热管理具有重要的意义。在众多异质界面中，Si-Ge 界面相对简单，也是在过去的 20 年中研究最广泛的半导体–半导体界面。图 2-15(a) 给出了采用基于非简谐假设的原子格林函数方法计算的通过 cSi-cGe（c 代表晶体）界面的声子透射系数[100]，图 2-15(b) 给出了采用基于分子动力学的界面热导模态分析方法得到的随频率累计的 cSi-cGe 界面热导值，模拟均采用 Tersoff 经验势能[104]。对比可以发现，界面的非简谐散射对界面热传导起到增强的作用。图 2-15(b) 还给出了晶体 Si（cSi）、无定形 Si（aSi）、晶体 Ge（cGe）及无定形 Ge（aGe）之间形成界面热导。结果显示，虽然无定形材料具有较低的导热系数，但其形成的界面 aSi-aGe 具有较高的界面热阻。对于 cSi-cGe 的界面热导，文献中有不同的报道。例如，采用分子动力学方法，得到界面热导约为 323MW/(m^2·K)[105]；采用基于简谐假设的原子格林函数方法，计算得到界面热导为 320MW/(m^2·K)[100]；采用分子动力学方法，计算得到界面热导为 420MW/(m^2·K)[100]；采用基于分子动力学的界面热导模态分析方法，计算得到界面热导为 830MW/(m^2·K)[98];采用考虑非简谐效应的原子格林函数方法计算得到界面热导约为 260MW/(m^2·K)[99]。从上述介绍看，芯片异质材料界面热阻的理论与实验研究仍然需要深入开展。

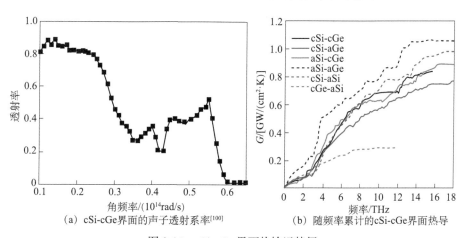

（a）cSi-cGe 界面的声子透射系数[100]　　　（b）随频率累计的cSi-cGe界面热导

图 2-15　cSi-cGe 界面热输运特征

在宽带半导体（如 GaN 基）高功率电子芯片中，由于源区具有较小的尺寸和超高的功率密度，会产生局部高温热点，成为限制高功率电子芯片工作性能和寿命的主要瓶颈之一。近些年，采用高导热材料［如金刚石（diamond）薄膜］衬底对局部热点进行热扩展的热流密度均匀化处理方式被认为是解决这类问题的关键。相比于 SiC［导热系数约为 400W/(m·K)］，虽然金刚石具有超高的导热系数［2000W/(m·K)］，对局部热点的均热扩展效果可能成倍提高，但 GaN 和金刚石结合将形成异质界面，引入较大的界面热阻。由于 Ga–金刚石界面直接连接很容易失效，所以经常引入 SiN_x、AlN、Si 作为 Ga–金刚石界面的连接层，而得到的界面热导在 $28\sim150MW/(m^2\cdot K)$ 变化[10,106–113]。图 2-16(a) 所示是在 GaN 上生长 5nm 的 SiN_x 连接层，然后再通过化学气相沉积（chemical vapor deposition, CVD）生长金刚石，形成了 GaN–金刚石界面结构，实验测量 GaN–金刚石的界面热导为 150 $MW/(m^2\cdot K)$[106]。但是该方法需要在高温下生长金刚石，超出了 GaN 器件所承受的温度。为了克服这个问题，Cheng 等[10]采用带 Si 源的氩离子束分别活化粗糙度在亚纳米级的 GaN 和金刚石表面，然后在室温下直接施压键合，界面结构如图 2-16(b) 所示。该方法得到 4nm 厚的界面区域（无定形金刚石和 Si），总界面热导为 92 $MW/(m^2\cdot K)$，小于 SiN 作为界面层的界面热导。如何进一步控制 GaN 等宽带半导体材料与金刚石结合形成界面的界面热阻率，是高功率电子芯片热管理中的关键挑战。

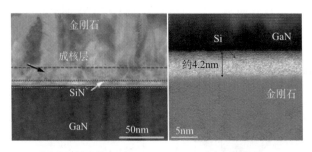

(a) SiN键合层　　　　(b) Si键合层

图 2-16　采用不同键合层的 GaN 和金刚石界面 TEM 图[106]

微纳米尺度界面热导的实验测量方法有基于超快激光的时域反射法[114-117]和拉曼热测量法（Raman thermometry）[118-121]、3ω 方法[122]等。SiO_2 长期用作晶体管中门级的介电材料，室温下 SiO_2-Si 之间的界面热导约为

50MW/(m^2·K)[123,124]。随着芯片晶体管尺寸的降低，当 SiO$_2$ 的尺寸减小 2nm 以下时，量子隧穿效应的增加带来大的门级漏电流，造成了高能耗，降低了器件稳定性。为了解决此类问题，SiO$_2$ 被高介电常数绝缘体代替，被广泛关注的高介电常数材料有 HfO$_2$、HfSiO$_4$ 和 ZrSiO$_4$ 等。图 2-17 给出了采用 TDTR 测量的具有 SiO$_2$ 缓冲层的 HfO$_2$ 与 Si 形成界面的界面热阻[125]。当 HfO$_2$ 厚度在 5.6～20nm 变化时，室温下的界面热阻在 3～12.5(m^2·K)/GW 变化，或在 80～333 MW/(m^2·K) 变化，高于 SiO$_2$-Si 的界面热导。

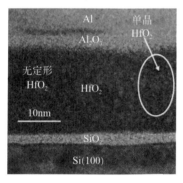

(a) HfO$_2$-SiO$_2$-Si界面TEM图　　　　(b) 不同HfO$_2$薄膜厚度下,HfO$_2$-SiO$_2$-Si的界面总热阻

图 2-17　HfO$_2$-SiO$_2$-Si 界面特征与热阻[125]

测量采用超快激光的时域反射法

半导体与金属界面之间的热输运由于既有声子通道，又有电子参与，物理现象要复杂得多。载流子输运通常有几种通道：界面弹性声子输运、界面非弹性声子输运和界面电子–声子耦合输运。电场作用下的电子通过界面的输运主要影响接触电阻，受界面势垒影响；而在研究热输运过程中，电子在热运动下通过界面的散射主要由电子–声子耦合体现，电子–电子的散射一般可以忽略。人们采用超快激光的时域反射法测量了一系列金属（Ti、Al、Au 和 Pb）和非金属（金刚石、蓝宝石和 BaF2）的界面热阻[126,127]，发现 Au 和 Pb 与非金属的界面热阻远大于 AMM 模型的预测值，甚至达到两个数量级以上的偏差，特别是 Pb–金刚石、Au–金刚石和 Pb–蓝宝石的界面热阻超过弹性散射理论下声子辐射模型预测的界面热阻极限值。这些实验结果很清晰地表明，在金属–非金属界面处，除了声子–声子弹性散射，还有其他的载流子输运通道。关于金属侧电子到非金属侧声子的耦合热输运，需要首先考虑的一

个问题是该传输过程是如何发生的，而长久以来关于界面处的电子–声子直接散射是否重要存在争议。如图 2-18 所示，观点一认为电子与声子在界面处的散射不重要，金属侧电子到非金属侧声子的输运主要通过金属电子–金属声子–非金属声子的过程完成；观点二认为金属侧电子与非金属侧声子的直接散射不能忽略。除了金属侧电子到非金属侧声子的输运，金属–非金属界面还存在声子–声子散射，既包括弹性声子–声子散射，还包括非弹性声子–声子散射。

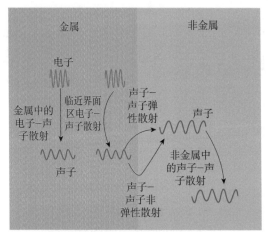

(a) 金属中的电子将能量首先传递到金属中的声子，然后金属中的声子与非金属中的声子在界面处发生散射

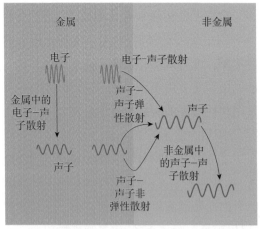

(b) 金属侧电子与非金属侧声子进行直接的散射

图 2-18 通过金属侧电子到非金属侧声子输运过程的两种观点

观点一主要基于 Lyeo 和 Cahill[115] 与 Hohensee 等 [128] 的实验结果推测，即具有相近 Debye 温度、不同电子结构的金属与金刚石形成界面，其测量的界面热阻在相同的数量级范围，因此其推断电子–声子的直接界面散射不重要；对于金属–非金属的界面热阻结果，其认为金刚石中的高频声子在界面散射时，将吸收或发出一个金属声子，即完全由界面的非弹性声子散射过程决定。基于观点二，各种界面电子–声子散射模型被提出：文献 [129] 提出电子–联合声子模型对该实验结果进行解释，该模型认为金属与非金属（文献 [129] 中以 Pb–金刚石为例）紧密接触，在金属–非金属的界面两侧各一个声子平均自由程范围内的区域将形成联合声子振动模式，通过界面的电子–声子散射主要通过电子–联合声子振动模式进行耦合；文献 [130] 提出类似于电子–杂质散射的非弹性电子–界面散射模型，将非金属侧当作杂质来考虑；文献 [131] 提出镜像电荷的方法来考虑电子–声子耦合模型，该模型在非极性材料中的使用有待验证。除了第三个模型，上述另外两个模型均预测界面热阻受电子结构影响，而这与实验结果并不吻合。因此，Lu 等 [132] 提出了通过局域化的表面电子态来计算电子–声子耦合，计算结果可以较好地解释不同金属（Pb/Pt/Al/Au）与金刚石的界面热阻。其他一些对各种输运模式及其作用的模拟与比较的研究工作表明 [102,133]：单纯的声子–声子弹性散射将低估界面热导；而加入声子–声子非弹性散射将大幅地增加界面的热导率并高估界面热传导；加入金属侧电子–金属侧声子的散射之后，界面热传导大幅度减小，热导率被低估；最后加入界面电子–声子的散射，其结果与实验结果比较吻合。

三、芯片电–热–力耦合效应

目前，芯片中电–热–力耦合问题的研究一般通过连续性模型模拟和实验测量进行。模拟计算一般采用电–热–力多物理场耦合的有限元方法。芯片中的导热问题采用固体热传导微分方程和傅里叶定律模拟；电场模拟基于麦克斯韦（Maxwell）方程组，并结合类似反映电荷输运的欧姆定律等材料定律；力学分析基于应力分析的牛顿第二定律及应力和应变的本构关系。温度对电和力模拟的影响主要通过电阻随温度的变化和热膨胀系数（coefficient of thermal expansion，CTE）来体现。由电迁移（J_A）、热迁移（J_{th}）和应力迁移（J_s）产生的离子扩散或原子流密度可以分别表示为 [134]

$$J_{\mathrm{A}} = \frac{N}{k_{\mathrm{B}}T} e Z^{*} J \rho D_{0} \exp\left(-\frac{E_{A}}{k_{\mathrm{B}}T}\right)$$

$$J_{\mathrm{th}} = -\frac{N Q^{*} D_{0}}{k_{\mathrm{B}}T^{2}} \exp\left(-\frac{E_{A}}{k_{\mathrm{B}}T}\right) \nabla T \qquad (2\text{-}2)$$

$$J_{\mathrm{s}} = \frac{N \Omega D_{0}}{k_{\mathrm{B}}T} \exp\left(-\frac{E_{A}}{k_{\mathrm{B}}T}\right) \nabla \sigma_{\mathrm{H}}$$

式中，N 为原子浓度；k_{B} 为玻尔兹曼常量；eZ^{*} 为离子有效电荷；E_{A} 为活化能（activation energy）；D_{0} 为自扩散系数；Q^{*} 为热流量；T 为局部温度；J 为局部电流密度矢量；Ω 为原子体积；σ_{H} 为局部静压应力（hydrostatic stress）；ρ 为局部电阻率，其与温度的关系为 $\rho = \rho_{0}[1 + \alpha(T - T_{0})]$，$\alpha$ 为金属材料的温度系数。瞬态局部原子浓度的微分方程可以写为

$$\mathrm{div}\left(J_{\mathrm{A}} + J_{\mathrm{th}} + J_{\mathrm{s}}\right) + \frac{\partial N}{\partial t} = 0 \qquad (2\text{-}3)$$

基于上述的电–热–力宏观连续新模型和原子扩散模型，可以采用有限元或有限容积法来模拟芯片中的电场、温度场、应力场及原子迁移过程，从而预测芯片的电性能、应力集中位置、焊点和导线中的空穴等。

随着 2D 芯片晶体管尺寸的减小及性能的提高，芯片中的电流密度也相应增加，2D 芯片的失效主要包括两方面：①热应力导致焊点疲劳断裂；②电迁移、热迁移及应力迁移引起金属连接线及焊点中形成空洞造成失效。焊点的寿命可以通过实验与模拟进行预测。实验中，通过对无缺陷的封装芯片进行温度循环测试，一般温度为–40～125℃，循环测试中发现通过焊点的电阻突然增大时可以判定对应的循环次数为焊点失效循环次数。基于大量焊点失效的循环次数实验数据，可以通过可靠性分析和寿命检验的韦伯分布（Weibull distribution）理论计算焊点的使用寿命，一般用平均无故障时间（mean time to failure，MTTF）表示。焊点的寿命计算也可以通过有限元力学模拟，对于焊点的热–力耦合的本构模型，除了弹性形变，一般还需要考虑塑性形变及蠕变。通过累积应变，可以分析预测焊点的寿命。实验和理论结果均表明，疲劳断裂主要发生在焊点靠近裸晶的顶部，96.5Sd/3.5Ag 的寿命要高于 63Sd/37Pb。

图 2-19 显示了铝金属线 [134] 和焊点 [15] 中形成的空穴。研究结果发现，电迁移为主要影响因素，应力迁移次之，热迁移影响最小。数值模拟的结果也显示 SnAgCu 比 SnPb 焊点的寿命要高 24%。在英特尔公司的 10nm 制程芯片中 [135]，为了有效地防止电迁移，在 12 层金属连接层的最下面两层采用了 Co，其在电迁移表现方面提高了 5～10 倍，同时也降低了电阻。

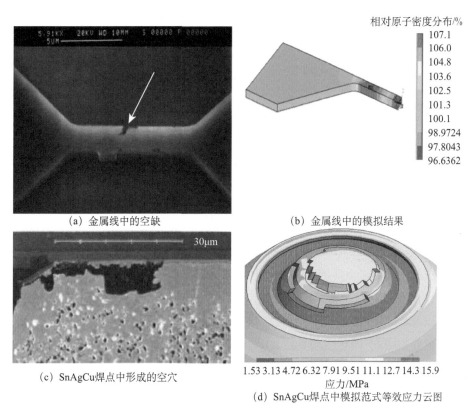

（a）金属线中的空缺　　　　　　（b）金属线中的模拟结果

（c）SnAgCu焊点中形成的空穴

（d）SnAgCu焊点中模拟范式等效应力云图

图 2-19　铝金属线和焊点中形成的空穴 [15,134]

随着近年来晶体管尺寸缩小至物理极限，进一步提高芯片系统的性能不能再单纯依靠提高单位面积晶体管的数量，因而出现了如图 2-20 所示的 2.5D 芯片和 3D 芯片。2.5D 芯片通过转接板（interposer）将不同材质和不同功能的芯片连接起来。3D 芯片基于硅通孔（through silicon vias，TSV）互联技术，将多个模块（如模拟电路、射频电路、高压和功率电路、传感器、光芯片、生物芯片等）集成到同一个芯片上，形成更高性能的系统。目前，3D 芯片技术已经成功地应用于闪存中，如 96 层的 3D 与非型闪存（NAND flash）

内存已经量产，其单个 3D 芯片容量达到 1TB 以上。但是由于电–热–力的耦合带来的挑战，3D 芯片技术尚未在高功率芯片中实现。一种基本方式是将高功耗与低功耗的芯片结合，形成 3D 芯片，以减小连接线的长度。3D 芯片通过 TSV 微凸焊点进行晶片与晶片之间的连接，假设微凸焊点的尺寸为 10～20μm，因此其密度可达 10^5～10^6 个 /cm^2。

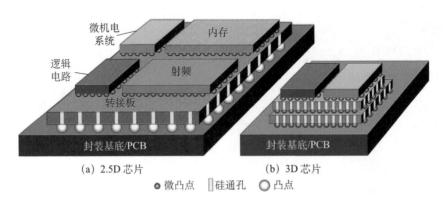

(a) 2.5D 芯片   (b) 3D 芯片

◉微凸点 ▯硅通孔 〇凸点

图 2-20 2.5D 芯片与 3D 芯片的封装

3D 堆叠芯片中的电–热–力耦合将导致更严峻的芯片可靠性问题，通常也采用与 2D 芯片一样的多物理场有限元方法进行模拟研究。图 2-21 显示了 TSV 样品在–55～125℃热冲击下的力学行为[136]，发现失效主要由 Cu/SiO$_2$ 界面裂纹及 SiO$_2$/Si 界面的黏聚裂纹引起；通过进一步的有限元模拟分析，发现应力主要集中在 TSV 顶端 Cu/SiO$_2$/Si 形成的直角处。

(a) Cu/SiO$_2$界面裂纹   (b) SiO$_2$/Si界面的黏聚裂纹

图 2-21 TSV 技术中心 Si/SiO$_2$/Cu 结构在热冲击下的失效情况[136]

第四节　未来发展趋势和建议

一、宽带隙半导体技术

近年来，宽带隙（wide band-gap，WBG）半导体器件逐渐成为新的热门课题。宽带隙半导体较常规 Si 半导体具有更宽的带隙。例如，硅的带隙是 1.1eV，GaAs 的带隙是 1.4eV，而宽带隙材料（SiC、GaN、β-Ga$_2$O$_3$ 等）的带隙则可达 3～5eV。从能量传递角度看，更宽的带隙则意味着电子从价带跃迁到导带所需的能量更大，因此材料更难成为导体，材料所能承受的电压和工作温度更高，所能提供的工作频率也更高。图 2-22 为几种宽带隙半导体（SiC、GaN、AlN）和常规硅半导体的比导通电阻与击穿电压的关系[137]。因此，宽带隙半导体凭借其得天独厚的优势，有望取代硅技术成为新一代半导体，可进一步提升电子设备的工作功率和频率（图 2-23），并减小器件与设备的尺寸[138-143]。鉴于宽带隙半导体器件技术的极其重要的军用价值和民用价值，以及其战略地位，美国 DARPA 早在 2001 年开始启动宽禁带半导体技术计划（Wide Bandgap Semiconductor Technology Initiative）[144]，极大地推动了宽禁带半导体技术的发展，并在全球范围内引发了激烈的竞争。

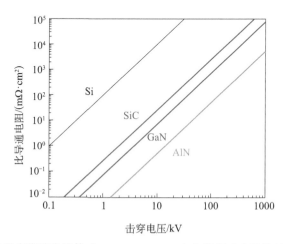

图 2-22　几种宽带隙半导体（SiC、GaN、AlN）和常规硅半导体的比导通电阻与击穿电压的关系[137]

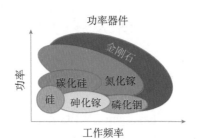

图 2-23　宽带隙半导体的工作频率与功率关系的示意图

　　GaN 是最具代表性的宽禁带半导体，在功率器件和 IGBT 等电子器件中大量应用，已成为第三代半导体的代表。图 2-24 为基于宽带隙半导体 GaN 的高电压晶体管的几种典型架构。图 2-24(a) 是发展得相对较成熟的横向 HEMT[138]，其中源极、栅极和漏极都横向排列位于设备的同一侧，GaN 沟道层通常生长在异质衬底（如 SiC、蓝宝石等）的上方[145,146]。GaN 和衬底之间因晶格失配而通常会引起应变与缺陷，从而增加对电子的散射，影响电子迁移率和晶体管的性能。为了减轻 GaN 和衬底之间的晶格失配，通常需要在 GaN 和衬底之间加上一层很薄的成核层（nucleation layer，如 30～200nm 厚的 AlN）。成核层虽然很薄，却引入了很大的界面热阻，占整个器件热阻的 10%～30%[147]。随着材料合成技术的发展，当前的技术已经能够以较低成本生长出大块的 GaN 衬底[148-150]，从而免去了对成核层的需求。为了实现 10kW 以上大功率的应用，工程师进而提出了 GaN 晶体管的垂直设计，其中源极和漏极为垂直排列［图 2-24(b) 和 (c)］，这样就可以在相同的芯片面积上提供更大的电流。图 2-24(b) 所示的电流孔径垂直电子晶体管（current aperture vertical electron transistor，CAVET）[151,152] 及图 2-24(c) 所示的氧化物–GaN 层间场效应晶体管（oxide GaN-interlayer field effect transistor，OGFET）[153] 均代表了当前最新的垂直电流设计。垂直的几何形状排除了对成核层的需求，芯片内部热传递过程的热阻就主要来源于金属电极与 AlGaN/GaN 的界面。

　　金刚石是超宽禁带半导体（禁带宽度为 5.5eV），具有优异的物理和化学性质，如高载流子迁移率、高热导率、高击穿电场、高载流子饱和速率和低介电常数等，被认为是最有希望制备下一代高功率、高频、高温及低功率损耗电子器件的材料，被业界誉为终极半导体。由于研制难度较大，金刚石半导体的发展速度低于宽禁带半导体。近十年来，对金刚石在大尺寸、低缺陷密度

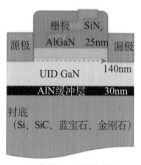

(a)具有横向配置的常规
HEMT GaN 晶体管[138]

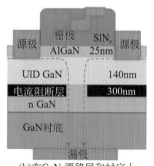

(b)在GaN 漂移层和衬底上
使用了AlGaN / GaN层状结构的
垂直CAVET GaN 晶体管[151,152]

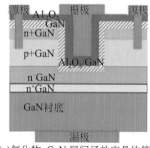

(c)氧化物–GaN 层间场效应晶体管,
这是MOSFET①的一种变体[153,154]

图 2-24　基于宽带隙半导体 GaN 的高电压晶体管的几种典型架构

和掺杂等关键技术的研究有新的突破，带动了金刚石功率二极管、金刚石功率场效应晶体管等器件的发展，而金刚石逻辑电路处于刚起步阶段[155,156]。

二、固–固异质界面热传输强化方法

随着芯片技术的进一步发展，尤其是高功率宽带半导体功率芯片，将产生高热流密度的局部热点。局部热流密度已经达到 $300W/cm^2$，甚至高达 $1000W/cm^2$，散热将成为其发展的主要瓶颈。开发高热导率材料做基底被认为是解决该问题的有效方法。目前已知的室温下热导率超过 $1000W/(m \cdot K)$ 的材料有金刚石、石墨、立方氮化硼和最近刚发现的立方砷化硼[65-68]。然而，这些材料与芯片衬底（如 GaN、SiC 等）的直接键合将产生低结合力、高应力和高界面热阻的问题。例如，为了 GaN 与金刚石之间键合更好，目前国际上的做法是在 GaN 上先生长 5nm 的 SiN_x 连接层，然后再通过 CVD 生长金刚石。实验测量得到的 GaN–金刚石的界面热导为 $150MW/(m^2 \cdot K)$。然而，该方法需要在高温下生长金刚石，超出了 GaN 器件所能承受的温度。需要注意的是，这类材料受内部组织结构的限制，可能表现出热传导的各向异性特征，必须充分重视这种属性对芯片热性能和热设计的影响。在不影响器件性能的情况下实现低热阻的金刚石与芯片衬底结合，是传热领域、材料领域和微纳米制造领域需要共同解决的问题。与此同时，必须高度关注基底材料的

---

① 金属氧化物半导体场效应晶体管（metal-oxide-semiconductor field-effect transistor，MOSFET）。

热传导各向异性的属性及其对器件热管理的影响。

近年来，学者提出了通过在接触界面增加微纳结构来强化固–固界面传热的方法。理论研究[157,158]与实验研究[159,160]均表明，在接触界面处增加微纳结构可以增加固–固界面的接触面积，从而强化界面换热效果。图 2-25 分别给出了金刚石–硅界面生成二维矩形阵列结构[161]和 Al–Si 接触界面三维纳米凸台结构[162]，均可实现界面热传导系数的较好提升。然而，由于边界散射效应加剧、界面连接缺陷等，通过制备表面微纳结构往往不能带来与接触面积相同的界面热传导系数强化效果[161]，仍需通过基础理论分析设计和工艺技术革新，来进一步建立强化芯片内部固–固异质界面传热的方法。

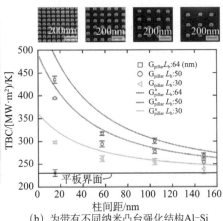

（a）为带有二维纳米矩形阵列结构的
金刚石－硅接触界面[161]

（b）为带有不同纳米凸台强化结构Al–Si
界面热传导系数变化[162]

图 2-25　固–固界面传热的微纳结构强化方法

三、芯片跨尺度–多场协同设计方法

任何针对芯片局部热点的外部散热设计必须要充分地解析芯片内部准确的温度及热流分布。如前面所述，由于晶体管特征尺寸的减小，经典的宏观连续性模型已经无法对芯片内部的温度及热流分布做出准确预测，未来芯片中电–热–力的耦合问题必须要结合微纳米尺度的研究方法与宏观研究方法。随着晶体管尺寸的进一步减小，非傅里叶效应所导致的热阻将进一步增加，晶体管中的热累积现象进一步恶化，降低器件的性能。晶体管中耗散热量的生成主要在栅极及其邻近区域，当晶体管中断特征尺度大于声子的平均自由程和波长，可以不考虑声子的波动特性，用玻尔兹曼输运方程来描述其粒子特征的输运。建立准确可靠的多尺度数值模拟方法尤为重要：在芯片的源区和尺度效应明显的区域采用玻尔兹曼输运方程求解电输运与热输运；在较大尺度区域采用宏观连续性模型计算；微纳米尺度求解器与宏观连续性模型求解器共用边界条件，通过多次迭代求解使界面处的物理量收敛达到一致。与此同时，微纳米尺度的热物性、温度等测量方法特别是原位测量表征方法与技术也需要进一步的发展，以结合理论对芯片中的温度和热流分布进行精确分析与预测，提高热–力、热–电耦合计算和协同化设计的准确性。

本章参考文献

[1] Desai S B, Madhvapathy S R, Sachid A B, et al. MoS$_2$ transistors with 1-nanometer gate lengths[J]. Science, 2016, 354(6308): 99-102.

[2] Itoh S, Nakano K, Ishibashi A. Current status and future prospects of ZnSe-based light-emitting devices[J]. Journal of Crystal Growth, 2000, 214-215: 1029-1034.

[3] Rosker M, Bozada C, Dietrich H, et al. The DARPA wide band gap semiconductors for RF applications (WBGS-RF) program: Phase II results[J]. CS ManTech, 2009, 1: 1-4.

[4] Reese E, Allen D, Lee C, et al. Wideband power amplifier MMICs utilizing GaN on SiC[C]. 2010 IEEE MTT-S International Microwave Symposium, Anaheim, 2010: 1230-1233.

[5] Sinha S, Goodson K E. Thermal conduction in sub-100nm transistors[J]. Microelectronics Journal, 2006, 37(11): 1148-1157.

[6] Pop E, Goodson K E. Thermal phenomena in nanoscale transistors[J]. Journal of Electronic Packaging, 2006, 128(2): 102-108.

[7] Bar-Cohen A, Albrecht J D, Maurer J J. Near-Junction thermal management for wide bandgap devices[C]. 2011 IEEE Compound Semiconductor Integrated Circuit Symposium, Waikoloa, 2011: 1-5.

[8] Garven M, Calame J P. Simulation and optimization of gate temperatures in GaN-on-SiC monolithic microwave integrated circuits[J]. IEEE Transactions on Components and Packaging Technologies, 2009, 32(1): 63-72.

[9] Pop E, Sinha S, Goodson K E. Heat generation and transport in nanometer-scale transistors[J]. Proceedings of the IEEE, 2006, 94(8): 1587-1601.

[10] Cheng Z, Mu F, Yates L, et al. Interfacial thermal conductance across room-temperature-

bonded GaN/diamond interfaces for GaN-on-diamond devices[J]. ACS Applied Materials and Interfaces, 2020, 12(7): 8376-8384.

[11] Sasangka W A, Syaranamual G J, Gao Y, et al. Improved reliability of AlGaN/GaN-on-Si high electron mobility transistors (HEMTs) with high density silicon nitride passivation[J]. Microelectronics Reliability, 2017, 76: 287-291.

[12] Tu K N. Reliability challenges in 3D IC packaging technology[J]. Microelectronics Reliability, 2011, 51(3): 517-523.

[13] Feral H, Chauffleur X, Fradin J P. Electro-thermo-mechanical simulation of automotive MOSFET transistor[C]. 2010 11th International Thermal, Mechanical and Multi-Physics Simulation, and Experiments in Microelectronics and Microsystems (EuroSimE), Bordeaux, 2010.

[14] Ancona M G, Binari S C, Meyer D J. Fully coupled thermoelectromechanical analysis of GaN high electron mobility transistor degradation[J]. Journal of Applied Physics, 2012, 111(7): 1010.

[15] Yong L, Liang L, Irving S, et al. 3D Modeling of electromigration combined with thermal–mechanical effect for IC device and package[J]. Microelectronics Reliability, 2008, 48(6): 811-824.

[16] Sai M P D, Yu H, Shang Y, et al. Reliable 3-D clock-Tree synthesis considering nonlinear capacitive TSV model with electrical-thermal-mechanical coupling [J]. IEEE Transactions on Computer-Aided Design of Integrated Circuits and Systems, 2013, 32(11): 1734-1747.

[17] Wachutka G K. Rigorous thermodynamic treatment of heat generation and conduction in semiconductor device modeling[J]. IEEE Transactions on Computer-Aided Design of Integrated Circuits and Systems, 1990, 9(11): 1141-1149.

[18] Amerasekera A, Chang M C, Seitchik J A, et al. Self-heating effects in basic semiconductor structures[J]. IEEE Transactions on Electron Devices, 1993, 40(10): 1836-1844.

[19] Dallmann D A, Shenai K. Scaling constraints imposed by self-heating in submicron SOI MOSFET's[J]. IEEE Transactions on Electron Devices, 1995.

[20] Batista J, Mandelis A, Shaughnessy D. Temperature dependence of carrier mobility in Si wafers measured by infrared photocarrier radiometry[J]. Applied Physics Letters, 2003, 82(23): 4077-4079.

[21] Pop E, Dutton R W, Goodson K E. Analytic band Monte Carlo model for electron transport in Si including acoustic and optical phonon dispersion[J]. Journal of Applied Physics, 2004, 96(9): 4998-5005.

[22] Pop E, Dutton R W, Goodson K E. Monte Carlo simulation of Joule heating in bulk and strained silicon[J]. Applied Physics Letters, 2005, 86(8): 082101.

[23] Pop E, Rowlette J A, Dutton R W, et al. Joule heating under quasi-ballistic transport conditions in bulk and strained silicon devices[C]. 2005 International Conference on Simulation of Semiconductor Processes and Devices, Tokyo, 2005: 307-310.

[24] Li Q, Zhu X, Xuan Y. Modeling heat generation in high power density nanometer scale GaAs/InGaAs/AlGaAs PHEMT[J]. International Journal of Heat and Mass Transfer, 2015, 81: 130-136.

[25] Freitag M, Steiner M, Martin Y, et al. Energy dissipation in graphene field-effect transistors[J]. Nano Letters, 2009, 9(5): 1883-1888.

[26] 王博, 宣益民, 李强. 微 / 纳尺度高功率电子器件产热与传热特性 [J]. 科学通报，2012, 57(33): 3195-3204.

[27] Lundstrom M. Fundamentals of carrier transport[J]. 2nd edn. Measurement Science and Technology, 2000, 13(2): 464.

[28] Pipe K P, Ram R J, Shakouri A. Bias-dependent Peltier coefficient and internal cooling in bipolar devices[J]. Physical Review B, 2002, 66(12): 125316.

[29] Pipe K P, Kevin P. Bipolar thermoelectric devices[D]. Boston: Massachusetts Institute of Technology, 2004.

[30] Pipe K P. Internal thermoelectric heating and cooling in heterostructure diode lasers[C]. Conference on Lasers and Electro-Optics, Baltimore, 2001.

[31] Sinha S, Goodson K E. Review: Multiscale thermal modeling in nanoelectronics[J]. International Journal for Multiscale Computational Engineering, 2005, 3(1): 107-133.

[32] Turowski M, Dooley S, Raman A, et al. Multiscale 3D thermal analysis of analog ICs: From full-chip to device level[C]. Thermal Investigation of ICs and Systems, Rome, 2008.

[33] Narumanchi S, Murthy J Y, Amon C H. Comparison of different phonon transport models for predicting heat conduction in silicon-on-insulator transistors[J]. Journal of Heat Transfer, 2005, 127(7): 713-723.

[34] Narumanchi S, Murthy J, Amon C. Boltzmann transport equation-based thermal modeling approaches for hotspots in microelectronics[J]. Heat and Mass Transfer, 2006, 42(6): 478-491.

[35] Allec N, Yang R, Dick R, et al. Multiscale thermal analysis for nanometer-scale integrated circuits [J]. IEEE Transactions on Computer-Aided Design of Integrated Circuits and Systems, 2009, 28(6): 860-873.

[36] Sarua A, Ji H F, Kuball M, et al. Integrated micro-Raman/infrared thermography probe for monitoring of self-heating in AlGaN/GaN transistor structures[J]. IEEE Transactions on Electron Devices, 2006, 53(10): 2438-2447.

[37] Gaussorgues G, Chomet S. Infrared Thermography[M]. Berlin: Springer Science and

Business Media, 1993.

[38] Beechem T, Graham S. Temperature Measurement of Microdevices Using Thermoreflectance and Raman Thermometry[M]. Berlin: Springer, 2008.

[39] Jinsung R, Mikyung L, Lee S S, et al. AFM-thermoreflectance for simultaneous measurements of the topography and temperature[J]. RSC Advances, 2018, 8(49): 27616-27622.

[40] Childs P R N. Chapter 1 nanoscale thermometry and temperature measurement[J]. Royal Society of Chemistry, 2015: 1-22.

[41] Farzaneh M, Maize K, Lüer E D, et al. CCD-based thermoreflectance microscopy: Principles and applications[J]. Journal of Physics D Applied Physics, 2009, 42(14): 143001.

[42] Dong U K, Park K S, Chan B J, et al. Quantitative temperature measurement of multi-layered semiconductor devices using spectroscopic thermoreflectance microscopy[J]. Optics Express, 2016, 24(13): 13906-13916.

[43] Gomes S, Assy A, Chapuis P O. Scanning thermal microscopy: A review[J]. Physica Status Solidi, 2015, 212(3): 477-494.

[44] Mecklenburg M, Hubbard W A, White E R, et al. Nanoscale temperature mapping in operating microelectronic devices[J]. Science, 2015, 347(6222): 629.

[45] Chen G. Nonlocal and nonequilibrium heat conduction in the vicinity of nanoparticles[J]. Journal of Heat Transfer, 1996, 118(3): 539-545.

[46] Gang C. Ballistic-diffusive heat-conduction equations[J]. Physical Review Letters, 2001, 86(11): 2297-2300.

[47] Siemens M E, Li Q, Yang R, et al. Quasi-ballistic thermal transport from nanoscale interfaces observed using ultrafast coherent soft X-ray beams[J]. Nature Materials, 2010, 9(1): 26-30.

[48] Sverdrup P G, Sinha S, Asheghi M, et al. Measurement of ballistic phonon conduction near hotspots in silicon[J]. Applied Physics Letters, 2001, 78(21): 3331-3333.

[49] Jiang P, Lindsay L, Koh Y K. Role of low-energy phonons with mean-free-paths $>0.8\,\mu m$ in heat conduction in silicon[J]. Journal of Applied Physics, 2016, 119(24): 245705.

[50] Peierls R. On the kinetic theory of thermal conduction in crystals[J]. Protein Engineering, 1929, 14(8): 549-555.

[51] Klemens P G. The scattering of low-frequency lattice waves by static imperfections[J]. Proceedings of the Physical Society Section A, 2002, 68(12): 1113.

[52] Herring C. Role of low-energy phonons in thermal conduction[J]. Physical Review, 1954, 95(4): 954-965.

[53] Pomeranchuk I. On the thermal conductivity of dielectrics[J]. Physical Review, 1941, 60(11): 820-821.

[54] Callaway J. Model for lattice thermal conductivity at low temperature[J]. Physical Review, 1959, 113(4): 1046.

[55] Holland M G. Analysis of lattice thermal conductivity[J]. Physical Review, 1963, 132(6): 2461-2471.

[56] Holland M G. Phonon scattering in semiconductors from thermal conductivity studies[J]. Physical Review, 1964, 134(2A): A471-A480.

[57] Broido D A, Malorny M, Birner G, et al. Intrinsic lattice thermal conductivity of semiconductors from first principles[J]. Applied Physics Letters, 2007, 91(23): 231922.

[58] Esfarjani K, Stokes H T. Method to extract anharmonic force constants from first principles calculations[J]. Physical Review B Condensed Matter, 2012, 86(1): 019904(E).

[59] Luo T, Garg J, Shiomi J, et al. Gallium arsenide thermal conductivity and optical phonon relaxation times from first-principles calculations[J]. Epl, 2013, 101(1): 16001.

[60] Lindsay L, Broido D A, Reinecke T L. Thermal conductivity and large isotope effect in GaN from first principles[J]. Physical Review Letters, 2012, 109(9): 095901.

[61] Li W, Carrete J, Katcho N A, et al. Sheng BTE: A solver of the Boltzmann transport equation for phonons[J]. Computer Physics Communications, 2014, 185(6): 1747-1758.

[62] Carrete J, Vermeersch B, Katre A, et al. AlmaBTE : A solver of the space–time dependent Boltzmann transport equation for phonons in structured materials[J]. Computer Physics Communications, 2017, 220: 351-362.

[63] Esfarjani K, Gang C, Stokes H T. Heat transport in silicon from first principles calculations[J]. Physical Review B Condensed Matter, 2011, 328(84): 293.

[64] Feng T, Lindsay L, Ruan X. Four-phonon scattering significantly reduces intrinsic thermal conductivity of solids[J]. Physical Review B, 2017, 96(16): 161201.

[65] Lindsay L, Broido D A, Reinecke T L. First-principles determination of ultrahigh thermal conductivity of boron arsenide: A competitor for diamond[J]. Physical Review Letters, 2013, 111(2): 025901.

[66] Kang J S, Li M, Wu H, et al. Experimental observation of high thermal conductivity in boron arsenide[J]. Science, 2018, 361(6402): 575-578.

[67] Li S, Zheng Q, Lv Y, et al. High thermal conductivity in cubic boron arsenide crystals[J]. Science, 2018, 361(6402): 579-581.

[68] Chen K, Song B, Ravichandran N K, et al. Ultrahigh thermal conductivity in isotope-enriched cubic boron nitride[J]. Science, 2020, 367(6477): 555-559.

[69] Ziman J M. The effect of free electrons on lattice conduction[J]. Philosophical Magazine, 1956, 1(2): 191-198.

[70] Liao B, Qiu B, Zhou J, et al. Significant reduction of lattice thermal conductivity by the

electron-phonon interaction in silicon with high carrier concentrations: A first-principles study[J]. Physical Review Letters, 2015, 114(11): 115901.

[71] Wang Y, Lu Z, Ruan X. First principles calculation of lattice thermal conductivity of metals considering phonon-phonon and phonon-electron scattering[J]. Journal of Applied Physics, 2016, 119(22): 225109.

[72] Garlatti E, Chiesa A, Guidi T, et al. Unravelling the spin dynamics of molecular nanomagnets with four-dimensional inelastic neutron scattering[J]. arXiv preprint arXiv:2101.06724, 2021.

[73] Chiesa A, Tacchino F, Grossi M, et al. Quantum hardware simulating four-dimensional inelastic neutron scattering[J]. Nature Physics, 2019, 15(5): 455-459.

[74] Delaire O, Ma J, Marty K, et al. Giant anharmonic phonon scattering in PbTe[J]. Nature Materials, 2011, 10(8): 614.

[75] Kulda J, Strauch D, Pavone P, et al. Inelastic-neutron-scattering study of phonon eigenvectors and frequencies in Si[J]. Physical Review B Condensed Matter, 1994, 50(18): 13347-13354.

[76] Ruf T, Serrano J, Cardona M, et al. Phonon dispersion curves in wurtzite-structure GaN determined by inelastic X-Ray scattering[J]. Physical Review Letters, 2001, 86(5): 906-909.

[77] Minnich A J, Johnson J A, Schmidt A J, et al. Thermal conductivity spectroscopy technique to measure phonon mean free paths[J]. Physical Review Letters, 2011, 107(9): 095901.

[78] Regner K T, Sellan D P, Su Z, et al. Broadband phonon mean free path contributions to thermal conductivity measured using frequency domain thermoreflectance[J]. Nature Communications, 2013, 4(1): 1-7.

[79] Wilson R B, Feser J P, Hohensee G T, et al. Two-channel model for nonequilibrium thermal transport in pump-probe experiments[J]. Physical Review B, 2013, 88(14): 144305.

[80] Jiang P Q, Qian X, Gu X K, et al. Probing anisotropic thermal conductivity of transition metal dichalcogenides MX_2 (M = Mo, W and X = S, Se) using time-domain thermoreflectance[J]. Advanced Materials, 2017, 29(36): 1701068.

[81] Vermeersch B, Carrete J, Mingo N, et al. Superdiffusive heat conduction in semiconductor alloys. I. Theoretical foundations[J]. Physical Review, 2015, 91(8): 085202.1-085202.9.

[82] Vermeersch B, Mohammed A, Pernot G, et al. Superdiffusive heat conduction in semiconductor alloys—II. Truncated Lévy formalism for experimental analysis[J]. Physical Review B, 2014, 91(8): 233-236.

[83] Beardo A, Hennessy M G, Sendra L, et al. Phonon hydrodynamics in frequency-domain thermoreflectance experiments[J]. Physical Review B, 2020, 101(7): 75303.

[84] Simoncelli M, Marzari N, Cepellotti A. Generalization of Fourier's law into viscous heat

equations[J]. Physical Review X, 2020, 10(1): 011019.

[85] Khalatnikov I M. Teploobmen mezhdu tverdym telom I geliem-Ii[J]. Zhurnal Eksperimentalnoi I Teoreticheskoi Fiziki, 1952, 22(6):687-704.

[86] Swartz E T, Pohl R O. Thermal boundary resistance[J]. Reviews of Modern Physics, 1989, 61(3): 605.

[87] Hopkins P E, Phinney L M, Serrano J R, et al. Effects of surface roughness and oxide layer on the thermal boundary conductance at aluminum/silicon interfaces[J]. Physical Review B, 2010, 82(8): 313-319.

[88] Stevens R J, Zhigilei L V, Norris P M. Effects of temperature and disorder on thermal boundary conductance at solid-solid interfaces: Nonequilibrium molecular dynamics simulations[J]. International Journal of Heat and Mass Transfer, 2007, 50(19120): 3977-3989.

[89] Hopkins P E, Norris P M, Stevens R J, et al. Influence of interfacial mixing on thermal boundary conductance across a chromium/silicon interface[J]. Journal of Heat Transfer, 2008, 130(6): 142-150.

[90] Redding R, Le Q, Larkin S. Temperature-dependent thermal boundary conductance at metal/ Indium-based Ⅲ-Ⅴ semiconductor interfaces[J]. Journal of heat transfer: Transactions of the ASME, 2017, 139(3): 031301.

[91] Hopkins P E. Thermal transport across solid interfaces with nanoscale imperfections: Effects of roughness, disorder, dislocations, and bonding on thermal boundary conductance[J]. Isrn Mechanical Engineering, 2013, 2013: 1-19.

[92] Jeong M, Freedman J P, Liang H J, et al. Enhancement of thermal conductance at metal-dielectric interfaces using subnanometer metal adhesion layers[J]. Physical Review Applied, 2016, 5(1): 014009.

[93] Cahill D G, Ford W K, Goodson K E, et al. Nanoscale thermal transport[J]. Journal of Applied Physics, 2003, 93(2): 793-818.

[94] Li X, Yang R. Size-dependent phonon transmission across dissimilar material interfaces[J]. Journal of Physics Condensed Matter, 2012, 24(15): 155302.

[95] Zhang W, Fisher T, Mingo N. Simulation of interfacial phonon transport in Si–Ge heterostructures using an atomistic Green's function method[J]. Journal of Heat Transfer, 2007, 129(4): 483-491.

[96] Sääskilahti K, Oksanen J, Volz S, et al. Frequency-dependent phonon mean free path in carbon nanotubes from nonequilibrium molecular dynamics[J]. Physical Review B, 2015: 91(11): 115426.

[97] Saeaeskilahti K, Oksanen J, Tulkki J, et al. Role of anharmonic phonon scattering in the spectrally decomposed thermal conductance at planar interfaces[J]. Physical Review B,

2014, 22(13): 134312.

[98] Gordiz K, Henry A. A formalism for calculating the modal contributions to thermal interface conductance[J]. New Journal of Physics, 2015, 17(10): 103002.

[99] Dai J, Tian Z. Rigorous formalism of anharmonic atomistic Green's function for three-dimensional interfaces[J]. Physical Review B, 2020, 101(4): 041301.

[100] Li X, Yang R. Effect of lattice mismatch on phonon transmission and interface thermal conductance across dissimilar material interfaces[J]. Physical Review B Condensed Matter, 2012, 86(5): 4583-4586.

[101] Gu X K, Li X B, Yang R G. et al. Phonon transmission across $Mg_2Si/Mg_2Si_{1-x}Sn_x$ interfaces: A first-principles-based atomistic Green's function study[J]. Physical Review B, 2015, 91(20): 205313.

[102] Sadasivam S, Ye N, Feser J P, et al. Thermal transport across metal silicide-silicon interfaces: First-principles calculations and Green's function transport simulations[J]. Physical Review B, 2017, 95(8): 085310.

[103] Polanco C A, Lindsay L. Phonon thermal conductance across GaN-AlN interfaces from first principles[J]. Physical Review B, 2019, 99(7): 075202.1-075202.15.

[104] Tersoff J. Modeling solid-state chemistry: Interatomic potentials for multicomponent systems[J]. Physical Review B Condensed Matter and Materials Physics, 1989, 39(8): 5566-5568.

[105] Landry E S, McGaughey A. Thermal boundary resistance predictions from molecular dynamics simulations and theoretical calculations[J]. Physical Review, 2009, 80(16): 588-598.

[106] Zhou Y, Anaya J, Pomeroy J, et al. Barrier-layer optimization for enhanced GaN-on-diamond device cooling[J]. ACS Applied Materials and Interfaces, 2017, 9(39): 7b08961.

[107] Yates L, Anderson J, Gu X, et al. Low thermal boundary resistance interfaces for GaN-on-diamond devices[J]. ACS Applied Materials and Interfaces, 2018, 10(28): 24302-24309.

[108] Cho J, Li Z, Bozorg-Grayeli E, et al. Improved thermal interfaces of GaN–Diamond composite substrates for HEMT applications[J]. IEEE Transactions on Components Packaging and Manufacturing Technology, 2013, 3(1): 79-85.

[109] Pomeroy J W, Be M, Dumka D C, et al. Low thermal resistance GaN-on-diamond transistors characterized by three-dimensional Raman thermography mapping [J]. Applied Physics Letters, 2014, 104(8): 083513.

[110] Dumka D C, Chou T M, Jimenez J L, et al. Electrical and thermal performance of AlGaN/GaN HEMTs on diamond substrate for RF applications[C]. 2013 IEEE Compound Semiconductor Integrated Circuit Symposium, Monterey, 2013.

[111] Cho J, Won Y, Francis D, et al. Thermal interface resistance measurements for GaN-on-diamond composite substrates[C]. 2014 IEEE Compound Semiconductor Integrated Circuit Symposium, La Jolla, 2014: 1-4.

[112] Sun H, Simon R B, Pomeroy J W, et al. Reducing GaN-on-diamond interfacial thermal resistance for high power transistor applications[J]. Applied Physics Letters, 2015, 106(11): 111906.

[113] Cho J, Francis D, Altman D H, et al. Phonon conduction in GaN-diamond composite substrates[J]. Journal of Applied Physics, 2017, 121(5): 055105.

[114] Jiang P, Qian X, Yang R. Tutorial: Time-domain thermoreflectance (TDTR) for thermal property characterization of bulk and thin film materials[J]. Journal of Applied Physics, 2018, 124(16): 161103.1-161103.31.

[115] Lyeo H K, Cahill D G. Thermal conductance of interfaces between highly dissimilar materials[J]. Physical Review B, 2006, 73(14): 144301.

[116] Donovan B F, Szwejkowski C J, Duda J C, et al. Thermal boundary conductance across metal-gallium nitride interfaces from 80 to 450K[J]. Applied Physics Letters, 2014, 105(20): 147.

[117] Wilson R B, Apgar B A, Hsieh W P, et al. Thermal conductance of strongly bonded metal-oxide interfaces[J]. Physical Review B, 2015, 91(11): 115414.

[118] Yalon E, Aslan Z B, Smithe K K H, et al. Temperature dependent thermal boundary conductance of monolayer MoS_2 by Raman thermometry[J]. ACS Applied Materials and Interfaces, 2017, 9(49): 43013-43020.

[119] Zhao W, Chen W, Yue Y, et al. *In-situ* two-step Raman thermometry for thermal characterization of monolayer graphene interface material[J]. Applied Thermal Engineering, 2017, 113: 481-489.

[120] Yuan P, Wang R, Tan H, et al. Energy transport state resolved Raman for probing interface energy transport and hot carrier diffusion in few-layered MoS_2[J]. ACS Photonics, 2017, 4(12): 7b00815.

[121] Liu J, Wang H, Hu Y, et al. Laser flash-Raman spectroscopy method for the measurement of the thermal properties of micro/nano wires[J]. Review of Scientific Instruments, 2015, 86(1): 793-907.

[122] Cahill D G. Thermal conductivity measurement from 30 to 750K: The 3ω method[J]. Review of Scientific Instruments, 1990, 61(2): 802-808.

[123] Lee S M, Cahill D G. Heat transport in thin dielectric films[J]. Journal of Applied Physics, 1997, 81(6): 2590-2595.

[124] Cahill D, Bullen A, Lee S M. Interface thermal conductance and the thermal conductivity

of multilayer thin films[J]. High Temperatures-High Pressure, 2000, 32(2): 135-142.

[125] Panzer M A, Shandalov M, Rowlette J A, et al. Thermal properties of ultrathin hafnium oxide gate dielectric films[J]. IEEE Electron Device Letters, 2009, 30(12): 1269-1271.

[126] Stoner R J, Maris H J. Kapitza conductance and heat flow between solids at temperatures from 50 to 300 K[J]. Physical Review B, 1993, 48(22): 16373-16387.

[127] Stoner R J, Maris H J, Anthony T R, et al. Measurements of the Kapitza conductance between diamond and several metals[J]. Physical Review Letters, 1992, 68(10): 1563.

[128] Hohensee G T, Wilson R B, Cahill D G. Thermal conductance of metal-diamond interfaces at high pressure[J]. Nature Communications, 2015, 6(1): 6578.

[129] Huberman M, Overhauser A. Electronic Kapitza conductance at a diamond-Pb interface[J]. Physical Review B, 1994, 50(5): 2865-2873.

[130] Sergeev A V. Electronic Kapitza conductance due to inelastic electron-boundary scattering[J]. Physical Review B, 1998, 58(16): R10199-R10202.

[131] Mahan G D. Kapitza thermal resistance between a metal and a nonmetal[J]. Physical Review B Condensed Matter, 2009, 79(7): 7715-7722.

[132] Lu T, Zhou J, Nakayama T, et al. Interfacial thermal conductance across metal-insulator/ semiconductor interfaces due to surface states[J]. Physics, 2015, 93(8): 085433.

[133] Lu Z, Wang Y, Ruan X. Metal/dielectric thermal interfacial transport considering cross-interface electron-phonon coupling: Theory, two-temperature molecular dynamics, and thermal circuit[J]. Physical Review B, 2016, 93(6): 064302.

[134] Dalleau D, Weide-Zaage K. Three-dimensional voids simulation in chip metallization structures: A contribution to reliability evaluation[J]. Microelectronics Reliability, 2001, 41(9/10): 1625-1630.

[135] Auth C, Aliyarukunju A, Asoro M, et al. A 10nm high performance and low-power CMOS technology featuring 3rd generation FinFET transistors, self-aligned quad patterning, contact over active gate and cobalt local interconnects[C]. 2017 IEEE International Electron Devices Meeting (IEDM), San Francisco, 2017: 1-29.

[136] Xi L, Qiao C, Sundaram V, et al. Failure analysis of through-silicon vias in free-standing wafer under thermal-shock test[J]. Microelectronics Reliability, 2013, 53(1): 70-78.

[137] Shinohara K, Regan D C, Tang Y, et al. Scaling of GaN HEMTs and Schottky diodes for submillimeter-wave MMIC applications[J]. IEEE Transactions on Electron Devices, 2013, 60(10): 2982-2996.

[138] Mishra U K, Parikh P, Wu Y F. AlGaN/GaN HEMTs—an overview of device operation and applications[J]. Proceedings of the IEEE, 2002, 90(6): 1022-1031.

[139] Millan J, Godignon P, Perpiñà X, et al. A survey of wide bandgap power semiconductor

devices[J]. IEEE Transactions on Power Electronics, 2013, 29(5): 2155-2163.

[140] Hudgins J L, Simin G S, Santi E, et al. An assessment of wide bandgap semiconductors for power devices[J]. IEEE Transactions on Power Electronics, 2003, 18(3): 907-914.

[141] Östling M, Ghandi R, Zetterling C M. SiC power devices: Present status, applications and future perspective[C]. 2011 IEEE 23rd International Symposium on Power Semiconductor Devices and ICs, San Diego, 2011: 10-15.

[142] Ren F, Zolper J C. Wide Energy Bandgap Electronic Devices[M]. Singapore: World Scientific, 2003.

[143] Ozpineci B, Tolbert L M. Comparison of Wide-bandgap Semiconductors for Power Electronics Applications[M]. Washington: United States Department of Energy, 2004.

[144] Ericsen T. Future navy application of wide bandgap power semiconductor devices[J]. Proceedings of the IEEE, 2002, 90(6): 1077-1082.

[145] Felbinger J G, Chandra M V S, Sun Y, et al. Comparison of GaN HEMTs on diamond and SiC substrates[J]. IEEE Electron Device Letters, 2007, 28(11): 948-950.

[146] Dumka D C, Chou T M, Faili F, et al. AlGaN/GaN HEMTs on diamond substrate with over 7W/mm output power density at 10GHz[J]. Electronics Letters, 2013, 49(20): 1298-1299.

[147] Power M, Pomeroy J W, Otoki Y, et al. Measuring the thermal conductivity of the GaN buffer layer in AlGaN/GaN HEMTs[J]. Physica Status Solidi, 2015, 212(8): 1742-1745.

[148] Ehrentraut D, Pakalapati R T, Kamber D S, et al. High quality, low cost ammonothermal bulk GaN substrates[J]. Japanese Journal of Applied Physics, 2013, 52(8S): 08JA01.

[149] Hashimoto T, Wu F, Speck J S, et al. A GaN bulk crystal with improved structural quality grown by the ammonothermal method[J]. Nature Materials, 2007, 6(8): 568-571.

[150] Fujito K, Kubo S, Nagaoka H, et al. Bulk GaN crystals grown by HVPE[J]. Journal of Crystal Growth, 2009, 311(10): 3011-3014.

[151] Ji D, Laurent M A, Agarwal A, et al. Normally OFF trench CAVET with active Mg-doped GaN as current blocking layer[J]. IEEE Transactions on Electron Devices, 2016, 64(3): 805-808.

[152] Zhang Y, Sun M, Liu Z, et al. Trench formation and corner rounding in vertical GaN power devices[J]. Applied Physics Letters, 2017, 110(19): 193506.

[153] Ji D, Gupta C, Agarwal A, et al. Large-area in-situ oxide, GaN interlayer-based vertical trench MOSFET (OG-FET)[J]. IEEE Electron Device Letters, 2018, 39(5): 711-714.

[154] Ji D, Gupta C, Agarwal A, et al. First report of scaling a normally-off in-situ oxide, GaN interlayer based vertical trench MOSFET (OG-FET)[C]. 2017 75th Annual Device Research Conference, South Bend, 2017: 1-2.

[155] 赵正平. 超宽禁带半导体金刚石功率电子学研究的新进展[J]. 半导体技术, 2021,

46(1): 1-14.

[156] 赵正平. 超宽禁带半导体金刚石功率电子学研究的新进展（续）[J]. 半导体技术, 2021, 46(2): 81-103.

[157] Wei X, Zhang T, Luo T. Molecular fin effect from heterogeneous self-assembled monolayer enhances thermal conductance across hard-soft interfaces[J]. ACS Applied Materials and Interfaces, 2017, 9(39): 33740-33748.

[158] Hua Y C, Cao B Y. Study of phononic thermal transport across nanostructured interfaces using phonon Monte Carlo method[J]. International Journal of Heat and Mass Transfer, 2020, 154: 119762.

[159] Lee E, Luo T. Investigation of thermal transport across solid interfaces with randomly distributed nanostructures[C]. 2017 16th IEEE Intersociety Conference on Thermal and Thermomechanical Phenomena in Electronic Systems (ITherm), Orlando, 2017: 363-367.

[160] Lee E, Menumerov E, Hughes R A, et al. Low-cost nanostructures from nanoparticle-assisted large-scale lithography significantly enhance thermal energy transport across solid interfaces[J]. ACS Applied Materials and Interfaces, 2018, 10(40): 34690-34698.

[161] Cheng Z, Bai T, Shi J, et al. Tunable thermal energy transport across diamond membranes and diamond-Si interfaces by nanoscale graphoepitaxy[J]. ACS Applied Materials and Interfaces, 2019, 11(20): 18517-18527.

[162] Lee E, Zhang T, Yoo T, et al. Nanostructures significantly enhance thermal transport across solid interfaces[J]. ACS Applied Materials and Interfaces, 2016, 8(51): 35505-35512.

第三章
芯片热管理方法

第一节　概念与内涵

　　1947 年，世界上第一个晶体管在贝尔实验室诞生，由此拉开了电子电路从传统分立元件向大规模集成电路发展的序幕。1958 年，德州仪器发明并制作了世界上第一块集成电路板，标志着人类正式跨入了集成电路时代。集成电路从产生到现在经历了电子管、晶体管、集成电路、超大规模集成电路的发展历程。1993 年，英特尔公司发布了奔腾处理器（Pentium），采用了 0.6μm工艺，包含了 320 万个晶体管，芯片工作过程中的焦耳热排散问题日渐突出。也正是从奔腾系列处理器开始，电子芯片引入了热管理的概念。摩尔定律预测集成电路芯片上的晶体管每 18 个月就会增加一倍[1,2]，这一定律在半导体行业 50 余年的发展中成为推动行业进步的重要准则，如今的 CPU 晶体管数目已经达到 10 亿级别。2017 年，英特尔公司推出了基于 Skylake-X 架构的64 位 CPU– 英特尔酷睿 i9 处理器，采用了 14nm 制程，最高可达 18 核。

　　除集成电路外，面向军用雷达、通信、导航及电子战等领域的功率电子器件也在向高性能、高紧凑和集成化的方向快速发展：实现对目标远距离探测识别、通信和电子干扰等功能的集成，功能越来越多，性能越来越强；另外，电子设备及系统的重量和体积受机载、星载和弹载等载荷平台的严格限制。随着新一代战斗机等武器装备的研发，以 GaN 为代表的新一代宽带隙、高功率密度半导体器件越来越多地被应用到雷达等装备中，功率放大器输出功率可达常规 GaAs 器件的 2～4 倍。

整体来看，大功率、高性能、高集成度已成为现代电子器件与设备的发展趋势，同时也给热管理带来了严峻的挑战。未来，高性能计算系统和功率芯片热流密度将达到 1000W/cm²，局部热点的热流密度甚至可达数十千瓦/厘米²（kW/cm²），已远远超过传统热管理技术百瓦/厘米²（100W/cm²）的冷却极限。考虑电子芯片制程发展的困难，近年来针对三维堆叠芯片的研究和开发越来越广泛。三维堆叠技术通常使用 TSV 把射频前端、信号处理、存储、传感、致动及能量源等元件垂直集成在一起，功能密度进一步增强，热流体积密度进一步提高。然而，在高运行温度下，芯片内各种轻微物理缺陷造成的故障更容易显现出来。高温会使芯片内导线电阻增大、延时增加，降低 CPU 的工作效率。同时，随着芯片温度的升高，芯片漏电流增大，工作电压降低，容易出现可靠性降低甚至失效的问题。据统计，在引发电子设备失效及寿命降低的众多因素中，温度过高占比超过半数。根据阿伦尼乌斯定律的描述，温度每升高 10℃，化学反应的速度增加一倍，对应的电子器件失效速率也将增加一倍。日益增长的电子设备与系统的功率消耗和捉襟见肘的可供利用的冷却资源之间的矛盾是现代电子设备与系统热管理面临的突出问题。综上所述，电子芯片的热管理问题已成为制约其工作性能和可靠性的瓶颈，开展芯片热管理新理论、新方法和新技术的研究对于推动电子设备与系统的性能提升与持续发展具有重要意义。

如图 3-1 所示 [3]，芯片热管理技术路线主要可分为以下三个阶段：第一阶段主要采用逐层散热的方法，芯片封装外壳下方是基板，基板下方布置微通道热沉冷板，各界面间涂覆热界面材料，散热能力可达 200W/cm²。微通道液冷散热作为一种高效的散热技术，是通过工质流过微通道热沉带走芯片产热，具有传热系数大、散热热流密度高、体积小、流动工质少等特点。如图 3-2 所示，该方法传热路径较远，芯片产生的热量需要依次传递给基板、器件壳体、热沉冷板和冷却液，最后排散到外部环境，称为远程散热架构。

远程冷却的冷却通道和发热元件间隔着一系列中间环节的传热热阻，包括多个叠层之间的接触热阻和流体与固体之间的对流热阻等，总热阻较大。首先，随着晶体管数目的不断增多，其冷却能力显得越发不足；其次，叠层之间导热材料有限的导热系数和固有的热膨胀属性成为该项技术的性能进一

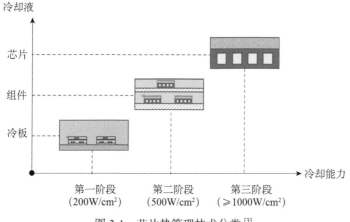

图 3-1 芯片热管理技术分类 [3]

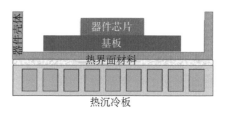

图 3-2 传统芯片远程冷却技术传热路径示意图

步提升的瓶颈。随着越来越多的芯片开始采用 3D 堆叠立体布局，内层芯片无法与散热器表面直接接触，需要通过其他层芯片向外导热，有效散热面积不足，热传导条件差，容易导致芯片超温、性能下降甚至是发生安全隐患。上述原因使得传统微通道远程冷却方式无法满足电子芯片日益增长的散热需求。此外，远程冷却方式其具有（较大的系统体积、尺寸、重量和成本等因素）也无法满足轻便、紧凑、集成的先进热管理理念要求。

第二阶段将组件壳体集成于流道侧面，冷却液直接进入组件壳体，传热路径为芯片→热沉→组件壳体，减少了传热环节，消除了组件与冷板之间的接触热阻和冷板热阻，热流密度可提升至 500 W/cm^2。随着 GaN 等高性能半导体器件热流密度达到 kW/cm^2 的水平，传统冷却方式已无法满足新型高功率电子芯片的散热需求，由此推动了冷却技术由传统的远程和组件架构向芯片近结架构发展。近结点冷却又称为嵌入式冷却，属于最新的第三代（Gen-3）冷却技术，如图 3-3 所示 [4,5]。

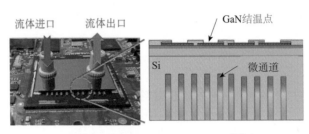

流体进口　流体出口　　　　　　　GaN结温点

Si　　　　　　　　微通道

图 3-3　近结点微通道冷却技术 [4,5]

近结点冷却起源于 2011 年末 DARPA 启动的 ICECool 项目 [6-9]。一方面，采用金刚石等高导热材料代替常规 SiC 基底；另一方面，将具有高效对流-蒸发传热特性的微通道直接集成到基底材料内部或非常靠近发热元件以实现高效散热，并集成微泵、微传感器和微换热器等微热控元件，实现芯片一体化闭式废热排散的冷却循环。如图 3-4 所示，近结点冷却大幅度减小了散热过程中的传热路径和环节，散热能力可达 1000W/cm² 以上，是一项富有颠覆性的散热技术。如图 3-5 所示 [10,11]，通过芯片间和芯片内微通道的立体排布，进一步拓展了近结点冷却方法的应用范围，可以实现对三维堆叠芯片的有效冷却，被认为是未来芯片散热技术发展的重要方向。

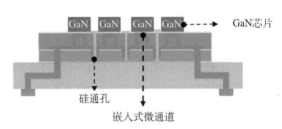

GaN　GaN　GaN　GaN　- - - ▶　GaN芯片

硅通孔

嵌入式微通道

图 3-4　近结点冷却传热路径示意图

微通道

芯片

流体入口　　　　　　　　　　　流体出口

图 3-5　三维堆叠芯片的近结点微通道冷却 [10,11]

目前，采用近结点微通道冷却属于最前沿的冷却方式，其设计尚处于概念性阶段。国内外多家科研机构均在开展相关的研究工作，取得了一些技术突破和研究成果。近结点微通道冷却技术的成功实施，有望实现电子器件热点的原位消除，显著地改善当下电子芯片热管理面临的严峻现状，对于提高电子器件工作性能和可靠性、推动电子器件性能的持续发展具有重要意义。

第二节　面临的挑战和存在的问题

随着芯片热流密度从 100W/cm² 量级激增至 1000W/cm² 量级，电子器件热管理问题，特别是芯片近结点微尺度流体流动与传热问题，已成为保障电子设备工作性能与可靠性、研制新型电子设备的关键。实际热排散过程中芯片元件、材料、互连线相互影响，需要综合考虑材料的导热能力、热膨胀特性、电学特性和材料的加工制造能力等因素，以实现流–固–热–力–电的良好兼容。而且，芯片上元件众多，材料属性差异显著，往往还需要在芯片级集成微阀、连接管道等部件，三维堆叠芯片内的流体与电学连接更加复杂，因此精准的封装与集成工艺也是芯片近结点冷却必须要考虑的一个关键因素。

一、芯片近结点微通道强化传热机理与方法

绝大多数近结点微通道研究的重要目标之一是降低总热阻、实现及时热排散。一般而言，微通道的热阻与通道疏密程度紧密相关，往往采用加密通道和加大工质流量的方式维持对高热流密度的有效冷却 [12]。随着流体通道加密，流体分布不均匀性现象凸显，通道水力直径不断下降，流动阻力和泵功消耗显著增大（图 3-6），严重影响系统运行的可靠性和经济性 [13]。另外，现代电子器件向着高集成度和超高热流密度的方向不断发展，结点热流密度最高可达数十千瓦 / 厘米²、面热流密度超过 1kW/cm²，具体如图 3-7、图 3-8 所示 [14]。特别是对于 3D 堆叠芯片而言，垂直方向叠层芯片的层数不断增加，尺寸不断减小（如最小 TSV 直径已达 0.8～1.5μm，最小 TSV 间距为 1.6～3.0μm，层数为 8～16 层），设计空间十分有限，器件功率密度急剧增大，加之导热性差的后端线互联层和键合层及冷却通道限制等因素的影响，3D 堆叠芯片的散热问题变得尤其严峻，超高热流密度已达到甚至超过近结点微通道的冷却能力极限 [13,15]。

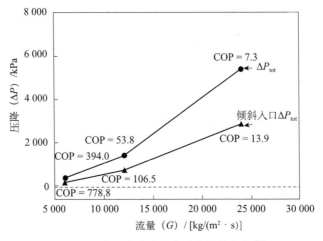

图 3-6　微通道流动压降随流量的变化[13]

COP 为性能系数；ΔP_{tot} 为总压降

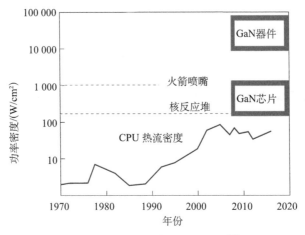

图 3-7　芯片热流密度发展历程[14]

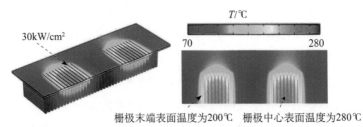

栅极末端表面温度为200℃　　栅极中心表面温度为280℃

图 3-8　近结点微通道冷却的 GaN 功率芯片表面温度分布[13]

因此，依靠微通道内冷却工质的单相流动换热机制已难以满足高热流密度电子器件高效热管理的需求，如何通过创新热传递方法、强化换热技术实现微通道冷却能力的持续提升是电子芯片近结点热管理面临的一个重要挑战。与单相相比，相变换热可充分利用冷却工质潜热，是提升微通道冷却效能的有效途径。然而，微通道相变换热过程受气泡动力学行为和沸腾稳定性等因素影响，相变过程往往不可控且伴随着剧烈的不稳定现象，易引起传热恶化，面临壁面温度迅速上升甚至烧毁的风险。如何实现流动沸腾的有效控制，提升整体系统的均温性和传热效率已成为微通道领域的研究重点，工质两相流动换热状态调控与不稳定性抑制方法是突破近结点微通道强化换热技术瓶颈所面临的一个关键科学问题。

二、芯片热管理微系统异质封装与集成技术

随着电子器件持续向更高集成度、更高功率方向发展，基底的热排散能力已成为制约器件性能提升的一个重要因素，而热排散能力取决于材料自身热导率。常规蓝宝石、Si 和 SiC 等基底材料的热导率不超过 400W/(m·K)，高热流密度条件下的器件性能和可靠性受到严重限制，提升基底导热能力成为近结点热管理的关键途径之一。

几种常见的基底材料与 GaN 性能的对比如表 3-1 所示 [16]。通过采用高导热率的金刚石作为 GaN 器件基底或热沉，将金刚石材料集成到 GaN 芯片结点附近，可降低产热结点到微通道间的热阻，有望大幅度地提高芯片近结区的热传输能力，实现高频高功率应用 [17]。目前的 GaN 器件层通常生长在 SiC 基底上，因此如何实现 GaN 与金刚石基底的高强度键合，抑制 GaN 与金刚石间的晶格失配和热失配等问题是提升近结点散热能力面临的一个挑战。实际上，GaN 与金刚石的结合接触不可避免地引入键合界面热阻。随着基底热导率的提升，界面热阻对热传递过程总热阻的影响越发显著，如图 3-9 所示 [18]。因此，如何降低 GaN 与金刚石键合界面热阻的影响也是提高近结点散热能力的关键，高导热基底转移与界面热阻抑制方法是发展近结点散热技术首先要解决的关键科学问题。

表 3-1　几种常见的基底材料与 GaN 性能的对比 [16]

参数	Al$_2$O$_3$	6H-SiC	Si	金刚石	GaN
晶格不匹配 /%	16.1	3.5	41	11	—
CTE/($\times 10^{-6}$ K^{-1})	7.5	4.2	2.6	1	5.59
CTE 不匹配 /%	−25	23	56	73	—
热导率 /[W/(m·K)]	27	490	150	2000	130

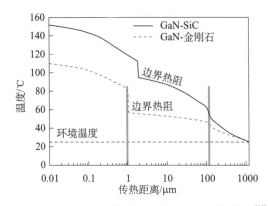

图 3-9　GaN–金刚石键合界面热阻对温度的影响 [18]

　　一般地，芯片近结点热管理微系统由器件层、热扩散层、微通道换热层和分液层等功能层堆叠构成。为降低系统热阻并保证良好的流体与电气互连互通，器件层、热扩散层和微流体换热通道层之间必须通过精准键合的方式进行集成。随着微通道尺寸的减小，通道内部压力急剧增加，冷却系统面临键合开裂、冷却液泄漏甚至器件失效等风险。面对微通道冷却系统不同功能层材料物性差异显著、空间尺度跨度大的特征，必须实现跨尺度、高强度的键合封装，才能构建高效的近结点微通道冷却系统。

　　三维堆叠芯片的发展为异质集成提供了重要的应用场景。如图 3-10 所示 [19]，异质集成实现了在一个封装中不同学科（电子、机械、光学、化学）、不同材料（硅、Ⅲ～Ⅴ族及其他化合物）、不同器件［半导体微电子器件、光电子器件、微机电系统（micro-electro-mechanical systems，MEMS）］、不同功能（信号处理、传感器、执行器、能量转换、冷却）及不同工艺［互补金属氧化物半导体（complementary metal oxide semiconductor，CMOS）、GaAs］的高密度、低成本集成，有助于最大限度地发挥三维堆叠芯片的结构优势，是未来电子系统小型化、实用化、多功能化的重要发展方向。三维堆叠芯片异质集成涉及材料、器件和工艺等诸多方面，是制约高性能三维堆叠芯片发展的技术瓶颈。显然，多尺度范围内的高密度集成与封装给实现近结点原位高效冷却、推动新一代高性能电子器件发展提出了新的挑战，而异质界面的高强度键合与封装方法则是亟待解决的一个技术瓶颈。

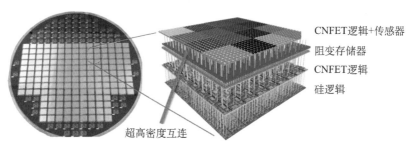

图 3-10　三维堆叠芯片的高密度异质集成[19]
CNFET 为碳纳米管场效应晶体管（carbon nanotube field effect transistor）

三、芯片热管理微系统热-电-力-流一体化设计方法

与传统 2D 电子器件不同，三维堆叠器件中电场、温度场和力场等多物理场非线性耦合：在外加电场的作用下电子元件、互连线等产生的焦耳热引起温度升高，进而导致电子元件电阻、电感、电容等电学参数发生变化并影响其工作性能。由于器件中材料 CTE 不匹配，膨胀和收缩的速度不同，在功率循环和热循环期间也会引起热应力，产生翘曲、裂纹、分层等问题，导致系统功能衰减，甚至产生失效和破坏。因此，深入分析多物理场耦合机制，开展电子器件与设备多物理场一体化设计是十分必要的。

实际三维堆叠芯片中器件众多、结构复杂，多物理场耦合分析涉及微结构、微电子、物理、传热学、化学、光学和材料学等众多学科领域。对于采用近结点微通道冷却的场合，还必须进一步考虑流体微通道的引入与电学互连线布局的交叉关系（图 3-11）及其对芯片热、电和力场的影响[20]。近结点冷却芯片的热-电-力-流一体化设计方法是发展下一代高性能电子设备的一个不可或缺的重要研究方向，如何开展芯片热管理微系统一体化设计与多物理场分析是面临的一个重要挑战。

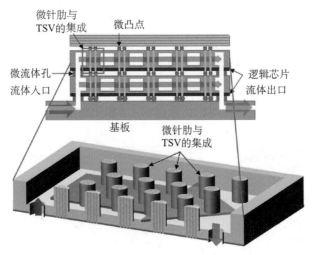

图 3-11　近结点微针肋与 TSV 的集成 [20]

第三节　研究动态

基于对现代高热流密度电子芯片冷却的迫切需求，近结点冷却技术一经提出便引起了各国学者的高度关注。近年来，伴随着材料科学的进步、器件工艺和微尺度加工技术的不断成熟及新结构、新原理和新工艺的不断突破，美国 DARPA、洛克希德·马丁公司、雷神公司、IBM 公司、斯坦福大学及欧洲微电子研究中心（Interuniversity Microelectronics Centre，IMEC）等大学和科研机构均展开了相关的研究工作，研究重点内容包括高导热衬底及封装材料、微流体冷却、TSV、热–电协同设计、微冷却控制元件等方面，取得了一系列技术突破和研究成果。

一、近结点微通道设计优化与强化换热

近结点微通道冷却技术通过微加工技术在芯片基底上制作出微通道结构，再经键合封装工艺形成闭合的冷却循环系统，从而使冷却液尽可能地靠近产热结点，实现原位热排散，与传统远程冷却相比，总热阻显著降低，冷却能力大幅提高。通过在基底上加工 50μm 宽的平行微通道可将 1cm² 内的散

热量提升至 790W，展现了微通道在电子芯片冷却方面的巨大优势[21]。随着电子芯片向高集成度、超高热流密度方向不断发展，芯片面热流密度可超过 1000W/cm²，局部热点热流密度甚至可达 30kW/cm²，已超过早先的近结点微通道的冷却能力极限。电子器件热流密度的持续攀升，驱动着近结点微通道强化换热方法与技术的研究，以提升微通道冷却能力，适应电子芯片性能持续发展的需要。

（一）近结点微通道结构设计与优化

美国 DARPA 于 2011 年启动了 ICECool 项目，旨在通过开发芯片内 / 芯片间微流体冷却技术减小近结点热阻，同时降低器件及系统尺寸，提高电子器件运行的可靠性[6-9]。DARPA ICECool 近结点微流体冷却概念示意图如图 3-12 所示，具有与芯片工艺相容性高、结构设计自由度大和原位冷却性能高等特点，可满足热流密度 1kW/cm² 的冷却要求[8]。ICECool 项目集结了包括斯坦福大学、佐治亚理工学院、洛克希德·马丁公司、雷神公司、IBM公司和通用电气公司等多家高等学校、企业和研究机构。项目实施包括ICECool Fun 和 ICECool Apps 两个研究阶段。

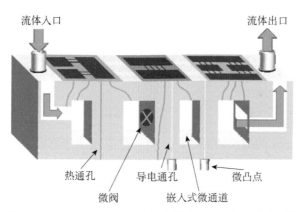

图 3-12　DARPA ICECool 近结点微流体冷却概念示意图[8]

ICECool Fun 属于基础研究阶段，为采用芯片内 / 芯片间近结点微流体冷却技术提供基础的热流体模块，希望在 24～36 个月内完成技术研发及原理样机的演示，最终实现的目标是芯片热流密度超过 1kW/cm²、局部热点热流密度超过 5kW/cm²、体热源热流密度超过 1kW/cm³ 和芯片温升不超过 30℃。参与研发的各团队针对流道材料、强化换热结构及工质分配与收集等方面提出了多种解决方案，取得了较显著的研究成果。例如，通过在硅片上刻蚀宽度为 15μm 的微通道并设计相应的分层歧管结构，显著地缩短了流动路径长度，最终实现了 910W/cm^2 的冷却能力，如图 3-13 所示[22]。

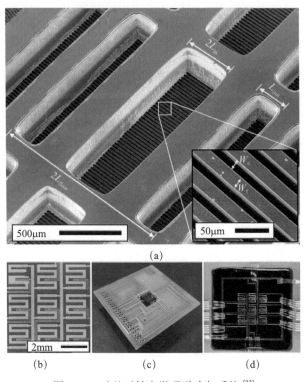

(a)

(b)   (c)   (d)

图 3-13　硅基近结点微通道冷却系统[22]

ICECool Apps 为应用研究阶段，旨在建立面热流密度、体热流密度的近结点冷却技术，解决高热流密度电子器件的热瓶颈问题。ICECool APPs 计划主要面向两类电子技术领域散热需求：射频集成功率器件和嵌入式高性能计算模块，其中射频集成功率器件主要面向裸芯片热流密度 1kW/cm^2、亚毫米热点热流 30kW/cm^2、封装级体热流达到 kW/cm^3 及以上的 GaN 功放器件，嵌入式高性能计算模块主要面向芯片热流密度超过 1kW/cm^2、亚毫米热点热流密度超过 2kW/cm^2，堆叠芯片体热流密度达到 5kW/cm^2 的高性能计算芯片。例如，针对大功率射频芯片热管理，通过在芯片基底嵌入 5mm × 2.5mm × 0.25mm 的微通道，采用单相冲击射流，可使芯片输出功率提升超过 6 倍[23]。

除 DARPA 外，其他研究机构也开展了近结点微通道冷却设计与优化的探索。如图 3-14 所示 [24]，用于高性能计算芯片的阵列式冲击液冷散热模块，实现了对芯片局部热点的有效冷却，系统热阻可降至 0.25K/W。IBM 公司提出了如图 3-15 所示的一种带有微针肋强化换热的放射状微通道 [25,26]，工质由中心位置进入并向四周流动，临界热流密度可达 350W/cm²，芯片温升不超过 30℃。如图 3-16 所示 [27-29]，新型电力电子冷却概念的漂移区集成微通道冷却器（DRIMCooler）在提供高冷却能力的同时，将流动阻力降到最低。研究结果表明，在芯片厚 500μm、孔尺寸为 50μm 条件下，热流密度可达 400W/cm²，而压降仅为 2 kPa。

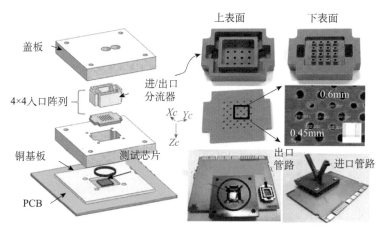

图 3-14　4×4 阵列冲击液冷散热模块 [24]

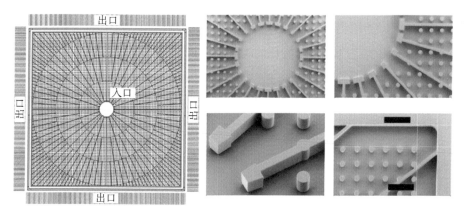

图 3-15　带有微针肋强化换热的放射状微通道 [25,26]

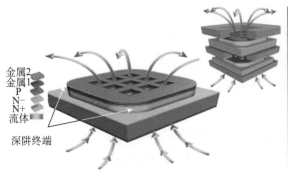

图 3-16　DRIMCooler 概念示意图与封装 [27-29]

实际芯片表面热流密度分布并不均匀，往往存在热点，面临局部冷却不足和超温的风险。研究人员在常规平行微通道的基础上，提出了一种面向局部热点的嵌入式液冷（hotspot-targeted embedded liquid cooling，HT-ELC）结构。如图 3-17 所示 [30,31]，与常规平行微通道相比，HT-ELC 将整个设计域划分为热点和背景区域，热点区域通道加密，背景区域通道增设节流区以达到均衡各通道中流量分配，保证热点区域微通道供液量的目的，热点最高热流密度可达 300W/cm^2。采用 HT-ELC 的设计可在保证微通道冷却系统运行经济性的同时实现对局部热点的有效冷却，同时使芯片表面温差显著下降，在多核处理器及数据中心热管理方面显示出了良好的应用前景。采用变密度的嵌入式微针肋通道结构，通过对热点对应位置的针肋加密，可实现对热流密度高达 750W/cm^2 的局部热点的有效冷却，同时最高温度不超过 65℃ [32]。

通常，微通道的冷却能力与通道疏密程度密切相关：通道越密，冷却能力越强，但流动阻力也会随之增大。因此，开展流阻–热阻协同优化设计对于实现芯片温度与冷却系统能耗的均衡，促进近结点微通道冷却技术的大规模应用具有重要意义。横截面为楔形的双层微通道可以实现微通道流动与散热性能的均衡，最高热流密度达 300W/cm^2 [33]，而采用超疏水表面可以使热阻下降 20%[34]。

国内一些高校和研究机构也开展了微通道散热方面的研究 [35-40]，取得了一系列有新意的研究成果。总体来看，研究工作主要围绕微通道管径、通道形状和参数优化等方面，材质仍是以低温共烧陶瓷（low temperature co-fired ceramic，LTCC）或金属居多，基底嵌入式微通道的研究还比较少。总体上，

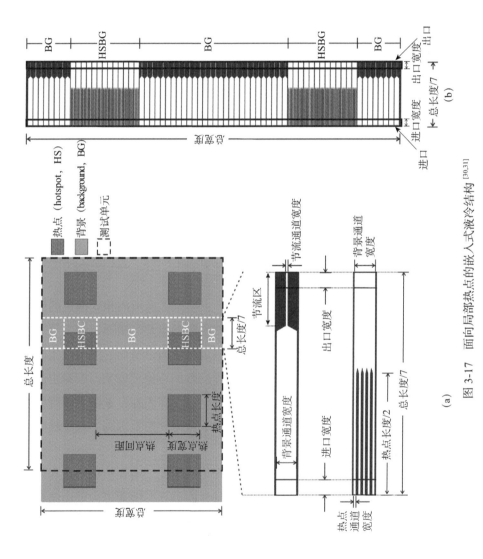

图 3-17　面向局部热点的嵌入式液冷结构[30,31]

面向超高热流密度功率芯片和高性能计算系统的研究还比较欠缺，与国际先进水平相比仍存在一定差距。

（二）近结点微通道相变强化换热

微通道内单相液冷技术的发展已日趋成熟，可满足数百瓦／厘米^{2}量级热流密度的有效冷却。然而，受通道内单一的单相对流换热机制的限制，其冷却能力提升的空间有限，难以满足未来航空航天、军事、民用等领域热流密度达到千瓦／厘米^{2}水平的高集成度、大功率电子芯片冷却需求。与单相流动换热相比，相变冷却技术充分地利用了冷却工质潜热，有助于微通道冷却能力的进一步提升。图 3-18 是一种基于高导热金刚石和表面烧结铜球的相变换热微槽道结构[41,42]，利用金刚石的高导热特性实现热量的高效传导，同时利用烧结铜球表面的多孔特性增大相变换热面积，并实现气态工质的快速导出，最终可实现对 5kW/cm^2 局部热点和 500W/cm^2 背景热流密度的有效冷却。图 3-19 是一种通过膜增强蒸发冷却的高热流密度冷却方法，利用膜的毛细力驱动工质流动，工质通过平行布置的肋片状结构传递到膜上以减小热阻，被冷却的热流密度可达 1kW/cm^2[43]。

相变冷却技术展现了出色的散热能力，近结点微通道内相变换热的研究势必将电子芯片热管理技术提升到一个新的阶段。但是，微通道相变流动换热物理机理比单相冷却情况更加复杂，换热效果受通道壁面、气泡产生与脱离行为等因素影响，且相变过程往往伴随着剧烈的不稳定现象，容易引起传热恶化，使壁面温度迅速升高甚至烧毁。近年来，国内外专家学者围绕微通道相变换热表面微结构优化设计、气泡动力学行为调控及沸腾不稳定性等方面开展了广泛研究。

相变强化换热的基本机制在于有效拓展传热面积、增加核化位点和调控壁面润湿特性。依据热交换表面结构特征尺寸的差异，微通道内壁面结构基本可分为宏观结构、微米结构、纳米结构及三者的复合结构等种类，其中宏观尺度上的典型结构有表面肋柱阵列，微米尺度上的典型壁面结构有微孔涂层和多孔涂层等，而纳米尺度上的典型壁面结构有碳纳米管和纳米线等。微孔结构通过在壁面上去除材料形成凹穴，按规律排布的凹穴形成微孔阵列，可作为形成气泡的汽化核心，从而提升沸腾传热特性。采用金属或陶瓷等材

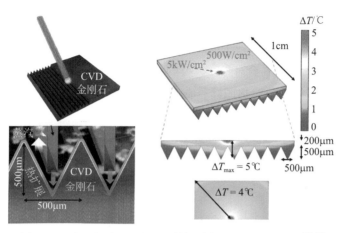

图 3-18 基于金刚石和表面烧结铜球的相变换热微槽道 [41,42]

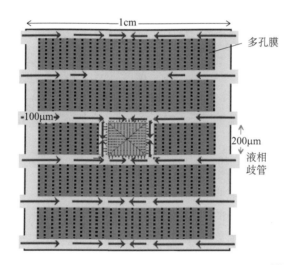

图 3-19 基于膜增强蒸发的高热流密度冷却 [43]

料的多孔涂层也被视为提升沸腾传热系数及临界热流密度的重要方法之一。低热流密度条件下，多孔涂层增加了润湿面积及活跃的汽化核心，有助于气泡成核，提升蒸汽对流；高热流密度条件下，多孔涂层则主要提升了壁面的毛细抽吸及毛细蒸发，促进汽–液对流，增加气泡间作用强度。碳纳米管具有超高的导热系数和优越的机械性能，也被视为一种重要的强化沸腾换热途径。相比光滑壁面，碳纳米管的网状结构极大地降低了接触角，且孔隙可作为核化点，可降低初始成核过热度，提升沸腾换热系数及临界热流密度。几种常见的纳米线结构如图 3-20 所示 [44]。纳米线修饰后的壁面接触角会减小，增加了壁面的润湿性，有利于液态冷却工质的附着，且纳米线的自然聚合形成了许多微米乃至亚微米的孔隙，有利于增加壁面上汽化核心，促进气泡生成，对于微通道的强化换热同样具有重要意义。

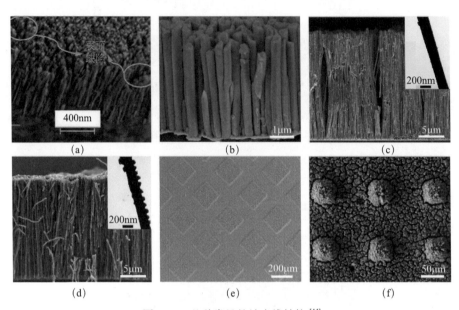

图 3-20　几种常见的纳米线结构 [44]

　　壁面润湿性的调控是微通道强化换热的另一项关键内容。自然界中众多生物结构与功能为功能材料的研制提供了有益的启示。例如，蝉翼表面具有湿气自清洁功能，密排列纳米锥阵列结构及疏水蜡质层的协同作用可以实现冷凝微液滴融合自弹射去除，这种疏水表面构型能够避免液体的侵入。紫叶芦莉草表面具有微米级乳突和渠道状的复合结构，这种结构极有利于液膜的快速铺展，同时可以使叶片快速吸收水分并保证湿润，从而避免失水。猪笼草口缘区在潮湿环境下十分润滑，昆虫一旦驻足便难以脱离。上述特性得益于生物表面特殊微纳结构所实现的优良润湿性。师法自然，微加工技术的发展和进步为仿生润湿性微结构表面的制造提供了可能，诸多仿生润湿性表面应运而生，为微通道表面相变换热强化问题提供了有力的解决方案。

　　不同于常规表面的气泡生长周期，气泡在疏水表面脱离后会存留一个种子气泡来进行下一个生命周期，因此疏水表面大多不存在气泡等待时间，即无能量势垒，不存在气泡快速增大的惯性力控制阶段，直接演变为增长缓慢的传热控制阶段。因此与普通光滑表面相比，超疏水表面初始成核过热度相对较低，而且在很低的过热度下就会发生沸腾恶化进入膜态沸腾区，因此沸腾曲线上很难观察到有核态沸腾区的存在，也不存在沸腾迟滞现象。同时，超疏水表面上会形成稳定的膜态沸腾，气泡还可能在低于饱和温度的条件下生成，导致过冷沸腾发生。与普通表面相比，超亲水表面具有更大的临界热流密度，但由于良好的浸润性，其初始成核温度也随之大幅提升，增大了沸腾迟滞。亲水表面上的气泡生长过程可分为三个阶段：积累阶段、惯性力控制阶段和传热控制阶段。其气泡脱离直径远小于疏水表面，同时气泡生长时间远小于疏水表面。随着接触角的减小，单个液滴蒸发所需时间大幅度减小，同时 Leidenfrost 温度也显著提高。仿生超亲水表面具有极强保持液膜铺展润湿的能力，对预防干涸、保持液膜具有极大优势，能大大提升沸腾过程中的表面传热系数和临界热流密度。此外，与仿生疏水结构相比，仿生超亲水结构的构筑要求及制备工艺相对简单，设计成本相对低廉，预计在不久的将来极有可能大规模应用于电子芯片散热领域。

对亲水表面和疏水表面沸腾过程的分析可以发现：亲水表面具有更高的临界热流密度，但沸腾换热系数较低。疏水表面则能促进沸腾气泡的形成并且具有更高的沸腾传热系数，但容易导致膜态沸腾的产生，具有较低的临界热流密度。因此，亲水性、疏水性的优缺点是互利互补的，将二者的优势结合起来可以实现传热的大幅强化。微米/毫米材料与纳米材料相结合的复合材料得到更加广泛的研究。基于光刻、选择性刻蚀和表面化学修饰技术的巧妙结合，微纳米材料的结合变得轻而易举，制备出具有复杂功能的表面成为可能。对微米柱状结构顶端/底端进行亲水修饰，对侧壁进行低表面能化学修饰使之呈亲水性/疏水性，从而可以实现对沸腾核化位点的有效控制。相较于单一的超疏水纳米仿生表面或超亲水纳米仿生表面，亲疏水复合表面既展现出了良好的保持液膜、延迟沸腾危机的能力，又有效地形成了许多核化位点，对形成稳定的沸腾过程十分有利，其沸腾/冷凝系数都远高于单独的亲水/疏水表面。如图 3-21 所示，通过在超亲水表面构筑超疏水岛状结构可实现最优的相变换热效果，临界热流密度和对流换热系数可分别提升 65% 和 100%[45]。

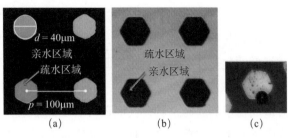

图 3-21　超亲水/超疏水复合表面[45]

　　尽管微通道流动沸腾传热是最具潜力的芯片高效散热技术，但实现真正应用仍需解决流动沸腾不稳定性的问题。受通道内压缩容积、气泡径向生长及高过热度条件下气泡迅速膨胀等因素作用，通道内蒸气回流，温度、压力和流量等参数随时间振荡，沸腾不稳定性随时可能发生，特别是在高热流密度条件下相变相当剧烈，容易造成流动反转、器件振动甚至是器件烧毁等问题。因此，实现流动沸腾的有效控制，降低不稳定性对于提升临界热流密度，维持微通道冷却系统安全稳定运行至关重要，已成为近年来的研究热点。研究人员普遍认为沸腾不稳定性源于试验段上游存在可压缩容积，因此增加通道上游的不可压缩性成为抑制沸腾不稳定性的重要措施。如图 3-22 和图 3-23 所示，通过在平行微通道入口增设合理的限制结构能有效地阻止气泡回流，抑制了沸腾不稳定性[46-49]，多个平行微通道往往通过与之匹配的歧管结构完成冷却液的分配与收集[50]。歧管结构收缩段与膨胀段的急剧压力变化也可有效地抑制沸腾不稳定性，同时多个进出口的存在减小了有效流动长度，从而降低通道中的压降，温度分布也更加均匀。

（三）近结点微通道冷却自适应调控

　　通常，近结点微通道的结构形式与流量在运行过程中保持不变，最大冷却能力也是恒定的。然而，实际芯片表面热流密度的分布不仅具有空间上的不均匀性，还会随时间发生变化。通道冷却能力通常是参照产热量排散峰值设计的，势必造成非峰值产热情况下过度冷却的问题，破坏温度均匀性，同时引起泵功浪费，降低了冷却系统运行的经济性。因此，开展微通道冷却能力自适应调控的研究，实现通道冷却能力与器件产热排散需求的实时智能匹

图 3-22 平行微通道入口的限制结构[46-49]

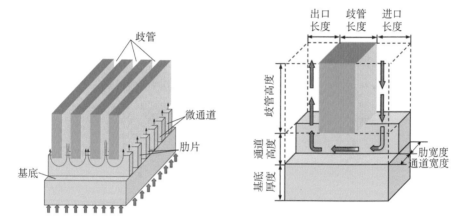

图 3-23 微通道歧管结构示意图[50]

配也引起了国内外研究人员的广泛关注。图 3-24 是一种基于金属片微阀的微通道自适应调控策略[51,52]，整个设计域被分为多个微流体调节单元，每个单元出口位置设有金属薄片，通过金属薄片与硅基底 CTE 的差异实现对出口开度的温敏调控。该自适应调控策略在抑制芯片表面温度不均匀性的同时，可将流动功耗减小约 90%。图 3-25 是基于温敏水凝胶微阀的微通道自适应调控策略[53]。硅基通道中设有微柱结构，圆环状水凝胶嵌套在微柱外围。热流密度增大后水凝胶微阀受热，体积收缩，通道开启，冷却效果增强；热流密度降低时水凝胶微阀受冷，重新溶胀，通道开度减小，冷却能力随之下降。这种自适应调控策略循环可靠性良好，通过对水凝胶微阀温敏特性和工作点的合理调控可使流动功耗下降约 1 个数量级。图 3-26 是一种基于表面记忆合金微结构的强化相变换热自适应调控策略[54]。随着温度升高，表面记忆合金微结构伸展，汽化核心增加，换热系数可提升 3 倍。

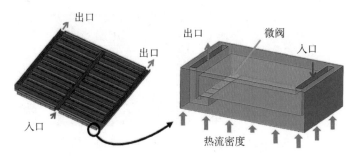

图 3-24　基于金属片微阀的微通道自适应调控策略 [51,52]

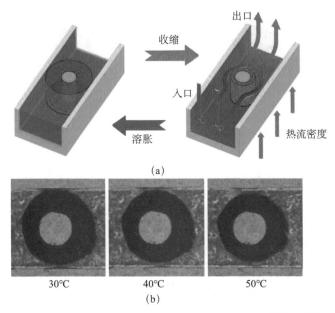

图 3-25　基于温敏水凝胶微阀的微通道自适应调控策略 [53]

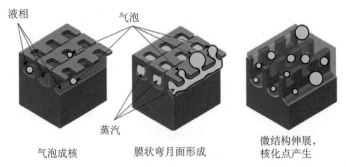

图 3-26　基于表面记忆合金微结构的强化相变换热自适应调控策略 [54]

二、芯片异质封装键合

（一）高导热金刚石基底散热技术

采用高导热金刚石作为 GaN 功率器件基底材料，通过将金刚石集成到 GaN 器件有源区附近，可以有效地降低有源区到器件封装间的热阻，从而提升大功率 GaN 器件内部热量传输能力[55,56]。随着美国近结热传输（Near Junction Thermal Transport，NJTT）等项目的深入开展，金刚石基大功率器件制造工艺与技术不断发展和成熟，包括金刚石基底制备、金刚石与 GaN 器件层结合及键合界面质量控制等方面均取得了较大进步，高功率 GaN 器件性能也得到了明显提升。

目前，常用的金刚石基底材料主要可分为单晶金刚石（single crystalline diamond，SCD）和多晶金刚石（polycrystalline diamond，PCD）两种[57-60]。天然的 SCD 的热导率可超过 3000W/(m·K)，但储量稀少，价格昂贵，其大规模、大尺寸制造与应用受到了很大限制。与 SCD 相比，人工制备的 PCD 热导率可达 2000W/(m·K)，而且成本较低，是较理想的金刚石基底材料。为进一步提高金刚石基底的生长速率、质量和尺寸，研究人员对包括 CVD 法、微波等离子体化学气相沉积（microwave plasma chemical vapor deposition，MPCVD）法和高温高压（high pressure high temperature，HPHT）法在内的各种制备方法进行了不断的改进与创新，并取得了阶段性研究成果。研究人员采用 MPCVD 法在 GaN HEMT 结构上制备了厚度为 100μm 的 PCD 金刚石材料[60]，通过合适的籽晶接种条件可以实现在 4 英寸[①] 金刚石基 GaN 晶片上的均匀散热，对于低成本、大功率电子器件的热管理具有重要意义。国内相关单位长期开展了金刚石薄膜制备与加工的研究工作，已经获得尺寸超过 4 英寸，热导率超过 1500W/(m·K) 的多晶抛光金刚石薄膜，基本满足了对金刚石晶圆热导率、尺寸、表面光洁度和平整度的要求[61-64]。

目前，制备金刚石基 GaN 器件主要有金刚石基底外延 GaN[65,66]、GaN 结构上外延金刚石[67,68] 和 GaN–金刚石界面键合[69-72] 三种方式。其中最直接的途径是在金刚石基底上生长 GaN 外延层，然后进行 GaN 器件的制备。具有代表性的研究机构主要有瑞士洛桑联邦理工学院、Element 6 和日本电报电

---

① 1 英寸 =2.54cm。

话公司等。瑞士洛桑联邦理工学院通过分子束外延（molecular beam epitaxy，MBE）技术在（111）单晶金刚石衬底上外延形成了粗糙度为 1.3 nm 的 GaN 层，并在此基础上又沉积得到了粗糙度为 0.6nm 的 AlGaN/GaN 异质结材料，二维电子气迁移率可达 750cm²/(V·s)[65]。通过 MBE 技术在 3mm×3mm 的（111）单晶金刚石衬底上外延栅长为 0.2μm 的 AlNGaN/GaN HEMT，异质结二维电子气迁移率为 731cm²/(V·s)，电流密度为 0.73A/mm，最高振荡频率为 42GHz[73]。采用 MOCVD 技术也可制备类似的金刚石基 AlNGaN/GaN HEMT，异质结二维电子气迁移率为 730cm²/(V·s)[74]。总体而言，单晶金刚石基底外延 GaN 实现了 AlNGaN/GaN HEMT 的异质外延和器件制备，但大尺寸、高质量单晶金刚石基底的制备仍然面临挑战，外延存在 AlGaN/GaN 电学性能差的问题，外延温度通常在 1000℃以上，GaN 与金刚石间存在明显的晶格失配和热失配，需要在生长外延层和冷却过程中进行精细化的界面应力管控，因而限制了单晶金刚石基底外延 GaN 的实际大规模应用。

在 GaN 结构上外延金刚石，首先要去除原始基底及部分 GaN 的缓冲层，并在外延层背面沉积用于保护 GaN 外延层的介电层，而后再进行金刚石基底的沉积。在 DARPA 的资助下，美国第四实验室团队（Group 4 Labs）实现了 GaN 器件在长时间极端温度（>600℃）条件下电学性能的稳定，同时避免了 GaN 与金刚石间热失配对器件性能的影响[75-79]。在 GaN 基底外延金刚石上可以实现较大尺寸（如 4 英寸）的金刚石晶圆，有助于降低外延成本，但通常需要采用高于 600℃的 CVD 技术在 SiN 等籽晶层实现生长，可能导致成核层和热应力的出现，影响外延金刚石材料质量。

基于转移技术的 GaN-金刚石界面键合是另一种实现金刚石与 GaN 结合的重要途径，其基本思路是将未进行工艺或已完成器件工艺的 GaN 外延层从原始 Si 或 SiC 基底上剥离下来，通过在 GaN 表面添加中间层实现与金刚石基底的键合，使 GaN 有源区与金刚石基底接触，达到降低器件结温的目的。采用范德瓦耳斯力键合方法，通过范德瓦耳斯力可将 AlGaN/GaN 射频晶体管和肖特基二极管从原始 Si 基底转移到尺寸为 8mm×8mm 的 SCD 与 PCD 基底上[80]。较低的工艺温度可最大限度地降低键合过程的热应力，避免 GaN 器件的损坏。将基于表面活化键合（surface activated bonding，SAB）的常温 GaN-金刚石界面键合技术应用于经真空 Ar 离子束清洁后的不同材料表面，有利于实现不同 CTE 材料的键合，其工艺流程与键合后的界面表征结果如图 3-27 所示 [71]。GaN 与金刚石基底间形成了厚度约为 27nm 的中间界面层，该层主要由两层沉积的 Si 层和一层无定形金刚石层组成，实现了纳米级均匀无缝键合。

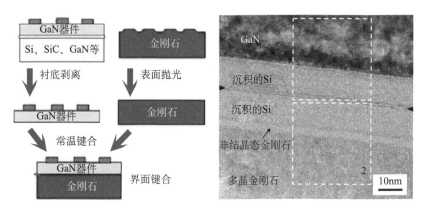

图 3-27　基于表面活化键合的常温 GaN–金刚石界面键合工艺流程与
键合后的界面表征结果 [71]

GaN–金刚石低温键合工艺流程如图 3-28 所示 [81-84]。首先在 SiC 基 GaN 外延层制备 HEMT 器件，然后将 GaN 晶圆键合到临时载体上，并去除原始 SiC 基底和部分 GaN 过渡层。经纳米级表面抛光后，在 GaN 和金刚石基底上分别沉积 SiN、BN 及 AlN 等键合介质，并在低于 150℃ 的温度下进行键合，最终通过去除临时载片得到金刚石基 GaN 器件。在 10GHz、40V 漏极偏压条件下的射频输出功率密度可达 11W/mm，高于传统 SiC 基 GaN HEMT 的 3 倍，且结温更低（图 3-29） [85]。

国内相关单位通过密切合作，成功实现了 3 英寸 GaN HEMT 向多晶金刚石衬底的转移 [69]。与传统 SiC 基 GaN 器件相比，功耗为 10W/mm 时 GaN HEMT 的结温可从 241℃ 下降到 191℃；采用 5nm Mo 和 11nm Au 为键合层，开展了室温条件下 GaN 与多晶金刚石键合的研究 [70,86]。

作为一种并行工艺，GaN 外延层和金刚石基底可在键合前同时制备，键合方式更加灵活，这对大功率 GaN 器件的制备很有吸引力。该方法规避了外延生长的难点，同时，对于金刚石衬底的要求重点是热导率、表面平整度和尺寸等参数，而单晶衬底不是必需的，多晶金刚石材料也能满足要求，这不仅降低了金刚石衬底制备的难度和成本，还使金刚石衬底高效散热技术的开

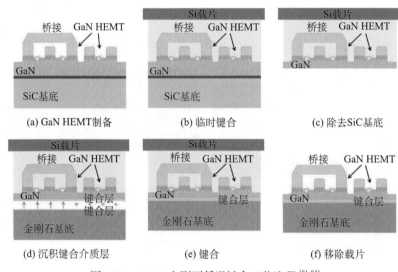

(a) GaN HEMT制备　　　(b) 临时键合　　　(c) 除去SiC基底

(d) 沉积键合介质层　　　(e) 键合　　　(f) 移除载片

图 3-28　GaN–金刚石低温键合工艺流程[81-84]

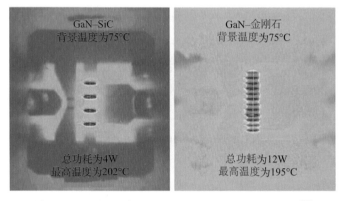

图 3-29　金刚石基与 SiC 基 GaN HEMTs 温度场对比[85]

发具有更普遍的通用性。

　　GaN 与金刚石层的键合不可避免地会引入键合界面。随着基底热导率的提高，界面热阻对 GaN 器件温升的影响越来越显著，对于充分发挥金刚石基底的高导热优势和 GaN 器件性能至关重要。GaN–金刚石层之间的界面热阻受界面厚度及成核层质量等因素影响，目前的研究工作主要集中在生长和成核技术优化及键合界面厚度减薄方面。将热成像技术和时域热反射测量方法应用于研究生长参数和界面厚度对热阻影响的实验，相关测量表明，当绝缘层厚度由

90nm 降至 50nm 时，可使界面热阻由 41(m² · K)/GW 降到 17(m² · K)/GW，同时使 GaN HEMT 功率提升 25%，峰值温度降低 40%[87,88]。如图 3-30 所示[89,90]，对具有不同厚度的 SiN$_x$ 界面的研究发现，热阻受用于金刚石籽晶的 SiN$_x$ 界面层和成核表面共同影响。通过将界面厚度减小至 24 nm 并缩减金刚石成核区域，可将界面热阻减小至 12(m² · K)/GW。考虑势垒层对界面散热的增强作用，GaN 外延生长过程中的粗糙界面层会使界面热阻增加 1～2 个数量级，采用 5 nm 厚 SiN 时可将界面热阻降低至约 6.5(m² · K)/GW，如图 3-31 所示[91]。

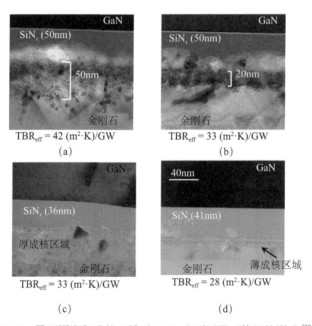

图 3-30　界面厚度与成核区域对 GaN–金刚石界面热阻的影响[89,90]

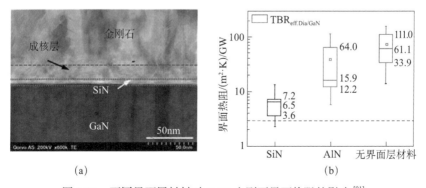

图 3-31　不同界面层材料对 GaN–金刚石界面热阻的影响[91]

（二）高密度异质集成技术

电子器件的集成与封装不断向着小型化、高密度的方向发展。近年来，"后摩尔"时代电子技术发展的探索和人工智能、大数据、物联网、5G 通信等技术的兴起推动了电子封装开始向微机电系统、系统级封装（system in a package，SiP）、三维集成和异质异构方向快速发展。异质集成实现了一个封装内信号处理、光子学、能量、冷却、传感器和执行器等多种不同功能的小型化与低成本集成。封装中各种器件采用最优材料与工艺，例如，采用硅提供无源器件和驱动电路，再通过 GaAs 等化合物半导体制备高性能微波器件，有助于实现系统性能最优化，是电子设备小型化、实用化和多功能化的重要途径之一。近年来，不断涌现的异质集成器件与系统显示出了优异的性能和广阔的应用前景。

异质集成技术包括硅上化合物半导体材料（compound semiconductor materials on silicon，COSMOS）、多样化可用异构集成（diverse accessible heterogeneous integration，DAHI）技术和通用异构集成和 IP 复用策略（common heterogeneous integration and IP reuse strategies，CHIPS）等，逐步实现了异质集成原理验证、异质集成平台和异质异构核心技术体系等目标[92-94]。异质集成从阵列级开始，向单元级、块级发展，最终致力于实现异质晶体管（如硅与碳纳米管晶体管）甚至是亚晶体管级（晶体管内部）的集成。Inter-university Micro-Electronic Center（IMEC）等多家机构合作研制了 Ku 波段多普勒雷达模块，实现了基底上多种技术的集成[95]。基于"小芯片"（chiplet）的化合物半导体与 Si CMOS 标准异质集成工艺结构如图 3-32 所示，其中采用 GaN、GaAs 及 InP 等芯片在硅圆片上集成，异质互连间距达到 3μm，互连后芯片性能维持在 95% 以上。相关研究表明，基于与硅 CMOS 异质集成的晶圆级相控阵器件工作频率达 43GHz，单个通道功率密度为 17.2 W/cm^2，发射通道效率为 17.2%，主要性能达到业界领先水平，充分地体现了多材料异质集成的优势[96]。基于嵌入式多芯片互连桥接（embedded multidie interconnect bridge，EMIB）技术的 Foveros 三维堆叠芯片封装技术在平面内采用 EMIB 实现裸芯片互连，垂直方向通过 TSV 互连。进一步地，将 EMIB 与 Foveros 优势相结合的 Co-EMIB 技术可以实现两个或多个 Foveros 芯片的互联，从而实现计算性能和数据交换能力的进一步提升，同时显著地改善带宽和功耗情况，Foveros 技术的首款产品 Lakefield 处理器已在市场销售 [97]。台湾积体电路制造股份有限公司也开展了相关研究，形成了芯片–晶圆–基板（chip-on-wafer-on-substrate，CoWoS）、系统整合芯片（system on integrated chips，SoIC）等多层次封装集成技术体系 [98,99]。CoWoS 于 2012 年首次应用于 28nm 现场可编程门陈列（field-programmable gate array，FPGA）的封装中，用于满足高性能计算等技术需求，目前已发展到第五代，硅转接板面积可达 2400mm^2。作为一种前端三维堆叠芯片集成技术，SoIC 实现了多层芯片的微米级高密度键合互连，支持面对面和面对背的芯片连接，密度可达 10 000个 /mm^2，应用潜力十分可观。

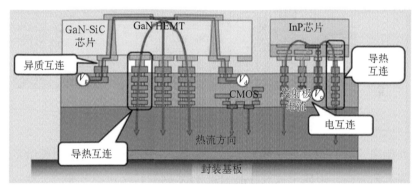

图 3-32　基于"小芯片"的化合物半导体与 Si CMOS 标准异质集成工艺结构 [96]

随着电子芯片制造与集成工艺的不断进步，异质集成技术向着晶体管级和亚晶体管级迈进，取得了初步进展。单片 3D SoC 在普通 CMOS 逻辑芯片上构建碳纳米管场效应晶体管（carbon nanotube field effect transistor，CNTFET）和阻变式存储器（resistive random access memory，RRAM），是一种新兴的晶体管级集成工艺 [100]。与三维堆叠芯片中采用的 TSV 不同，该技术直接在同一芯片基板上制作多层电路层，各层间采用层间通孔进行高密度垂直互连，且 CNTFET 和 RRAM 适合低温制造工艺，是目前单片 3D 集成的最佳技术，未来有实现更小尺寸和更高器件密度的潜力。此外，科研人员还采用 SiO$_2$/Si 衬底上的单壁碳纳米管（SWCNTs）、MoS$_2$ 沟道和 ZrO$_2$ 栅介质成功制造出了栅极长度为 1nm 的晶体管，实现了亚晶体管级的异质集成，如

图 3-33 所示,并显示出了优越的电学性能[101]。

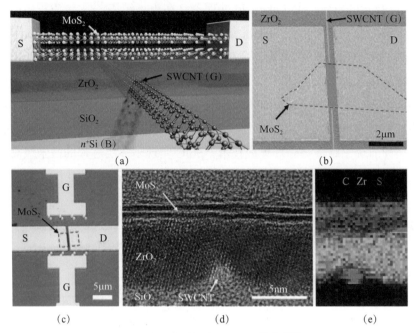

(a)   (b)

(c)   (d)   (e)

图 3-33　异质集成 MoS_2 晶体管[101]

　　近年来,国内也开展了异质异构集成技术的研究,研发了射频微系统异质集成工艺架构,形成了大尺寸晶圆级 TSV 射频转接板工艺能力,建立了基于 TSV 射频转接板的三维异质集成技术,研制了 4 层结构的 X 波段硅基变频芯片,并通过了微波性能测试[102]。通过将 GaAs 芯片和 MEMS 滤波器等射频器件集成到硅晶圆上,采用 TSV 与晶圆级键合技术实现了 X 波段射频前端,实现了零中频变频和数控衰减的功能,信号输出性能与分立器件相比有了显著提高[103]。基于异质集成技术研制的四通道高性能开关滤波器组芯片,满足了小型化、高性能射频系统的使用要求[104]。

　　现阶段以微加工为核心的电子芯片制造技术工艺流程十分复杂,对工作环境、制造设备和人员技能等方面提出了很高的要求,且难以满足复杂结构电子器件的加工需求。近年来,随着信息、新材料和先进制造技术的快速发展,增材制造技术不断完善并得到了广泛应用。与传统减材制造工艺不同,增材制造技术基于逐点累积成型的原理实现材料的累加。在电子元器件制造中引入 3D 打印增材制造技术,可以通过喷墨、气溶胶喷射、挤出等工艺将导电、介电或半导体材料转移到基底上，最终制造出电子器件与系统。该方法不仅可以实现复杂结构的高效低成本制造，还可以实现多种不同材料的高密度集成，有助于突破传统微加工技术瓶颈，促进电子器件性能的提升。例如，通过半导体纳米材料转印的三维异质器件集成方法，可实现硅、单壁碳纳米管、GaN 和 GaAs 等材料的高密度异质集成和高性能器件与互连线的构建，技术路线如图 3-34 所示[105]。研究人员还利用纳米晶体沉积和异质组装的方法构建了包含 CdSe、Ag、In、Al_2O_3 等材料的纳米晶体管，电子迁移率为 21.7 $cm^2/(V \cdot s)$，如图 3-35 所示[106]。

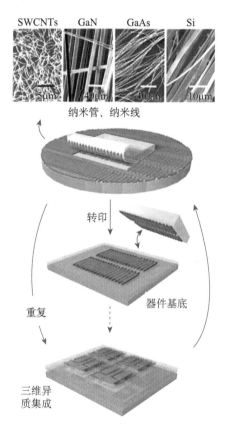

图 3-34　基于纳米半导体材料转印的三维异质器件集成技术示意图[105]

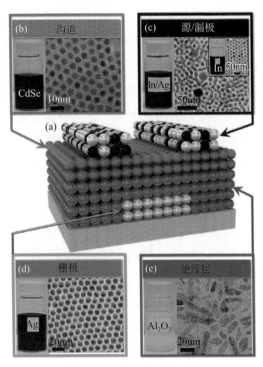

图 3-35　基于纳米晶体沉积和多材料组装的异质晶体管[106]

三、芯片热-电-力一体化协同设计

关于电子芯片中温度场、电磁场与结构等方面的研究工作往往是相互独立开展的，而实际芯片中各器件与互连线等结构高度集成，各物理场间的相互耦合作用及其对器件性能的影响是不能忽略的。此外，电子封装包含多种不同材料，弹性系数、屈服应力强度、导热系数及 CTE 各不相同。因此，实际芯片工作过程中，多物理场强非线性耦合，电子器件工作中产生的焦耳热产生一连串的改变，引发的载流子迁移率退化、衍生应力、通孔凸起和界面滑移等一系列问题可对器件性能与封装可靠性造成显著影响。因此，电子器件与系统的多物理场一体化协同设计势在必行。

图 3-36 所示的微流体-器件协同设计方案突破了常规电子芯片电路与微流体冷却系统分立设计与构造的技术瓶颈，在具有外延层的同一单晶硅衬底上制造出近结点歧管式微通道冷却系统，可以有效地移除晶体管产生的超高热流密度[4]。该方案中芯片顶部的外延层用于制备电子电路，冷却通道直接

嵌入芯片产热结点下方，散热工质与热源直接接触，从而实现准确、高效冷却。每个热源与一个单独的通道相对应，顶部电路部分与底部微通道流体部分是完全耦合的，其制造也可以同步实现。制造过程中首先在硅基底上加工 GaN 狭缝，然后依次通过各向异性和各向同性刻蚀加工硅基微通道，再镀铜密封并形成 PN 结电路（图 3-37）。研究人员将一个全桥整流器集成到硅基 GaN 芯片上并采用去离子水作为工质对上述方案进行了测试与性能评估。实验结果表明，具有 10 个歧管的微通道冷却器最高热流密度可达 1723W/cm^2，最大温升为 60K，冷却功耗仅为 0.57W/cm^2，冷却性能系数（coefficient of performance，COP）可超过 10 000，性能达到常规平行通道的 50 倍。这种微流体–器件协同设计是一种全新的设计理念，有望实现超紧凑、大功率电子设备的高效冷却。

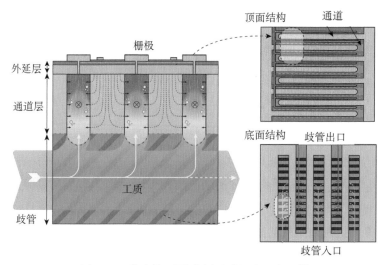

图 3-36　微流体–器件协同设计概念示意图 [4]

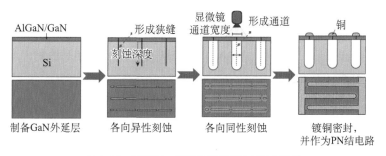

图 3-37　微流体–器件协同设计工艺流程 [4]

对于三维堆叠芯片而言，利用近结点微通道进行层间／层内冷却是一种有效的热管理方案。与传统单层结构相比，三维堆叠芯片中器件、材料、互连线和微流体通道设计更加复杂，集成度更高，多物理场耦合效应与影响越发明显。如图 3-38 所示，采用 TSV 与微针肋相集成的设计方案，可以实现电路与微流体通道的隔离。对该方案的散热与电信号传输性能的分析表明，冷却效能随微针肋高度的增加而提升，但信号延迟也会随之增大，散热能力与电学性能设计目标存在矛盾，需要根据具体情况进行合理的取舍[20,107-109]。

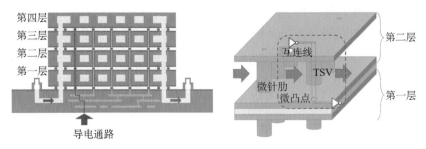

图 3-38　三维堆叠芯片中 TSV 与微针肋的集成 [20,107-109]

目前的超级计算机体积与能耗都十分巨大。例如，华为 Atlas 900 的运算速度为 10^{18} 浮点／秒，体积为 200m³，能耗约为 3MW。相比而言，人类大脑具有极其丰富、高效的毛细血管网络，在向神经元输送氧气和糖分的同时带走人体呼吸产热，计算速度以 10^{18} 浮点／秒为参照，体积仅为 1.5L，功耗只有约 20W。受大脑结构启发的"5D 电子血液"方案（图 3-39）通过内含带电粒子的电解液接触通道内的电极为芯片供能，同时实现冷却，比芯片级微流体冷却技术更具有革命性[110-112]。进一步地，还可以将该概念扩展到三维堆叠芯片领域：在芯片间制作通道并注入电解液，电解液流经芯片后返回中央储藏室进行冷却，重新充电后再注入芯片间循环使用。预计该技术可将器件体积压缩百万倍，能效提高 5000 倍，从而使计算机体积与能耗发生根本性的变化，实现对未来亿亿次级数据的计算和实时分析能力。

图 3-39　"5D 电子血液"技术演示 [110-112]

第四节　未来发展趋势和建议

一、高导热、大尺寸基底键合与异质界面热输运强化方法

降低基底导热热阻是近结点冷却技术首先要解决的关键问题，而采用以金刚石为代表的高导热基底降低异质界面热阻是未来的一个重要发展方向。尽管金刚石基 GaN 器件显示出了优良的电学性能与散热潜力，但目前金刚石基底与 GaN 外延层的结合技术尚不成熟，距离规模化应用尚有一定差距。针对金刚石与 GaN 键合过程中界面缺陷和有效热导率下降的问题，开展异质界面热量输运机理与强化的研究。运用异质界面热量传输模型，系统深入分析界面内部载流子的散射、输运和耦合作用等物理过程及其影响因素，优化基于转移技术的 GaN–金刚石常温和低温键合工艺流程，发展异质 GaN–金刚石界面能量传输强化方法，进一步降低异质界面热阻。

考虑到大尺寸 GaN–金刚石键合过程中翘曲度大、厚度不均、缺陷密度大和成本高等问题，研究高精度、高质量金刚石晶圆技术，优化转移异质材料界面键合工艺流程，研究转移过程中应力变化对键合界面缺陷和可靠性的影响，提出内部应力调控方法，同时优化 GaN HEMT 外延材料和结构，提升器件性能，实现 GaN–金刚石器件的高频、高功率、产业化应用。

二、高效低阻近结点微通道结构设计与优化方法

高热流密度和低功耗是近结点微通道冷却技术发展的持续追求，基于相

变换热技术和诸如仿生学等原理的新型微通道强化换热方法是未来的重要发展方向之一。近结点微通道的流动换热性能受微通道设计方法影响显著，当前的微通道流阻–热阻协同设计方法有待完善。发展基于仿生拓扑优化等原理的新型多热点微通道设计方法，开展面向流阻–热阻双目标函数的微通道设计与优化研究，实现流动功耗最小和传热效能最大化，期待更加深入、系统的研究。

高效微结构表面的设计与制备也是提升微通道流动换热性能的重要研究方向之一。深入揭示表面微结构与相变换热特性的作用机理，研究基于 3D 打印、微纳加工及表面修饰等先进工艺方法，发展高耐受性新型微纳复合结构表面设计与制备技术，进一步提升微通道壁面换热系数，突破小尺度空间内超高热流密度散热技术瓶颈。

三、芯片热管理微系统的高密度异质封装与集成技术

芯片热管理微系统涵盖器件众多，结构复杂，尺度跨越从纳米到厘米多个量级，封装工艺流程多、难度大，微流体通道及流体工质的引入无疑对芯片封装兼容度与可靠性提出了新的要求。因此，有必要重点开展近结点液冷芯片高密度、跨尺度封装技术的研究。针对 CTE、焊料浸润和化学稳定性等材料属性和键合方式，深入分析比较异质键合可靠性、兼容性及工艺成本等技术特征，阐明材料属性、键合方式及工艺参数的影响规律，发展高强度、低成本异质界面封装键合技术。同时，面向包括微通道、微流体接口及 TSV 在内的多层互联体系封装技术需求，研究微流体及电信号的多层互连互通方法，发展高密度、跨尺度、多层级一体化封装技术。

四、芯片热管理微系统热–电–力–流一体化设计与评价方法

电子芯片热管理微系统集成度高、结构复杂，其热–电–力多物理场耦合效应更加明显，对器件性能和可靠性的影响更加显著。对于高热流密度嵌入式微流体冷却通道的情况而言，流体的引入可能导致堆叠体内部温度和应力场的进一步变化，多物理场耦合机制更加复杂。因此，热–电–力等多物理场耦合和流–固耦合一体化设计是未来电子器件与设备热设计的一个重要发展

趋势，必须深入揭示芯片近结点冷却系统的多物理场耦合机制，建立基于近结点微流体冷却技术的高热流密度芯片一体化设计方法。同时，类似于热电器件品质因素，对于芯片近结点冷却系统也需要提出相应的评价原则与参数优化方法，为下一代电子装备的研制提供理论与方法支撑。

本章参考文献

[1] Waldrop M M. The chips are down for Moore's law[J]. Nature, 2016, 530(7589): 144-147.

[2] Lau J H. Overview and outlook of three-dimensional integrated circuit packaging, three-dimensional Si integration, and three-dimensional integrated circuit integration[J]. Journal of Electronic Packaging, 2014, 136(4): 40801.

[3] 胡长明, 魏涛, 钱吉裕, 等. 射频微系统冷却技术综述 [J]. 现代雷达, 2020, 42(3): 1-11.

[4] Erp R, Soleimanzadeh R, Nela L, et al. Co-designing electronics with microfluidics for more sustainable cooling[J]. Nature, 2020, 585(7824): 211-216.

[5] Sarvey T E, Zhang Y, Cheung C, et al. Monolithic integration of a micropin-fin heat sink in a 28-nm FPGA[J]. IEEE Transactions on Components, Packaging and Manufacturing Technology, 2017, 7(10): 1617-1624.

[6] Bloschock K P, Bar-Cohen A. Advanced thermal management technologies for defense electronics[C]. Proceedings of SPIE 8405, Defense Transformation and Net-Centric Systems 2012, Baltimore, 2012: 84050I.

[7] Bar-Cohen A, Maurer J J, Felbinger J G. DARPA's intra/interchip enhanced cooling (ICECool) program[C]. CS MANTECH Conference, New Orleans, 2013: 171-174.

[8] Bar-Cohen A, Maurer J J, Sivananthan A. Near-junction microfluidic thermal management of RF power amplifiers[C]. IEEE International Conference on Microwaves, Communications, Antennas and Electronic Systems, Tel Aviv, 2015: 1-8.

[9] Bar-Cohen A, Maurer J J, Sivananthan A. Near-junction microfluidic cooling for wide bandgap devices[J]. MRS Advances, 2016, 1: 181-195.

[10] Madhour Y, Zervas M, Schlottig G, et al. Integration of intra chip stack fluidic cooling using thin-layer solder bonding[C]. 2013 IEEE International 3D Systems Integration Conference, San Francisco, 2013: 1-8.

[11] Feng S, Yan Y F, Li H J, et al. Thermal management of 3D chip with non-uniform hotspots by integrated gradient distribution annular-cavity micro-pin fins[J]. Applied Thermal Engineering, 2021, 182: 116132.

[12] Feng S, Yan Y F, Li H J, et al. Heat transfer characteristics investigations on liquid-cooled integrated micro pin-fin chip with gradient distribution arrays and double heating input for intra-chip micro-fluidic cooling[J]. International Journal of Heat and Mass Transfer, 2020, 159: 120118.

[13] Lee H, Agonafer D D, Won Y, et al. Thermal modeling of extreme heat flux microchannel coolers for GaN-on-SiC semiconductor devices[J]. Journal of Electronic Packaging, 2016, 138(1): 010907.

[14] Barako M T, Gambin V, Tice J. Integrated nanomaterials for extreme thermal management: A perspective for aerospace applications[J]. Nanotechnology, 2018, 29(15): 154003.

[15] Ebadian M A, Lin C X. A review of high-heat-flux heat removal technologies[J]. Journal of Heat Transfer, 2011, 133(11): 110801.

[16] 贾鑫, 魏俊俊, 黄亚博, 等. 金刚石散热衬底在 GaN 基功率器件中的应用进展[J]. 表面技术, 2020, 49(11): 111-123.

[17] Cho J, Li Z J, Bozorg-Grayeli E, et al. Thermal characterization of composite GaN substrates for HEMT applications[C]. Government Microcircuit Applications & Critical Technology Conference, Las Vegas, 2012.

[18] Pomeroy J W, Kuball M. Optimizing GaN-on-diamond transistor geometry for maximum output power[C]. 2014 IEEE Compound Semiconductor Integrated Circuit Symposium, La Jolla, 2014: 1-4.

[19] Shulaker M M, Hills G, Park R S, et al. Three-dimensional integration of nanotechnologies for computing and data storage on a single chip[J]. Nature, 2017, 547(7661): 74-78.

[20] Oh H, Gu J M, Hong S J, et al. High-aspect ratio through-silicon vias for the integration of microfluidic cooling with 3D microsystems[J]. Microelectronic Engineering, 2015, 142: 30-35.

[21] Tuckerman D B, Pease R F W. High-performance heat sinking for VLSI[J]. IEEE Electron Device Letters, 1981, 2(5): 126-129.

[22] Drummond K P, Back D, Sinanis M D, et al. A hierarchical manifold microchannel heat sink array for high-heat-flux two-phase cooling of electronics[J]. International Journal of Heat and Mass Transfer, 2018, 117: 319-330.

[23] Ditri J, McNulty M K, Igoe S. Embedded microfluidic cooling of high heat flux electronic components[C]. 2014 Lester Eastman Conference on High Performance Devices, Ithaca, 2014: 1-4.

[24] Tiwei T, Oprins H, Cherman V, et al. High efficiency direct liquid jet impingement cooling of high power devices using a 3D-shaped polymer cooler[C]. 2017 IEEE International Electron Devices Meeting, San Francisco, 2017.

[25] Schultz M D, Parida P R, Gaynes M, et al. Microfluidic two-phase cooling of a high power microprocessor part B: Test and characterization[C]. 2017 16th IEEE Intersociety Conference on Thermal and Thermomechanical Phenomena in Electronic Systems, Orlando, 2017: 458-465.

[26] Schultz M, Yang F H, Colgan E, et al. Embedded two-phase cooling of large three-dimensional compatible chips with radial channels[J]. Journal of Electronic Packaging, 2016, 138(2): 021005.

[27] Vladimirova K, Avenas Y, Crebier J C, et al. Modeling of power devices with drift region integrated microchannel cooler[J]. Microelectronics Journal, 2013, 44(11): 994-1004.

[28] Vladimirova K, Crebier J C, Avenas Y, et al. Innovative heat removal structure for power devices: The drift region integrated microchannel cooler[C]. 2011 IEEE 23rd International Symposium on Power Semiconductor Devices and ICs, San Diego, 2011: 332-335.

[29] Vladimirova K, Crebier J C, Avenas Y, et al. Drift region integrated microchannels for direct cooling of power electronic devices: Advantages and limitations[J]. IEEE Transactions on Power Electronics, 2013, 28(5): 2576-2586.

[30] Sharma C S, Tiwari M K, Zimmermann S, et al. Energy efficient hotspot-targeted embedded liquid cooling of electronics[J]. Applied Energy, 2015, 138: 414-422.

[31] Sharma C S, Schlottig G, Brunschwiler T, et al. A novel method of energy efficient hotspot-targeted embedded liquid cooling for electronics: An experimental study[J]. International Journal of Heat and Mass Transfer, 2015, 88: 684-694.

[32] Lorenzini D, Green C, Sarvey T E, et al. Embedded single phase microfluidic thermal management for non-uniform heating and hotspots using microgaps with variable pin fin clustering[J]. International Journal of Heat and Mass Transfer, 2016, 103: 1359-1370.

[33] Kulkarni K, Afzal A, Kim K Y. Multi-objective optimization of a double-layered microchannel heat sink with temperature-dependent fluid properties[J]. Applied Thermal Engineering, 2016, 99: 262-272.

[34] Ermagan H, Rafee R. Geometric optimization of an enhanced microchannel heat sink with superhydrophobic walls[J]. Applied Thermal Engineering, 2018, 130: 384-394.

[35] 刘江涛. 微通道内单相和相变传热机理与界面特性 [D]. 北京 : 清华大学博士学位论文 , 2008.

[36] Chen Y P, Cheng P. Heat transfer and pressure drop in fractal tree-like microchannel nets[J]. International Journal of Heat and Mass Transfer, 2002, 45(13): 2643-2648.

[37] Xu S L, Wang W J, Fang K, et al. Heat transfer performance of a fractal silicon microchannel heat sink subjected to pulsation flow[J]. International Journal of Heat and Mass Transfer, 2015, 81: 33-40.

[38] Xu S L, Li Y, Hu X L, et al. Characteristics of heat transfer and fluid flow in a fractal multilayer silicon microchannel[J]. International Communications in Heat and Mass Transfer, 2016, 71: 86-95.

[39] 钱吉裕, 魏涛, 王韬, 等. 高性能硅基微流道优化方法研究 [J]. 电子科技大学学报, 2020, 49(1): 92-97.

[40] 孔祥举, 李力, 钱吉裕, 等. 高热流密度功放芯片冷却用两相流技术研究 [J]. 电子机械工程, 2016, 32(4): 16-19.

[41] Palko J W, Lee H, Agonafer D D, et al. High heat flux two-phase cooling of electronics with integrated diamond/porous copper heat sinks and microfluidic coolant supply[C]. 2016 15th IEEE Intersociety Conference on Thermal and Thermomechanical Phenomena in Electronic Systems, Las Vegas, 2016: 1511-1517.

[42] Palko J W, Lee H, Zhang C, et al. Extreme two-phase cooling from laser-etched diamond and conformal, template-fabricated microporous copper[J]. Advanced Functional Materials, 2017, 27(45): 1703265.

[43] Matin K, Bar-Cohen A, Maurer J J. Modeling and simulation challenges in embedded two phase cooling-DARPA's ICECool program[C]. Proceedings of the ASME 2015 International Technical Conference and Exhibition on Packaging and Integration of Electronic and Photonic Microsystems, San Francisco, 2015: 1-8.

[44] Wen R F, Ma X H, Lee Y C, et al. Liquid-vapor phase-change heat transfer on functionalized nanowired surfaces and beyond[J]. Joule, 2018, 2(11): 2307-2347.

[45] Betz A R, Xu J, Qiu H H, et al. Do surfaces with mixed hydrophilic and hydrophobic areas enhance pool boiling?[J]. Applied Physics Letters, 2010, 97(14): 141909.

[46] Huang H X, Lamaison N, Thome J R. Transient data processing of flow boiling local heat transfer in a multi-microchannel evaporator under a heat flux disturbance[J]. Journal of Electronic Packaging, 2017, 139(1): 011005.

[47] Huang H X, Borhani N, Thome J R. Thermal response of multi-microchannel evaporators during flow boiling of refrigerants under transient heat loads with flow visualization[J]. Journal of Electronic Packaging, 2016, 138(3): 031004.

[48] Szczukiewicz S, Borhani N, Thome J R. Fine-resolution two-phase flow heat transfer coefficient measurements of refrigerants in multi-microchannel evaporators[J]. International Journal of Heat and Mass Transfer, 2013, 67: 913-929.

[49] Huang H X, Borhani N, Thome J R. Experimental investigation on flow boiling pressure drop and heat transfer of R1233zd(E) in a multi-microchannel evaporator[J]. International Journal of Heat and Mass Transfer, 2016, 98: 596-610.

[50] Pourfattah F, Arani A A A, Babaie M R, et al. On the thermal characteristics of a manifold

microchannel heat sink subjected to nanofluid using two-phase flow simulation[J]. International Journal of Heat and Mass Transfer, 2019, 143: 118518.

[51] Laguna G, Vilarrubí M, Ibañez M, et al. Numerical parametric study of a hotspot-targeted microfluidic cooling array for microelectronics[J]. Applied Thermal Engineering, 2018, 144: 71-80.

[52] Laguna G, Azarkish H, Vilarrubí M, et al. Microfluidic cell cooling system for electronics[C]. 23rd International Workshop on Thermal Investigations of ICs and Systems, Amsterdam, 2017: 1-4.

[53] Li X, Xuan Y M, Li Q. Self-adaptive chip cooling with template-fabricated nanocomposite P(MEO$_2$MA-co-OEGMA) hydrogel[J]. International Journal of Heat and Mass Transfer, 2021, 166: 120790.

[54] Wang T, Jiang Y Y, Jiang H C, et al. Surface with recoverable mini structures made of shape-memory alloys for adaptive-control of boiling heat transfer[J]. Applied Physics Letters, 2015, 107(2): 23904.

[55] Jessen G H, Gillespie J K, Via G D, et al. AlGaN/GaN HEMT on diamond technology demonstration[C]. 2006 IEEE Compound Semiconductor Integrated Circuit Symposium, San Antonio, 2006: 271-274.

[56] Francis D, Wasserbauer J, Faili F, et al. GaN-HEMT epilayers on diamond substrates: Recent progress[C]. CS MANTECH Conference, Austin, 2007: 133-136.

[57] Shikata S. Single crystal diamond wafers for high power electronics[J]. Diamond and Related Materials, 2016, 65: 168-175.

[58] Webster R F, Cherns D, Kuball M, et al. Electron microscopy of gallium nitride growth on polycrystalline diamond[J]. Semiconductor Science and Technology, 2015, 30(11): 114007.

[59] Nad S, Charris A, Asmussen J. MPACVD growth of single crystalline diamond substrates with PCD rimless and expanding surfaces[J]. Applied Physics Letters, 2016, 109(16): 162103.

[60] Liu D, Francis D, Faili F, et al. Impact of diamond seeding on the microstructural properties and thermal stability of GaN-on-diamond wafers for high-power electronic devices[J]. Scripta Materialia, 2017, 128: 57-60.

[61] Li C M, Zhu R H, Liu J L, et al. Effect of arc characteristics on the properties of large size diamond wafer prepared by DC arc plasma jet CVD[J]. Diamond and Related Materials, 2013, 39: 47-52.

[62] An K, Chen L X, Yan X B, et al. Fracture behavior of diamond films deposited by DC arc plasma jet CVD[J]. Ceramics International, 2018, 44(11): 13402-13408.

[63] Li C M, Wang L M, Chen L X, et al. Free-standing diamond films deposited by DC arc

plasma jet on graphite substrates with a destroyable Ti interlayer[J]. Diamond and Related Materials, 2009, 18(11): 1348-1352.

[64] Zhu R H, Miao J Y, Liu J L, et al. High temperature thermal conductivity of free-standing diamond films prepared by DC arc plasma jet CVD[J]. Diamond and Related Materials, 2014, 50: 55-59.

[65] Dussaigne A, Gonschorek M, Malinverni M, et al. High-mobility AlGaN/GaN two-dimensional electron gas heterostructure grown on (111) single crystal diamond substrate[J]. Japanese Journal of Applied Physics, 2010, 49(6): 61001.

[66] Hirama K, Kasu M, Taniyasu Y. RF High-power operation of AlGaN/GaN HEMTs epitaxially grown on diamond[J]. IEEE Electron Device Letters, 2012, 33(4): 513-515.

[67] Anderson T J, Hobart K D, Tadjer M J, et al. Nanocrystalline diamond for near junction heat spreading in GaN power HEMTs[J]. ECS Transactions, 2014, 61(4): 45-49.

[68] May P W, Tsai H Y, Wang W N, et al. Deposition of CVD diamond onto GaN[J]. Diamond and Related Materials, 2006, 15(4-8): 526-530.

[69] Liu T T, Kong Y C, Wu L S, et al. 3-inch GaN-on-diamond HEMTs with device-first transfer technology[J]. IEEE Electron Device Letters, 2017, 38(10): 1417-1420.

[70] Zhai W B, Zhang J W, Chen X D, et al. FEM thermal and stress analysis of bonded GaN-on-diamond substrate[J]. AIP Advances, 2017, 7(9): 095105.

[71] Mu F W, He R, Suga T. Room temperature GaN-diamond bonding for high-power GaN-on-diamond devices[J]. Scripta Materialia, 2018, 150: 148-151.

[72] Zhou Y, Ramaneti R, Anaya J, et al. Thermal characterization of polycrystalline diamond thin film heat spreaders grown on GaN HEMTs[J]. Applied Physics Letters, 2017, 111(4): 41901.

[73] Alomari M, Dussaigne A, Martin D, et al. AlGaN/GaN HEMT on (111) single crystalline diamond[J]. Electronics Letters, 2010, 46(4): 299-301.

[74] Hirama K, Taniyasu Y, Kasu M. AlGaN/GaN high-electron mobility transistors with low thermal resistance grown on single-crystal diamond (111) substrates by metalorganic vapor-phase epitaxy[J]. Applied Physics Letters, 2011, 98(16): 162112.

[75] Dumka D C, Chou T M, Jimenez J L, et al. Electrical and thermal performance of AlGaN/GaN HEMTs on diamond substrate for RF applications[C]. 2013 IEEE Compound Semiconductor Integrated Circuit Symposium, Monterey, 2013: 1-4.

[76] Tadjer M J, Anderson T J, Ancona M G, et al. GaN-on-diamond HEMT technology with $T_{AVG} = 176℃$ at $P_{DC,max} = 56$W/mm measured by transient thermoreflectance imaging[J]. IEEE Electron Device Letters, 2019, 40(6): 881-884.

[77] Ejeckam F, Francis D, Faili F, et al. GaN-on-diamond: A brief history[C]. 2014 Lester

Eastman Conference on High Performance Devices, Ithaca, 2014: 1-5.

[78] Blevins J D, Via G D, Sutherlin K, et al. Recent progress in GaN-on-diamond device technology[C]. CS MANTECH Conference, Qingdao, 2014: 105-108.

[79] Via G D, Felbinger J G, Blevins J, et al. Wafer-scale GaN HEMT performance enhancement by diamond substrate integration[J]. Physica Status Solidi C, 2014, 11(3/4): 871-874.

[80] Gerrer T, Cimalla V, Waltereit P, et al. Transfer of AlGaN/GaN RF-devices onto diamond substrates via van der Waals bonding[J]. International Journal of Microwave and Wireless Technologies, 2018, 10(5/6): 666-673.

[81] Chao P C, Chu K, Creamer C. A new high power GaN-on-diamond HEMT with low-temperature bonded substrate technology[C]. CS MANTECH Conference, New Orleans, 2013: 179-182.

[82] Chao P C, Chu K, Creamer C, et al. Low-temperature bonded GaN-on-diamond HEMTs with 11W/mm output power at 10GHz[J]. IEEE Transactions on Electron Devices, 2015, 62(11): 3658-3664.

[83] Chu K K, Chao P C, Diaz J A, et al. Low-temperature substrate bonding technology for high power GaN-on-diamond HEMTs[C]. Lester Eastman Conference, Ithaca, 2014.

[84] Chao P C, Chu K, Diaz J, et al. GaN-on-diamond HEMTs with 11W/mm output power at 10GHz[J]. MRS Advances, 2016, 1(2): 147-155.

[85] Chu K K, Chao P C, Diaz J A, et al. High-performance GaN-on-diamond HEMTs fabricated by low-temperature device transfer process[C]. 2015 IEEE Compound Semiconductor Integrated Circuit Symposium, New Orleans, 2015: 1-4.

[86] Wang K, Ruan K, Hu W B, et al. Room temperature bonding of GaN on diamond wafers by using Mo/Au nano-layer for high-power semiconductor devices[J]. Scripta Materialia, 2020, 174: 87-90.

[87] Pomeroy J W, Simon R B, Sun H R, et al. Contactless thermal boundary resistance measurement of GaN-on-diamond wafers[J]. IEEE Electron Device Letters, 2014, 35(10): 1007-1009.

[88] Pomeroy J W, Bernardoni M, Dumka D C, et al. Low thermal resistance GaN-on-diamond transistors characterized by three-dimensional Raman thermography mapping[J]. Applied Physics Letters, 2014, 104(8): 83513.

[89] Sun H R, Liu D, Pomeroy J W, et al. GaN-on-diamond: Robust mechanical and thermal properties[C]. CS ManTech Conference, Miami, 2016: 201-204.

[90] Sun H R, Simon R B, Pomeroy J W, et al. Reducing GaN-on-diamond interfacial thermal resistance for high power transistor applications[J]. Applied Physics Letters, 2015, 106(11): 111906.

[91] Zhou Y, Anaya J, Pomeroy J, et al. Barrier-layer optimization for enhanced GaN-on-diamond device cooling[J]. ACS Applied Materials and Interfaces, 2017, 9(39): 34416-34422.

[92] Soh M Y, Teo T H, Selvaraj S L, et al. Heterogeneous integration of GaN and BCD technologies[J]. Electronics, 2019, 8(3): 351.

[93] Hancock T M, Demmin J C, Hamilton B A. Heterogeneous and 3D integration at DARPA[C]. 2019 International 3D Systems Integration Conference, Sendai, 2019: 1-4.

[94] Turner S E, Stuenkel M E, Madison G M, et al. Direct digital synthesizer with 14GS/s sampling rate heterogeneously integrated in InP HBT and GaN HEMT on CMOS[C]. 2019 IEEE Radio Frequency Integrated Circuits Symposium, Boston, 2019: 115-118.

[95] Sun X, Brebels S, Stoukatch S, et al. Demonstration of heterogeneous integration of technologies for a Ku-band SiP doppler radar[C]. 2008 European Microwave Integrated Circuit Conference, Amsterdam, 2008: 470-473.

[96] Carter A D, Urteaga M E, Griffith Z M, et al. Q-band InP/CMOS receiver and transmitter beamformer channels fabricated by 3D heterogeneous integration[C]. 2017 IEEE MTT-S International Microwave Symposium, Honololo, 2017: 1760-1763.

[97] 郁元卫. 硅基异构三维集成技术研究进展[J]. 固体电子学研究与进展, 2021, 41(1): 1-9.

[98] Hou S Y, Chen W C, Hu C, et al. Wafer-level integration of an advanced logic-memory system through the second-generation CoWoS technology[J]. IEEE Transactions on Electron Devices, 2017, 64(10): 4071-4077.

[99] Chen F C, Chen M F, Chiou W C, et al. System on integrated chips (SoIC) for 3D heterogeneous integration[C]. 2019 IEEE 69th Electronic Components and Technology Conference, Las Vegas, 2019: 594-599.

[100] Green D S. Heterogeneous integration at DARPA: Pathfinding and progress in assembly approaches[EB/OL]. https://ectc.net/files/68/Demmin%20Darpa.pdf[2018-05-29].

[101] Desai S B, Madhvapathy S R, Sachid A B, et al. MoS$_2$ transistors with 1-nanometer gate lengths[J]. Science, 2016, 354(6308): 99-102.

[102] 郁元卫, 张洪泽, 黄旼, 等. 硅基射频微系统三维异构集成技术[J]. 固体电子学研究与进展, 2019, 39(3): 235.

[103] 王驰, 卢伊伶, 祝大龙, 等. 基于硅基 MEMS 工艺的 X 频段三维集成射频微系统[J]. 遥测遥控, 2019, 40(3): 47-51.

[104] 郭松林, 李丽, 钱丽勋, 等. 基于异构集成技术的 FBAR 开关滤波器组芯片[J]. 半导体技术, 2020, 45(4): 263-267.

[105] Ahn J H, Kim H S, Lee K J, et al. Heterogeneous three-dimensional electronics by use of printed semiconductor nanomaterials[J]. Science, 2006, 314(5806): 1754-1757.

[106] Choi J H, Wang H, Oh S J, et al. Exploiting the colloidal nanocrystal library to construct

electronic devices[J]. Science, 2016, 352(6282): 205-208.

[107] Zhang X C, Han X F, Sarvey T E, et al. 3D IC with embedded microfluidic cooling technology, thermal performance, and electrical implications[C]. Proceedings of the ASME 2015 International Technical Conference and Exhibition on Packaging and Integration of Electronic and Photonic Microsystems, San Francisco, 2015: 1-6.

[108] Zheng L, Zhang Y, Huang G, et al. Novel electrical and fluidic microbumps for silicon interposer and 3-D ICs[J]. IEEE Transactions on Components, Packaging and Manufacturing Technology, 2014, 4(5): 777-785.

[109] Zhang X C, Han X F, Sarvey T E, et al. Three-dimensional integrated circuit with embedded microfluidic cooling technology, thermal performance, and electrical implications[J]. Journal of Electronic Packaging, 2016, 138(1): 010910.

[110] IBM 利用"5D 电子血液"来解决计算机的散热和供能问题 [J]. 电子机械工程 , 2020, 36(3): 60.

[111] IBM 正在研发"电子血液"可驱动模拟人脑计算机 [J]. 硅谷 , 2013, 6(7): 26.

[112] Anthony S. IBM is trying to solve all of computing's scaling issues with 5D electronic blood[EB/OL]. https://arstechnica.com/gadgets/2015/11/5d-electronic-blood-ibms-secret-sauce-for-computers-with-biological-brain-like-efficiency[2015-11-08].

第四章
热扩展方法

第一节　概念与内涵

　　电子设备器件向小型化、高集成化和高功率化方向加速发展，导致电子设备表面热流密度急剧增加，传统的散热材料和散热方式已无法满足高功率电子设备的散热需求。当前，局部热冲击及热管理已成为制约电子技术发展的关键问题之一。由于电子器件与设备功率的不均匀分布，电子器件与设备表面易产生局部高热流现象（局部热点），其局部热流密度可达电子设备平均热流密度的十倍以上[1]，导致器件或设备出现极高的局部运行温度，严重降低电子器件与设备的稳定性和可靠性。对于电子设备或系统中的功率器件，尽管大部分区域能够维持较低的工作温度，但其局部高温热点可能导致电子设备的运行可靠性下降，甚至出现故障。因此，如何消除电子器件与设备的局部高温热点、降低器件与设备最高运行温度和提高电子设备或系统的温度均匀性是进行电子设备热管理的关键方向之一。

　　采用热扩展装置将电子设备局部热点产生的热量快速扩展到更大的散热表面进行冷却是解决上述问题的有效方法。如图 4-1 所示，热扩展装置通常位于热源与散热热沉之间，其工作原理是利用热扩展装置的高导热性或流体相变换热特性将热源产生的热量扩散到更大的散热表面，随后通过终端热沉将热量带走，达到增强散热的目的。采用热扩展装置，一方面，可以增大散热面积、降低电子器件的峰值热通量及平均热通量，使得具有较低冷却能力的传统散热方式可以继续应用到高热流电子器件热管理中；另一方面，采用热扩展装置减小了电子器件单位面积散热通量，可以降低电子器件运行温度和提升电子器件的温度均匀性，缓解电子器件与设备内部的应力上升与释放，提升电子器件的结构稳定性；通过热扩展装置将高温热点的热量扩展到边缘区域，降低了电子器件的峰值热通量可能产生的局部不利影响，避免为维持允许的器件结点温度造成的电子器件冷却方案的过分冗余设计，从而降低了电子器件冷却装置的制造和运行成本。

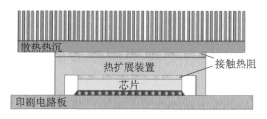

图 4-1　热扩展装置示意图

目前，最普遍使用的热扩展装置是铜板／铜薄片，通过利用铜金属材料的高导热性，实现对热源热量的高效扩展。此外，电子行业也在使用蒸汽腔、金属铝、石墨、Al_2O_3、SiC 和 AlN 等热扩展装置。根据其工作原理的不同，热扩展装置可以分为高导热材料热扩展装置和蒸汽腔热扩展装置两种。下面就不同热扩展装置的发展现状进行概述。

高导热材料热扩展是利用材料高导热性实现热量扩展的技术。理想的热扩展材料应具有合适的 CTE、较高的热导率、高物理化学稳定性、易加工和低成本的优点[2]。此外，对于应用于航空航天领域和便携设备（个人笔记本、手机等）的热扩展材料，还应具有相对较低的密度，以确保具有可接受的电子设备系统总重量。

电子器件的芯片材料主要有 Si、GaAs 和 GaN 等半导体材料，其 CTE 为 $2\sim7$ppm[①]/K。通常，相邻材料应具有接近的 CTE，以避免由于 CTE 差异引入热残余应力而导致器件失效。热扩展装置是连接电子设备功率芯片和散热热沉的装置，需要同时与芯片材料和热沉材料紧密贴合，有良好的热接触，这无疑对高导热材料的 CTE 提出了较高的要求。与热扩展装置和热沉的接触界面相比，由于热扩展装置和功率芯片之间的接触面积更小、热流密度和界

---

① 　1ppm=10^{-6}。

面间温差更大，相邻材料间 CTE 差异的影响也更大，如何匹配功率芯片和热扩展装置之间的 CTE 是确保电子设备稳定性的关键，对于高导热材料的研究也由单纯追求更高的热导率逐步向高导热性与 CTE 稳定兼备的方向转变。

针对电子器件与设备热管理的应用需求，常用的热扩展材料包括金属、合金、陶瓷、金属基复合材料和碳基材料等 [3]。在本章介绍中，根据热扩展性能、发展历程和应用情况，热扩展材料的发展可以大体分为第一代热扩展材料、第二代热扩展材料和第三代热扩展材料三个阶段 [4]。

一、第一代热扩展材料

传统热扩展材料（如 Al_2O_3、SiC 和铝等）具有不高于铜的热导率，广泛地应用于不同领域的电子设备冷却中，被称为第一代热扩展材料，主要包含金属材料、合金材料和陶瓷材料等。一般地，热扩展性能通常由材料的固有热导率决定。表 4-1 列出了部分第一代热扩展材料的热导率、CTE 和密度参数。但是，以铜和铝金属为代表的第一代热扩展材料的导热系数一般不超过 500W/(m·K)，且存在 CTE 偏高的缺陷。

表 4-1　部分第一代热扩展材料的热导率、CTE 和密度参数[4-7]

材料/增强物	基质	热导率 / [W/(m·K)]	CTE/(ppm/K)	密度 /(g/cm³)
铜	—	400	17.0	8.9
铝	—	247	23.0	2.7
金	—	315	14.0	19.3
钨	—	170	4.4	19.3
钼	—	138	5.3	10.2
因瓦合金（Invar alloy）	—	11	1.3	8.1
柯伐合金（Covar alloy）	—	17	5.9	8.3
铜	钨	157～190	5.7～8.3	15.0～17.0
铜	钼	184～197	7.0～7.6	9.9～10.0
Cu-I-Cu	—	164	8.4	8.4
Cu-Mo-Cu	—	182	6.0	9.9
Al_2O_3	—	46	6.7	约 4.0

材料/增强物	基质	热导率/［W/(m·K)］	CTE/(ppm/K)	密度/(g/cm³)
SiC	—	270	3.7	3.2
AlN	—	320	4.5	3.3
BeO	—	272	6.8	2.7

（一）金属材料与合金材料

第一代热扩展材料中，金属材料具有相对更高的热导率，其中典型的铜材料具有 400 W/(m·K) 的高热导率，是当前应用最广泛的热扩展和热沉材料。然而，铜具有高达 17 ppm/K 的 CTE，远高于电子器件芯片材料的 CTE。当热扩展材料与电子器件芯片的 CTE 不匹配时，两者热膨胀相容性弱，热应力的不匹配将导致材料出现形变，增大热扩展层热阻，从而导致焊接层和组件的分离或破损。因此，铜一般无法直接作为电子器件功率芯片的热扩展装置。铝是另一种常用的热扩展与热沉材料，热导率稍低于铜，但具有更低的密度且更易加工，然而铝的 CTE 比铜还要高，达到 23 ppm/K。通常，当铜和铝材料作为电子器件热扩展材料时，需要采用聚合物或者其他热界面材料替代焊接来减少热应力。由于热界面材料的热导率普遍偏低，这无疑将增加电子器件热量传递的热阻，降低电子器件的散热效果。金具有高于铝的热导率，但其密度和价格比铝更高，同样不是电子器件热扩展的理想材料。

金属材料中，钨和钼具有合适的 CTE，但钼的平面度较差，重结晶后脆性较大，钨的加工性差且价格昂贵。金属合金，如 Invar 合金、Covar 合金、钨铜、钼铜、铜/Invar/铜（Cu-I-Cu）、铜/钼/铜（Cu-Mo-Cu）等具有合适的 CTE，但具有较低的热导率、较高的密度和导电性，与陶瓷第一代热扩展材料相比，不具备应用优势。

（二）陶瓷材料

陶瓷材料（如 SiC、AlN 和 BeO）具有合适的 CTE、高于铝的热导率和较低的密度，是当前电子器件中广泛使用的热扩展材料。然而，陶瓷材料制备温度比较高、成型工艺难度大和成本较高，造成批量生产的难度较大，限制了陶瓷热扩展材料的应用范围。另外，随着电子器件功率的逐渐增大，对热扩展材料的热导率提出了更高的要求，陶瓷材料已逐渐无法满足热扩展需求。

综上所述，第一代热扩展材料的热导率偏低，而CTE偏高，无法兼顾高热导率和低膨胀系数的需求。随着电子器件散热需求的逐渐增大，第一代热扩展材料逐渐被新型热扩展材料替代。

二、第二代热扩展材料

针对第一代热扩展材料的CTE偏高、无法兼顾高热导率和低CTE的缺陷，热扩展材料的研究逐渐从金属材料、陶瓷材料或合金材料转向复合材料。异质复合材料由两种或两种以上化学、物理性质不同的材料，按照所设计的形式、比例和分布方式制备而成。与传统的单质金属材料、合金材料和陶瓷材料相比，复合材料通过各组分性能互补及协同作用，可以实现优于原各单一组分的复合性能。

表4-2列举了部分典型的第二代热扩展材料及其特性。第二代热扩展材料主要包括部分具有超高热导率的单质材料，如金刚石和高定向热解石墨（highly oriented pyrolytic graphite，HOPG）等，以及这部分材料作为增强体的复合材料，如金刚石强化铜和碳纤维强化碳等，这些材料具有很高的热导率和与电子器件功率芯片接近的较低CTE，被认为是理想的热扩展材料。复合材料的热导率相较于第一代热扩展材料有了显著的提升，最高可达2000W/(m·K)以上，而CTE由于界面调控的优化出现了明显的降低。

表4-2 部分典型的第二代热扩展材料及其特征 [4,8]

材料/增强体	基体	面内热导率 / [W/(m·K)]	垂直热导率 / [W/(m·K)]	CTE/(ppm/K)	密度 /(g/cm³)
天然石墨		140～1500	3～10	–0.4	1.1～1.9
CVD金刚石		500～2200	500～2200	1.0～2.0	3.5
高定向热解石墨		1300～2000	10～20	–1.0	2.3
热解石墨片		600～1700	约为15	0.9	0.9～2.5
连续碳纤维	碳	350～400	40	–1.0	1.9～2.0
	碳化硅	340	38	2.5	2.2
	聚合物	300	10	–1.0	1.8

续表

材料/增强体	基体	面内热导率 / [W/(m · K)]	垂直热导率 / [W/(m · K)]	CTE/(ppm/K)	密度 /(g/cm³)
不连续碳纤维	铜	300	200	6.5~9.5	6.8
	铝	190~230	120~150	3.0~9.5	2.4~2.5
	聚合物	20~290	3~35	4.0~7.0	1.6~1.8
天然石墨	环氧树脂	370	6.5	−2.4	1.9
石墨片	铝	1100~1600	30~35	4.0~7.0	2.3~2.4
金刚石颗粒	铜	465~930	465~930	4.0~9.5	5.0~5.5
	铝	410~760	410~760	5.7~10.0	2.9~3.1
	银	350~980	350~980	4.5~7.5	5.0~6.4
	钴	>600	>600	3.0	4.1
	碳化硅	600~680	600~680	1.8	3.3
Invar	银	153	153	6.5	8.8
铝 – 硅		120~180	120~180	6.5~17.0	2.5~2.6
碳化硅颗粒	铝	150~272	150~272	4.8~16.2	2.7~3.1

目前，正处于第二代热扩展材料开发与应用的初期，出现了许多不同种类、具有不同热特性范围的高导热材料。总体上，这些材料的性能和成熟度有待提升，各种材料尚存在各自的缺陷，如制造工艺复杂、成本高、稳定性差、各向异性热导率和负 CTE 等，限制了其大规模生产及商品化应用。尽管如此，相比于第一代热扩展材料，第二代热扩展材料具有如下通用优点。

（1）具有较高的热导率，最高可达铜材料热导率的几倍，材料的热扩展性能明显增强。

（2）可以定制 CTE 范围较宽的热扩展材料以满足与电子器件功率芯片的键合需求，减少键合层的热应力和翘曲的发生，允许通过焊料直接进行功率芯片和热扩展材料键合，提高了电子器件的可靠性。

（3）具有较低的密度，应用场景的适用性更强。

根据材料或基质材料的类型不同，第二代热扩展材料主要可以分为碳基材料、碳–碳复合材料、金属基复合材料（metal matrix composite，MMC）、陶瓷基复合材料（ceramic matrix composite，CMC）、聚合物基复合材料（polymer matrix composite，PMC）和金属合金。其中，金属基复合材料是主要的第二代热扩展材料，部分金属合金也可以被认为是金属基复合材料。

用于热扩展的金属合金是通过将具有较高 CTE 的金属材料与另一种具有较低 CTE 的材料充分混合，制备具有合适 CTE 的热扩展材料。由于与金属材料混合的低 CTE 材料通常热导率偏低，所制备的金属合金材料的热导率较低。例如，表 4-2 中的 Al-Si 合金的热导率仅为 120～180W/(m·K)，而 Invar-Ag 合金的热导率仅为 153W/(m·K)，低于大多数第一代陶瓷热扩展材料的热导率，因而一般不适用于作为高功率电子设备的热扩展装置。

聚合物基复合材料是通过将高导热填料（如石墨、碳纤维、BN 和 AlN 等）加入聚合物基体材料中，增强聚合物的热导率。与传统的金属材料相比，聚合物基复合材料具有高强度比、高刚度比、耐腐蚀、耐疲劳和易成型等优点，已被应用于发光二极管（light emitting diode，LED）器件散热器、芯片封装的热界面材料与填充材料、锂电池电极材料和电池封装材料等。然而，聚合物基体材料的热导率较低，为 0.1～0.5W/(m·K)，制备的聚合物基复合材料热导率也偏低 [9,10]，热扩展性能较差。此外，聚合物基复合材料还具有耐热性差、发烟燃烧、成型速度慢和表面易损伤等缺点，不适用于高功率电子设备的热扩展装置。

由于金属合金和聚合物基复合材料的局限性，人们研发了其他几类具有较高热导率的碳基和陶瓷基的第二代热扩展材料。

（一）碳基材料

碳是热扩展材料最具前景的元素，具有多种存在形式，如无定形碳、石墨、金刚石、石墨烯和碳纳米管等。由于碳原子间具有较强的共价键，声子（晶格振动）对热导率贡献较大。例如，金刚石、石墨和碳纳米管等纯碳材料均具有较高的热导率，其中石墨和金刚石已作为热扩展材料或热界面材料成功地应用于电子设备冷却装置中。与金属材料相比，碳基材料有较高的面内热导率、较低的 CTE、高耐腐蚀性和更低的密度，使得碳基材料非常适合用于电子器件热扩展领域。但是，碳基材料热传导的各向异性往往限制了这类材料在电子器件与设备热管理中的使用。

（二）石墨

石墨中的碳原子以六边形层状结构排列，层平面中碳原子以 sp^2 杂化形成共价键，但石墨层间距离大、结合力（范德瓦耳斯力）小，层内与层间键合差异大，导致石墨具有高度的各向异性。石墨在面内方向具有较高的热导率，而在厚度方向的热导率较低。例如，天然石墨在面内的热导率为 140～1500W/(m·K)，而在厚度方向的热导率仅为 3～10W/(m·K)。热解石墨是一种类似石墨的人造材料（碳素材料），通过将高纯碳氢气体在一定的炉压下加热到接近其分解温度，随后在热固体表面沉积获得，面内热导率可达 600～1700W/(m·K)，高于天然石墨。高定向热解石墨（highly oriented pyrolytic graphite，HOPG）是通过将热解石墨进行高温处理获得的性能接近单晶石墨的新型石墨材料，具有 2000W/(m·K) 的超高面内热导率，接近单晶金刚石。虽然石墨具有超高的面内热导率，但由于石墨本身较软且易碎，是常用的润滑剂和导电材料，强度无法满足作为电子器件热扩展的要求，需要通过掺杂或层压等方式与其他材料（如碳纤维材料、陶瓷材料和金属材料等）混合使用。

（三）金刚石

金刚石中的碳原子以正四面体排列，每个碳原子通过 sp^3 杂化与 4 个相邻的碳原子形成共价键，碳–碳键结合力较强，晶体结构稳定。与石墨不同，金刚石具有较高的透明度、各向同性的热导率和较高的硬度（已知最坚硬的自然材料）。单晶金刚石的热导率为 2200W/(m·K)[11]，是纯铜热导率的 5 倍。过去的几十年间，人们对金刚石的合成方法进行了大量的研究。由于在衬底上异质外延生长单晶金刚石十分困难，大多数人工合成的金刚石都采用 CVD 沉积的方法，生产多晶金刚石膜。金刚石膜各方向的传热性能在很大程度上取决于其微观结构，热导率跨越了两个数量级，与晶粒的几何形状、杂质和缺陷浓度及生长过程密切相关。目前，多晶金刚石膜的合成工艺相对较成熟。例如，目前国内已具备制备毫米级厚度的金刚石膜板，实现了超过 2000W/(m·K) 的热导率，但高成本仍是限制人工合成金刚石应用的主要原因。除了具有超高的热导率，金刚石还具有杨氏模量高、电阻率高和膨胀系数低等优点，是最理想的热扩展材料。金刚石膜板直接作为电子设备热扩展材料时，可以有效地抑制芯片热量传热热阻和降低芯片结温[12,13]。

（四）碳–碳复合材料

碳–碳复合材料是同时以碳为基体和增强体所组成的复合材料。通过在碳基质中加入碳纤维，可以实现与铜接近的热导率，同时保持碳材料原有的其他优点。由于具有高耐烧蚀性、耐冲击性和超热环境下高强度等优点，碳–碳复合材料被认为是空间环境中高性能的耐蚀材料；优异的耐摩擦性能和高热导率使得碳–碳复合材料在飞机、汽车制动片和轴承等方面得到应用；不宜破断和重量轻等优点使得碳–碳复合材料已被用来制作竞赛用自行车、高尔夫球杆和游艇等，且因其与人体有良好的相容性而被医学界用作牙床、骨骼和人工关节。碳–碳复合材料质量小、刚性好，随着科学技术的发展、廉价碳纤维的开发及复合工艺的改进，碳–碳复合材料将成为一种很有发展前景的高温应用复合材料。

与其他第二代热扩展材料相比，碳–碳复合材料在电子设备热扩展应用中不具备竞争力，相关的报道较少。主要的原因包括：①由于材料与工艺限制，目前碳–碳复合材料的热导率仅处于第一代热扩展材料的水平，且具有高度各向异性，热扩展性能较弱。碳–碳复合材料在面内的热导率可达350～400W/(m·K)，而其垂直平面方向热导率仅为40W/(m·K)。②碳–碳复合材料无法在氧化性气体中耐受高温，在空气环境中使用时需要采用抗氧化措施。③电子器件与设备热管理所需的致密且坚固的无孔碳–碳复合材料不易制造。由于碳粉无法烧结，碳–碳复合材料中的碳基体通常通过碳的 CVD 或碳源（如沥青或酚醛树脂）的热分解而获得。在烃向碳的转化过程中形成许多孔，需要采用 CVD、高压液相浸渗等方法进行复合材料的致密化，工艺周期长、能耗大、成本高。

（五）金属基复合材料

金属基复合材料是通过在金属基体中加入具有良好功能特性的增强体，保留了各组分材料相原有的优点，并且减少或消除了各组成相的缺陷，实现性能可调。目前，金属基复合材料最高可实现约 1000W/(m·K) 的高导热系数，CTE 也满足电子器件功率芯片的键合需求。此外，金属基复合材料还具有较高的比强度、比刚度、比模量和高温强度，是电子器件热扩展的优质材料，具有广阔的发展与应用前景。

作为最主要的第二代热扩展材料，金属基复合材料的出现弥补了聚合物基复合材料的不足，如耐温性较差（聚合物基复合材料耐温一般不超过573K）、在高真空条件下容易释放出小分子而污染周围的器件、不能满足材料导电和导热需要等，同时金属基复合材料又克服了陶瓷基复合材料塑性差、韧性差等缺点。然而，金属基复合材料仍存在制备工艺复杂、加工工艺不够完善和成本较高等问题，无法形成大规模批量生产和商业化。

金属基复合材料主要的基体材料包括具有较高热导率的铝、铜和银等，增强材料主要包括各种碳质材料（金刚石颗粒、碳纤维、石墨）、碳化硅和硅等。其中，碳化硅颗粒增强金属基复合材料是重要的第二代热扩展材料，也是当前研究最多、应用最广的金属基复合材料。但是，随着电子器件散热功率密度的逐渐增大，由于碳化硅的本征热导率偏低，碳化硅作为增强体的金属基复合热扩展材料已很难满足电子器件的热扩展需求。人们开始寻求使用本征热导率更高的材料（如碳纤维、石墨和金刚石等）作为增强体，与金属材料进行复合，制备具有更高热导率的金属基复合材料。如表4-2所示，碳纤维增强的铝和铜的热导率均低于单质金属材料的热导率，无法满足电子器件功率芯片的高热通量扩展需求。采用高导热石墨片作为增强体的石墨/铝复合材料可以实现远高于铝的面内热导率，且具有合适的CTE，但在垂直方向的热导率较低，增大了功率芯片垂直方向传热的热阻。金刚石颗粒具有各向同性的超高热导率和较低的CTE，是较理想的增强材料，且金刚石颗粒的人工合成技术已非常成熟，价格低廉，为材料的规模化利用提供了条件。因此，采用金刚石颗粒材料作为增强体的金属基复合材料是发展第二代热扩展材料的重要途径之一。

1. 碳化硅颗粒增强金属基复合材料

碳化硅颗粒增强金属基复合材料是由30%~70%的碳化硅颗粒与铝或铝合金（铜或铜合金）复合而成的，通过改变碳化硅颗粒含量来调控复合材料的CTE，获得理想性能的复合材料。碳化硅–铝材料的制造工艺较成熟，早在20世纪80年代就已被应用于电子/光电器件的封装中。尽管铜的热导率比铝更高，但由于碳化硅和铜界面润湿性较差且会产生剧烈界面反应，形成较高的界面热阻，碳化硅–铜复合材料的表观热导率偏低。虽然可以通过在碳化硅和铜材料之间设置阻隔层来进行接触界面调控，以改善两材料间的润湿性和控制界面反应，但高性能碳化硅/铜复合材料制备工艺较复杂且成本较高，无法进行规模化制备与利用。

碳化硅-铝复合材料的热导率为 150～272W/(m·K)[14-16]，处于第一代热扩展材料的热导率水平，但碳化硅-铝复合材料性能能够通过改变其组成而加以调整，可以实现膨胀系数在 4.8～16.2ppm/K 的可控调节，实现热扩展装置与电子器件功率芯片的良好匹配，这是传统的金属材料或陶瓷材料无法做到的。碳化硅-铝复合材料还具有比金属更高的比刚度、比陶瓷更好的抗振性和较低的密度，使得碳化硅-铝复合材料成为航空航天领域电子封装及热控的首选材料。目前，国外已将碳化硅-铝复合材料成功应用于 F-18 "大黄蜂"战斗机、"台风"战斗机、EA-6B "徘徊者"预警机和 ALE-50 型诱饵吊舱等航空器，以及火星 "探路者"和 "卡西尼"深空探测器等航天器的热管理，在微波集成电路、功率模块和微处理器盖板及散热板等领域也得到应用。

2. 金刚石-铝复合材料

采用金刚石作为增强体的金属基复合材料是第二代热扩展材料的重要研究方向，目前研究较多的有金刚石-铜复合材料、金刚石-银复合材料和金刚石-铝复合材料。铜与金刚石颗粒间存在化学惰性，界面润湿性差且密度相对较高；金刚石-银复合材料的成本较高，限制了其大规模使用；金刚石/铝复合材料密度和成本都较低，并且铝可与金刚石发生界面反应，产生的界面化合物可以大幅度提高铝基体和金刚石颗粒的界面结合性能，但形成的界面热阻偏大。

国内相关高校和科研院所也对金刚石-铝复合材料进行了深入的研究，已能够实现金刚石-铝复合材料的热导率超过 500W/(m·K)，达到国际金刚石-铝复合材料商品化的标准。然而，国内相关单位研制的金刚石/铝复合材料性能稳定性未知，且无法同时满足高导热和低热膨胀的性能要求，研究仅停留在实验室阶段，距离实际产业化和应用仍存在一定的距离[17,18]。

通过制备工艺参数优化，金刚石/铝复合材料可以实现较高的热导率，具有广阔的应用前景。目前报道的最高水平为瑞士洛桑联邦理工学院制备的金刚石体积分数为 63% 的金刚石/铝复合材料，其热导率达到 760W/(m·K)，CTE 为 5.7ppm/K。国内相关高校采用气压浸渗法同样制备出金刚石体积分数为 68%、热导率为 760W/(m·K) 的金刚石/铝复合材料[19]。

在一定的条件下，金刚石与铝基体之间可以发生界面反应，增强金刚石与铝基体之间的界面结合，但金刚石与铝基体之间的界面产物并不都是有益的。一方面，金刚石与铝在高温下生成的 Al_4C_3 热导率仅为 $140W/(m \cdot K)$，远低于铝和金刚石的热导率，增大了复合材料界面热阻。另一方面，Al_4C_3 与空气中的水汽接触时会发生水解反应，最终分解为 Al_2O_3，造成界面疏松，导致复合材料热导率和稳定性的降低。因此，需在制备过程中严格控制 Al_4C_3 的生成量，以提高金刚石 / 铝复合材料的导热特性。科研人员针对金刚石/铝复合材料的界面优化进行了大量的研究工作[19]。主要包括：①优化制备工艺参数，控制金刚石与铝液的反应程度[20,21]；②通过金属合金化改变液态金属对金刚石表面润湿状态，提高金属基体的流动性，从而改善复合材料的界面结合，但在基体中添加合金元素会降低基体金属的热物理性能，对复合材料整体性能造成影响[22]；③通过金刚石表面金属化改善金刚石与铝基体之间的润湿性，增加金刚石与铝基体之间的界面结合，提高复合材料的导热性能[23-27]。

3. 金刚石–银复合材料

银是自然界中热导率最高的金属，具有极高的化学稳定性和优良的加工与延展性，是金刚石颗粒增强金属基复合材料的常用金属基体之一。由于银在金刚石表面的润湿性极差，需要采用在银基体中加入合金元素或者在金刚石表面镀覆合金元素来改善银基体和金刚石颗粒间的润湿性，从而获得具有较高热导率的金刚石–银复合材料[28-32]。

4. 金刚石–铜复合材料

金属材料中，铜拥有仅次于银的高热导率，且价格相对便宜；与铝相比，铜具有更高的热导率、更低的CTE，是金刚石颗粒增强金属基复合材料的理想基体，因而金刚石–铜复合材料也是当前高导热材料热扩展的研究热点。由于金刚石颗粒与铜之间存在化学惰性，两者很难形成良好的界面结合，直接将铜与金刚石颗粒复合会存在很大的界面热阻，制备的金刚石–铜复合材料热–力学性能较差。与金刚石–银复合材料相似，可以通过金刚石表面镀覆和铜基体合金化的方法来制备具有优异热物理性能和良好力学性能的金刚石–铜复合材料。此外，还可以通过高温高压法使金刚石颗粒间烧结成并联导热通道，制备具有较高热导率的金刚石–铜复合材料。例如，Sumitomo Electric Hardmetal 公司[33]通过双顶压机在 1420～1470K、4.5GPa 下烧结出高性能的金刚石–铜材料，当金刚石体积分数为 70% 时，复合材料热导率达到 742W/(m·K)。俄罗斯科学院 [34] 通过进一步提高烧结温度与压力，在 2100K 和 8GPa 条件下，成功制备了热导率为 900W/(m·K) 的金刚石–铜复合材料。然而，由于高温高压法对设备要求极高、制备样品尺寸较小，上述方法的产业化面临困难。当前，研究工作主要围绕通过金刚石颗粒表面镀覆和铜基体合金化来改善铜与金刚石的界面润湿性，然后采用一般制备技术获得高性能的铜–金刚石复合材料。

金刚石颗粒表面镀覆是通过磁控溅射或真空蒸发等方法在金刚石颗粒表面镀覆一层亲碳元素或者直接镀一层碳化物过渡层以改善铜基体和金刚石颗粒之间的润湿性，主要的镀覆层有 Cr_7C_3、Cr、Ti、W、Mo_2C 和 Zr 等。镀覆过程需要严格控制镀覆层厚度，防止镀覆层过薄导致的界面低强度或过厚导致的界面高热阻。人们围绕不同的镀覆层及制备工艺开展了大量的研究工作 [35-38]，其中俄罗斯圣彼得堡国立技术大学 [39,40] 通过在金刚石表面镀覆 100nm 厚的钨金属层，成功制备了热导率为 900W/(m·K) 的金刚石–铜复合材料，是目前已知通过金刚石镀覆工艺制备的热导率最高的复合材料。

铜基体合金化通过添加亲碳合金元素（Zr、Cr 和 Ti 等）来改变金刚石与铜的表面润湿性，同时亲碳元素可以在金刚石颗粒表面形成一层厚度为纳米到微米尺度的碳化物，从而提高铜基体和金刚石颗粒的界面结合性。通过金属基体合金化对金刚石–铜界面进行改性可以有效地提高复合材料的热物理性能、力学性能和热循环性能，其性能普遍优于采用镀覆方法的复合材料，也更加简单、经济。但是，在铜基体中添加合金元素会造成铜基体的热导率下降，从而影响复合材料的热导率。因此，在保证复合材料的优异热物理性能和良好力学性能的前提条件下，应尽可能地减少合金元素的添加量。一个研究实例是：通过对铜基体进行质量分数为 0.5% 的 Zr 合金化，采用气压渗透法，在金刚石体积分数为 61% 的条件下，成功制备了热导率为 930W/(m·K) 的高性能金刚石–铜复合材料，其热导率是目前报道的金刚石–铜复合材料的最高水平 [39-41]。

（六）陶瓷基复合材料

陶瓷材料具有高强度、高弹性模量、高硬度、耐高温、耐腐蚀、耐磨损和密度低等优点，是当前电子器件中广泛使用的热扩展材料。但由于陶瓷材料的热导率偏低，逐渐难以满足高功率电子器件的散热需求。一般需要通过在陶瓷基体中加入具有更高热导率的增强相（碳纤维、金刚石），制备具有更高热导率的陶瓷基复合材料。根据文献报道，目前具有最高热导率的陶瓷基复合材料为金刚石/碳化硅复合材料，其热导率达到 600～680W/(m·K)，远高于传统陶瓷材料的热导率[42]。然而，与同样采用金刚石作为增强体的金属基复合材料相比，在热扩展性能方面，陶瓷基复合材料不具备竞争力；而且，与金属基复合材料相比，陶瓷基复合材料制备与加工成型工艺也更加复杂、成本更高。因此，陶瓷基复合材料不是主要的第二代热扩展材料，相关的研究与文献报道也相对较少。

目前，常见的陶瓷基复合材料包括连续碳纤维–碳化硅复合材料和碳化硅–碳化硅复合材料等，通过在陶瓷基体中加入连续碳纤维或碳化硅纤维，重点解决陶瓷材料脆性大、韧性差的问题，改善陶瓷基体力学/机械性能，提升其作为结构材料的安全可靠性及应用范围[43,44]。陶瓷基复合材料具有耐高温、高比模量、高比强度和低密度等优点，可以在恶劣环境下使用，其作为结构材料在航空与火力发电用燃气轮机、石油化工、冶金工业、生物工程和机械与汽车工业等领域已得到了大量的应用[45]。

三、第三代热扩展材料

第三代热扩展材料是指区别于第二代热扩展材料的新型纳米材料与纳米复合材料，典型的如石墨烯和碳纳米管，均具有高于第二代热扩展材料的超高导热系数，是未来电子设备热扩展高导热材料的重要发展方向。石墨烯是碳原子组成的具有单层蜂窝状晶格结构的新型二维材料，目前测得的室温条件下面内热导率为 4800～5300W/(m·K)[46]，垂直方向热导率为5～20W/(m·K)。碳纳米管则是由单层或多层石墨片围绕中心轴卷曲而成的新型一维碳材料，其中由单层石墨片组成的称作单壁碳纳米管，由多层石墨片组成的称作多壁碳纳米管；单壁碳纳米管的直径通常为 0.8～2nm，多壁碳纳米管的直径通常为 5～20nm，碳纳米管的长度则可以从 100nm 至几厘米，跨越分子尺度和宏观尺度。室温观测到的单根多壁碳纳米管的轴向热导率高达 3000W/(m·K)[47]，而理论预测的碳纳米管轴向热导率则高达

6600W/(m·K)[48]。除了具有超高的导热性，石墨烯与碳纳米管还具有强度高、韧性大等优点，是应用于电子设备热管理的理想材料。

四、蒸汽腔热扩展

蒸汽腔是一种基于工质流动–相变换热过程实现热量高效传输的被动式热扩展元件，其原理如图 4-2 所示。常见的蒸汽腔构型一般为平板状结构，含腔体、毛细芯和工质三个组件。与热管的工作原理类似，蒸汽腔利用液态工质的蒸发、冷凝和毛细力输运液体回流实现热量传递：当蒸汽腔蒸发段（侧）受热时，液体工质将吸收热量并发生汽化，随后气态工质会在压差的作用下流向冷凝段（侧），并在冷凝段（侧）释放热量并凝结成液体；凝结的液体工质则将在毛细芯的毛细力驱动下回流到蒸发段（侧），完成蒸汽腔的一次热量传递循环。与传统热管沿轴向一维传热不同，蒸汽腔内热质传递过程一般可视为二维问题。显然，蒸汽腔除了具有较高的导热性，还具有良好的均温性与热扩展性能。

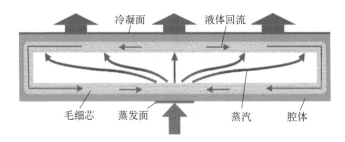

图 4-2　蒸汽腔原理图

蒸汽腔的性能可以通过器件总热阻和等效面内热导率进行评估，分别反映了蒸汽腔的轴向传热和周向热扩展能力。蒸汽腔的总热阻包含腔体导热热阻、接触热阻、蒸发热阻、蒸汽输送热阻和冷凝热阻，其中蒸发热阻、蒸汽输送热阻和冷凝热阻是蒸汽腔内部的主要热阻。蒸汽腔总热阻定义为冷热面温差与总传热量的比值：

$$R = \frac{T_{hot} - T_{cold}}{Q} \tag{4-1}$$

式中，T_{hot} 为蒸汽腔蒸发器平均温度；T_{cold} 为蒸汽腔冷凝器平均温度；Q 为蒸汽腔传递的总热量。

蒸汽腔的等效面内热导率定义为

$$k_{\text{eff}} = \frac{Q \cdot l_{\text{eff}}}{A \cdot \Delta T}$$ （4-2）

式中，l_{eff} 为蒸汽腔面传热的等效长度；A 为蒸汽腔截面积；ΔT 为面内传热方向的温差。

除了传热热阻和面内等效热导率，临界热流密度也是衡量评价蒸汽腔工作性能的重要参数，它表征了蒸汽腔的最大传热能力。当蒸汽腔达到临界热流密度时，蒸发段（侧）的毛细芯层将干涸，液体工质不与蒸汽腔壁连续接触，导致蒸发器壁面温度迅速上升，蒸汽腔将停止工作而失效。蒸汽腔在热质传递过程中存在一系列的传热极限，包括连续流动极限、毛细极限、黏性极限、声速极限、携带极限和沸腾极限等，这些极限中的最小值则决定了蒸汽腔热管（板）的最大传热能力。对于蒸汽腔热扩展，通常毛细极限和沸腾极限是决定其临界换热量的主要限制因素。因此，关于蒸汽腔的理论与实验研究工作的重点均在讨论毛细芯结构、充液率、蒸汽腔倾斜角和工质的影响，以研究降低蒸汽腔热阻，增大蒸汽腔干枯极限和临界热通量的方法与措施。下面从蒸汽腔毛细芯发展、蒸汽腔运行工况优化和超薄蒸汽腔三个方面介绍蒸汽腔热扩展技术的研究现状与水平。

（一）蒸汽腔毛细芯发展

蒸汽腔毛细芯结构是确保相变工质在区域内和区域间连续运输的关键，决定了蒸汽腔的传热性能和临界热流密度。如图 4-3 所示，蒸汽腔常用的毛细芯结构是金属丝网、烧结金属粉末和槽道[49-56]。槽道毛细芯是通过在蒸汽腔腔体内壁开槽道作为液体回流的毛细芯，与金属丝网毛细芯和烧结粉末毛细芯相比，其渗透率和等效热导率更大，但较大的结构尺寸也导致其毛细驱动力较小。金属丝网毛细芯是由金属织物组成的，加工工艺简单，制备成本较低；在三种毛细芯结构中，金属丝网毛细芯具有中等的毛细力驱动力和渗透率，但金属丝网与腔体接触较差，热阻较大，从而影响蒸汽腔均温性能。烧结金属粉末毛细芯是将粉末状金属在腔体内壁直接烧结形成毛细芯的结构，具有较大的毛细驱动力、良好的热接触条件，但由于渗透率较低，液体回流的阻力较大。在上述三种常规毛细芯中，烧结金属粉末毛细芯更加稳定、高效，金属丝网毛细芯则具有更好的经济性。目前，采用金属丝网毛细芯和烧结粉末毛细芯的蒸汽腔热扩展构件已实现商品化，被广泛地应用到军用电子设备、计算机、通信设备等领域。

(a) 槽道毛细芯[57]　　　　(b) 金属丝网毛细芯[58]　　　(c) 烧结金属粉末毛细芯[59]

图 4-3　三种常用的毛细芯结构

除了上述毛细芯结构，针对蒸汽腔的不同应用需求，出现了其他不同类型毛细芯结构的蒸汽腔，如石墨泡沫毛细芯[60]、碳纳米管阵列毛细芯[61-63]、泡沫铜毛细芯[59,64-66]、刻蚀硅槽道毛细芯[67-69]、铜-金刚石复合烧结粉末芯[70]等，以适应不同功率条件下热量扩展的应用需求。蒸汽腔工质的蒸发、冷凝和流体传输速率主要受毛细芯的结构特性影响，包含孔隙率、孔径、渗透率、比表面积、工质热导率和表面润湿性等，优化毛细芯的结构则是提升蒸汽腔性能的关键途径。蒸汽腔热管（板）最常遇到的运行极限就是毛细芯的毛细极限，它决定了运行中蒸汽腔的临界热流密度。毛细极限由两个参数控制：渗透率和毛细驱动力。毛细芯内工质的最大质量流量可以由达西定律确定：

$$m = \frac{\rho K A}{\mu L}(P_c - \rho g L) \qquad (4\text{-}3)$$

式中，ρ 为工质密度；K 为渗透率；A 为毛细芯截面积；μ 为工质黏度；L 为毛细芯长度；P_c 为毛细驱动力；g 为重力加速度。

依据式（4-3），可以通过增大毛细芯的渗透率和毛细压力来提升毛细芯的质量流量。然而，在均质的毛细芯中，通过减小毛细芯的孔径可以提升毛细压力，但也会降低毛细芯的渗透率，即毛细芯的渗透率和毛细驱动力是相互竞争的，在均质毛细芯中很难同时实现较高的毛细压力和渗透率。为了克服这种局限性，可以采用具有两个或多个孔径的复合毛细芯结构来提升蒸汽腔的整体性能。复合毛细芯的基本思路是"取长补短"，即通过具有较小孔径的毛细芯结构来产生足够的毛细驱动力，而通过具有较大孔径的毛细芯结构来增大蒸汽腔毛细芯的渗透率[71-105]。

（二）蒸汽腔运行工况优化

除了毛细芯层结构，蒸汽腔的工质充灌率、倾斜角度和工质属性等因素也对蒸汽腔热管（板）热扩展性能产生显著的影响。为了进一步降低蒸汽腔热阻和增大蒸汽腔临界热通量，科研人员对上述影响因素也开展了大量研究和优化工作。

充液率是影响蒸汽腔性能的关键因素之一，定义为液态工质占蒸汽腔内部总容积的比值。对不同工质、不同充液率条件下的蒸汽腔运行状况的研究表明[59,65,86,106,107]：当蒸汽腔结构和毛细芯等因素不同时，充液率对蒸汽腔的性能影响也不同。例如，当充液率从 20% 上升到 50% 时，蒸汽腔的蒸发热阻逐渐降低，而冷凝热阻逐渐增大，总热阻也随充液率的增加而增大[108]。同样，热源、蒸汽腔高度和充液率也对蒸汽腔热阻产生相应的影响[109]，当热源和蒸汽腔高度改变时，蒸汽腔的最佳充液率发生改变，最佳的液体填充体积为沟槽总体积的 1～2 倍。通过研究以 R141b 为工质的烧结铜粉蒸汽腔[110]，可以发现当充液率较低时，蒸汽腔性能随充液率的增大而降低，而当充液率大于 40% 时，继续增大充液率将降低蒸汽腔性能，原因在于较高的充液率会导致冷凝段的蒸汽空间变小，导致蒸发和冷凝速率降低，对于给定的蒸汽腔结构与运行条件，最佳的蒸汽腔充液率为 40%。

通过对倾斜角度对蒸汽腔热阻的影响的研究[66,85,107,111-113]，发现倾斜角度对蒸汽腔性能的影响也随着热源功率和充液率等运行条件的变化而变化。例如，对不同加热功率下蒸汽腔倾斜角度在 0°～180° 内性能变化的实验表明[89]，蒸汽腔的倾斜角与蒸汽腔温度均匀性没有明显的关系；当倾角为 90° 时，蒸汽腔的热阻最大。对具有不同充液率、处于不同倾斜角度的泡沫铜蒸汽腔的性能实验表明[65]：当充液率为 15% 时，水平运行的蒸汽腔热阻最低；当充液率为 30% 时，在低加热功率下，倾斜蒸汽腔可以降低蒸汽腔热阻，但在高加热功率下，水平运行的蒸汽腔热阻最小；当充液率为 45% 时，倾斜或垂直运行的蒸汽腔热阻最小。

蒸汽腔相变工质的选择主要取决于蒸汽腔的使用温度范围，同时也要考虑工质与腔体和毛细芯材料在长期封闭条件下的兼容性。毫无疑问，蒸汽腔相变工质属性会对蒸汽腔的传热性能产生突出影响[79,95,106]。例如，用去离子水和乙醇测试基于叶静脉系统的新型蒸汽腔的性能[102]，发现采用去离子水作为相变工质的蒸汽腔热阻远低于采用乙醇的蒸汽腔的热阻。采用水和制冷剂R141b两种工质的铜质蒸汽腔性能比较分析表明[110]，采用制冷剂R141b的蒸汽腔热阻更低。在分别使用水、丙酮和乙醇三种相变工质的泡沫铜蒸汽腔中，以水作为相变工质的蒸汽腔传热性能效果最佳，而乙醇最差[65]。

在许多电子器件与设备热排散应用场景中，可能涉及器件或设备上的多个热点，而蒸汽腔也适用于这类场合，用于集散来自均匀或非均匀热源的热量[84,114]。通过对用于大功率发光二极管的蒸汽腔模块性能的实验研究，发现平板式热惯性蒸汽腔在30W功率条件下的扩展热阻和相应的温差分别比同等条件下固体铜板低37%和4K，比铝板低56%和6K[115]。对运行于非均匀热源功率分布条件下的蒸汽腔，其蒸发段（侧）的热阻对不均匀的加热条件不敏感，其在不均匀热源分布条件下的热阻与均匀分布的情况基本相同。蒸汽腔的热源和蒸发器温度共同影响着蒸汽腔的总体性能，通过增大蒸汽腔蒸发段（侧）的输入功率可以降低蒸发段（侧）热阻，但较高的蒸发段（侧）热流密度可能会受到声速极限、携带极限、沸腾极限等因素的限制，从而影响蒸发器的稳定性，而蒸汽腔启动阶段的高热源输入和较低的启动温度也会导致蒸汽腔工质的爆炸性沸腾问题[116]。

（三）超薄蒸汽腔

当前，电子器件与设备的冷却模块逐渐朝着高功率、轻薄化的方向发展，尤其是针对智能手机的散热需求，其冷却装置的厚度小于0.4mm，因而超薄蒸汽腔成为蒸汽腔热扩展技术的一个新发展方向。通常情况下，蒸汽腔的最大散热量由其毛细极限决定，但当蒸汽腔的高度逐渐变窄时，黏度极限可能成为限制蒸汽传热性能的主要因素[117]。蒸汽腔高度定义为不包含毛细芯结构在内的剩余空间高度，主要影响蒸汽流动的路线、蒸汽流动阻力和整体传热性能。随着蒸汽腔内部蒸汽空间的逐渐变小，蒸汽腔的最大传热能力也逐渐下降，当蒸汽腔高度为0.1mm时，其最大传热功率仅为1～6W。研究发现[118]，降低蒸汽腔高度将导致更高的蒸汽流阻，提高热源温度，削弱蒸汽腔的热扩展能力。因此，如何在保证高热扩展能力的前提下，尽可能地减小蒸汽腔厚度是超薄蒸汽腔研究的难点。值得指出的是，超薄蒸汽腔并不仅仅是传统蒸汽腔几何厚度的减薄，在热质传递机理、相变机制、设计方法和制作工艺等都面临一些新挑战，需要开展系统、深入的研究。

第二节　面临的挑战和存在的问题

随着电子器件与设备的不断革新和输入功率的不断增长，同时由于电子器件与设备功率源的不均匀分布，电子器件与设备的表面易出现局部高热流现象（局部热点），这种非均匀分布的局部热流密度可达电子器件与设备平均热流密度的 10 倍以上，往往会导致极高的器件与设备局部运行温度。新一代热扩展技术要排散的热流密度面临着单位面积内百瓦级向千瓦级的跨越，高性能电子器件与设备的可靠运行使得热扩展层的有效导热系数超越 10 000W/(m·K) 逐渐成为现实需求。

随着热扩展技术需求的不断发展，当前，高导热热扩展材料的研发正处于第二代热扩展材料的初始阶段，货架商品化的第二代热扩展材料热导率仍处于相对较低的水平。如何进一步提高第二代热扩展材料导热性能和稳定性、降低材料成本是发展第二代热扩展材料需要解决的关键问题。另外，第三代热扩展材料由于其远超第二代热扩展材料的高热扩展性能，成为未来热扩展材料的重要发展方向，而相关的工艺技术的滞后成为限制其发展的主要原因。

针对蒸汽腔热扩展技术的研发需求，如何通过毛细结构设计、腔体结构设计和表面改性技术提升蒸汽腔热管（板）的最大热交换性能与制造具有高热扩展性能的柔性超薄蒸汽腔结构是蒸汽腔热扩展技术研究的两大难题，相关的基础理论与方法研究则是进行高性能蒸汽腔热管（板）设计与制备的重要保证。

综上所述，当前电子器件与设备热扩展的关键问题与挑战归纳如下所示。

一、复合热扩展材料多尺度传热模型与界面调控机理

近年来，对第二代热扩展材料——金刚石／金属基复合材料制备技术和

影响因素进行了大量研究，取得了长足的进展。金刚石/金属基复合材料的热导率已达到 1000W/(m·K)，且能够实现其 CTE 的可控调节。目前，国外已实现热导率为 500～600W/(m·K) 的金刚石/金属基复合材料的商品化，但要进一步实现高性能金刚石/金属基复合材料的商品化仍存在着很多挑战，其中最重要的是对金刚石/金属基复合材料的基础理论研究仍存在一些不足，即多尺度传热模型的优化和界面调控机理的完善。金刚石/金属基复合材料的研究主要还是仅停留在通过大量实验尝试，制备具有高热导率的复合材料，这导致材料开发的过程较慢，且制备的材料多数导热性能和稳定性较差。另外，虽然通过复杂的制备和工艺条件可以制造出性能较好的金刚石/金属基复合材料，昂贵的价格也极大地限制了它们在规模化的电子器件与设备散热系统中的应用。

二、低维材料多维导热通路设计方法与器件一体化

当石墨烯材料直接作为电子设备功率芯片的热扩展装置时，需要针对电子器件与设备的特定结构，综合考虑功率密度分布和热沉冷却能力等因素，进行石墨烯的定向可控生长，以获得石墨烯热扩展层与功率芯片的最佳组装，达到电子器件与设备的最佳散热效果。使用石墨烯和碳纳米管低维材料作为增强体制备纳米复合材料的热导率在很大程度上取决于其热渗透阈值和晶畴尺寸，复合材料内部导热通道构建和低维材料的大面积生长技术变得尤为重要。采用不同形状、尺寸的填料构建微纳米尺寸的复合通道结构和制备3D 互连结构则是构建导热通道的有效方法，然而这些方法均对石墨烯/碳纳米管低维材料的可控生长与组装技术提出了更高的要求，相关的技术问题和瓶颈有待解决，以满足下一代电子芯片及器件的高效热扩展需求。

三、基于微纳复合结构的蒸汽腔相变传热强化方法

采用复合毛细芯结构是克服均质毛细芯中毛细压力与渗透率之间的相互冲突，提高毛细芯吸液速度和蒸汽腔临界热流密度的有效方法，也是当前蒸汽腔研究的一大热点。尽管目前已经针对复合毛细芯蒸汽腔进行了大量设计与实验测量工作，但相关的机理研究仍有所不足。例如，复合毛细芯结构对蒸汽腔内部工质相变过程的影响机制尚不清晰，复合毛细芯非均匀微纳米多

孔结构内部气泡成核、生长和脱离等过程的机制尚不明确，相关理论与方法的缺失严重限制了高性能蒸汽腔复合毛细芯结构的研制工作。因此，需要结合理论与实验方法，系统地研究复合多孔结构尺寸、分布形式和相变工质充灌率等对于工质气泡生长与脱离过程的影响规律，分析复合毛细芯亲疏水特性对工质热质传递和相变过程的作用机制，揭示复合毛细芯结构、表面特性与蒸汽腔相变换热过程的相互关系，建立蒸汽腔复合毛细芯设计的基本准则与方法，为新型高效复合毛细芯蒸汽腔的设计提供理论指导。

四、面向超薄、柔性电子器件的新型热扩展方法

电子设备高功率、轻薄化的发展趋势对蒸汽腔热扩展提出了更高的要求，超薄蒸汽腔成为未来蒸汽腔技术发展的重要方向。研究表明，随着蒸汽腔厚度的逐渐变薄，蒸汽腔的最大换热能力和面内等效热导率也在逐渐减弱，如何提升超薄蒸汽腔的相变换热性能和热扩展能力是当前研究的一大难点。需要从基本原理入手，深入分析超窄受限空间内部液态工质的相变传热特性，研究蒸发/沸腾过程与冷凝过程的相互影响，揭示气泡、蒸汽和冷凝液之间的复杂流体动力行为对相变换热过程的影响规律，探索毛细芯结构、亲疏水特性和蒸汽腔内部空间结构对热质输运和相变换热过程的强化机制，发展超窄受限空间内部相变传热的强化方法，为超薄蒸汽腔热管（板）设计与优化提供理论支撑。

第三节 研 究 动 态

一、高导热复合热扩展材料的界面调控

整体上，金刚石/金属基复合材料内部的热传递过程属于复杂的跨尺度传热问题：界面接触区域与金刚石颗粒内部属于微纳尺度传热范畴，而金属材料内部则可视为宏观尺度传热。因此，需要通过构建金刚石/金属基复合材料的多尺度传热模型，揭示载流子在材料内部与界面微区域的分布、迁移特性，分析微观结构、界面类型和界面尺寸等因素对金刚石/金属基复合材料导热性能的影响规律，厘清不同界面调控方法对复合材料导热性能的强化机

制，从而为基于金刚石/金属基复合材料的热扩展技术研发提供理论依据与物质基础。

当前，国外在高导热金刚石/铝复合材料方面的研究相对较完善，部分公司已经实现了金刚石/铝复合材料的产业化，并投入实际使用中去。例如，奥地利 RHP Technology[26] 通过热压技术制造尺寸为 10mm×10mm～150mm×150mm，厚度为 2～20mm 的金刚石–铝、金刚石–铜和金刚石–银复合材料产品，可实现的技术指标包括：热导率为 350～500W/(m·K)、CTE 为 6～10ppm/K 和 $Ra<3\mu m$。美国纳米材料国际公司（Nanomaterials International Company，NMIC）[27] 制造的金刚石–铝复合材料可实现>500 W/(m·K) 的高热导率，重量仅为传统材料（钨铜、钼铜）的 1/10；NMIC 声称他们生产的金刚石–铝复合材料可将 GaN 器件的结温降低 25%，并且在 2013 年就实现了超过一万片的出货量。图 4-4 和图 4-5 分别给出了 RHP Technology 与 NMIC 的金刚石基复合材料产品图。

图 4-4　奥地利 RHP Technology 制造的　　　图 4-5　美国 NMIC 制造的金刚石 / 铝
　　　　金刚石基复合材料产品图 [26]　　　　　　　　　　复合材料产品图 [27]

金刚石–银复合材料的热扩展性能优异。例如，瑞士洛桑联邦理工学院 [30] 通过气体压力浸渗技术制备了 Ag–质量分数为 3% Si–金刚石复合材料，在金刚石体积分数为 78.6% 时，实现了 983W/(m·K) 的超高热导率，是目前报道的金刚石–银复合材料的最高水平，但没有给出该复合材料的 CTE，复合材料的稳定性也未知。研究人员采用无压真空液相烧结法制备了 Ag–Ti–金刚石复合材料 [31]，通过添加少量的金属钛实现了银与金刚石间润湿性的有效改善；当金刚石体积分数为 60% 时，Ag–原子分数为 1.5%Ti–金刚石复合材料的热导率达到 953W/(m·K)，CTE 为 6.4ppm/K，且在低温循环条件下表现出优异的热循环性能。

研究表明，通过界面改性制备的金刚石–银复合材料具有较高的热导率和匹配芯片器件的 CTE，适用于芯片热扩展，且热扩展性能优于金刚石–铝复合材料。但是，由于银的价格较昂贵，金刚石–银复合材料的制造成本较高，阻碍了金刚石–银复合材料产品的规模化。国外部分公司可提供金刚石–银复合材料的定制业务[26]，但其目前提供的金刚石–银复合材料产品的热导率仅达到约 500W/(m·K)，远低于文献报道水平。如图 4-6 所示，日本 A.L.M.T.Crop. 制造了热导率为 600W/(m·K)、CTE 约为 10ppm/K 的金刚石–银复合材料[32]，该材料具有较高的稳定性，在进行了 1000 次热循环后其热导率为 208~423K，金刚石–银复合材料热导率仅下降了 4%。

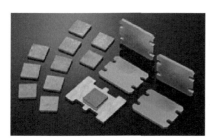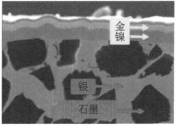

图 4-6　日本 A.L.M.T.Crop. 制造的金刚石–银复合材料[32]

图 4-7 展示的是 CPS Technologies 制造的高定向热解石墨–Al/SiC 层压复合材料[4]。通过压力渗透方法，将具有较高面内热导率的 HOPG 插入双层 Al/SiC 板间，制备出具有高热扩展性、CTE 适用的高性能复合热扩展材料。图 4-8 对应的是美国 Polymer Science，Inc. 制造的 PS-1672 铜箔–石墨复合热扩展材料产品[10]，这种材料通过直接胶粘铜箔与石墨制成，厚度为 0.15mm，面内热导率为 1300W/(m·K)。尽管通过层压/胶粘方式获得的石墨/金属复合材料具有较高的面内热导率，但其在垂直方向的热导率和强度极低，热扩展性能的各向异性极大限制了该体系材料在电子设备热扩展领域的应用。

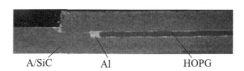

图 4-7　美国 CPS Technologies 制造的高定向热解石墨–Al/SiC 层压复合材料[4]

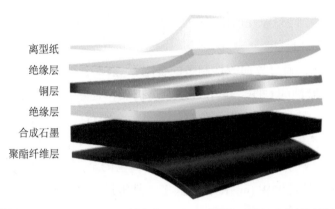

离型纸
绝缘层
铜层
绝缘层
合成石墨
聚酯纤维层

图 4-8　美国 Polymer Science, Inc. 制造的 PS-1672 铜箔–石墨复合热扩展材料产品 [10]

目前，金刚石复合材料作为有效导热基底被广泛地应用。由于成本的限制，金刚石作为热扩展层仅被使用在一些特定的场景，如激光器和航天器等。采用金刚石涂层或与具有不同热、电和机械性能的材料的复合（如金刚石 /Cu/Mo 和金刚石 /AlN/Mo 等）则成为金刚石应用于电子器件与设备热扩展的更佳选择 [14]。例如，在薄 GaN 发光二极管与硅衬底间加入了 20μm 金刚石薄层 [15]，发现加入金刚石可使芯片结温降低 20K，且芯片均温性也得到明显改善，如图 4-9 所示。

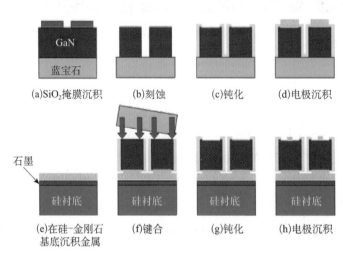

图 4-9　在硅–金刚石薄层基底上制备 GaN 发光二极管芯片 [15]

与金刚石–银复合材料类似，尽管已有文献报道了成功研制具有超过 900W/(m·K) 高热导率的金刚石–铜复合材料的成果，但目前实现商品化的金刚石–铜复合材料的热导率远低于文献报道的结果。例如，图 4-10 所示的金刚石–铜复合材料产品，其热导率仅为 500～550W/(m·K)，CTE 为 6.0～6.5ppm/K。另外，制造工艺复杂、成本高和稳定性差等因素是阻碍文献报道的高导热金刚石–铜复合材料成为货架商品的主要原因。

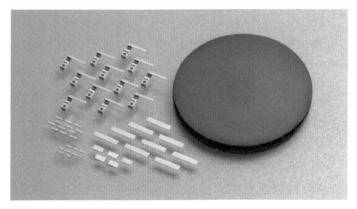

图 4-10　日本 A.L.M.T. Crop. 制造的金刚石–铜复合材料 [42]

对于复合材料界面调控，微观尺度的热传递模型对于界面的调控和机理发展十分关键，而分子间范德瓦耳斯力起到了重要作用，不同基底材料间的范德瓦耳斯异质结的形成对于界面是否完全耦合起到了决定性的作用。

图 4-11 为载流子三种微观模型，图中①～③代表了三种载流子微观模型描述。三种模型对层间液桥的微观传热传质机理做出了不同的解释。

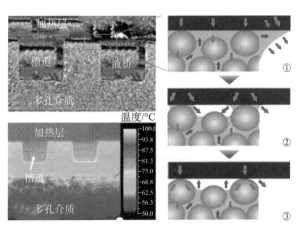

图 4-11　载流子的三种微观机理模型
①为能带模型；②为共价键模型；③为半导体中载流子模型

二、低维热扩展材料的可控制备

目前，石墨烯薄膜已被考虑直接作为电子器件与设备的热扩展材料，可以利用石墨烯超高的面内热导率来降低电子器件与设备功率芯片的局部热点温度。例如，通过在 Al-GaN/GaN 晶体管上表面覆盖几层石墨烯膜[49]，当芯片功率为 13W 时，成功将热点温度降低了 20K，证明石墨烯膜作为热扩展装置的巨大潜力和与当前芯片加工的兼容性。表 4-3 列出了当前文献中给出的几种典型石墨烯膜的热导率及制备方法[50]。还原氧化石墨烯（reduced graphene oxide，rGO）薄膜可以通过对氧化石墨烯（graphene oxide，GO）分散液或石墨纳米板溶液进行直接蒸发、真空过滤、电喷雾沉积等制备而成，制备的还原氧化石墨烯薄膜均可实现大于 1000W/(m·K) 的高热导率。针对石墨烯薄膜垂直方向热导率低的问题，通过在石墨烯片之间原位生长碳纳米环，构建 3D 桥接的碳纳米环/石墨烯复合薄膜，实现了 5.8W/(m·K) 的垂直方向热导率，是传统石墨烯薄膜垂直方向热导率的 3 倍以上[51]。随着研究工作的深入，石墨烯薄膜正在逐步实现商品化，石墨烯产品的热扩展性能接近金刚石膜板的水平，但制备方法更简单，成本更低。例如，图 4-12 给出了 The Global Graphene Group 公司[52]生产的 AT1500 石墨烯热扩展膜，产品厚度为 20～100μm，热导率为 1200～1700W/(m·K)。

表 4-3　石墨烯薄膜热导率与制备方法比较[50]

材料	热导率/[W/(m·K)]	制备方法
还原氧化石墨烯	1100	直接蒸发，2273K 退火
还原氧化石墨烯	1390	真空过滤，氢碘酸还原
还原氧化石墨烯	1434	电喷雾沉积，3123K 退火
还原氧化石墨烯	1940	刮涂沉积，压紧，3273K 退火
石墨烯纳米板（graphene nanoplates，GNP）	1529	球磨，3123K 退火
多层石墨烯（FLG）	面内热导率为 1231，垂直热导率为 1.81	真空过滤，FLG 功能化
还原氧化石墨烯＋原位生长的碳纳米环（CNR）	面内热导率为 890，垂直热导率为 5.8	真空过滤，CNR 原位生长

图 4-12　The Global Graphene Group 公司生产的 AT1500 石墨烯热扩展膜[52]

与石墨烯薄膜不同，由于碳纳米管之间存在较高的接触热阻，大面积碳纳米管的热导率远低于预期值。例如，新加坡南洋理工大学[53]测量了厚度为10～50μm多壁碳纳米管薄膜的热导率，发现室温条件下碳纳米管薄膜的平均热导率仅为15W/(m·K)，且与碳纳米管的长度无关。因此，尽管单根碳纳米管具有超高的热导率，较高的接触热阻导致极低的薄膜热导率，严重限制碳纳米管直接作为热扩展材料的应用。

目前全球市场量产高导热石墨膜的公司主要有日本松下公司、美国Graftech公司和中国碳元科技股份有限公司等，行业集中度较高。市场中的石墨膜主要分为天然石墨膜、人工合成石墨膜和纳米碳膜三种。其中以人工合成石墨膜为主，其生产制备依赖于聚酰亚胺（polyimide，PI）膜，因此商用价格随原材料波动较大。中国碳元科技股份有限公司作为国内领先的高导热石墨膜生产企业，其单层高导热石墨膜最小厚度为0.012mm，导热系数达1900W/(m·K)；其复合型高导热石墨膜（石墨膜与其他材料复合）的厚度可控范围为15～100μm，导热系数可达1500W/(m·K)；多层高导热石墨膜（由多层石墨材料层压而成）的厚度可控范围为50～200μm。商用石墨烯膜的全球制造商主要包括美国Graphite Central公司、Grolltex公司和Graphene One公司等，凭借其出色的电、热和光学特性在电池、传感器等领域被广泛应用。在热扩展方向的商业应用中，石墨烯主要用于改善聚合物体系的传热性能和刚度。

除了直接作为热扩展材料的应用，石墨烯和碳纳米管也被用作增强体来制备高性能纳米复合材料和实现器件的一体化组装。然而，采用石墨烯和碳纳米管作为增强体带来的热导率提升远低于预期值，甚至制备的纳米复合材料的热导率可能低于基体材料的热导率。例如，石墨烯/金属复合材料的热导率目前处于 172~543W/(m·K) 范围内，远低于金刚石/金属和石墨片/金属复合物的热导率[54]。通过化学镀、超声辅助机械搅拌、烧结、锻造和冲模等工艺制备的体积分数为 5% 的单壁碳纳米管（覆盖有 Ni/Cu 层）增强铜基复合材料，可以分别实现 67.3% 和 30.4% 的硬度与拉伸强度的提升，而热导率仅为 378.5W/(m·K)[55]。采用石墨烯和碳纳米管增强的聚合物基复合材料的热导率仍处于较低的水平，文献报道的复合材料热导率小于 10W/(m·K)[50]。造成上述问题的首要原因是基体材料中缺少有效的热传递通道，改善的方法则包括：通过提高增强体的分散性、降低填料与基体间的界面热阻和通过构建微纳米尺寸复合结构或 3D 互连结构形成导热通道，相关的工艺方法也是纳米基热扩展复合材料的当前研究的前沿热点。

图 4-13 为国家纳米科学中心利用范德瓦耳斯异质结组装 2D-3D 器件。通过在横向二硫化钼沟道与金属电极之间引入双极型二碲化钼作为串联的垂直导电沟道，该异质结器件表现出栅压调控的 n-n 结和 p-n 结传输特性。同时，其载流子注入类型具有偏压可控性，可以在隧穿和热激活之间切换。

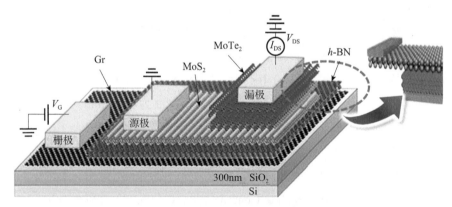

图 4-13　国家纳米科学中心利用范德瓦耳斯异质结组装 2D-3D 器件[56]
I_{DS} 是源极（S）和漏极（D）的电流；V_{DS} 是源极和漏极的电压

三、基于新型毛细芯设计与微纳结构相结合的蒸汽腔技术

如前面所述，科研人员近年来针对蒸汽腔的复合毛细芯结构进行了大量的研究工作，试图通过不同类型毛细结构的协同作用，同时实现较大的毛细

压力和液体渗透率。蒸汽腔复合毛细芯也存在两种不同的复合方式，分别是在蒸发器/冷凝器进行多种毛细芯复合和蒸发器与冷凝器采用不同类型的毛细芯进行复合。常见的蒸汽腔复合毛细芯结构包括多材料–多粒径粉末毛细芯[72–74]、槽道上方覆盖丝网复合毛细芯[71,75,76]、蒸发器丝网–冷凝器槽道复合毛细芯[77–79]、碳纳米管–烧结铜粉复合毛细芯[62,80]、丝网–烧结粉末复合毛细芯[74,81,82]、烧结粉末–槽道复合毛细芯[83–85]、泡沫铜–沟槽复合毛细芯[66,86]和碳纳米管–丝网复合毛细芯[63]等。部分典型的复合毛细芯结构如图4-14所示。

(a) 泡沫铜–槽道　　　　(b) 烧结粉末–槽道
　　复合毛细芯[86]　　　　　　复合毛细芯[84]

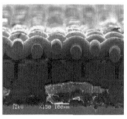 

(c) 槽道覆盖丝网　　　　(d) 丝网–烧结粉
　　复合毛细芯[75]　　　　　末复合毛细芯[74]

图 4-14　部分典型的复合毛细芯结构图

除了采用上述复合毛细芯结构提高蒸汽腔热扩展性能，出现了一些新构型的多动脉蒸汽腔[58,59,87,88]，利用柱状毛细芯连接蒸发器和冷凝器作为液态工质回流通道的新型蒸汽腔，其结构如图4-15所示。通过采用柱状毛细芯可以缩短冷凝液回流路径、提升蒸发器供液速度，并且柱状毛细芯还可以起到一定的支撑作用，防止变形。此外，当腔体结构较薄或蒸汽腔内外气压差过大时，单纯的柱状毛细芯可能无法满足稳定腔体结构的强度需求。因此，同时采用实心铜柱和烧结铜粉末柱的多动脉蒸汽腔结构，可进一步提升蒸汽腔的结构强度。例如，实心铜柱和烧结铜粉末柱交错排布的蒸汽腔[89]；在蒸发区采用烧结铜粉末柱作为回液通道，而在其他区域采用实心铜柱来强化蒸汽腔结构[90]；实心铜柱与烧结粉末的复合结构（即在单根柱体上同时实现结构加强和液体回流增强）[90]。这些复合结构有效地改善了蒸汽腔的抗压强度和相变传热性能。研究分析证实了在实心铜柱表面覆盖一层均匀的毛细芯作为回液通道的可行性，通过在实心铜柱外加入烧结铜粉末环作为回液通道，同时实现结构强化和液体回流[91]。

图 4-15　多动脉蒸汽腔[87]

除了结构，毛细芯层的亲疏水属性也是影响蒸汽腔性能的关键因素。蒸汽腔主要通过液体工质的蒸发/沸腾换热将电子器件与设备产生的耗散热源的热量传递到冷凝（端）面，而沸腾传热的性能主要通过传热系数和临界热通量这两个参数进行表征。传热系数反映了给定过热度时蒸汽腔的主要热阻，而临界热通量反映了蒸汽腔失效的极限热通量。研究表明，具有均匀润湿性的表面通常无法同时增强蒸汽腔传热系数和临界热通量。当通过增强润湿性来增大临界热通量时，同样会延迟核态沸腾的发生并降低该温度下的传热系数；当蒸发表面为均匀的超疏水表面时，核态沸腾的发生比亲水表面早，且可以在低过热温度下增强传热系数。然而，由于表面上存在明显的气泡合并，采用超疏水表面则会降低沸腾换热的临界热通量[92]。所以，采用超亲水/超疏水复合表面，发挥两种微结构表面的协同作用是同时提升蒸汽腔沸腾换热传热系数和临界热通量的有效方法[93,94]。

尽管对不同材料和结构的亲疏水性能与调控方法进行了大量研究，但对于亲疏水性复合微结构表面在毛细芯中的应用研究相对较少，一些研究工作分析了毛细芯亲疏水性及亲疏水复合表面对蒸汽腔换热性能的影响[69]。例如，通过在蒸汽腔蒸发器采用超亲水多尺度微/纳米结构表面，提升毛细芯毛细力，增加传热面积和成核位点。冷凝器采用超疏水表面，形成逐滴冷凝，与薄膜冷凝相比，提升冷凝传热系数。此外，冷凝液直接滴回蒸发表面，促进了液体迅速回流。采用上述复合结构表面可以同时提高蒸汽腔临界热流和传热系数[95,96]。美国 Advanced Cooling Technologies[97] 则考虑采用具有疏水表面的蒸发器基底和亲水的烧结铜粉末毛细芯的复合，来提升蒸发器性能。美国普渡大学[63] 通过在蒸发区域采用碳纳米管阵列来增强毛细芯亲水性，降低蒸汽腔总热阻。一种新概念的自适应蒸汽腔，通过创造性地采用具有热响应性的聚合物涂层，提高了传热性能和降低了局部的热梯度。当蒸汽腔在高温运行时，蒸发器表面润湿性将增大，较小的接触角将增大毛细芯的驱动力，增强液体回流速度[98]。

图 4-16 为不同研究中蒸汽腔的临界热流密度对比。

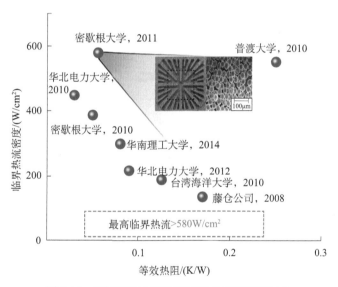

图 4-16　不同研究中蒸汽腔的临界热流密度对比

图 4-17 是运用仿生学原理，基于植物叶脉仿生分形结构设计的蒸汽腔冷凝器毛细芯结构[99]。通过理论和实验研究发现，与传统平行通道结构相比，叶脉分形结构在高度方向渗透性更好；采用叶脉分形结构可以提升温度均匀性、防止蒸汽腔通道堵塞和壁面蒸汽腔故障[100]。分形角是影响蒸汽腔性能的重要因素，当分形角为 40°～50° 时，蒸气室表现出最佳的散热性能。与采用去离子水的工质相比，采用乙醇作为工质的蒸汽腔热阻更小、温度更均匀。

当蒸发端采用分层烧结毛细芯，即底部采用 100～300μm 烧结铜粉，顶部采用 57μm 烧结铜粉，且采用分形角为 45° 的矩形叶脉分形结构时，其热阻仅为 0.06K/ W[101]。

(a) 圆形蒸汽腔冷凝器结构[102]　　　　(b) 方形蒸汽腔冷凝器结构[101]

图 4-17　基于植物叶脉仿生分形结构蒸汽腔

现代制造的 3D 打印技术是一种以数字模型文件为基础，运用粉末状金属或塑料等可黏合材料，通过逐层打印的方式来构造物体的快速成型技术，近年来被广泛地应用于工业设计、航空航天和医疗等领域。同样，3D 打印技术的成熟也推动了蒸汽腔热扩展技术的发展。3D 打印技术具有便捷制造蒸汽腔所需的多孔结构和内腔的能力，其对制造复杂几何形状、局部定制微结构的毛细结构具有明显优势，且能够对蒸汽腔不同部件进行一体集成制造。烧结粉末毛细芯可以通过金属粉末烧结制成，同时利用烧结的方式与腔体紧密连接，毛细芯与腔体之间存在接触热阻，减弱了蒸汽腔的均温性能，而采用 3D 打印技术可以实现更加灵活和更高集成度的蒸汽腔制造，优化毛细芯结构，有利于抑制蒸汽腔整体热阻。使用 3D 打印技术也可以实现蒸汽腔热扩展的进一步超薄化和小型化，提升蒸汽腔的应用场景[103]。

目前，将 3D 打印技术应用到蒸汽腔设计与制备的研究仍处于起步阶段，相关的报道相对较少，但现有研究已初步证实了 3D 打印技术在制备复杂结构毛细芯和蒸汽腔一体化成型方面的优异表现。例如，与传统毛细结构相比，通过选择性激光熔化成型（selective laser melting，SLM）打印技术制备的不锈钢多孔毛细芯结构［图 4-18(a)］具有更大的渗透率和更佳的毛细性能（渗透率与有效孔径之比），采用 3D 打印的热管可以实现更高效的热量传递^[104]。图 4-18(b) 是采用直接金属激光烧结（direct metal laser sintering，DMLS）技术制造的 0.5mm 厚的灯芯和 1.5mm 厚的内部蒸汽芯的整体式不锈钢蒸汽室散热器^[105]。

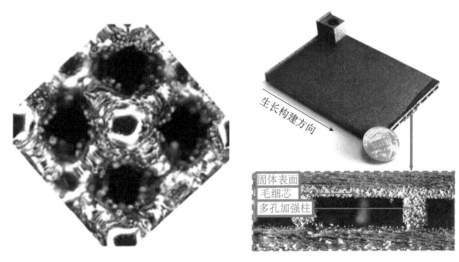

（a）3D打印毛细芯结构^[104]　　　　　　　（b）3D打印蒸汽腔^[105]

图 4-18　3D 打印技术在蒸汽腔一体化成型方面的应用

四、新型蒸汽腔热扩展方法

美国 DARPA 于 2008 年启动了 Thermal Management Technologies（TMT）项目，主要研究和优化用于两相热扩展、风冷换热器和热界面材料的新型纳米结构材料，解决大功率军用电子设备高热通量换热问题。其中，Thermal Ground Plane（TGP）是 TMT 项目的五个课题之一，主要致力于建立轻薄、具有高等效热导率的热扩展装置，实现 10 000～20 000W/(m·K) 的超高面内热导率，而热扩展腔体的厚度要≤1mm。由包括诺斯罗普格鲁曼公司、科罗拉多大学、雷神公司、加利福尼亚大学洛杉矶分校（University of California, Los Angeles，ULCA）、美国通用电气公司（General Electric，GE）、加利福尼亚大学圣塔芭芭拉分校（University of California, Santa Barbara，USCB）、美国电子特利丹公司（Teledyne）、加利福尼亚大学伯克利分校（University of California, Berkeley，UC Berkeley）在内八家单位的八支团队开展 TGP

课题研究工作，每个团队研究针对不同的应用对象、采用不同的研究方法。TGP 课题于 2012 年完成，研制了一系列不同类型和用途的蒸汽腔。图 4-19 是 TGP 课题研制的蒸汽腔与商业石墨、金刚石和商业现货蒸汽腔等效面内热导率与厚度的比较分析。TGP 课题采用的壳体材料包括铜、氮化铝、碳化硅、硅、钛和金属基复合材料，毛细芯结构和材料包括刻蚀硅、铜纳米棒/纳米网、烧结金属粉末、原子层沉积涂层、纳米级超亲水/疏水毛细芯和自舒适性碳纳米管 / 硅结构等，均温面积为 4.5～75cm²，厚度为 0.75～3mm。例如，美国通用电气公司和雷神公司研制的蒸汽腔实现了厚度为 1mm、等效面内热导率为 10 000～20 000W/(m·K) 的指标；而美国科罗拉多大学研制的蒸汽腔最薄，仅为 0.75mm，且在 4 cm² 的面积上实现了 2000W/(m·K) 的等效面内热导率。

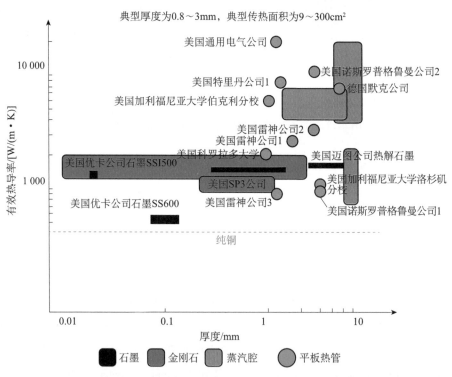

图 4-19　TGP 课题研制的蒸汽腔与商业石墨、金刚石和商业现货蒸汽腔等效面内热导率与厚度的比较分析[119]

近几年，超薄蒸汽腔热扩展技术得到了进一步的关注，文献 [120]～[123]

报道了大量的超薄蒸汽腔研究。例如，在 2016 年，美国科罗拉多大学[124]通过电镀结合单层不锈钢网和微铜柱，形成复合毛细芯结构，制造了尺寸为 10cm×5cm，厚度仅为 0.28mm 的铜制超薄蒸汽腔。该蒸汽腔在热负荷为 7.9W 时，实现了 1395W/(m·K) 的等效面内热导率。国内相关高校[125]研制了采用超亲水烧结铜丝网、厚度为 0.95mm 的超薄蒸汽腔，该蒸汽腔在 490W/cm² 的热流密度下仍能正常运行，并且在热流为 302.5W/cm² 时，实现了 0.039K/W 的最小热阻；研制了一款尺寸为 10cm×6.5cm，厚度在 1.26～1.77mm 可调的多层丝网蒸汽腔。在加热功率为 50W 时，厚度为 1.26mm 的蒸汽腔等效面内热导率为 3228W/(m·K)；厚度为 1.58mm 的蒸汽腔等效面内热导率为 5005W/(m·K)[112]。新加坡南洋理工大学[126]于 2017 年公布了一款尺寸为 4cm×4cm×1.25mm 的具有微柱毛细芯的超薄蒸汽腔，实现了 98.10W/cm² 的最大散热热流密度和 0.53K/W 的最小热阻。日本 Fujikura 公司[117]于 2019 年公布了一款尺寸为 10cm×7cm，厚度仅为 0.4mm 的采用丝网毛细芯的超薄蒸汽腔，在加热功率为 6W 时，实现了 9504 W/(m·K) 的横向等效热导率。

第四节　未来发展趋势和建议

一、高性能热扩展材料的设计与多维导热强化方法

目前，文献报道的金刚石/金属基复合材料的热导率已达到约 1000W/(m·K)，但已实现商品化的金刚石/金属基复合材料的热导率仍处于 500～600W/(m·K) 的较低水平。制造工艺复杂、成本高、稳定性差和难以规模化制备是高性能金刚石/金属基复合材料难以实现商品化的主要原因。由于金属基体材料与增强材料通常存在化学惰性，两者很难形成良好的界面结合，采用高温高压处理、金刚石表面镀覆和基体金属合金化可以一定程度上解决上述问题。但是，这使得金刚石/金属基复合材料的制备过程更加复杂、成本更高。此外，在多次热循环后，界面接触条件会由于残余应力的影响而变差，热导率变低、CTE 增大，而目前金刚石/金属基复合材料在多次热冲击、热循环后的稳定性表征与评估方面的研究仍相对缺失。通过构建金刚石/金属基复合材料的

多尺度传热模型，明确不同界面调控方法对复合材料导热性能的强化机制，简化金刚石/金属基复合材料的制备工艺，是降低金刚石/金属基复合材料制造成本、提升复合材料稳定性的重要方法之一。此外，研究金刚石/金属基复合材料制备工艺与当前产业链结合技术、建立金刚石/金属基复合材料稳定性评估方法与标准是实现高性能金刚石/金属基复合材料商品化的重要基础。

虽然碳基材料中的石墨具有较高的面内热导率，热扩展性能较强，但由于石墨本身较软且易碎，其强度无法满足直接作为电子器件热扩展应用的要求。同时，商用石墨膜厚度较薄，难以满足散热需求。亟须发展厚度适中、高导热率的石墨烯厚膜材料。通过层压的方式将石墨片与其他导热基体材料结合，制备具有三明治结构的石墨增强复合材料，可以实现大于1000W/(m·K)的高热导率，复合材料的CTE也可以满足热扩展需求，是优秀的电子器件与设备热扩展材料。然而，这种通过层压方式制备的复合材料仍存在一定缺陷：碳材料与基体材料直接通过压力连接，不同材料间的界面接触热阻较高，限制了复合材料内部的热量传递；碳材料与基体材料CTE差异将在升温条件下产生较高的热应力，多次热循环可能导致界面连接效果变差，复合材料强度和热导率将显著降低；复合材料在垂直方向的强度和热导率较低，性能的各向异性极大地限制了该体系材料的应用。因此，需要通过复合结构设计、界面改性和工艺优化等方法，进一步提升石墨基复合材料的导热性与热循环稳定性。

金刚石具有超高的热导率、高机械强度和合适的CTE，是最理想的热扩展材料。然而，目前制备大面积金刚石膜板的成本仍非常高，金刚石直接作为热扩展层材料仅被使用在一些特定的场景。为了降低金刚石膜板的使用成本，一方面需要进一步改进金刚石薄膜生产工艺，另一方面可以采用直接在功率芯片基体材料表面沉积/生长金刚石薄膜来改善基体的热扩展性能。但是，后者对金刚石定向生长/沉积和表面处理等技术提出了更高的要求。

二、高导热低维材料的可控生长与器件一体化组装

石墨烯和碳纳米管具有超高的热导率，但目前制备的石墨烯/碳纳米管增强复合材料的热导率远低于预期值。一方面，还原氧化石墨烯薄膜可以通过对氧化石墨烯分散液或石墨纳米板溶液进行直接蒸发、真空过滤、电喷雾沉

积等方式进一步提升其导热性能。另一方面，通过提高增强体的分散性，改善填料和基体之间的热接触状态，降低填料与基体间的界面热阻；通过构建微纳米尺寸复合结构或 3D 互连结构形成导热通道，是提高合成石墨材料热导率的关键。然而，这些方法均对石墨烯/碳纳米管低维材料的可控生长与组装技术提出了更高的要求，相关的技术研究与瓶颈突破是第三代热扩展材料研究的重要方向之一。

除了制备纳米基复合材料，石墨烯/碳纳米管直接作为电子器件与设备热扩展也是一个重要的应用方向。考虑针对不同电子器件与设备结构和功率密度特性等因素，在特定位置直接生长石墨烯/碳纳米管，实现热扩展材料与电子器件及设备的功率芯片的最佳组装，从而达到最佳的热扩展散热效果。相关的结构设计、应用方法与制备工艺技术是第三代热扩展材料研究的另一个重要方向。同时，随着电子信息技术的快速发展，5G 芯片和天线、无线充电的散热量越来越大，亟须新型透波散热材料。BN 材料，特别是二维 BN 材料，具有高导热、低介电系数和低介电损耗的特点，是良好的绝缘透波材料，是新一代功能性均热材料。其制备工艺与器件组装的结合对于解决无线设备的热点问题具有重要意义。

三、蒸汽腔相变传热强化方法与超薄/柔性蒸汽腔热扩展技术

电子器件与设备轻薄化的发展趋势使得高性能超薄蒸汽腔的研制成为蒸汽腔研究的一个重要方向。研究发现，随着蒸汽腔厚度的逐渐变薄，蒸汽腔的最大换热能力和面内等效热导率也在逐渐降低，如何提升超薄蒸汽腔的相变换热性能是当前研究的一大难点。深入研究超窄受限空间内部工质的相变传热机理、设计新型复合毛细芯结构和引入梯度润湿性强化界面等方法是进一步提升超薄蒸汽腔换热性能的可行途径，但这对相关毛细芯烧结工艺、焊接技术、封装技术和表面处理工艺提出了更高的要求。

随着电子器件与设备运行功率和功率密度的不断增大，其对散热装置的散热功率也提出了更高的需求，开发具有更大散热功率、传热热阻更低的蒸汽腔热扩展装置是蒸汽腔研究的另一个重要方向。可选的方法包括：设计具有高毛细压力、高渗透率的复合毛细芯结构，通过提升蒸发器供液速度提高

毛细芯最大散热功率；采用新型纳米材料（如碳纳米管等）制备高性能毛细芯，强化工质蒸发与吸液速度；通过蒸汽腔内部空间设计与优化，提升液体工质的回液速度；采用毛细芯材料润湿性调控方法强化蒸发与供液过程等。采用新型 3D 打印技术和温敏型自适应材料等新技术，研制复杂几何形状、性能优良和自适应调控能力强的毛细结构蒸汽腔热扩展技术，有望通过复杂毛细结构设计和蒸汽腔一体化成型等方式进一步改善蒸汽腔的热扩展性能。

本章参考文献

[1] Hamann H F, Weger A, Lacey J A, et al. Hotspot-limited microprocessors: Direct temperature and power distribution measurements[J]. IEEE Journal of Solid-State Circuits, 2007, 42(1): 56-65.

[2] 李宏. MPCVD 法在铜基体上制备高导热金刚石膜 [D]. 武汉：武汉理工大学硕士学位论文, 2016.

[3] Heatspreader materials characteristic table，A.L.M.T. Crop[EB/OL]. https://www.allied-material.co.jp/en/products/heatspreader/characteristic.html[2017-08-16].

[4] Zweben C. Metal Matrix Composite Thermal Management Materials[M]. New York: Reference Module in Materials Science and Materials Engineering, 2017.

[5] Incropera FP, Dewitt D, et al. Fundamentals of Heat and Mass Transfer[M].7th ed. New York: John Wiley and Sons，2011.

[6] Walker C H, Winlow E T. Application of amorphous diamond materials to provide a reliable, electrically insulating, thermal interface for IC devices for electronics applications in harsh environments[C]. 2017 23rd International Workshop on Thermal Investigations of ICs and Systems(THERMINIC), Amsterdam, 2017: 1-7.

[7] Chung D D. Materials for thermal conduction[J]. Applied Thermal Engineering, 2001, 21(16): 1593-1605.

[8] 张洪迪. 表面金属化金刚石 / 铜复合材料导热模型，界面结构与热变形行为研究 [D]. 上海：上海交通大学硕士学位论文. 2018.

[9] Chen H, Ginzburg V V, Yang J, et al. Thermal conductivity of polymer-based composites: Fundamentals and applications[J]. Progress in Polymer Science, 2016, doi: 10.1016/j.progpolymsci.2016.03.001.

[10] Polymerscience. INC. PS-1672 technical data sheet[EB/OL]. https://polymerscience.com/

technology/p-therm-thermal-management-materials/p-therm-heat-spreaders/ps-1672-technical-data-sheet[2016-07-02].

[11] 夏扬, 宋月清, 崔舜, 等. 热管理材料的研究进展 [J]. 材料导报, 2008(1): 4-7.

[12] Cheng Y H, Yang L. Junction temperature of high-power LED packages with diamond film[C]. 3rd International Nanoelectronics Conference, Hong Kong, 2010: 785-786.

[13] Han Y, Lau B L, Tang G, et al. Thermal management of hotspots using diamond heat spreader on Si microcooler for GaN devices[J]. IEEE Transactions on Components, Packaging and Manufacturing Technology, 2015, 5(12): 1740-1746.

[14] Schelling P K, Shi L, Goodson K E. Managing heat for electronics[J]. Materials Today, 2005, 8(6): 30-35.

[15] Chen P H, Lin C L, Liu Y K, et al. Diamond heat spreader layer for high-power thin-gan light-emitting diodes[J]. IEEE Photonics Technology Letters, 2008, 20(10): 845-847.

[16] Tan Z, Chen Z, Fan G, et al. Effect of particle size on the thermal and mechanical properties of aluminum composites reinforced with SiC and diamond[J]. Materials and Design, 2016, 90: 845-851.

[17] Weber L, Tavangar R. Diamond-based metal matrix composites for thermal management made by liquid metal infiltration—potential and limits[J]. 2009 Advanced Materials Research, 2009, 59: 111-115.

[18] Zhang Y, Li J, Zhao L, et al. Optimisation of high thermal conductivity Al/diamond composites produced by gas pressure infiltration by controlling infiltration temperature and pressure[J]. Journal of Materials Science, 2015, 50(2): 688-696.

[19] 朱佳. 金刚石 / 铝复合材料的制备及其组织和性能研究 [D]. 南京：东南大学硕士学位论文, 2019.

[20] Tan Z, Li Z, Fan G, et al. Diamond/aluminum composites processed by vacuum hot pressing: Microstructure characteristics and thermal properties[J]. Diamond and Related Materials, 2013, 31: 1-5.

[21] Monje I E, Louis E, Molina J M. Optimizing thermal conductivity in gas-pressure infiltrated aluminum/diamond composites by precise processing control[J]. Composites Part A: Applied Science and Manufacturing, 2013, 48: 9-14.

[22] Guo C, He X, Ren S, et al. Effect of (0-40) wt.% Si addition to Al on the thermal conductivity and thermal expansion of diamond/Al composites by pressure infiltration[J]. Journal of Alloys and Compounds, 2016, 664: 777-783.

[23] Yang W, Chen G, Wang P, et al. Enhanced thermal conductivity in diamond/aluminum composites with tungsten coatings on diamond particles prepared by magnetron sputtering method[J]. Journal of Alloys and Compounds, 2017, 726: 623-631.

[24] Tan Z, Li Z, Fan G, et al. Enhanced thermal conductivity in diamond/aluminum composites with a tungsten interface nanolayer[J]. Materials and Design, 2013, 47: 160-166.

[25] Sun Y, Zhang C, He L, et al. Enhanced bending strength and thermal conductivity in diamond/Al composites with B_4C coating[J]. Scientific Reports, 2018, 8(1): 11104.

[26] Thermal Composites | RHP Technology[EB/OL]. https://www.rhp-technology.com/en/services-know-how/material-development/thermal-composites[2020-11-26].

[27] Nano Materials International Corp. NMIC ships 10000th aluminum diamond heat spreader for GaN devices[EB/OL]. https://www.microwavejournal.com/articles/19123-nmic-ships-10000th-aluminum-diamond-heat-spreader-for-gan-devices[2019-12-03].

[28] Jhong Y, Hsieh M, Lin S. Effect of Ag/Cu matrix composition on thermal properties of diamond/Ag/Cu-Ti composites fabricated by pressureless sintering[J]. Materials Letters, 2019, 254: 316-319.

[29] Edtmaier C, Bauer E, Weber L, et al. Temperature dependence of the thermal boundary conductance in Ag-3Si/diamond composites[J]. Diamond and Related Materials, 2015, 57(35): 37-42.

[30] Tavangar R, Weber L. Silver-based diamond composites with highest thermal conductivity [J]. Emerging Materials Research, 2012, 1(2): 67-74.

[31] Jhong Y S, Tseng H T, Lin S J. Diamond/Ag-Ti composites with high thermal conductivity and excellent thermal cycling performance fabricated by pressureless sintering[J]. Journal of Alloys and Compounds, 2019, 801: 589-595.

[32] A.L.M.T. Crop. Next generation heatspreaders[EB/OL]. https://www.allied-material.co.jp/en/research-development/heatspreader.html#hsdev02[2018-06-05].

[33] Yoshida K, Morigami H. Thermal properties of diamond/copper composite material[J]. Microelectronics Reliability, 2004, 44(2): 303-308.

[34] Ekimov E A, Suetin N V, Popovich A F, et al. Thermal conductivity of diamond composites sintered under high pressures[J]. Diamond and Related Materials, 2008, 17(4): 838-843.

[35] Wang H, Tian J. Thermal conductivity enhancement in Cu/diamond composites with surface-roughened diamonds[J]. Applied Physics A, 2014, 116(1): 265-271.

[36] Ma S, Zhao N, Shi C, et al. Mo_2C coating on diamond: Different effects on thermal conductivity of diamond/Al and diamond/Cu composites[J]. Applied Surface Science, 2017, 402: 372-383.

[37] Wang L, Li J, Catalano M, et al. Enhanced thermal conductivity in Cu/diamond composites by tailoring the thickness of interfacial TiC layer[J]. Composites Part A: Applied Science and Manufacturing, 2018, 113: 76-82.

[38] Wang L, Li J, Che Z, et al. Combining Cr pre-coating and Cr alloying to improve the thermal

conductivity of diamond particles reinforced Cu matrix composites[J]. Journal of Alloys and Compounds, 2018, 749: 1098-1105.

[39] Abyzov A M, Kidalov S V, Shakhov F M. High thermal conductivity composite of diamond particles with tungsten coating in a copper matrix for heat sink application[J]. Applied Thermal Engineering, 2012, 48: 72-80.

[40] Abyzov A M, Kidalov S V, Shakhov F M. High thermal conductivity composites consisting of diamond filler with tungsten coating and copper (silver) matrix[J]. Journal of Materials Science, 2011, 46(5): 1424-1438.

[41] Li J, Wang X, Qiao Y, et al. High thermal conductivity through interfacial layer optimization in diamond particles dispersed Zr-alloyed Cu matrix composites[J]. Scripta Materialia, 2015, 109: 72-75.

[42] A.L.M.T. Crop. Heatspreader applications[EB/OL]. https://www.allied-material.co.jp/en/ products/heatspreader/Material.html#en_hsmtr04[2020-11-26].

[43] Du J, Zhang H, Geng Y, et al. A review on machining of carbon fiber reinforced ceramic matrix composites[J]. Ceramics International, 2019, 45(15): 18155-18166.

[44] Nieto A, Bisht A, Lahiri D, et al. Graphene reinforced metal and ceramic matrix composites: A review[J]. International Materials Reviews, 2017, 62(5): 241-302.

[45] Chawla K K. Ceramic Matrix Composites [M]. Berlin: Springer, 2003.

[46] Balandin A A, Ghosh S, Bao W, et al. Superior thermal conductivity of single-layer graphene[J]. Nano Letters, 2008, 8(3): 902-907.

[47] Kim P, Shi L, Majumdar A, et al. Thermal transport measurements of individual multiwalled nanotubes[J]. Physical Review Letters, 2001, 87(21): 215502.

[48] Berber S, Kwon Y K, Tománek D. Unusually high thermal conductivity of carbon nanotubes[J]. Physical Review Letters, 2000, 84(20): 4613.

[49] Yan Z, Liu G, Khan J M, et al. Graphene quilts for thermal management of high-power GaN transistors[J]. Nature Communications, 2012, 3(1): 827.

[50] Song H, Liu J, Liu B, et al. Two-dimensional materials for thermal management applications[J]. Joule, 2018, 2(3): 442-463.

[51] Zhang J, Shi G, Jiang C, et al. 3D bridged carbon nanoring/graphene hybrid paper as a high-performance lateral heat spreader[J]. Small, 2015, 11(46): 6197-6204.

[52] The Global Graphenegroup. Thermal management: Heat spreader[EB/OL]. https://www. theglobalgraphenegroup.com/thermal-management-heat-spreader[2016-05-17].

[53] Yang D J, Zhang Q, Chen G, et al. Thermal conductivity of multiwalled carbon nanotubes[J]. Physical Review B, 2002, 66(16): 165440.

[54] Chu K, Wang X, Wang F, et al. Largely enhanced thermal conductivity of graphene/copper

composites with highly aligned graphene network[J]. Carbon, 2018, 127: 102-112.

[55] Zhao S, Zheng Z, Huang Z, et al. Cu matrix composites reinforced with aligned carbon nanotubes: Mechanical, electrical and thermal properties[J]. Materials Science and Engineering: A, 2016, 675: 82-91.

[56] Zeng J, Zhang S, Chen G, et al. Experimental investigation on thermal performance of aluminum vapor chamber using micro-grooved wick with reentrant cavity array[J]. Applied Thermal Engineering, 2018, 130: 185-194.

[57] Lips S, Lefèvre F, Bonjour J. Nucleate boiling in a flat grooved heat pipe[J]. International Journal of Thermal Sciences, 2009, 48(7): 1273-1278.

[58] Boukhanouf R, Haddad A. Simulation and experimental investigation of thermal performance of a miniature flat plate heat pipe[J]. Advances in Mechanical Engineering, 2013, 5: 474935.

[59] Li Y, Li Z, Zhou W, et al. Experimental investigation of vapor chambers with different wick structures at various parameters[J]. Experimental Thermal and Fluid Science, 2016, 77: 132-143.

[60] Lu M, Mok L, Bezama R J. A graphite foams based vapor chamber for chip heat spreading [J]. Journal of Electronic Packaging, 2006, 128(4): 427-431.

[61] Vadakkan U, Chrysler G M, Maveety J, et al. A novel carbon nano tube based wick structure for heat pipes/vapor chambers[C]. 23rd Annual IEEE Semiconductor Thermal Measurement and Management Symposium, Tokyo, 2007: 102-104.

[62] Weibel J A, Garimella S V, Murthy J Y, et al. Design of integrated nanostructured wicks for high-performance vapor chambers[J]. IEEE Transactions on Components, Packaging and Manufacturing Technology, 2011, 1(6): 859-867.

[63] Kim S S, Weibel J A, Fisher T S, et al. Thermal performance of carbon nanotube enhanced vapor chamber wicks[C]. 2011 American Society of Mechanical Engineers Digital Collection, New York, 2011: 417-424.

[64] Ji X, Xu J, Abanda A M, et al. A vapor chamber using extended condenser concept for ultra-high heat flux and large heater area[J]. International Journal of Heat and Mass Transfer, 2012, 55(17): 4908-4913.

[65] Ji X, Xu J, Abanda A M. Copper foam based vapor chamber for high heat flux dissipation[J]. Experimental Thermal and Fluid Science, 2012, 40: 93-102.

[66] Liu W, Gou J, Luo Y, et al. The experimental investigation of a vapor chamber with compound columns under the influence of gravity[J]. Applied Thermal Engineering, 2018, 140: 131-138.

[67] Lefèvre F, Rullière R, Lips S, et al. American society of mechanical engineers digital

collection, 2010. Confocal microscopy for capillary film measurements in a flat plate heat pipe[J]. Journal of Heat Transfer, 2010, 132(3): 031502.

[68] Cai Q, Chen B, Tsai C. Design, development and tests of high-performance silicon vapor chamber[J]. Journal of Micromechanics and Microengineering, 2012, 22(3): 035009.

[69] Wei M, Somasundaram S, He B, et al, et al. Experimental characterization of Si micropillar based evaporator for advanced vapor chambers[C]. 2014 IEEE 16th Electronics Packaging Technology Conference, Singapore, 2014: 335-340.

[70] Chen Y T, Miao J, Ning D, et al. Thermal performance of a vapor chamber heat pipe with diamond-copper composition wick structures[C]. 2009 4th International Microsystems, Packaging, Assembly and Circuits Technology Conference, Paris, 2009: 340-343.

[71] Ravi S, Dharmarajan R, Moghaddam S. Physics of fluid transport in hybrid biporous capillary wicking microstructures[J]. Langmuir, 2016, 32(33): 8289-8297.

[72] Semenic T, Catton I. Experimental study of biporous wicks for high heat flux applications[J]. International Journal of Heat and Mass Transfer, 2009, 52(21): 5113-5121.

[73] Semenic T, Lin Y, Catton I. American society of mechanical engineers digital collection, 2008. Thermophysical properties of biporous heat pipe evaporators[J]. Journal of Heat Transfer, 2008, 130(2): 022602.

[74] Huang X, Franchi G. Design and fabrication of hybrid bi-modal wick structure for heat pipe application[J]. Journal of Porous Materials, 2008, 15(6): 635-642.

[75] Oshman C, Li Q, Liew LA, et al. Thermal performance of a flat polymer heat pipe heat spreader under high acceleration[J]. Journal of Micromechanics and Microengineering, 2012, 22(4): 045018.

[76] Hsieh J C, Huang H J, Shen S C. Experimental study of microrectangular groove structure covered with multi mesh layers on performance of flat plate heat pipe for LED lighting module[J]. Microelectronics Reliability, 2012, 52(6): 1071-1079.

[77] Wong S, Hsieh K, Wu J, et al. A novel vapor chamber and its performance[J]. International Journal of Heat and Mass Transfer, 2010, 53(11): 2377-2384.

[78] Wang Y, Cen J, Jiang F, et al. Heat dissipation of high-power light emitting diode chip on board by a novel flat plate heat pipe[J]. Applied Thermal Engineering, 2017, 123: 19-28.

[79] Wong S, Huang S, Hsieh K. Performance tests on a novel vapor chamber[J]. Applied Thermal Engineering, 2011, 31(10): 1757-1762.

[80] Weibel J A, Kim S S, Fisher T S, et al. Carbon nanotube coatings for enhanced capillary-fed boiling from porous microstructures[J]. Nanoscale and Microscale Thermophysical Engineering, 2012, 16(1): 1-17.

[81] Franchi G, Huang X. Development of composite wicks for heat pipe performance

enhancement[J]. Heat Transfer Engineering, 2008, 29(10): 873-884.

[82] Velardo J, Date A, Singh R, et al. Experimental investigation of a vapour chamber heat spreader with hybrid wick structure[J]. International Journal of Thermal Sciences, 2019, 140: 28-35.

[83] Chen Y, Kang S, Hung Y, et al. Feasibility study of an aluminum vapor chamber with radial grooved and sintered powders wick structures[J]. Applied Thermal Engineering, 2013, 51(1): 864-870.

[84] Deng D, Huang Q, Xie Y, et al. Thermal performance of composite porous vapor chambers with uniform radial grooves[J]. Applied Thermal Engineering, 2017, 125: 1334-1344.

[85] Chen L, Deng D, Huang Q, et al. Development and thermal performance of a vapor chamber with multi-artery reentrant microchannels for high-power LED[J]. Applied Thermal Engineering, 2020, 166: 114686.

[86] Wang M, Cui W, Hou Y. Thermal spreading resistance of grooved vapor chamber heat spreader[J]. Applied Thermal Engineering, 2019, 153: 361-368.

[87] Kim M, Kaviany M. Multi-artery heat-pipe spreader: Monolayer-wick receding meniscus transitions and optimal performance[J]. International Journal of Heat and Mass Transfer, 2017, 112: 343-353.

[88] Naphon P, Wiriyasart S. On the thermal performance of the vapor chamber with micro-channel for unmixed air flow cooling[J]. Engineering Journal, 2015, 19(1): 125-137.

[89] Tsai M, Kang S, Vieira D P K. Experimental studies of thermal resistance in a vapor chamber heat spreader[J]. Applied Thermal Engineering, 2013, 56(1): 38-44.

[90] Hwang G, Nam Y, Fleming E, et al. Multi-artery heat pipe spreader: Experiment[J]. International Journal of Heat and Mass Transfer, 2010, 53(13): 2662-2669.

[91] Tang Y, Yuan D, Lu L, et al. A multi-artery vapor chamber and its performance[J]. Applied Thermal Engineering, 2013, 60(1): 15-23.

[92] Jo H, Ahn H S, Kang S, et al. A study of nucleate boiling heat transfer on hydrophilic, hydrophobic and heterogeneous wetting surfaces[J]. International Journal of Heat and Mass Transfer, 2011, 54(25): 5643-5652.

[93] Kousalya A S, Singh K P, Fisher T S. Heterogeneous wetting surfaces with graphitic petal-decorated carbon nanotubes for enhanced flow boiling[J]. International Journal of Heat and Mass Transfer, 2015, 87: 380-389.

[94] Betz A R, Xu J, Qiu H, et al. Do surfaces with mixed hydrophilic and hydrophobic areas enhance pool boiling[J]. Applied Physics Letters, 2010, 97(14): 141909.

[95] Sun Z, Qiu H. An asymmetrical vapor chamber with multiscale micro/nanostructured surfaces[J]. International Communications in Heat and Mass Transfer, 2014, 58: 40-44.

[96] Sun Z, Chen X, Qiu H. Experimental investigation of a novel asymmetric heat spreader with nanostructure surfaces[J]. Experimental Thermal and Fluid Science, 2014, 52: 197-204.

[97] Shaeri M R, Attinger D, Bonner R. Feasibility study of a vapor chamber with a hydrophobic evaporator substrate in high heat flux applications[J]. International Communications in Heat and Mass Transfer, 2017, 86: 199-205.

[98] Zhao Y, Chen T, Zhang X, et al. Development of an adaptive vapor chamber with thermoresponsive polymer coating[C]. American Society of Mechanical Engineers Digital Collection, Shanghai, 2010: 395-398.

[99] Peng Y, Liu W, Chen W, et al. A conceptual structure for heat transfer imitating the transporting principle of plant leaf[J]. International Journal of Heat and Mass Transfer, 2014, 71: 79-90.

[100] Peng Y, Liu W, Wang N, et al. A novel wick structure of vapor chamber based on the fractal architecture of leaf vein[J]. International Journal of Heat and Mass Transfer, 2013, 63: 120-133.

[101] Liu W, Peng Y, Luo T, et al. The performance of the vapor chamber based on the plant leaf[J]. International Journal of Heat and Mass Transfer, 2016, 98: 746-757.

[102] Peng Y, Liu W, Liu B, et al. The performance of the novel vapor chamber based on the leaf vein system[J]. International Journal of Heat and Mass Transfer, 2015, 86: 656-666.

[103] Jafari D, Wits W W. The utilization of selective laser melting technology on heat transfer devices for thermal energy conversion applications: A review[J]. Renewable and Sustainable Energy Reviews, 2018, 91: 420-442.

[104] Jafari D, Wits W W, Geurts B J. Metal 3D-printed wick structures for heat pipe application: Capillary performance analysis[J]. Applied Thermal Engineering, 2018, 143: 403-414.

[105] Ozguc S, Pai S, Pan L, et al. Experimental demonstration of an additively manufactured vapor chamber heat spreader[C]. 2019 18th IEEE Intersociety Conference on Thermal and Thermomechanical Phenomena in Electronic Systems, Las Vegas, 2019: 416-422.

[106] Attia A, El-Assal B T. Experimental investigation of vapor chamber with different working fluids at different charge ratios[J]. Heat Pipe Science and Technology, 2012, 3(1): 35-51.

[107] Go J S. Quantitative thermal performance evaluation of a cost-effective vapor chamber heat sink containing a metal-etched microwick structure for advanced microprocessor cooling[J]. Sensors and Actuators A: Physical, 2005, 121(2): 549-556.

[108] Tsai T, Wu H, Chang C, et al. Two-phase closed thermosyphon vapor-chamber system for electronic cooling[J]. International Communications in Heat and Mass Transfer, 2010, 37(5): 484-489.

[109] Lips S, Lefèvre F, Bonjour J. Combined effects of the filling ratio and the vapour space

thickness on the performance of a flat plate heat pipe[J]. International Journal of Heat and Mass Transfer, 2010, 53(4): 694-702.

[110] Naphon P, Wiriyasart S, Wongwises S. Thermal cooling enhancement techniques for electronic components[J]. International Communications in Heat and Mass Transfer, 2015, 61: 140-145.

[111] Cong L, Qi J, Wu S. Experimental and theoretical analysis on the effect of inclination on metal powder sintered heat pipe radiator with natural convection cooling[J]. Heat and Mass Transfer, 2017, 53(2): 581-589.

[112] Huang G, Liu W, Luo Y, et al. Fabrication and thermal performance of mesh-type ultra-thin vapor chambers[J]. Applied Thermal Engineering, 2019, 162: 114263.

[113] Wang Y, Peterson G P. Investigation of a novel flat heat pipe[J]. Journal of Heat Transfer, 2005, 127(2): 165-170.

[114] Hsieh S, Lee R, Shyu J, et al. Thermal performance of flat vapor chamber heat spreader[J]. Energy Conversion and Management, 2008, 49(6): 1774-1784.

[115] Huang H, Chiang Y, Huang C, et al. Experimental investigation of vapor chamber module applied to high-power light-emitting diodes[J]. Experimental Heat Transfer, 2009, 22(1): 26-38.

[116] Chang J Y, Prasher R S, Prstic S, et al. Evaporative thermal performance of vapor chambers under nonuniform heating conditions[J]. Journal of Heat Transfer, 2008, 130(12): 16-31.

[117] Mochizuki M, Nguyen T. Review of various thin heat spreader vapor chamber designs, performance, lifetime reliability and application[J]. Frontiers in Heat and Mass Transfer, 2019, 13: 16-31.

[118] Huang C, Su C, Lee K. The effects of vapor space height on the vapor chamber performance[J]. Experimental Heat Transfer, 2012, 25(1): 1-11.

[119] Bar-Cohen A, Matin K, Jankowski N, et al. Two-phase thermal ground planes: Technology development and parametric results[J]. Journal of Electronic Packaging, 2015, 137(1): 010801.

[120] Patankar G, Weibel J A, Garimella S V. Working-fluid selection for minimized thermal resistance in ultra-thin vapor chambers[J]. International Journal of Heat and Mass Transfer, 2017, 106: 648-654.

[121] Patankar G, Mancin S, Weibel J A, et al. A method for thermal performance characterization of ultrathin vapor chambers cooled by natural convection[J]. Journal of Electronic Packaging, 2016, 138(1): 010903.

[122] Patankar G, Weibel J A, Garimella S V. Patterning the condenser-side wick in ultra-thin vapor chamber heat spreaders to improve skin temperature uniformity of mobile devices[J]. International Journal of Heat and Mass Transfer, 2016, 101: 927-936.

[123] Yang K, Tu C, Zhang W, et al. A novel oxidized composite braided wires wick structure applicable for ultra-thin flattened heat pipes[J]. International Communications in Heat and Mass Transfer, 2017, 88: 84-90.

[124] Xu S, Lewis R, Liew L, et al. Development of ultra-thin thermal ground planes by using stainless-steel mesh as wicking structure[J]. Journal of Microelectromechanical Systems, 2016, 25(5): 842-844.

[125] Lv L, Li J. Managing high heat flux up to 500W/cm^2 through an ultra-thin flat heat pipe with superhydrophilic wick[J]. Applied Thermal Engineering, 2017, 122: 593-600.

[126] Wei M, He B, Liang Q, et al. Study of ultra-thin silicon micropillar based vapor chamber[C]. 2017 IEEE Intersociety Conference on Thermal and Thermomechanical Phenomena in Electronic Systems, Rome, 2017.

第五章
界面接触热阻与热界面材料

第一节　概念与内涵

接触传热现象广泛地存在于能源、微电子封装、航空航天和低温工程等众多工程领域，而接触热阻则是衡量界面热传递效率的重要指标之一。接触热阻主要是热接触物体间的不完全接触导致的（一般情况下，实际接触面积仅为名义接触面积的 1%～2%，甚至更小），热量只能通过少数触点区域传导，最终导致了热传递路径中的热流道收缩。接触热阻抑制一直是系统热管理中不可忽视的重要问题。特别是近年来，随着微电子领域的迅猛发展，核心电子元器件的功率不断增加，为了保证元器件在允许的工作温度范围内稳定运行，热排散问题日趋严峻。面对未来电子设备的超高热流密度负荷条件，电子器件与设备的温度水平将更高，温度分布将更加不匀，温度控制难度将更大。值得注意的是，微电子封装或大规模集成电路的较小物理尺寸使得接触界面之间的能耗损失可占总热能预算的一半之多。接触热阻将直接影响产品的可靠性、满载性能和功耗甚至寿命周期，因而增强接触界面的传热，抑制相邻器件界面间的接触热阻具有重要的现实意义。

采取热界面材料（thermal interface material，TIM）来填充界面间的间隙是目前应用范围最大、涉及领域最广的接触热阻抑制手段。TIM 在电子器件与设备热管理技术中扮演着"热桥"的作用，用于在热源与各种热管理部件间建立热输运桥梁，抑制其间的接触热阻。如图 5-1 所示，展示了两个相

互接触的实体间的接触界面示意图。相比于空气，具有更高导热系数的 TIM
能够更加有效地填补两个表面之间的间隙，增大了接触对象间的有效接触面
积，改善了其间的热传导。TIM 在集成电路封装中通常可以分为两类，应用
于芯片和热扩展层之间的 TIM 一般称为 TIM1，而位于热扩展层和热沉散热
器之间的 TIM 则称为 TIM2（图 5-2）。近年来，电子器件与设备集成化小型
化的发展带动了市场对于 TIM 的需求。随着技术发展的不断更新迭代，不同
种类和状态的 TIM 已经被开发，用于适配不同的应用场景。按照材料类别
来分，商用和在研的 TIM 大致可以分为三类：①聚合物 TIM，是添加有高导
热填料的聚合物复合材料，导热系数一般小于 10W/(m·K)；②金属基 TIM，
其材料主体为金属材料，能够表现出比聚合物 TIM 高一个数量级的导热系
数；③全无机非金属 TIM，基于高导热的无机低维材料（如石墨烯、碳纳米
管等）制备而成，成品表现出超高的导热系数，有望解决超高热流密度的散
热问题，具有极大的发展潜力。

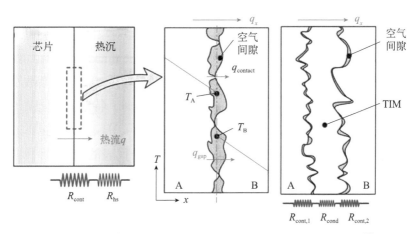

图 5-1　TIM 填充和空气填充对芯片–热沉界面接触热阻的影响[1]

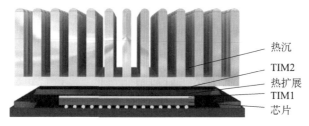

图 5-2　接触界面处填充 TIM1 和 TIM2 球栅阵列（ball grid array，BGA）电子封装[2]

尽管 TIM 的种类繁杂，但其最终目标都是解决热接口的接触热阻抑制问题的。因此，评价各类 TIM 的最关键指标始终为热流通过界面的难易程度（即界面热阻 R_{TIM}）。如图 5-3 所示，TIM 的界面热阻一般可以分为三个部分。

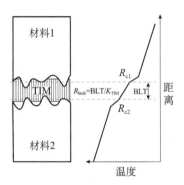

图 5-3　TIM 的实际应用情况

$$R_{TIM} = R_{c1} + \frac{BLT}{K_{TIM}} + R_{c2} \tag{5-1}$$

式中，R_{TIM} 为界面的总热阻；R_{c1} 和 R_{c2} 为 TIM 与接触对象间的接触热阻；K_{TIM} 为 TIM 的导热系数；BLT 意为黏结线厚度（bond line thickness，BLT）。从式（5-1）中可以看出，高性能的 TIM 应具备低黏结线厚度、高导热系数及低接触热阻。除热性能外，在面向不同功能的电子器件时，特定的功能及不同的应用场景对 TIM 提出了机械强度和电性能（绝缘性）等额外的性能要求。

自 20 世纪 90 年代以来，以美国等发达国家为代表的大学和科研机构、美国军方（DARPA 项目）和骨干企业（英特尔公司、IBM 公司等）都投入大量的经费与精力推动了 TIM 的技术迭代和性能提升。例如，美国国防部早在 2009 年中就启动了纳米热界面（nano thermal interfaces，NTI）项目，协同雷神公司、泰莱达公司、麻省理工学院、西北大学、通用电气公司等多家企业和科研机构协同攻克 TIM 的性能瓶颈。项目的主要目标就是基于先进的材料和微纳技术来开发高性能 TIM，用于改善国防领域电子器件与设备和其下一层热封装之间的接触热阻。而后，欧盟委员会于 2012 年提出 NANOTHERM 项目致力于高级界面技术的探索，针对射频、发光二极管和系统级封装芯片等不同行业应用需求，推动研发了一系列新型的高性能 TIM。

由于早期对界面热阻抑制和 TIM 技术的重视与开发，美国等发达国家的相关企业得以快速发展。目前，如莱尔德公司（Laird Technologies，于 2021 年被杜邦公司收购）、派克固美丽公司（Parker Chomerics, Inc.）、贝格斯公司（The Bergquist Co., Inc.，被汉高公司收购）、道康宁公司（Dow Corning Co., Ltd.）、霍尼韦尔公司（Honeywell International Inc.）和信越化学公司（ShinEtsu Chemical Co., Ltd.）等企业占据了全球 TIM 产业 90% 以上的高端市场。尽管近年来国内科研机构和部分企业也投入大量精力于高性能 TIM 的研究，但我国大部分高端电子产品内使用的 TIM 仍然依赖于从日本、韩国、美国、英国等发达国家进口，特别是 TIM1 材料，国产化电子材料占比非常低，大大阻碍了我国的电子信息产业发展，一定程度上限制了终端企业的创新活力。

自 2018 年开始，中美贸易摩擦升级导致的"2018 年美国制裁中兴事件"和"华为制裁事件"充分说明：发展国产化 TIM 对于避免芯片核心技术和集成电路产业受制于人具有重要的现实意义。面对激烈的竞争，我国在国家层面也充分重视。表 5-1 总结了我国发布的 TIM 基础研究与技术开发的相关政策。科技部从 2008 年部署、2009 年开始启动 02 重大专项（极大规模集成电路制造装备及成套工艺），2014 年启动集成电路大基金。经过多年来的支持，我国集成电路产业取得了长足的发展，封测产业跻身全球前三。但是，作为物质基础的高端电子封装材料仍然基本依赖进口。TIM 在电子等行业应用广泛，我国也出台了相关扶持政策促进国内 TIM 产业的发展。例如，2016 年科技部启动"战略性先进电子材料"专项，布局了"高功率密度电子器件热管理材料与应用"，其中研究方向之一为"用于高功率密度热管理的高性能 TIM"。

表 5-1 我国 TIM 产业相关政策 [3]

发布年份	政策名称	单位	内容
2012	《新材料产业"十二五"发展规划》	工业和信息化部	高导热材料纳入发展重点
2012	《广东省战略性新兴产业发展"十二五"规划》	广东省人民政府	"高性能有机高分子材料及复合材料"、"前沿新型材料"和"重点发展高性能合成树脂、导电（热）胶"
2015	《中国制造 2025》重点领域技术路线图	国家制造强国建设战略咨询委员会	光/电领域用石墨烯基高性能热界面材料被列为前沿新材料中的发展重点
2016	《关于加快新材料产业创新发展的指导意见》	工业和信息化部、国家发展和改革委员会、科技部、财政部	加快热界面材料技术和产业发展

续表

发布年份	政策名称	单位	内容
2016	国家重点研发计划——战略性先进电子材料专项	科技部	用于高功率密度热管理的高性能热界面材料
2018	深圳市十大基础研究机构——深圳先进电子材料国际创新研究院	深圳市	热界面材料是五大重点研发方向之一

显而易见，随着电子器件发展的小型化和集成化，集成电路的高热流密度问题日益严重。随之而来的是，现代电子产品对散热的要求却越来越高，促进了全世界对高性能 TIM 的科学探索和技术突破。图 5-4 统计了近年来 TIM 相关文献的数量，可以发现随着摩尔定律的发展，高性能 TIM 的研究进展更加迅速。

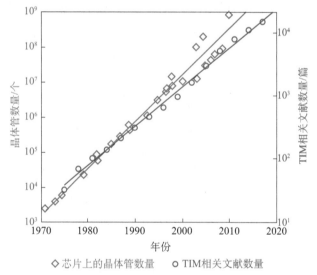

◇芯片上的晶体管数量　○ TIM相关文献数量

图 5-4　TIM 相关文献的数量与摩尔定律的关系

数据统计来源于谷歌学术

第二节　面临的挑战和存在的问题

一、接触热阻产生的微观机理

接触面接触热阻的产生是几何结构、力、热三重机制耦合作用下的结果。宏观上，界面接触热阻受材料、接触压力、表面粗糙度、表面波度、界面温度和热流方向等多种因素的影响。过去几十年来，关于宏观因素对接触热阻的影响规律已基本厘清。然而，由于微纳尺度下的尺寸效应，许多基于连续介质理论描述宏观物理状态下物质能量输运现象的传统定律逐渐出现偏差甚至失效。这使得包含接触界面极小区域空间内的能量输运与耗散机制变得复杂。热传递微观机理的复杂性导致人们目前对接触热阻的认识存在局限性。阐明接触热阻的微观产生机制及其热输运机理对于抑制接触热阻有着深远意义。

二、接触热阻的高精度表征与测试方法

尽管接触热阻的产生始于微观尺度，但其物理现象和工程问题最终会在宏观尺度上体现出来。因此，接触热阻研究的前提条件就是实现宏观层面的定量分析。通常，接触热阻相关研究大多基于传统热流法。然而，随着电子元器件特征尺度的缩小，接触热阻的研究对象已经从块体材料拓展到了微纳材料。另外，随着接触热阻抑制技术的发展，界面间的接触热阻越来越小，导致界面间的温度梯度难以精确原位测量。这些对接触热阻的高精度表征与测试方法提出了挑战。

三、聚合物 TIM 的高效热通路构建方法

聚合物 TIM 是目前市面上发展历史最长、应用范围最广的一类 TIM。得益于聚合物基体柔软、绝缘、流动性强的特点，聚合物 TIM 表现出优异的填隙性和对接触对象的解耦性。数十年来，美国、英国、日本、韩国等发达国家的先进材料企业已经针对不同的应用背景研制了多种 TIM；按材料状态可大致分为脂类、压敏胶类、垫类、凝胶类、相变材料类。然而，受聚合物基体绝热性、基体–填料相间热阻及填料非最优分布的影响，现有商用级别聚合物 TIM 难以构建高效热通路，仅表现出有限的导热性能。如图 5-5 所示，IDTechEx Research《热界面材料 2020—2030：前景、技术、机遇》(*Thermal Interface Materials 2020-2030: Forecasts, Technologies, Opportunities*) 中指出，目前商用聚合物 TIM 导热系数普遍不高于 10W/(m·K)。

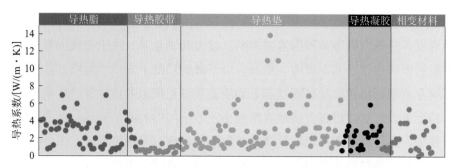

图 5-5　典型聚合物 TIM 的导热系数统计

由于低效的热通路构建方法，增加导热填料的填充量对于提升 TIM 的导热性能不再有效。不幸的是，过多的填充量不仅无法获得导热系数的明显提升，还会显著地增大材料黏性、降低 TIM 柔顺性和流动性。随着电子设备集成度越来越高，热流密度越来越大，聚合物 TIM 目前的热传导能力难以满足越来越严苛的电子器件与设备散热需求。针对这个现实处境，如何构建高效热通路成为高性能聚合物 TIM 技术研发的重中之重。

（一）聚合物复合材料的导热机理与解析模型

聚合物复合材料导热模型的建立对于 TIM 设计和 TIM 性能预测大有裨益。然而，高分子复合材料中的热输运机制要远远复杂于本征聚合物、金属或陶瓷材料内部的热输运。仅聚合物材料中的热输运，就需要考虑到声子散射、声子的弹道输运及扩散输运。针对目前的先进低维导热材料，如碳纳米管、石墨烯和氮化硼等，其各向异性导热及缺陷、长径比等因素对其本征导热性能的影响机制也尚未厘清。在此基础上，高分子复合材料中的热输运更为复杂，需要额外考虑填料与基体及填料与填料之间的声子散射与电声耦合作用。复杂的热传导机制使得简单的数理模型难以精准预测与评估聚合物 TIM 的导热性能。除此之外，填料在基体中的团聚情况及不均匀分布也给聚合物 TIM 的热传导建模带来了进一步的挑战。

（二）聚合物本征导热系数增强方法

虽然高分子材料作为基体能够为 TIM 提供优异的机械柔顺性，但是其有限的导热系数［0.1～1W/(m·K)］[4]是限制聚合物 TIM 性能提升的阻碍之一。热绝缘的聚合物介质限制了聚合物 TIM 内部的热流输运，从而导致芯片内部的热阻塞。此外，这也不利于芯片热点问题的解决。事实上，聚合物材料的绝热特性是由其内部的缺陷决定的，如空隙、纠缠和杂质等。基于此，减少聚合物材料的内部缺陷，也可以改善其导热系数偏低的问题。然而，高分子材料的缺陷抑制是极为复杂的难题。研究表明，如单体类型、键强大小、键长、结晶程度、交联程度和微观排布情况及分子间的交互作用等聚合物内部因素都对其导热系数的大小有明显的调控作用。从外部因素来看，温度、pH和拉伸程度等都会影响其本征导热系数。由此看来，通过提升高分子基体的导热性能来改善高效热通路构建仍然存在巨大挑战。

（三）相间微观界面热阻抑制

基于填料填充制备的聚合物 TIM，通常表现出低于预期的导热系数。复合材料中的相间（连续相基体和分散相填料间）界面热阻就是导致这一现象的重要原因之一。当热流穿过两相界面时，往往受到阻碍并产生显著的温度梯度。这是界面处发生的声子振动谐波失配、声学失配及声子模态失配导致的。界面处严重的散射会极大地降低声子的平均自由程，进而削弱了聚合物导热材料的导热性能。事实上，相间界面对聚合物 TIM 的性能影响不仅限于此。异质界面还可能导致复合材料内部机械特性和电磁特性等理化性质的不连续性。因此，不良的相间界面会导致聚合物 TIM 热性能和机械性能及电磁性能的退化。

（四）导热填料的可控分布技术

现阶段，典型的商用聚合物 TIM 开发依然依赖于填料分散型填充工艺，即将高分子填料均匀随机地分散在高分子基体中。然而，这一工艺并不能保证填料高导热属性的发挥，导致了其局限性。一方面，通过增加填充量获得的导热性能增益有限；另一方面，盲目增加填充量反而会降低复合材料的机械性能及其对接触界面的润湿性。因此，人为控制导热填料的合理分布以构建高效热通路是高性能聚合物 TIM 制备的重要突破口。然而，通过导热填料的可控分布来实现复合材料在低填充和高导热之间的协同匹配恰恰是现阶段 TIM 开发的瓶颈之一。

四、金属 TIM 的兼容性增强方法

金属块材的导热系数比聚合物材料高 1～3 个数量级，且具有更优异的理化性质稳定性和耐温特性。这些天然优势使得金属材料极具 TIM 开发的潜力。然而，金属块材的其他属性往往并不适用于增强接触对象间的热交互，如铜和铝等。首先，它们普遍表现出高模量和高硬度，无法对电子器件和散热元件实现机械解耦。其次，在较低的装配压力下，刚性的金属材料难以保证对界面缝隙的充分填充，最终导致不良的接触界面间热传递。除此之外，金属间化合物的形成也是金属材料作为 TIM 面临的独特问题。

（一）金属 TIM 的机械兼容性优化方法

金属 TIM 对接触界面的机械兼容性非常差，这主要是金属材料高模量高硬度的特性导致的。一方面，在实际的热排散方案中，电子器件和散热元件之间存在热膨胀失配。器件运行时的功率循环会导致系统内部产生热应力应变。这就要求 TIM 能够机械解耦器件和冷却元件并且最小化其自身对元器件的应力。显然，直接采用高模量高硬度的金属材料并不能缓解电子器件与散热组件之间的应力应变问题。另一方面，金属箔和金属块材适应非平坦和高粗糙表面的能力都是非常有限的。低顺应性使得金属材料对界面间微小空穴的填充率很低，使得其热性能受到严重限制。即便是质地柔软的铟金属［导热系数为 81.8W/(m·K)，杨氏模量为 11GPa］，也缺乏对界面的顺应性。在实际应用中，相对柔顺的铟制 TIM 都需要在较高的装配压力下（60psi[①]）才能具备良好的填隙性，否则无法完全发挥其导热优势。正是由于机械属性的限制，大量的高导热金属材料尽管具有优越的导热特性，但难以作为 TIM 用于接触热阻抑制。以铜块材为例，它的导热系数为 401W/(m·K)，而杨氏模量为 110～128GPa，维氏硬度为 343～369MPa。与聚二甲基硅氧烷（polydimethylsiloxane，PDMS）聚合物基体相比，铜的导热系数是 PDMS［约为 0.15W/(m·K)］的 2673 倍，但其杨氏模量是 PDMS（0.57～3.7MPa）的 30 000 倍。高模量严重限制了其在 TIM 领域的发展。

---

① psi 表示磅力每平方英寸，1psi=6.89476×10³Pa。

（二）金属TIM的化学稳定性优化方法

焊料TIM一般都能够表现出较高的热导率 [30～86W/(m·K)] 和低热阻 [< 5(mm²·K)/W]，可以构建连续的金属热通路，从而抑制界面间的接触热阻。然而，焊料会通过冶金键与散热系统中的金属部件结合，二者发生相互扩散，形成金属间化合物（intermetallic compound，IMC）。脆性的IMC会导致金属TIM的失效，如裂纹和分层。除此之外，金属间的电化学反应还会导致界面腐蚀，进而导致散热通路中的热输运能力下降。改善金属TIM的化学稳定性是其进一步发展的挑战之一。

五、全无机低维TIM的多维结构设计方法

目前，基于低维高导热材料的TIM已部分实现批量化制备。低维材料能够与金属媲美，甚至超越金属的导热性能。例如，碳纳米管的轴向导热系数为3000W/(m·K)；石墨烯面内导热系数为5300W/(m·K)；氮化硼纳米片面内导热系数为751W/(m·K)。然而，目前采用低维材料开发的TIM大多仍基于传统的填料填充聚合物制备策略。由于聚合物基体的低热导率和异质界面上声子散射的存在，这类聚合物基复合材料并不能充分地发挥先进导热材料的导热优势。幸运的是，摒弃聚合物基体来制备全无机TIM有望实现低维材料导热性能的最大化利用。舍弃聚合物基体后，全无机石墨垫导热系数为143W/(m·K)；全无机石墨烯/碳纳米管复合气凝胶导热系数为88.5W/(m·K)。但是，低维材料通常只在一个方向上具有极高的导热系数，表现出显著的各向异性。所以，设计和实现多维结构来提升低维材料的面外热输运性能，成为研发全无机低维TIM的技术难点。

第三节　研　究　动　态

一、接触热阻的产生机理及影响规律

（一）接触热阻的宏观理论

对于接触热阻产生的机理，传统的观点认为由于两接触表面的实际接触

面积只占名义接触面积的 0.01%～0.1%，即使两界面接触压力达到 10MPa，实际接触面积也仅占名义接触面积的 1%～2%，相邻界面之间的这种接触状况将引起界面热传递通道的收缩，从而产生接触热阻。

　　如图 5-6 所示，在宏观上，大多研究者通常忽略界面间隙流体和表面辐射的影响，将真空下表面形貌不一致的界面接触热阻表达为 $R_C = R_L + R_S$，其中 R_L 表示宏观面积上的热扩展、热收缩热阻，R_S 则表示微观的无数个接触凸峰的接触热阻，称为有效微接触热阻[5]。此外，假定接触界面满足两个理想条件：①一致粗糙极限，表示接触界面形貌完全一致，并且接触面的曲率半径无限大以致 R_L 小到可以忽略；②弹性收缩极限，表示接触面的曲率半径无限小，并且非常光滑，R_S 可以忽略。然而，真实界面接触情况是非理想的（图 5-7）。于是，一些学者开始研究对表面接触形貌、粗糙度的建模和预测[6-8]。

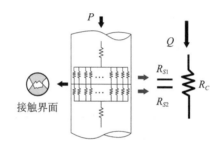

图 5-6　接触热阻网络图[5]

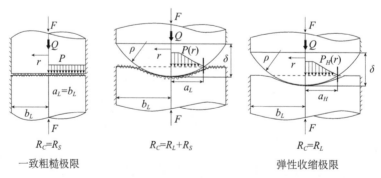

图 5-7　接触界面形态假设[6]

　　由以上分析可知，接触热阻从宏观上看属于几何结构、热、机械（力）等多学科（图 5-8）交叉的问题，影响因素包括材料的热物性、材料的弹塑性、热流方向、表面硬度、表面形状、温度、接触压力和间隙介质等，而微观上又受表面粗糙度、微观形貌、表面凸峰的弹塑性变形及截断等因素制约，因而研究界面接触热阻所涉及的范围相当广泛、产生的机理也相当复杂 [6, 8]。即便是相同的两个试件之间的接触热阻，采用不同的测试方法也可能会获得不同的结果。当然，接触热阻的作用有其多重性：在电子器件与设备热管理应用中，需要降低接触热阻；在纳米器件设计中需要很好地预测和利用界面接触热阻；在一些低温超导绝缘应用场合，则希望通过增大界面接触热阻来提高绝热效果，抑制漏热损失。

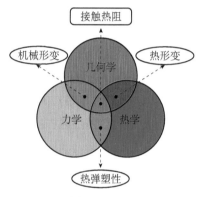

图 5-8　接触热阻所涉及的领域

近几十年来，很多学者研究了温度、接触压力、表面接触形貌、表面粗糙度、表面硬度、不同界面材料、表面机械处理方式、表面弹性变形、表面塑性变形等诸多因素对接触热阻的影响。例如，基于平均高度高斯分布和表观接触面积随机分布的塑性接触热阻模型 [6, 8]，考虑尺寸效应和材料热物性引起的粗糙度变化等因素建立的接触热阻多尺度模型 [9-11]。此外，基于蒙特卡罗方法的接触热阻预测方法和基于参数辨识原理的接触热阻估计方法等研究工作都在同步推进。

（二）接触热阻的微观理论

如前面所述，对于微观热传导过程的分析，传统的基于宏观的傅里叶定律已经不再适用，因此，近年来很多学者提出了不同的微/纳尺度传热学理论与分析方法，这些理论与方法可大致分为时间和空间上的微/纳尺度。如在空间上，有声子–电子耦合模型 [12]，后来由 Qiu 和 Tien[13, 14] 基于量子力学与统计力学的方法对其进行了证明。此外，声子散射模型也被提出，主要强调传热是基于热载子的相互碰撞与散射产生的[15, 16]。随着对界面接触热阻研究的继续深入，又出现了声子的声失配和扩散失配理论等。声子辐射传导方程（phonon radiative transfer equation，PRTE）是由 Majumdar[17] 于 1993 年提出的，并证明了在材料特征尺寸远大于声子平均自由程时有和傅里叶定律相似的结果。后来，Swartz 和 Pohl[18] 比较了 PRTE 方程和辐射传热方程之间的差异，认为若把晶格缺陷当作散射源，声子可类比光子即可定义出等效的散射相函数，从而推导出更具一般性的声子辐射传热方程式。在强调时间的微尺度瞬态效应上，主要有热波动 CV（Cattaneo-Vernotte）模型[19, 20] 与双相滞后（dual phase lag，DPL）模型[21-24]：CV 模型考虑了时间的弛豫效应，认为物体内的温度梯度、热流量与时间相关；而 DPL 模型是基于 CV 模型的改进[21-23]，其认为物体内的温度梯度、热流量皆有弛豫效应。然而同时强调时间与空间上的微尺度效应的理论模型大多是在 Boltzmann 方程的基础上对其进行修正的，主要有弹道散射模型（ballistic-diffusive model，BDM）[25, 26]，它主要分为两部分：热载流子的弹道输运和散射输运。BDM 可以分析在特征尺寸与平均自由程相当时和特征时间与热载子的弛豫时间相当时的热传递过程。

（三）接触热阻的多因素影响规律

1. 材料特性与表面状态对接触热阻的影响

互相接触的固体材料的物理性能和表面形貌状态对其接触热阻的影响较大。两个热的良导体的接触点具有良好的传热效果，其接触热阻很小，甚至可以忽略不计。除材料的热性能外，其力学性能，如弹性模量和硬度，会通过接触界面装配使用条件影响实际接触面积的大小来间接影响接触面的传热。除此之外，接触界面的粗糙度对接触热阻也有调制作用。从图 5-9 可以看出，随着 Al1070 和 S45C 表面粗糙度的增加，其接触热阻也随之增加[27]。这是因为表面粗糙度增大导致接触界面间隙变大，进而诱导热流在通过接触界面时发生热收缩，增加了接触热阻。金属表面的氧化程度对其金属界面处的接触热阻也有调制作用。研究表明：其调制规律为氧化膜厚度越厚，接触热阻增加越大。这种规律在具有较高表面抛光度的金属材料中更为明显。相反，在两个固体接触面涂覆导热系数更好的薄膜可以有效地降低接触热阻。然而，

涂层对接触热阻的影响规律是不确定的,这与多种因素有关。特别地,涂层
材料的类型、涂层表面的纹理和涂层厚度都对接触热阻的大小有显著影响。

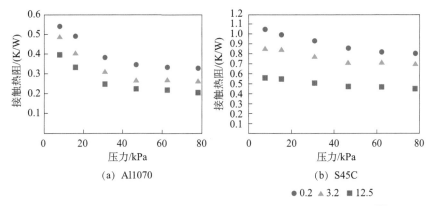

(a) Al1070　　　　　　　　　(b) S45C

● 0.2　▲ 3.2　■ 12.5

图 5-9　不同材料的接触热阻随着粗糙度和压力变化的演化趋势 [27]

2. 施加载荷与热流方向对接触热阻的影响

改变施加载荷(包括力载荷和热载荷)的大小和方向也可以用于调控接
触热阻,这是通过改变接触界面的形貌来实现的。接触表面的形变示意图如
图 5-10 所示,外力载荷的大小会直接影响接触面上接触凸点的形变程度,进
而影响接触热阻。当载荷均匀施加时,力荷载越大,实际的接触面积越大,
则接触热阻越小 [28]。如图 5-9 所示,在 0~80kPa,随着 Al1070 和 S45C 表面
压力的增大,二者界面之间接触热阻减小。但是两个表面采取螺栓连接时,
接触面变形会变得不均匀,导致螺栓连接界面处的接触热阻较小,远离螺栓
处的接触热阻较大 [29, 30]。利用压力滞后对接触界面进行反复超载,可使接触
界面接触凸点发生塑性变形,使接触界面接触更紧密,增加实际接触面积,
从而降低接触热阻 [31]。

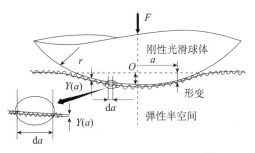

图 5-10　接触表面的形变示意图 [28]

温度和力对接触热阻的影响是类似的。温度载荷的变化对接触热阻的影响主要分三种情况：①对于同一材料，在真空环境和恒定压力下，接触热阻随着温度的升高而降低。由于界面温度的升高会引起接触界面蠕变，使固体硬度降低，从而增加了实际接触面积，降低了接触热阻。此外，提高接触面温度会改善接触面的辐射热输运，也会降低接触热阻。②对于不同的材料，特别是 CTE 较大的材料，接触热阻可能随着温度的升高而降低。由于膨胀系数过大会产生热应力，这将导致接触几何形貌发生改变，有可能减少接触面积。③当接触界面之间存在第三种介质时，接触热阻可能增加或减少，这取决于介质的物理性质。由于热整流效应，即使是相同的固体材料，接触热阻也会随着热流方向改变而发生变化 [32]。Williamson 和 Majumdar[33] 通过实验发现，随着连续变化的热流方向数量的增加，热整流效果迅速下降。Clausing[34] 通过模拟和实验证明，热量从低导热材料流向高导热材料时，会表现出小的接触热阻。Lewis 和 Perkins[35] 提出，不同导热系数的金属材料之间的热接触面积会随热流方向的变化而变化。接触面粗糙度和面波度将决定热整流效应对接触热阻的影响。当粗糙度较小且接触界面波度高时，热流从导热系数高的材料向导热系数低的材料流动时会表现出较大的接触热阻。当粗糙度较大而面波度较低时，则趋势相反。Veziroglu 和 Chandra[36] 对前人的理论进行了拓展，提出了一个沿热流方向的接触热阻约束模型。该模型考虑了非均匀热应力对表面形貌的影响，得出了判断热流方向影响的判据。当界面间隙大于表面粗糙度量级时，以及当热流从导热系数较小的材料流向高导热系数的材料时会表现出较小的接触热阻。另外，当界面间隙小于表面粗糙度的数量级时，结论则相反。此外，调整热流方向也可以改变接触热阻。当热流从导热系数高的材料流向导热系数低的材料时，接触热阻减小，反之，接触热阻增大。

3. TIM 应用对接触热阻的影响

在两个固体的接触界面间添加高导热性能的 TIM 可填充剩余接触间隙，从而降低接触热阻。采用 TIM 降低界面间接触热阻是目前接触热阻抑制手段中的主流方法，其在电子封装和航空航天热管理中发挥着重要的作用。研制高性能、高可靠性的 TIM 是电子器件与设备热管理领域的一个至关重要的方向。

如表 5-2 所示，接触热阻本质上是一个受多种因素影响的多学科问题，其相关研究已涉及接触热传导、表面形貌分析和固体材料形变理论等多个领域。固体材料的广泛应用和工程环境的复杂性使得掌握各条件下多因素对接触热阻的调制规律是不现实的。因此，深入研究接触热阻的产生和影响机理、建立接触热阻及其影响因素之间的普遍关系就变得至关重要。

表 5-2　接触热阻的影响因素及其调制规律

影响因素	调制机理	调制规律
机械行为	实际接触面积	材料硬度高，接触点形变小，接触热阻大
导热系数	接触点上的热输运性能	导热系数高的固体间接触热阻小
粗糙度	实际接触面积	粗糙度大，接触热阻大
金属氧化物薄膜	接触点上的热输运性能；实际接触面积	氧化物薄膜厚度越厚，接触热阻越大
力载荷	实际接触面积	力载荷大而均匀，接触热阻小
温度	实际接触面积，辐射传热	温度越高，接触热阻越小
热流方向	接触点上的热输运性能	热流方向沿高导热材料至低导热材料，接触热阻减小
TIM	界面上的热输运性能	TIM 会降低接触热阻

二、接触热阻的表征与测试法

（一）接触热阻的稳态测试法

在接触热阻稳态测量过程中，关键是在两个样品之间建立一个近似稳态的一维或准一维热流。接触热阻是通过测量两组件接触面之间的温度梯度和热流通量来计算的。稳态测试法的显著特征是耗时长，并且会破坏样品形貌。

1. 传统稳态热流法测试

根据 ASTM D5470，接触热阻的传统稳态热流法测试的标准实验装置示意图如图 5-11 所示。传统稳态热流法测试系统主要由热绝缘、保护加热器、加热块、冷却块、样品、温度传感器和可调温辐射屏蔽罩组成。预制的圆柱形或矩形的样品夹在加热块和冷却块之间。热源和冷源间存在显著的温度梯度，从而导致热流沿热源向冷源轴向传递。热绝缘层和可调温度辐射屏蔽层减少了径向的热传导和难以准确计量的辐射热损失。当样品温度场达到稳态条件时，用等间隔插入试样的温度传感器测量沿纵向分布的温度数据。通过对接触面附近的温度梯度进行线性外推，即可得到接触面处的温差。随后，通过温差除以传递的热流密度即可计算界面接触热阻。值得一提的是，接触界面处的两侧温度差别必须足够大（＞2℃），才足以获得精确的接触热阻数值。重要的是，稳态法还可以用来表征 TIM 热传导性能，TIM 用于填充界面的间隙，能够显著地增加接触热导。

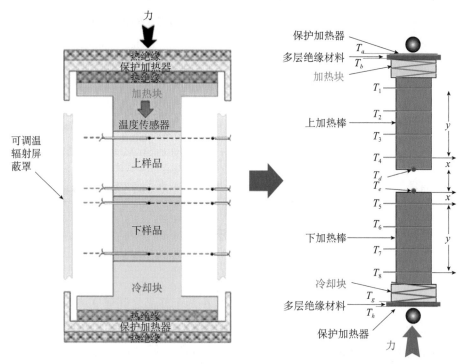

图 5-11　传统稳态热流法测试的标准实验装置示意图 [37]

　　传统稳态热流法由于其可靠性和较准确的测试结果，被广泛地应用于接触热阻的实验研究。然而，精确测量温差和抑制寄生热损失（包括对流和对外部环境的辐射，大约为总热流的 2%）仍然是主要的挑战。另外，由于实验样品中嵌入了温度传感器，连接传感器的导线是一个热量损失的来源，也会对测量结果引入误差。采用传统稳态热流法达到试样稳态温度分布所需要的时间较长大概是该方法最不令人满意的特性之一。

2. 双向热流法稳态测试

利用传统的稳态热流法测量界面接触热阻时，测量结果不可避免地会受到施加热流方向的影响。即使是针对两个具有相同表面特性的相同材料进行测量，其测试结果也存在这种定向效应。针对这一现象，科研人员研制了一种双向热流接触热阻测试装置。该测试装置是采用上下正反双向加载热流的对称测试结构，通过交替改变热流加载方向测量材料的导热系数和接触热阻，并对测量数据进行调和平均计算来减小定向效应引入的误差。同时，通过对温度传感器和试件同时进行高精度标定，以达到消除各温度传感器的读数误差和非线性等附加误差的目的。此外，通过高真空环境和辐射屏蔽等措施减小了非纵向的漏热损失，最终提高对接触热阻的测量精度。通过测定99.999% 标准纯铜和 Elkonite 铜钨合金 30W3 样品的接触热阻，验证双向热流法具有较高的精度和可靠性，可用于较宽温度范围的接触热阻测量和 TIM 表征。

3. 微观稳态测定法

微观稳态测定法通常使用悬浮微电阻测温器件来表征单个碳纳米管、纳米线或纳米膜的热传输特性，是测量独立纳米结构面内导热系数的常用方法之一。微观稳态测定法的测量装置示意图如图 5-12 所示[38, 39]。样品被悬挂在两个微电阻测温器件之间，器件内置由氮化硅薄膜制成的铂电阻传感器，既

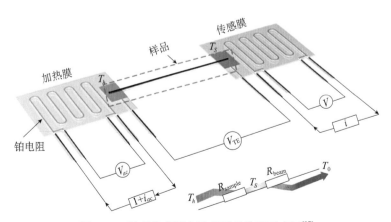

图 5-12　微观稳态测定法的测量装置示意图[37]

可以作为加热器，也可以作为传感器。为了对样品进行热测试，首先将直流/交流混合电流施加到加热器上。交流电流可以用来获得加热器的电阻，直流电流可以用来加热。加热器产生的焦耳热一部分会传递到环境中，另外一部分则会通过样品传递到传感器，使传感器温度升高。通过对温敏铂电阻的阻值监测，即可得到加热器及传感器内的温度变化。利用热输运路径中离散的温度分布可以推算出低维材料的热性能。

然而，样品的悬挂方式会导致被测样品与测量器件之间存在接触热阻，最终显著影响测得的导热率数值。因此，有必要对实验中的接触热阻进行定量估计。

4. T型法

T型法可以用于测量单个碳纤维、纳米线、纳米管或金属薄膜的热导率，该方法具有结构简单、使用方便、精度高的优点。据报道，单个碳纤维导热系数的测量不确定度小于7%[40]。近年来，它也被用于测量纳米管与铂、金或二氧化硅表面之间的边界热阻。T型法测量装置的示意图如图5-13所示。在热沉架上悬挂一根热电特性已知的铂热线（Pt hot wire），铂热线既作为加热器又作为温度计。当铂热线内有恒定的直流电通过时，它会产生均匀的焦耳热。待测纤维被连接到热线的一端，另一端连接到热沉框架或固体表面上。

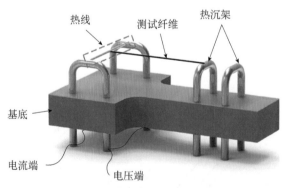

图 5-13　T型法测量装置的示意图 [37]

铂热线的温度分布如图5-14所示。当被测纤维的端侧与热沉架表面接触时，由于热线中的部分热通过被测纤维传递到了热沉，导致热线内温度分布曲线由虚线向实线变化。假设沿热线和被测纤维中的热流是一维稳态的，则可以对热输运进行分析和计算。接触后热膜内的温度分布取决于三种热阻的总和：被测纤维的自身热阻（R_f）、热膜与测试纤维间的接触热阻（R_j）和纤维与目标表面之间的接触热阻（R_e），其关系为[41]

$$R_e = \left\{ \frac{3L_{h1}L_{h2}Q_2}{12k_hA_hT_h(L_{h1}+L_{h2}) - (L_{h1}+L_{h2})^2(Q_1-Q_2)} - 1 \right\} \tag{5-2}$$
$$\times \frac{L_{h1}L_{h2}}{(L_{h1}+L_{h2})k_hA_h} - R_j - R_f$$

式中，k_h 为热线的导热系数；A_h 为截面积；L_{h1} 和 L_{h2} 分别为热线的长度；T_h 为热线温度，Q_1 和 Q_2 分别为接触前与接触后热丝的产热量。

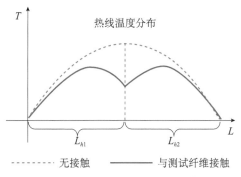

图 5-14　热膜的热输运模型 [37]

5.拉曼测试技术

拉曼测试技术是在拉曼光谱的基础上发展来的。拉曼光谱具有测量速度快、分辨率高、不破坏样品等优点，是一种理想的材料表征工具。拉曼光谱可以充分地提供材料的结构和电子信息，因而拉曼技术已经被广泛地用于表征无序和无定形碳、富勒烯、纳米管、金刚石、碳链和多共轭分子等，其典型实验设置如图 5-15(a) 所示。为了获得更高的测量精度，研究人员对拉曼测试平台进行了改进。如图 5-15(b) 所示 [42, 43]，样品被设置在一个位置控制台上，该控制台可以实现几个纳米的位移分辨率。控制台的稳定性和较高的定位精度降低了拉曼测试过程中可能存在的噪声与虚拟拉曼位移变化，保证了温度的高精度测量。

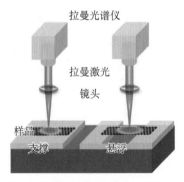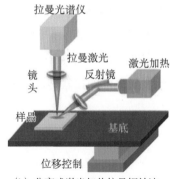

（a）测量时样品被衬底支撑和样品
悬挂在衬底上的情况

（b）分离式激光加热拉曼探针法

图 5-15　基于拉曼技术的实验装置示意图 [37]

（二）接触热阻的瞬态测试法

为了避免稳态方法的主要缺陷，如介入式温度测量、寄生热损失和过长的稳态时间等，人们相应地建立一些瞬态测量方法及仪器。瞬态测量方法具有响应速度快、可以保存样本和瞬态热源等优点，但基于这些技术的测试仪器相对昂贵，实验成本高，实现难度大。此外，总体上，测量不确定性和误差较大。

1. 红外热成像法

红外热成像法的原理与稳态测量方法类似，区别在于其温度数据的采集是利用红外高速摄像系统以非介入方式记录的。对接触的两样品界面进行高速红外二维温度记录，再通过一维反问题求解拟合得到热流量，从而计算得到接触界面热传导系数或接触热阻。为简便起见，红外热成像法一般假定试件样品尺寸的毕奥（biot）数远小于 1，其测量精度依赖于待测试样品表面热辐射特性。

2. 激光闪光法

激光闪光法是一种非接触式和非介入式的测试方法，最早被用于估测均匀和非透明固体材料的热扩散系数，随后被扩展到测量接触热阻或 TIM 表征 [44]。激光闪光法的测量原理示意图如图 5-16 所示，用激光脉冲照射一个样品表面，同时用红外探测器监测另一个样品后表面的温度变化。实验样品的表面需要涂有一层特殊材料（如石墨），以提高能量吸收和热发射。然而，激光闪光法通常要求材料的密度、尺寸及热扩散系数都为已知的常数。这可能导致不确定性的增大，也使得求解过程复杂化，进而影响测量精度。

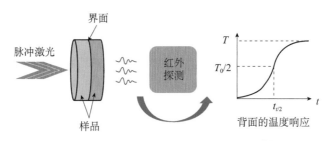

图 5-16　激光闪光法的测量原理示意图[37]

3. 3ω 法

3ω 法起初主要应用于薄膜材料热导率的测量，后来被应用于薄膜材料界面热阻的测量。在微/纳米尺度测量过程中，大多是结合原子力显微镜，并把原子力显微镜的顶尖改用 Wollaston 型的电阻热探头，该探头上带有激发频率为 ω 的尖角 PtRh 线桥，正弦电流流过薄膜时产生频率为 2ω 的热量。由于电阻热探头的电阻值随温度变化而变化，在线桥两端用锁相放大器将 3ω 电压提取出来，忽略薄膜的热容量并视其为简单的热阻，从而可以得到薄膜接触界面的温差和热流，进而分析得到薄膜材料之间的界面接触热导。实施过程中，热扫描显微镜和热膨胀扫描显微镜都可被用来进行温度的校准。3ω 法可被用于测量 100nm 数量级薄膜的接触热导，由于其对辐射损失不敏感，测量时间短，适用温度范围宽，所以被广泛地用于室温或更高温度下的测量。

4. 瞬态热反射法

瞬态热反射（transient thermal reflection，TTR）法可测试的材料范围非常广泛，它的实现是非破坏性的，即不需要与试样接触，是一种可用于块材和薄膜材料原位测试的技术。TTR 法使用激光脉冲在金属薄膜表面聚焦成一点，通过光热转换来加热样品。依靠金属电子对入射声子的吸收而在薄膜产生一个温升，进而导致薄膜材料反射率的成比例变化。这一变化会被样品下方的探测器所检测。研究发现[45, 46]，单层薄膜的外表面由于照射温度过高可能会造成损坏，而利用铬的电子–声子耦合因子远大于金的特性，可以吸收大部分的激光辐射能，从而开发出金与铬的双层薄膜技术。如今，TTR 技术主要细分为相敏瞬态热反射技术（phase sensitive transient thermoreflectance，

PSTTR）、频域热反射技术（frequency-domain thermoreflectance，FDTR）和时域热反射技术（time-domain thermoreflectance，TDTR）等。

5. 光声技术

基于光声技术的测量方法是利用材料的热特性与热扩散率的关系来获得两接触材料表面的温度情况。研究表明，当接触热阻在 $0\sim1(cm^2\cdot K)/W$ 变化时，在相邻两材料表面检测到的温度信号相位会有明显的改变，光生技术对试件的厚度和热扩散距离做了两个近似：把热扩散距离远大于样品厚度近似为热薄（thermal thin）；反之，称为热厚（thermal thick）。典型的光声技术测试系统如图 5-17 所示，实验测量时由一束调制激光加热试件 1 的上表面，吸收了调制激光辐射能量的试件 1 会产生热波，由于接触界面的存在，会引起试件 2 下表面温度的相应变化。利用驻极麦克风检测该温度变化，麦克风的输出电压和温度的关系可以根据 Rosencwaig-Gersho 原理得到，通过分析输出信号的相位与调制频率的关系，即可得到相邻两材料之间的界面热阻。这种方法的缺陷是必须知道材料的热物性如吸收率、热扩散系数和麦克风的响应时间等，而且光声信号产生的热弹性振动也会影响其测量精度。

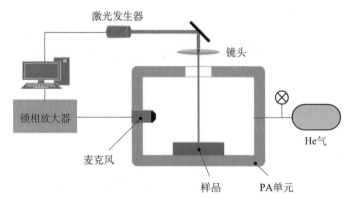

图 5-17　光声技术测试的实验装置示意图 [37]

样品由试件 1 和试件 2 组成，上半部分为试件 1，下半部分为试件 2

三、聚合物热界面材料

（一）商用聚合物 TIM 分类及特点

商用 TIM 大致可以分为导热脂 / 膏、导热凝胶、导热胶、导热垫片和相变材料等类型。表 5-3 为商用 TIM 的分类及各自的特点。

表 5-3 商用 TIM 的分类及各自的特点

商用 TIM 类别	优点	缺点	BLT/μm	热导率 / [W/(m·K)]
导热脂 / 膏	高导热系数、高填隙性、无需固化、可重复使用	泵出效应、迁移、不提供电绝缘	20～150	1～7
导热凝胶	较高导热系数、高填隙性、无泵出效应、无迁移	需要固化、导热系数比导热脂 / 膏低	75～250	1～6
导热胶	能提供结构支撑、无泵出效应	需要固化、要考虑热膨胀失配	50～200	1～2
导热垫片	电绝缘、易于处理、可重复使用	高 BLT、高热阻	200～1000	0.5～14
相变材料	高填隙性、无须固化、易于处理、可重复使用	不提供电绝缘、使用需要预紧力、BLT 不均匀	20～150	1～6

1. 导热脂 / 膏

导热脂 / 膏（thermal grease/paste）一般由聚硅氧烷（俗称硅酮）与高含量的导热填料混合制成。导热脂 / 膏通常具有较低的导热系数，但优越的流动性使得其在应用过程中的 BLT 非常薄。因此，导热脂 / 膏普遍具有比较低的热阻。值得一提的是，因为脂类 TIM 不能完全隔离芯片件和散热元件，不能提供芯片和散热元件之间的电气绝缘。在实际应用中，导热脂 / 膏还存在易溢出、易迁移和易污染的问题。针对导热脂 / 膏的污染问题，Henkel 等先进 TIM 公司提出了新的脂类 TIM 制备工艺，采用聚氨酯和环氧树脂等材料作为分散介质制备了一系列无硅酮（silicone-free）TIM。但是，这类分散介质本身的硬度和黏度会高很多，限制了所能添加导热填料的占比，所以非硅（non-silicon）导热产品无法做到很高的导热率。

2. 导热凝胶

导热凝胶（thermal gel）与导热脂 / 膏性能相似。最大的区别在于，导热凝胶在一定温度下会发生交联形成交联聚合物链网络结构，宏观表现为导热凝胶从黏流态转变为弹性体，既保证了优异的填隙性能又能有效地解决导热脂 / 膏使用中出现的问题。

3. 导热胶

导热胶（thermal adhesives）两侧通常附有压敏胶，能有效地黏结在芯片表面。导热胶的主要优势是能够在芯片和散热元件之间提供强有力的结构支撑。

4. 导热垫片

导热垫片（thermal pad）是导热聚硅氧烷弹性体，可以通过将硅橡胶、导热填料和补强材料混合制成。导热垫片的主要优点是可以提供芯片和散热元件之间的电气隔离。但是，导热垫片通常比其他种类的 TIM 具有更高的厚度，这使得其在使用过程中，往往表现出更大的接触热阻。

5. 相变材料

相变材料（phase change material，PCM）具有优异热能储存和释放能力，是一种极具吸引力的 TIM。PCM 的优点是易于使用和可靠性高。PCM 在室温下通常以固态形式存在，当温度高于熔化温度时，相变材料转变为液态，可以有效地填充界面间隙。在实际应用中，由于电子器件的工作温度通常低于相变材料的相转变温度，因此也可以缓解相变材料的泵出问题。

目前，基于高分子聚合物的 TIM 占据着超过 80% 的市场份额[47]。随着工业、军事和医疗等领域电子仪器装备的快速发展，TIM 形式呈现多样化的开发趋势，其他新型 TIM（如碳基材料和金属薄膜）发展也十分迅速，已经形成了规模虽小但增长更快的新兴 TIM 方案。

（二）聚合物复合材料的导热机理及导热模型

通常情况下，本征聚合物材料的晶体结构存在大量缺陷（如空穴、链缠结和杂质等）。这些缺陷使得高分子材料内部的热载流子输运过程中容易发生散射，最终在宏观上体现为材料的体相导热系数很低，被认为是绝热材料。表 5-4 为常见聚合物材料及其在室温下的导热系数。最常用的聚合物导热性能提升方法就是填充高导热填料，常用和先进填料及其导热系数如表 5-5 所示。掺杂有高导热填料的聚合物复合材料能够表现出较高的导热及优良的填隙性，成为几十年来开发 TIM 的优选方案之一。这主要依赖于导热填料在聚合物基体中形成的高效热通路。如图 5-18 所示，热量通过基体和导热填料进行传递。

表 5-4　常见聚合物材料及其在室温下的导热系数

聚合物材料	导热系数 /[W/(m · K)]
低密度聚乙烯（low density polyethylene，LDPE）	0.30

续表

聚合物材料	导热系数/[W/(m·K)]
高密度聚乙烯（high density polyethylene,HDPE）	0.44
聚丙烯（polypropylene，PP）	0.11
聚苯乙烯（polystyrene，PS）	0.14
聚甲基丙烯酸甲酯（poly methylmethacrylate，PMMA）	0.21
尼龙–6（polyamide 6 PA6）	0.26
尼龙–66（polyamide 66，PA66）	0.26
聚二甲基硅氧烷（polydimethylsiloxane，PDMS）	0.15
环氧树脂（epoxy resin）	0.20

表 5-5　常用和先进填料及其导热系数

填料	导热系数/[W/(m·K)]	填料	导热系数/[W/(m·K)]
银（Ag）	429	铜（Cu）	401
金（Au）	317	铝（Al）	237
锌（Zn）	121	镍（Ni）	90
铁（Fe）	80	锡（Sn）	67
氧化铝（Al_2O_3）	35	氧化镁（MgO）	40
氧化锌（ZnO）	30	二氧化硅（SiO_2）	1.5
氧化铈（CeO_2）	260	氮化铝（AlN）	320
碳化硅（SiC）	80	氮化硅（SiN）	180
氮化硼（BN）	180	氮化硼纳米片（BNNS）	751（面内）
砷化硼（BAs）	1000	黑磷（BP）	70
炭黑（CB）	6～174	碳纤维（CF）	100（轴向）
碳纳米管（CNT）	3000（轴向）	金刚石	2000
石墨	100～400（面内）	石墨烯（Gr）	5300（面内）

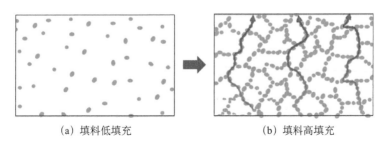

（a）填料低填充　　　　　　　　（b）填料高填充

图 5-18　不同填料负载量下形成的热通路

固体材料主要存在两种热传导机制，即电子运动和声子相互作用及碰撞。一般地，固体材料的热导率可以表示为

$$k = k_e + k_p \qquad (5\text{-}3)$$

式中，k_e 和 k_p 可以理解为电子与声子分别对固体材料导热的贡献。基于维德曼–弗兰兹定律（Wiedemann-Franz law），电子导热系数（k_e）可以表示为

$$\frac{k_e(T)}{\sigma T} = \frac{\pi^2 K_{\mathrm{B}}^2}{3e^2} \qquad (5\text{-}4)$$

式中，σ 为电导率；T 为温度；K_{B} 是玻尔兹曼常量（Boltzmann constant）。基于弛豫时间和德拜近似（Debye approximations），声子热导率（k_p）可以表示为

$$k_p(T) = \frac{1}{3} \sum_i \int C_i(\omega) v_i l_i(\omega) \mathrm{d}\omega \qquad (5\text{-}5)$$

式中，$C_i(\omega)$ 为声子比热；v_i 为声子群速度；$l_i(\omega)$ 为声子平均自由程（mean free path，MFP）。MFP 揭示了不同的声子散射机制。

因为电良导体的金属材料内部有大量的自由电子聚集，其中的热输运在很大程度上依赖于电子控制，声子对金属材料热传导过程的贡献基本可以忽略。因此，金属材料的导热系数可以视为 $k \approx k_e$。相对应的，非金属材料（如高分子材料、陶瓷及半导体材料等）通常为电绝缘体，自由移动的带电粒子极少，因而热载流子通常以声子为主。石墨烯和其他碳材料中的热传导通常由声子主导，尽管其中一些声子具有类似金属的特性。

高分子复合材料的等效导热系数可以理解为由聚合物和填料导热系数组成的函数。然而，复合材料的组成成分、填充比、填料形状和界面热阻等影响因素使得热传导型复合材料的导热系数难以准确预测。迄今，人们提出若干基于等效介质理论（effective medium theory，EMT）的预测模型，用于估算和分析复合材料的导热系数，常用的有 Maxwell-Eucken 模型及 Bruggeman 模型。

例如，著名的 Maxwell-Eucken 模型为

$$K_c = \frac{2K_m + K_f + 2f(K_f - K_m)}{2K_m + K_f - f(K_f - K_m)} K_m \qquad (5\text{-}6)$$

式中，K_c 为复合材料的导热系数；K_m 为聚合物基体的导热系数；K_f 为填料的

导热系数;f为填料在复合材料中的体积分数。

研究表明，在球形填料填充且含量较低（<40%）、填料颗粒均匀分布且忽略其相互作用的前提下，Maxwell-Eucken 模型的预测结果与实际测量结果具有良好的一致性。对于实际研发应用中的 TIM，导热填料的填充比一般超过 60%，这使得 Maxwell-Eucken 模型在实际应用中的使用范围受到一定的限制。相比之下，下面的 Bruggeman 模型可以用于较宽广填充范围内的复合材料导热系数的预测。

$$1-f=\frac{K_f-K_c}{K_f-K_m}\left(\frac{K_m}{K_c}\right)^{\frac{1}{3}}\qquad(5\text{-}7)$$

Maxwell-Eucken 模型和 Bruggeman 模型都忽略了基材与填料之间的界面热阻（interfacial thermal resistance，ITR）的影响，导致基于两种模型的导热系数预测数据会显著高于实测数据。实际上，在导热复合材料的制备过程中，填料与填料之间［图 5-19(a)］和填料与高分子聚合物基体之间［图 5-19(b)］的 ITR 都是阻碍热传递的主要因素。

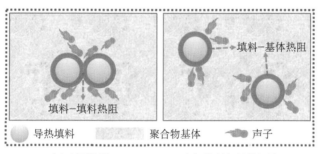

(a) 填料间的ITR　　　　(b) 填料与基体间的ITR

图 5-19　导热复合材料内部微观 ITR 对热输运的影响[48]

为了进一步探索复合材料的热传导微观机制，声学失配模型（acoustic mismatch model，AMM）和扩散失配模型（diffusion mismatch model，DMM）被用来估算固–固和固–液界面的界面热阻。AMM 模型假设固体是连续的，声子在界面处反射服从斯涅耳定理（Snell's law）。对于 AMM，界面处的材料密度和声子群速度是界面热阻的决定性因素，但这忽略了界面处的声子散射。因此，AMM 通常在低温（T<7K）下有效。DMM 则假设声子在界面发生扩散和弹性散射，声子透过界面的概率与界面两侧的声子态密度密切相关。

DMM 适用于较高温度（$T>15\mathrm{K}$）。但在更高温度下，DMM 对导热系数预测结果也与实际情况存在差异，这是因为 DMM 并没有考虑非弹性声子散射。由此看来，AMM 和 DMM 都在描述声子界面输运过程时存在一定的缺陷。分子动力学（molecular dynamics，MD）模拟作为一种广泛应用的模拟方法，能够在经典力学的基础上处理原子级别的复杂界面问题。通过 MD 模拟计算发现，界面结合程度对聚合物与无机填料的界面热阻有显著影响。

目前，基于复合材料导热机理和导热系数预测的研究仍在不断深入，表 5-6 列出了具有代表性的复合材料导热模型[49]。

表 5-6　填充型复合材料的等效导热性能的典型解析模型[49]

结构	特点	模型
	球形填料、颗粒间无相互影响、低填充比	Maxwell-Eucken 模型 $$K_c = \frac{2K_m + K_f + 2f\left(K_f - K_m\right)}{2K_m + K_f - f\left(K_f - K_m\right)} K_m$$
	椭球填料、颗粒间有相互影响	Bruggeman 模型 $$1 - f = \frac{K_f - K_c}{K_f - K_m}\left(\frac{K_m}{K_c}\right)^{1/3}$$
	立方填料、颗粒间无相互影响	Russell 模型 $$K_c = K_m \frac{\left[V_f^{2/3} + \dfrac{K_m}{K_f}\left(1 - V_f^{2/3}\right)\right]}{\left[V_f^{2/3} - V_f + \dfrac{K_m}{K_f}\left(1 - V_f^{2/3} + V_f\right)\right]}$$
	球形填料、填料与基体导热系数相差大	Jefferson 模型 $$K_c = K_m\left[1 - \frac{\pi}{4(1+2n)^2}\right] + \frac{\pi}{4(1+2n)^2}\left[\frac{(0.5+n)K_f K_m}{0.5K_m + nK_f}\right]$$
	纤维填料、描述导热系数上限	Parallel 模型
	纤维填料、描述导热系数下限	Series 模型 $$K_c = \left[\frac{1 - V_f}{K_m} + \frac{V_f}{K_f}\right]$$

结构	特点	模型
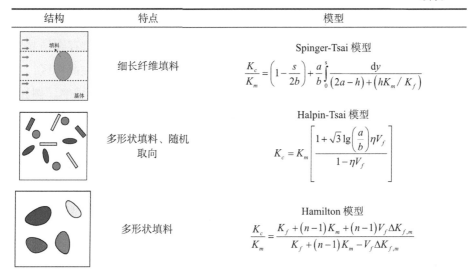	细长纤维填料	Spinger-Tsai 模型 $$\frac{K_c}{K_m} = \left(1 - \frac{s}{2b}\right) + \frac{a}{b}\int_0^s \frac{\mathrm{d}y}{(2a-h)+(hK_m/K_f)}$$
	多形状填料、随机取向	Halpin-Tsai 模型 $$K_c = K_m \left[\frac{1 + \sqrt{3}\lg\left(\frac{a}{b}\right)\eta V_f}{1 - \eta V_f}\right]$$
	多形状填料	Hamilton 模型 $$\frac{K_c}{K_m} = \frac{K_f + (n-1)K_m + (n-1)V_f \Delta K_{f,m}}{K_f + (n-1)K_m - V_f \Delta K_{f,m}}$$

（三）高分子材料的本征导热系数增强方法

1. 链结构

声子是聚合物中的主要热载流子，其散射程度严重影响着聚合物材料的导热系数。声子散射包括静态散射和动态散射，其中静态散射是由缺陷引起的，动态散射主要由分子链的非简谐振动引起。研究表明，聚合物中极性基团的数目和极性基团的偶极极化度均对聚合物的导热系数有影响。例如，含—CF_3基团[50]的 PI 的导热系数［0.40W/(m·K)］会明显高于不含—CF_3基团的 PI［0.19W/(m·K)］。需要指出的是，链长和分支也会影响聚合物的导热系数，随着聚合物分支的增加，其导热性能会急剧下降。但是聚合物单链的链长度、链旋转和链内无序态都对聚合物的导热系数有决定作用[4]。

另外，分子链的旋转半径也对聚合物的导热性能有影响。大旋转半径能使分子链更具延展性，提供了更多的传热路径，从而提高了聚合物的导热系数[51]。研究表明[52]，非晶聚合物（$C_{100}H_{202}$）体相的导热系数会随着分子链旋转半径的增大呈先增大后减小的趋势。在旋转半径为 16.6Å 时，其导热系数达到最大值［0.22W/(m·K)］，比旋转半径为 14.7Å 的导热率［0.13W/(m·K)］高 0.09W/(m·K)。同理，由于刚性主链会抑制链段的旋转，其通常能表现出更高的导热系数。

2. 结晶

通常情况下，晶体聚合物的导热系数要高于非晶态聚合物，且晶体聚合物导热系数会随结晶度的增加而增大。在大多数晶体聚合物中都存在结晶区和非晶区。与非晶区相比，聚合物晶体具有更密集的链排列。在晶体区，热能够沿着规律的分子链构型传导，增加了 MFP，具有较高的热导率。例如，低密度聚乙烯的导热系数 [0.26W/(m·K)] 低于高密度聚乙烯的导热系数 [0.50W/(m·K)]；结晶度为 56% 的 PLLA 导热系数 [0.20W/(m·K)] 比非晶态 PLLA [0.16W/(m·K)] 高 0.04W/(m·K)[53]，都显示出聚合物结晶度与其导热系数之间的正相关[54]。但聚丙烯是一个例外，它具有较高的结晶度，但导热系数较低。值得注意的是，大多数聚合物是不能完全结晶的，其晶体区与非晶体区之间存在许多界面，因而晶体区分布对聚合物的体相导热系数也有很大的影响。利用固态挤压（solid-state extrusion，SSE）方法制备超高分子量聚乙烯（ultra-high molecular weight polyethylene，UHMWPE）块材的面内热导率为 3.30W/(m·K)，这是因为在 SSE-UHMWPE 块材中存在大量由球晶组成的柱状晶体，有效地减少了晶体与非晶区之间的界面数量，从而大大提高了导热系数[55]。

3. 分子链取向

取向是指聚合物分子链、晶带和晶粒等沿着外力作用发生定向的现象。分子链取向对聚合物的导热系数有着显著影响。聚合物材料取向方向上的导热系数要远高于其他方向，表现出各向异性热导率。对于一些晶体聚合物，在定向过程中会形成由大量定向分子链组成的针状晶体，从而表现出优异的导热性能。采用拉伸法将 PE 聚合物拉伸为直径为 50～500nm 的单晶纤维，可以实现 PE 聚合物的超高导热性能，导热系数达到 104W/(m·K)[56]。实验研究表明，在高温下对 UHMWPE 进行热拉伸，然后对其进行空气淬火，尽管此时的 UHMWPE 结晶度从 92% 降低至 83%，但导热系数却从 21W/(m·K) 增加到 51W/(m·K)[57]。对样品的偏振拉曼光谱结果显示，导热系数的增强主要是非晶链段形成了更加有序的定向排列。

除了物理拉伸，静电纺丝、纳米孔模板润湿法和纳米模板电聚合法等方法都能实现聚合物分子链的有序取向，从而提高其导热系数。例如，随着静电纺丝电压的增加，采用静电纺丝方法制备的 PE 纳米纤维的导热系数有明显的增强趋势，PE 纤维在 45kV 时的导热率达到 9.3W/(m·K)。这是由于 PE

纤维在纺丝过程中受到较强的静电力，从而导致其内部形成了较高的分子链取向和结晶度[58]；采用纳米孔模板润湿法制备的直径100nm的PE纳米纤维阵列具备14.8W/(m·K)的高导热系数，是PE体相导热系数的30倍[59]。类似地，采用纳米模板电聚合法制备的聚噻吩（polythiophene，PT）纳米纤维的导热系数为4.4W/(m·K)，是体相PT的20倍以上[60]，这归因于电聚合过程中沿纤维轴向的分子链取向增强。

4. 分子间相互作用

聚合物内部多条分子链段之间的耦合作用也被认为是限制其导热系数提高的内在因素之一。例如，聚合物交联就是一种典型的分子链之间的相互作用，其在分子链段间形成了共价键。研究表明，通过在分子链间引入适当的交联能够在一定程度上增加其导热系数。但是，过多的交联会增加主链分支密度，使导热系数降低。分子动力学的数值模拟表明，交联PE的导热系数会随着交联密度的增加而增大，当交联度为80%时，由250个碳原子组成的PE的导热系数为0.60W/(m·K)，远高于未交联PE的导热系数［0.37W/(m·K)］[61]。氢键也是分子间相互作用的一种，能够有效地增强分子链间的耦合，形成更加连续的导热网络。氢键的强度和数量等都对聚合物的导热系数有干涉作用[62]。离子键引入也有助于改善聚合物的导热系数，离子键聚合物的导热系数为0.5～0.7W/(m·K)[63]。

（四）聚合物 TIM 内相间界面的相互作用

对于聚合物复合材料而言，填料和基体之间存在大量界面。当热流通过界面时遇到障碍，这些界面导致热载流子的额外散射，表现为聚合物复合材料的导热系数下降。在这种情况下，界面的结合状态对聚合物复合材料的等效导热系数具有重要影响。一般情况下，界面间的相互作用可以分为氢键相互作用、范德瓦耳斯相互作用、π-π相互作用、静电相互作用和共价键相互作用。

1. 氢键相互作用

利用氢键来提高复合材料的导热性能已被证明是有效的。研究表明，水与边缘羟基化氮化硼纳米片（OH-BNNS）和聚 N–异丙基丙烯酰胺［poly（n-isopropylacrylamide），PNIPAM］与 OH-BNNS 间的氢键相互作用使得高导热的 OH-BNNS 能够在水凝胶复合基体中高效地传递热量[64]。与纯水凝胶相比，PNIPAM/OH-BNNS 水凝胶复合材料表现出更快的传热速率，其原因在于 OH-BNNS 通过氢键相互作用实现了声子的高效输运，且改善了 OH-BNNS 的微观界面热阻（图 5-20）。

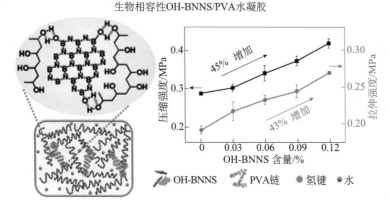

图 5-20　氢键对 OH-BNNS/PVA 水凝胶的性能增强机理[65]

受天然贝壳内部的微尺度层次结构和无机/有机界面的启发，科研人员通过真空辅助自组装工艺制备了新型的贝壳型导热材料[66]。得益于氢键对 BNNS 和 PVA 的交联，使得 BNNS 在 PVA 基体中有序排列，最终成品展现出优异的力学性能及高导热特性。类似地，基于氢键改善氮化硼纳米管（BN nanotube，BNNT）和纤维素纳米纤维（cellulose nano-fiber，CNF）间的界面结合，实现了 BNNT/CNF 复合材料导热性能的显著增强（图 5-21）[67]。

2. 范德瓦耳斯相互作用

范德瓦耳斯相互作用直接影响着聚合物复合材料的热输运性能。例如，采用真空辅助逐层渗透工艺可将一维芳纶纳米纤维（aramid nano-fiber，ANF）和二维 BNNS 集成在一起，从而获得一种高性能的多功能各向异性热管理材料[68]。ANF 单元通过范德瓦耳斯相互作用堆叠在 BNNS 表面，组成了 vdW-ANF/BNNS 复合材料。实验和密度泛函理论计算表明，vdW-ANF/BNNS 垂直面外的传热过程与氮化硼几乎相同（图 5-22），这促使了热传导性能的增强，因为声子模可以耦合/传输到相邻层或相邻的材料。类似地，将二维 BNNS 与具有蠕虫状微观形貌的一维 ANF 组装成刚性棒状结构[69]，可制备高导热、耐热的 ANF/BNNS 纳米复合膜。刚性 ANF/BNNS 薄膜在加载质量分数为 30% BNNS 时，面内导热系数为 46.7W/(m·K)。优异的热传导性能得

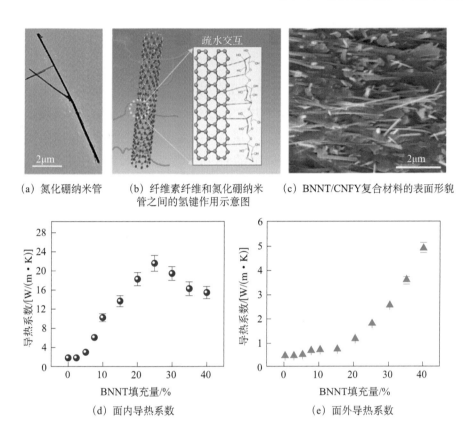

（a）氮化硼纳米管　　（b）纤维素纤维和氮化硼纳米　　（c）BNNT/CNFY复合材料的表面形貌
　　　　　　　　　　　　　管之间的氢键作用示意图

（d）面内导热系数　　　　　　　　　　（e）面外导热系数

图 5-21　BNNT/CNF 复合材料的导热增强机理及其导热性能[67]

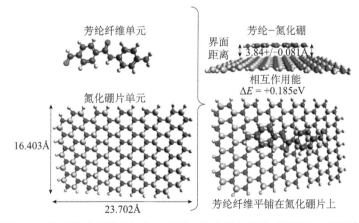

图 5-22　芳纶纳米纤维和氮化硼片界面处表现出范德瓦耳斯交互作用[68]

益于 ANF 致密的晶体结构，以及 ANF/BNNS 间较强的范德瓦耳斯作用。

3. π-π 相互作用

除氢键相互作用和范德瓦耳斯相互作用外，π-π 相互作用在高分子导热材料的制备中也起着重要作用。利用 PS 微球与石墨烯纳米板和多壁碳纳米管（muti-walled CNT，MWCNT）的二元填料可以实现导热性能优异的双热通路复合材料[70]。预先嵌有多壁碳纳米管的 PS 粉在强烈的机械搅拌作用下，可以通过 π-π 相互作用直接被石墨烯纳米板包覆，再对其进行热压处理就能获得分别由石墨烯纳米板和多壁碳纳米管组成的两条导热通路（图 5-23），从而实现复合材料导热性能的显著增强。此外，通过粒子构造方法能够实现填充有三维氧化石墨烯的 PS 复合材料。涂有聚多巴胺的氧化石墨烯（GO@PDA）可形成完整、均匀的网络结构[71]，每个非极性 PS 微球的表面都提供了 π-π 键，从而与 GO@PDA 薄片之间形成紧密的结合。基于此方法合成的 PS 基复合材料既具有较高的面内和面外导热系数，又展现出优异的电绝缘性能和机械性能。

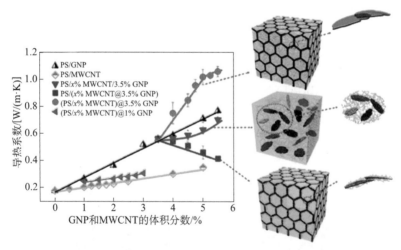

图 5-23　基于 π-π 相互作用的具有分离式双导热通路的复合材料展现出
最优的导热系数[70]

4. 静电相互作用

静电相互作用为导热高分子复合材料的制备提供了新的思路。以 BNNS@PS 微球为例[72]，带正电的改性 PS 微球和带负电的 BNNS 能够通过强烈的静电相互作用组装成 BNNS@PS 微球，再辅以热压法协助 BNNS 填充在微球间隙之间，即可在 PS 基体中建立均匀且高效的 BN 热通路。如图 5-24 所示，这一方法是极具拓展性的，通过静电相互作用可将阳离子聚合物聚二烯丙基二甲基氯化铵［poly (diallyl dimethyl ammonium chloride)，PDDA］与带负电荷的官能化 BNNS 结合[73]，最终制备出 BNNS/PDDA 复合膜。这种复合膜具有良好的柔韧性和耐火性，并展现出高达 200 W/(m·K) 的面内导热系数。

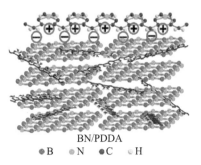

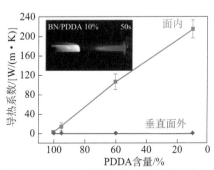

（a）BN和PDDA之间的静电相互作用　（b）BN/PDDA复合材料的面内和面外导热系数

图 5-24　基于静电相互作用制备的 BN/PDDA 导热复合材料及其导热性能[72]

5. 共价键相互作用

与上述非共价键相互作用相比，界面之间的共价键能够提供更有效的热载流子耦合，促进热输运。因此，对于一些结构复杂的聚合物复合材料而言，在聚合物基体与填料之间形成强化学键是提高接触界面导热系数的有效途径。例如，在蓝宝石与 PS 之间引入共价键桥接膜用于促进二者之间的界面结合，可以显著地提升二者界面之间的热交互[74]。通过引入合适的桥接膜，可以将金和无定形 PE 之间的界面热导提升 7 倍[75]。究其原因，强共价键促进了金与桥接膜之间的传热，并通过桥接膜与 PE 之间的强振动耦合将热量有效地转移到 PE 上。

（五）填料热通路的可控排布

加工工艺和制备方法都极大地影响着聚合物基体中导热填料的分散与分布，同时可能引入缺陷，最终导致复合材料的等效导热系数降低。人们试图调控导热填料的分散特性和空间分布情况，构建高效的热通路，以期提高聚合物 TIM 的导热系数。

静电纺丝技术可以有效地将纳米粒子分散在聚合物中以制备复合纤维，纤维呈现出大长径比、高比表面积和取向可控的特点。这种制备工艺减小了导热填料之间的距离，有利于填料的相互重叠，从而提高传热性能。此外，静电纺丝工艺本身就具有改善聚合物分子链取向的特性，提升了聚合物基体的本征导热系数。如图 5-25 所示，利用静电纺丝技术制备 BNNS/ 聚偏二氟乙烯（polyvinylidenefluoride，PVDF）薄膜，可以实现导热填料在聚合物纤维表面及其内部的有序排列 [76,77]。

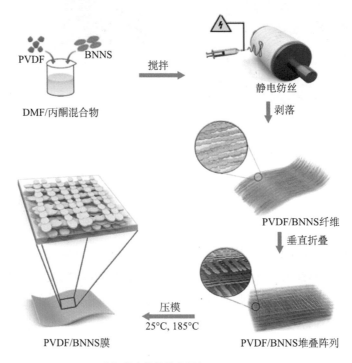

（a）静电纺丝技术制备PVDF/BNNS
复合材料的原理示意图

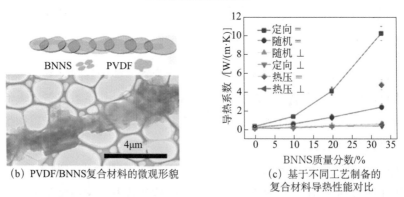

（b）PVDF/BNNS复合材料的微观形貌

（c）基于不同工艺制备的
复合材料导热性能对比

图 5-25 基于静电纺丝技术制备 PVDF/BNNS 复合材料的原理、形貌及导热性能 [76]

　　挤出成型和注射成型是高分子及其复合材料的传统加工技术。通过多级拉伸挤出、多工位协同挤出和场协同挤出等技术创新，大大提高了导热填料在聚合物基体中的可控分布，有利于提高聚合物复合材料的导热系数。以石墨和碳化硅作为填料，采用多级拉伸挤出法制备聚合物基导热材料[78]，能够在聚合物基体中建立连续通畅的热传导路径。当石墨和碳化硅的填充量质量分数分别为 33% 和 20% 时，聚合物复合材料的面内导热系数（聚合物流动方向）为 3.8W/(m·K)，是厚度方向的 5 倍。

　　压制成型法在导热填料的可控分布方面具有独特的优势。这种方法促使熔融聚合物来充分地浸润到相邻导热填料之间的微隙中，形成了连续的聚合物相。同时，导热填料还构建了热传导通道。聚合物基体和导热填料形成隔离结构，热载流子在填料热通路中的输运更加高效，大大提高了聚合物复合材料的导热系数。Yu 等[79]报道了一种利用铜薄膜网络来增强导热的聚合物复合材料制备方法。有效地利用聚合物熔体的流动性和铜薄膜的延展性，并通过 PS 微球的铜金属化和热压成型工艺制备了 PS@Cu 聚合物复合材料（图 5-26）。PS 基体中独特的三维铜壳网络在极低的铜含量下也表现出了各向同性和理想的导热性能。在相同的铜填充比（体积分数为 23.0%）下，基于压制成型法的 PS@Cu 复合材料的导热系数［26.14 W/(m·K)］比传统的铜球 / PS 复合材料［0.45 W/(m·K)］提高了 60 倍。

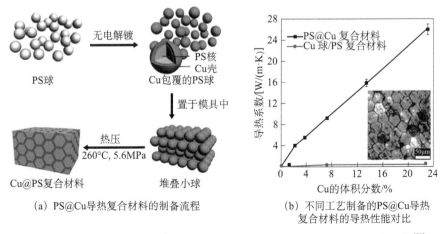

(a) PS@Cu 导热复合材料的制备流程　　　(b) 不同工艺制备的PS@Cu导热
　　　　　　　　　　　　　　　　　　　　　　复合材料的导热性能对比

图 5-26　基于压制成型法制备 PS@Cu 导热材料的流程及 PS@Cu 的导热性能[79]

此外，通过叶片浇注（blade casting）、带状浇注（tape casting）、模塑（molding）和真空辅助抽滤（vacuum-assisted filtration）等方法制备高分子导热复合材料，可以辅助聚合物分子链和导热填料在高分子流动方向上定向，从而显著地提高材料的面内导热系数。

近年来，预制热通道的方法变得极具吸引力，其优点是可以控制导热填料的分布，形成的三维导热网络能够显著地减少电声输运遍历的界面，显著地降低了界面热阻造成的热流损失，进而提高了聚合物复合材料的导热系数。如图 5-27 所示 [80]，首先，通过冰模板法预制由还原氧化石墨烯和 BN 纳米板组成的三维声子支架，然后向支架中渗入环氧树脂复合材料，制备了 BN-rGO/环氧树脂复合材料，其表现出 5.05W/(m·K) 的超高面外热导率。这是因为基于冰模板法预制的三维导热网络中存在声子匹配的 BN-rGO 网络，改善了声子传输效率。与此同时，基于红外热成像仪的性能监测表明，三维 BN-rGO/环氧树脂复合材料的表面温度在加热和冷却过程中随时间的变化呈现快速响应，表明其在热管理方面具有很强的潜力。

类似地，人们研发了盐模板法、糖模板法、氢气泡模板法和聚氨酯（PU）海绵模板法等三维预制热通道的制备方法。基于三维热通道增强的聚合物材料都表现出了优异的导热性能，印证了这种热通道构建方法的优越性。

3D 打印方法具有整体成型的特性，能够制备具有复杂结构的材料。与静电纺丝技术类似，聚合物复合材料熔融物通过 3D 打印的喷嘴时，导热填料会形成取向结构，从而显著地提高了聚合物复合材料的导热系数。熔融沉积成型（fused deposition modeling，FDM）[81] 和选择性激光烧结（selective laser sintering，SLS）[82] 都是较典型的 3D 打印技术。基于这类技术能够获得高效成型的导热复合材料（图 5-28）。除了形状可定制，3D 打印技术还确保了填料在聚合物基体中的均匀分布。实验测试表示，基于 3D 打印的 Al_2O_3/BN/PA12 复合材料的导热系数相比于纯 PA12 增强了 275%，可达 1.05 W/(m·K)。

导热填料在电场或磁场作用下按特定方向排列也是构筑高效热通道的方法，这既解决了分散问题，又能调控导热填料的排布。每种材料在外加电场作用下的电极化程度不同，且倾向于沿外加电场方向排列。通过对聚合物和填料的混合物施加不同频率与强度的电场，能够改变导热填料在聚合物基体中的排列和分布，从而获得在给定方向上的高导热系数。研究表明，通过直

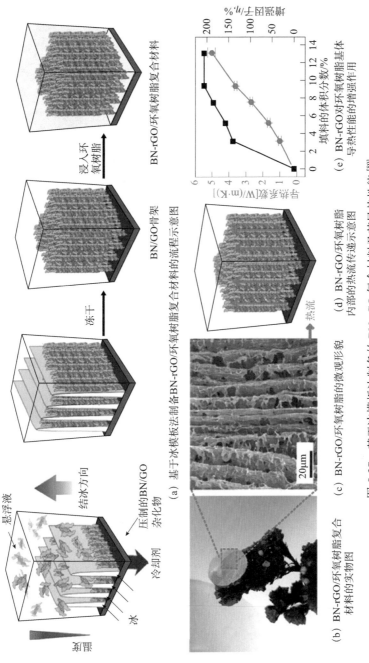

(a) 基于冰模板法制备BN-rGO/环氧树脂复合材料的流程示意图

(b) BN-rGO/环氧树脂复合
材料的实物图

(c) BN-rGO/环氧树脂的微观形貌

(d) BN-rGO/环氧树脂
内部的热流传递示意图

(e) BN-rGO对环氧树脂基体
导热性能的增强作用

图 5-27 基于冰模板法制备的 BN-rGO 复合材料及其导热性能[80]

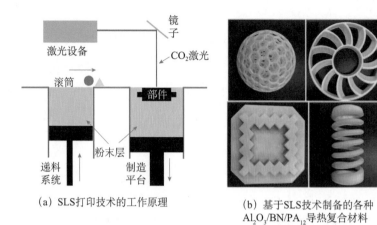

(a) SLS打印技术的工作原理

(b) 基于SLS技术制备的各种 Al$_2$O$_3$/BN/PA$_{12}$导热复合材料

图 5-28　基于 SLS 打印技术制备导热复合材料[82]

流电场对 BN 填料进行分布，可以制备出导热系数为 0.73W/(m·K) 的 BN/PDMS 复合材料，其导热性能是无电场条件下制备 BN/PDMS 的 1.97 倍[83]。

利用磁场对聚合物基体中的导热填料进行定向的方法与电场调制法类似。通常是在导热填料表面沉积磁性物质（如 Fe$_3$O$_4$、FeCo 等），并利用外加磁场对其进行定向。如图 5-29 所示，通过 Fe$_3$O$_4$ 对 BN 表面改性获得磁化 BN 纳

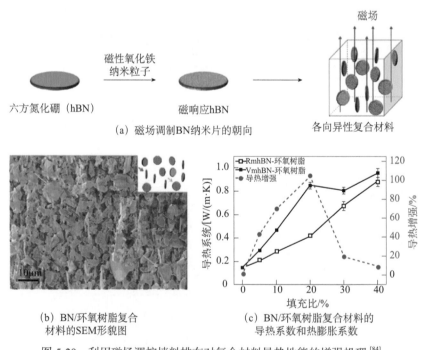

(a) 磁场调制BN纳米片的朝向

(b) BN/环氧树脂复合材料的SEM形貌图

(c) BN/环氧树脂复合材料的导热系数和热膨胀系数

图 5-29　利用磁场调控填料排布对复合材料导热性能的增强机理[84]

米片，之后在聚合物固化过程中外加磁场来控制填料取向[84]。基于磁场定向制备的 BN/ 环氧树脂复合材料可显著地提升 104% 的导热系数，并能够降低其 CTE 至 28.7ppm/℃，其主要原因在于磁场对氮化硼纳米片的取向控制。类似地，将磁场改性方法应用于石墨薄片（GP）和聚乙烯吡咯烷酮（polyvinyl pyrrolidone，PVP）聚合物，也可以显著地提高其热传导性能[85]。

四、金属 TIM

（一）低熔点合金和微纳结构金属

在商用的金属 TIM 中，较典型的是焊料类 TIM，属于应用较广泛的金属 TIM。焊料类 TIM 具有填隙性好、导热系数高的特点。因而，焊料 TIM 能够显著地降低传热通路中的接触热阻。与聚合物 TIM 相比，焊料热界面展现出独特的导热优势。然而，焊料 TIM 表现出显著地高于聚合物 TIM 的高模量。不可忽视的是，电子器件运行过程中，不同材料之间会存在热膨胀失配，从而引入较大的热应力，甚至应变。刚性的焊料 TIM 并不能为设备和其自身提供应力吸收。相反，其高模量高硬度的机械属性更容易导致设备和其自身的失效。尽管高导热性能是金属 TIM 的绝对优势，但其本征高模量和高硬度却限制了其进一步的开发与应用。因此，兼有高导热和低模量的金属基 TIM 极具吸引力。

目前，开发高导热和低模量金属 TIM 主要分为两条路径。一条路径基于低熔点合金（low melting-point alloy，LMA），通过掺杂、氧化等工艺来优化其关键属性（如导热系数、CTE、模量、表面张力及流动状态等），使其更适合用于桥接交互界面；另一条路径基于微纳工程来改善金属材料的机械属性，增加金属材料的塑形，降低其模量，进而实现兼有高导热和低模量的金属 TIM。

1. 焊料 TIM

目前，TIM 应用的最常见的商用焊料是铟。铟是一种质地较软的金属，使其能够较好地匹配接触界面并吸收应力，并且具有相对较低的熔化温度（157℃）。AMD 公司和英特尔公司已经开发出铟制 TIM，并用作高端处理器的 TIM1。然而，铟是一种相对稀有的金属，价格高且供应有限，人们正在努力摆脱对铟的依赖。锡、银和铜基合金（SnAgCu, SAC）作为 SMT（surface-mount technology）封装的标准无铅焊料，也被用作热界面焊料。虽然其价格低得多，但其机械性能和可靠性不如纯铟。尽管增加 SAC 中的银含量可以改善其性能，但由于银的成本较高，行业仍倾向于银含量较低的 SAC。研究表明[86]，金属纳米颗粒具有更低的熔点，这使得将高熔点金属作为 TIM 成为可能。利用烧结银纳米颗粒的方法来改善界面热接触[86]，可在较低的预紧力条件下（30MPa）实现低于 $1(mm^2 \cdot K)/W$ 的极低界面热阻。考虑到便捷性，使用喷墨印刷制备的银纳米片来靶向增强芯片热点位置的热输运是非常可行的[87]。另外，混合型焊料，即将高熔点相（如 Sn 或 Cu）嵌入低熔点相（如 In）基体中，能够将 In 的低熔点和低剪切强度与 Sn 或 Cu 的抗压蠕变强度和低成本相结合，也是焊料 TIM 的发展方向之一。

通过将焊料基体与填料或其他纳米结构材料相结合，可以在保持焊料高导热性的同时显著地提高其机械性能。一种新颖的思路是掺杂钎料颗粒的焊料薄膜共电沉积[88]：通过在锡基体中加入碳化硅和石墨填料，实验证明了该方法的可行性，也可以推广到其他焊料中。按照这个方法，应该能够调制焊料 TIM 的 CTE，使之与热管理对象形成良好的匹配接触。将石墨通过机械压缩形成自组装网络，而后在焊料回流时与焊料基体形成焊料–石墨网络型复合材料[89]，表现出 10ppm 的 CTE 和低至 $1.4(mm^2 \cdot K)/W$ 的热阻。一种不同的金属基复合材料制备方法是在高压下通过回流焊料浸润纤维层以形成复合材料[90]，其总体性能与块状焊料相当，但具有显著改善的机械性能。例如，镀银聚酰亚胺纤维/铟复合材料的极限拉伸强度比纯铟高 5 倍[91]。附带地，纤维还提供支撑作用，有效地防止焊料回流过程中形成空洞。

2. 液态金属 TIM

液态金属（liquid metal，LM）也可以用作 TIM，以镓基液态合金为例，常压下其熔点小于 29.7℃。作为 TIM，液态金属的性能优势在于其本征导热系数是水的几十倍，同时兼有出色的流动性。液态金属优越的本征属性使得其既能够保证相邻组件间的热桥接，又可以降低热应力应变带来的损害。此外，液态金属回收方便，不污染环境。

然而，作为 TIM 应用时，液态金属材料对于交互界面的润湿性亟待改善。由于较大的表面张力，液态合金难以与接触表面实现紧密结合，这限制了液态金属 TIM（LM-TIM）的实用价值。随着研究的深入，人们发现引入纳米厚度的液态金属氧化物[92]能够改变其润湿性，可以使 LM-TIM 成为实用的功能材料。自此，一系列商业 LM-TIM 被制造出来，并迅速在整个市场上使用。从图 5-30(a) 可以看出，真空下的液态金属、氧化后的液态金属和浸入氢氧化钠溶液中的液态金属表现出不同的形貌。实验中采用 NaOH 溶液是为了去除液态金属表面的氧化膜。进一步的实验验证了氧化后的液态金属黏度和润湿性发生了变化。如图 5-30(b)～(e) 所示，氧化后 LM-TIM 的润湿性明显改善，可以均匀地涂在铜、钢和硅表面等。在温差和热负荷相同的情况下，LM-TIM 的传热效果明显优于传统的导热脂 / 膏。显然，引入氧化薄膜是一种制备 LM-TIM 的简单有效的策略。

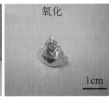
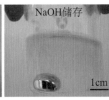

（a）Ga被储存在不同环境下

（b）纯Ga对铜的润湿性　　　（c）氧化后的液态
　　　　　　　　　　　　　　　金属对铜的润湿性

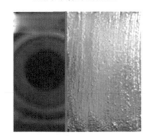

（d）氧化后的液态　　　　　（e）氧化后的液态
　　金属对钢的润湿性　　　　　金属对硅的润湿性

图 5-30　氧化工艺对液态金属界面润湿性的影响[92]

如前面所述，基于氧化工艺增加液态金属的附着力制备 LM-TIM 是有效的。然而，这种策略有一个严重的缺点，即表面氧化物的存在会反过来削弱 LM-TIM 的导热性。为了解决这个问题，基于纳米粒子的掺杂方法被提出，主要是将液态金属作为基体，掺杂高导热的微纳颗粒来获得高导热的液态金属基复合材料。研究发现，金属颗粒更容易被掺杂到液态金属中，主要是由于反应润湿。例如，将 Cu 粒子掺杂到液态金属中不仅能够提高导热性能，而且能够调制其流动状态[93]。如图 5-31 所示[94]，采用 NaOH 溶液或电压驱使液态金属来吞下微米级 Cu 颗粒，接着采取真空干燥去除水分，制备获得长期有效的液态合金 /Cu 复合材料。进一步的实验结果表明，Cu@LM-TIM 的硬度、导热系数、黏性、塑形会随着掺杂比增加而逐渐增加［图 5-31(b)］。如图 5-31(c) 所示，对于掺杂比例较大的样品，其导热系数超过 50 W/(m·K)，比无掺杂的液态金属基体的导热系数高 100%，这表明将高导热粒子掺杂到液态金属基体中来提高 LM-TIM 导热系数的策略是可行的。总体而言，LM-TIM 的热物理性能可以通过添加微纳尺度的高导热填料来改善。除此之外，业内出现了一系列基于掺杂策略的制备研究，包括 LM-Fe 复合材料[95]、LM-Mg 复合材料[96]、LM-Graphene 复合材料[97]、LM-CNT 复合材料[98]、LM-BNNS 复合材料[99]、LM-Diamond 复合材料[100]、LM-W 复合材料[101]等。

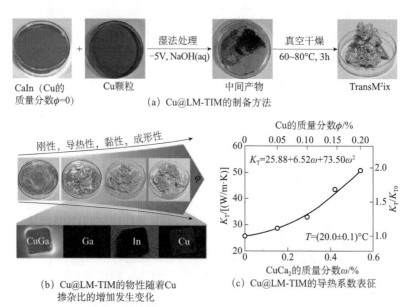

CaIn（Cu的
质量分数φ=0）　　Cu颗粒　　　　　　中间产物　　　　　　TransM²ix

(a) Cu@LM-TIM的制备方法

(b) Cu@LM-TIM的物性随着Cu
掺杂比的增加发生变化

(c) Cu@LM-TIM的导热系数表征

刚性，导热性，黏性，成形性

$K_T = 25.88 + 6.52\omega + 73.50\omega^2$

$T = (20.0 \pm 0.1)°C$

图 5-31　微米级 Cu 颗粒的填充对液态金属状态及其导热系数的影响[94]

3. 微纳结构金属基 TIM

除了低熔点合金的开发，已有很多研究基于微纳技术来降低金属材料模量，增加其塑形，从而制备高性能的金属 TIM。利用微纳技术研发金属 TIM，往往可以不受待开发材料本征属性的约束，展现出独有的优势。

早在 2009 年，铟公司（Indium Co.）就公开了一项微纹理金属箔技术[102]。基于金属表面的定制化纹理开发了一系列金属微纹理 TIM，在接触界面之间构筑了连续型高导热通道。同年，美国 DARPA 启动了 NTI 项目。美国通用电气公司、伊利诺伊大学在 NTI 项目期间提出了纳米弹簧（nanospring）的策略[103]，制备了低模量且高导热的 Cu 纳米弹簧用作高性能 TIM。与此同时，斯坦福大学、加利福尼亚大学和佐治亚理工大学等也相继开发了不同的微纳结构金属 TIM。

微纹理金属 TIM[102] 的研发改善了普通铟箔的填隙性和模量。这些材料由一系列小尺度（0.1～1mm）的凸起纹理组成。当小尺度纹理装配在界面间时，会提供塑性变形以适配接触界面。如图 5-32 所示，特殊的塑性变形保证了器件间的紧密接触。此外，人们也研究了微纹理的尺度和形状对界面材料装载时热力响应的影响。结果表明，微纹理金属 TIM 的表面纹理和所用材料存在很强的可定制性，通过优化设计能够最小化热阻和安装必需的预紧力，

（a）压缩前的宏观形貌

（b）压缩前的微观形貌

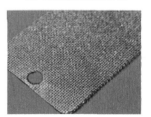
（c）压缩后的宏观形貌

（d）压缩后的微观形貌

图 5-32　微纹理铟箔压缩前和压缩后的表面形貌[102]

同时实现金属材料机械柔顺性和导热性的最大化体现。在实际应用中，微纹理金属 TIM 的原位性能监测结果表明，该材料能够显著地降低系统热阻，可以降低设备的运行温度（温降高达 20℃）。进一步通过对其进行系统功率循环测试的评估结果表明，在零功率到全功率的 100 次循环中，设备温度保持恒定。

图 5-33 所示是基于掠角沉积（glancing angle deposition，GLAD）技术制备铜纳米弹簧 TIM 的方法[103]。该 TIM 由密集有序排列的高导热铜纳米弹簧组成，高度有序且相互离散的纳米弹簧使得 TIM 的杨氏模量（0.2～2 GPa）仅为

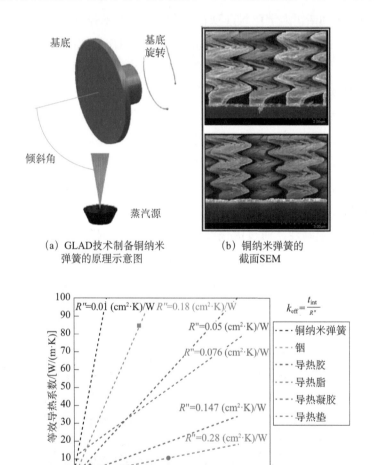

（a）GLAD技术制备铜纳米
弹簧的原理示意图

（b）铜纳米弹簧的
截面SEM

（c）铜纳米弹簧和其他商业TIM的
等效热导率对比

图 5-33　基于 GLAD 技术制备的铜纳米弹簧及其导热性能[103]

铜块材（120GPa）的 1%。这使得纳米弹簧具备更高的机械柔顺性，能够解耦接触界面处的正应力和剪切应力，因而具备极强的抗失效能力。这种材料具有法向柔顺性、剪切柔顺性和横向稳定性。此外，基于薄膜沉积的铜纳米弹簧能够直接生长在靶向元件上。进一步的热循环实验表明，铜纳米弹簧的热阻均在 $1(mm^2 \cdot K)/W$ 以下，显著地低于很多企业和实验室研发的 TIM 的热阻值。

金属纳米线阵列也是制备金属 TIM 的主流方法之一。斯坦福大学[104, 105]基于模板电沉积法研发了垂直铜纳米线阵列，揭示了包括形貌、尺寸效应和晶界等多种复杂因素对能量载流子散射的影响机制。基于 3ω 法对纳米线铜阵列轴向导热系数的实验结果表明，铜纳米线阵列具有高达 $70W/(m \cdot K)$ 的导热系数，比商用 TIM 大一个数量级。类似地，基于模板热压法制备的双面锡纳米线阵列仅在 0.25MPa 的预紧条件下就能展现出低至 $29(mm^2 \cdot K)/W$ 的总热阻[106]。此外，通过引入微尺度多孔结构来改善金属铜的模量，可以作为新颖的铜基 TIM 制备方法[107]。例如，利用电沉积过程中产生的氢气泡作为模板，制备高孔隙率的三维铜骨架。如图 5-34 所示，三维铜骨架表现出了三维互联多孔形貌，其中的互联铜骨架负责热载流子的高效输运，而多孔结构用于降低材料模量，改善其塑性。机械性能测试结果表明，多孔铜 TIM 的杨

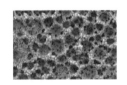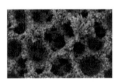

（a）不同孔径的多孔铜骨架

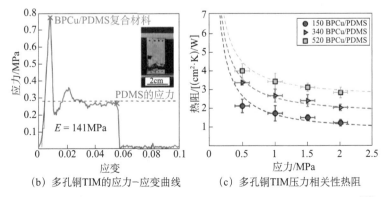

（b）多孔铜TIM的应力-应变曲线　　（c）多孔铜TIM压力相关性热阻

图 5-34　基于氢气泡模板法制备的多孔铜 TIM 及其机械与导热性能[107]

氏模量比块材铜低三个数量级；导热性能测试结果表明，材料的导热系数为 20 W/(m·K)、热阻为 1.2～4.0(cm² · K)/W。热循环测试显示，TIM 具有较好的热稳定性，不容易老化。

（二）交互界面的化学反应抑制

尽管金属 TIM 能够显著地降低传热路径中的接触热阻，但是其在界面处的化学可靠性存在很多问题，包括腐蚀、氧化和金属间化合物的形成。因此，基于金属材料开发 TIM，必须重视界面处的反应和芯片上的金属化现象。以镓基合金为例，镓与其他金属即使在室温下也非常容易反应。在高温下，镓能溶解大多数金属，如钠、钾、金、钙、镁、铅和镍等。类似的失效机制会持续地降低界面的热导性能，最终导致电子元器件的热失效。

腐蚀是低熔点合金的失效机制之一，主要是由水分、氧气和热量导致的。在典型的电子器件与设备热管理应用实例中，腐蚀介质是液态或气态水分。液态金属上的水气膜可能含有影响腐蚀过程的物质，如氧化物、硫酸盐、氯化物和金属离子。目前，通过在芯片封装的封装盖和封装层压板之间提供密封，可以显著地降低由于湿气引起的腐蚀[108]。另外，为了防止金属 TIM 对接触元件的腐蚀作用，可以在界面上涂敷化学惰性的涂层，如特氟龙、硅氧烷、氢化碳或者薄的陶瓷层等。类似地，沉积生长高导热、化学惰性且难熔的金属薄膜，既能有效地抑制腐蚀效应，又不会降低传热通路的热输运性能[108]。

低熔点合金和相邻元器件的液固界面间需要避免金属间化合物的形成。对于液态金属来说，金属间化合物达到一定厚度后会显著地降低传热路径中的热流密度，最终导致电子元器件的热失效。针对可能生成金属间化合物的界面，需要对其进行高温老化实验，并测试其热性能。一旦观察到热性能下降，就立即表征其横截面，以确定所形成的金属间化合物及其厚度，从而定制新的界面优化方案以避免同类问题的发生。

五、全无机低维 TIM

由于低维材料极具吸引力的超高导热系数，越来越多的研究团队着力于研发全无机型先进 TIM，希望能最大限度地利用这类材料的高导热特性。以碳纳米管阵列为例，依赖于单碳纳米管中的弹道输运机制，碳纳米管阵列也具有极高的导热系数[109]$[81W/(m·K)]$。此外，相互分离的碳纳米管具有良好的尖端触变特性，具备良好的填隙性。早在2009年，DARPA提出的NTI研究计划中，就有一些研究团队对全无机碳纳米管TIM投入了大量精力。已有研究表明，采用全无机碳纳米管TIM的接触界面表现出极低的接触热阻，其量值为 $0.43(cm^2·K)/W$[109]。

在采用协同组装策略制备的石墨烯/碳纳米管（Gr/CNT）气凝胶[110]中，由碳纳米管增强的石墨烯三维导热网络不但能够承受高压缩应变，还建立了高效的全无机热通道（图5-35）。压缩试验表明，Gr/CNT气凝胶可以压缩到80%应变，而且在撤出应变后完全恢复至原来的形状；其导热性能测试表明，Gr/

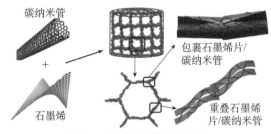

（a）CNT对Gr气凝胶的增强机理　　（b）Gr/CNT全无机气凝胶的多孔形貌

（c）Gr/CNT气凝胶的压缩恢复性

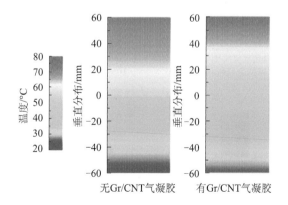

（d）Gr/CNT处理界面热阻的能力

图5-35　Gr/CNT气凝胶的增强机理及其性能表征[110]

CNT 气凝胶最大导热率可达 88.5W/(m·K)，最小接触热阻为 0.136(cm²·K)/W，明显优于掺杂石墨烯和碳纳米管的聚合物基复合材料。一种全无机三维柔性石墨烯泡沫（graphene foam，GF）在硅–铝界面处的接触热阻为 0.04(cm²·K)/W，比常规的导热硅脂等聚合物基 TIM 要低一个数量级[111]。

图 5-36 是一种通过构造人造褶皱强化热传递的策略[112]：通过机械加工工艺，构建了主要由垂直石墨烯和位于顶部和底部的水平石墨烯层组成的石墨烯微结构，实现了一维导热到三维导热的高效转化。全无机导热石墨垫中的垂直取向石墨烯有助于提高垂直面外的导热系数［143W/(m·K)］，同时提供了优异的形变塑性能力。全无机石墨垫和商用 TIM 的热性能对比实验表明，

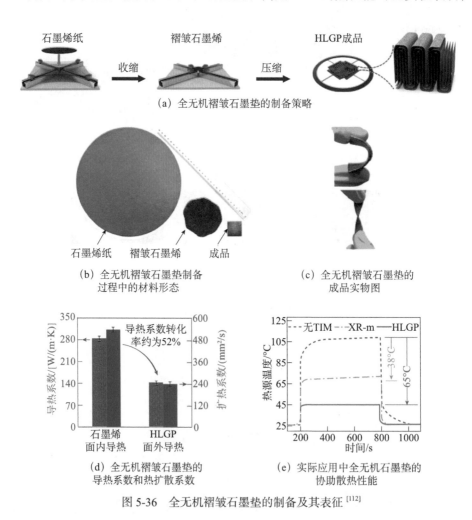

(a) 全无机褶皱石墨垫的制备策略

(b) 全无机褶皱石墨垫制备
过程中的材料形态

(c) 全无机褶皱石墨垫的
成品实物图

(d) 全无机褶皱石墨垫的
导热系数和热扩散系数

(e) 实际应用中全无机石墨垫的
协助散热性能

图 5-36　全无机褶皱石墨垫的制备及其表征[112]

全无机导热石墨垫的冷却效率比最先进的导热垫［导热系数为 17W/(m·K)］更加优异。此外，全无机石墨垫具有优异的可压缩性（压缩模量为 0.87MPa），保证其对界面的机械兼容性。全无机成分则提供了热稳定性，使其具有超宽的工作温度范围（-196～500℃）。

除机械策略外，人们提出了采用化学方法直接制备全无机导热材料的化学策略。如图 5-37 所示[113]，科研人员首先采用真空抽滤法将硅源（SiO₂ 纳米颗粒）插入石墨烯片之间，而后基于碳热还原反应实现了石墨烯层间的 SiC 纳米棒原位生长，制备了石墨烯杂化纸（graphene hybrid paper，GHP）。得益于 Gr 和 SiC 界面间的 C—Si 共价键的作用，GHP 表现出 17.6W/(m·K) 的垂直面外导热系数（在 75 psi 的封装条件下），其导热性能明显优于普通石

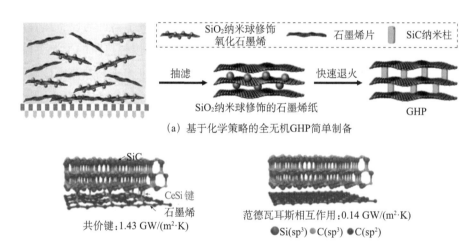

（a）基于化学策略的全无机GHP简单制备

（b）共价键对GHP导热系数的增强机理

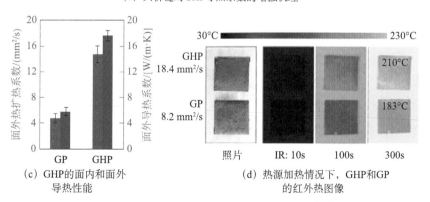

（c）GHP的面内和面外导热性能

（d）热源加热情况下，GHP和GP的红外热图像

图 5-37　全无机 GHP 的制备及其表征[115]

墨纸（graphene paper，GP）。在进一步的 TIM 性能测试中，采用 GHP 的散热系统，其热源温度降低了 18.3℃，低于商用导热垫的 9.8℃［导热系数为 5W/(m·K)］，冷却效能提高了 27.3%。另外一个需要指出的优点是，全无机 GHP 完全解决了聚合物 TIM 的老化问题，具有良好热稳定性和化学稳定性。

第四节　未来发展趋势和建议

电子器件与设备的小型化和集成化发展对热管理提出了更加严苛的要求。作为热排散路径中的"拦路虎"，界面接触热阻会降低散热系统的整体效能。近年来，随着电子器件耗散热流密度和电子设备散热总负荷的持续增长，抑制界面接触热阻、改善界面传热状况逐渐成为电子器件与设备热管理的瓶颈问题之一。在接触界面间填充 TIM 是当下抑制接触热阻的主流手段。然而，传统 TIM 的导热能力上限低，其性能并不能保证未来高热流密度电子设备的散热需求。针对当下和未来的发展需求，国内外高校和研发机构及公司竞相投入大量精力物力，开展一系列研究工作，以期解决高热流密度散热需求带来的问题与挑战。基于当前的研究动态，提出以下的界面接触热阻与 TIM 相关研究的未来发展趋势和建议。

一、小界面温差、低接触热阻的高精度表征与测试技术

高精度的界面接触热阻表征是进一步开展接触热阻研究的前提条件。一方面，接触热阻研究的对象不再局限于宏观块材间的接触热阻，已经拓展到了微观薄膜间的界面热阻；另一方面，随着接触热阻抑制技术及 TIM 的更新迭代，交互界面间的接触热阻越来越小。发展高精度、快响应和近原位的界面热阻测量方法与技术的需求更加迫切。稳态热流法是当下表征与测试界面热阻的重要方法，这种方法在测试过程中必须获取两个重要数据：尺寸数据（或称位移数据）和温度梯度数据。然而，面对未来小界面温差、低接触热阻的情况，这两个数据变得越来越难以获取，任何干扰都会导致测试结果发生偏差。针对这个处境，改进测试原理（如双向热流法减小误差）、提高位移数据与温度梯度数据的监测精度及降低寄生热损耗或许是未来接触热阻高

精度表征与测试技术的关键发展方向。瞬态方法具有快速响应、不损坏样品等突出优点。然而，由于测试原理的限制，瞬态方法表征接触热阻时更容易引入误差。采用更优良的算法和数据拟合模型来降低系统测试误差，提高测量结果可靠性（如复现性和准确性）是其发展重点之一。

二、导热高且模量低的 TIM

目前，TIM 种类繁多，应用场景繁杂。基于材料主体及其特性进行分类，可将 TIM 分为聚合物 TIM、金属 TIM 和全无机非金属 TIM。其中，聚合物 TIM 发展历史最长，应用范围最广。然而，受限于聚合物基体的低导热及填料基体间的界面声子散射，传统填充型 TIM 较低的导热性能难以支持未来的高热流密度电子器件与设备散热需求。基于此，研究人员提出了本征聚合物导热增强、相间异质界面调控和填料热通道预制等方案，寻求突破聚合物 TIM 导热瓶颈的方法。另外，由于不涉及高分子材料，金属 TIM 能够在接触界面间形成连续热通道，显著地降低接触热阻。目前，基于金属材料开发的 TIM 的导热系数已比传统聚合物 TIM 高一个量级。然而，由于较高的模量和对高装配压力的要求，金属 TIM 的应用也受到限制。除此之外，基于先进低维材料开发的全无机非金属 TIM 不仅具备金属材料的高导热系数，甚至能够实现聚合物级别的高界面兼容性，具有明显的应用优势。此外，因为不涉及聚合物材料的使用，全无机 TIM 具备高低温耐受性强的独特优势。总体上，TIM 研发是多路线并行的，其目的就在于制备高导热、低模量和长循环寿命的理想 TIM。基于当前 TIM 研究进展，各类 TIM 的开发路线如图 5-38 所示。

三、TIM 的老化机理及其寿命评估方法

随着 TIM 研究的持续深入，部分成果已经转化到了工业领域，具有良好的应用前景。但随着电子器件与设备的性能提升，特别是面临 5G 时代甚至 6G 时代电子技术发展的挑战，电子器件与设备的功率密度和散热负荷将持续增长，这无疑为导热散热产品和热管理技术提出更严苛的性能需求。因此，实现实验室制备的高性能 TIM 到工业应用级 TIM 的快速有效过渡是十分重要的。鉴于此，未来 TIM 研究不应仅局限于导热性能和界面兼容性能，其环

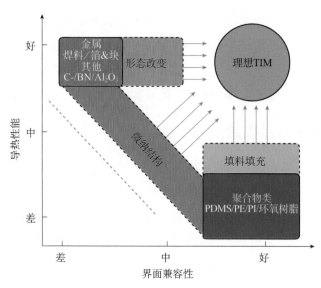

图 5-38　各类 TIM 的开发路线

境老化和寿命周期也需要作为研究重点，旨在阐述高性能 TIM 的老化机理与规律，建立 TIM 的寿命预测模型，以求对 TIM 进行更加快速的迭代更新，实现实验室制备的高性能 TIM 向工业应用级别 TIM 的快速过渡与转化。

本章参考文献

[1] Feng C P, Yang L Y, Yang J, et al. Recent advances in polymer-based thermal interface materials for thermal management: A mini-review[J]. Composites Communications, 2020, 22 100528.

[2] Hansson J, Nilsson T M, Ye L, et al. Novel nanostructured thermal interface materials: A review[J]. International Materials Reviews, 2018, 63(1): 22-45.

[3] 杨斌, 孙蓉. 热界面材料产业现状与研究进展 [J]. 中国基础科学, 2020(2): 56-62.

[4] Liu J, Yang R. Length-dependent thermal conductivity of single extended polymer chains[J]. Physical Review B, 2012, 86(10): 104307.

[5] Hopkins P E, Norris P M, Stevens R J. Influence of inelastic scattering at metal-dielectric interfaces[J]. Journal of Heat Transfer, 2008, 130(2): 022401.

[6] Bahrami M. Modeling of thermal joint resistance for sphere-flat contacts in a vacuum[D]. Ontario: University of Waterloo, 2004.

[7] Bahrami M, Yovanovich M, Culham J. A compact model for spherical rough contacts[J].

Journal of Tribology, 2005, 127(4): 884-889.

[8] Yovanovich M M. Four decades of research on thermal contact, gap, and joint resistance in microelectronics[J]. IEEE Transactions on Components and Packaging Technologies, 2005, 28(2): 182-206.

[9] Leung M, Hsieh C, Goswami D. Prediction of thermal contact conductance in vacuum by statistical mechanics[J]. Journal of Heat Transfer, 1998, 120(1): 51-57.

[10] Jackson R L, Bhavnani S H, Ferguson T P. A multiscale model of thermal contact resistance between rough surfaces[J]. Journal of Heat Transfer, 2008, 130(8): 081301.

[11] Jackson R L, Streator J L. A multi-scale model for contact between rough surfaces[J]. Wear, 2006, 261(11/12): 1337-1347.

[12] Kaganov M, Lifshitz E, Tanatarov L. Relaxation between electrons and the crystalline lattice[J]. Soviet Physics-JETP, 1957, 4: 173-178.

[13] Qiu T, Tien C. Heat transfer mechanisms during short-pulse laser heating of metals[J]. Journal of Heat Transfer, 1993, 115(4): 835-841.

[14] Qiu T, Tien C. Size effects on nonequilibrium laser heating of metal films[J]. Journal of Heat Transfer, 1993, 115(4): 842-847.

[15] Guyer R A, Krumhansl J. Solution of the linearized phonon Boltzmann equation[J]. Physical Review, 1966, 148(2): 766.

[16] Duda J C, Beechem T E, Smoyer J L, et al. Role of dispersion on phononic thermal boundary conductance[J]. Journal of Applied Physics, 2010, 108(7): 073515.

[17] Majumdar A. Microscale heat conduction in dielectric thin films[J]. Journal of Heat Transfer, 1993, 115(1): 7-16.

[18] Swartz E T, Pohl R O. Thermal boundary resistance[J]. Reviews of Modern Physics, 1989, 61(3): 605.

[19] Prasher R. Generalized equation of phonon radiative transport[J]. Applied Physics Letters, 2003, 83(1): 48-50.

[20] Piazza F, Lepri S. Heat wave propagation in a nonlinear chain[J]. Physical Review B, 2009, 79(9): 094306.

[21] Tzou D Y. Experimental support for the lagging behavior in heat propagation[J]. Journal of Thermophysics and Heat Transfer, 1995, 9(4): 686-693.

[22] Tzou D Y. A unified field approach for heat conduction from macro-to micro-scales[J]. Journal of Heat Transfer, 1995, 117(1): 8-16.

[23] Tzou D Y. The generalized lagging response in small-scale and high-rate heating[J]. International Journal of Heat and Mass Transfer, 1995, 38(17): 3231-3240.

[24] Ramadan K, Al-Nimr M A. Thermal wave reflection and transmission in a multilayer slab

with imperfect contact using the dual-phase-lag model[J]. Heat Transfer Engineering, 2009, 30(8): 677-687.

[25] Chen G. Ballistic-diffusive heat-conduction equations[J]. Physical Review Letters, 2001, 86(11): 2297.

[26] Chen G. Ballistic-diffusive equations for transient heat conduction from nano to macroscales[J]. Journal of Heat Transfer, 2002, 124(2): 320-328.

[27] Azuma K, Hatakeyama T, Nakagawa S. Measurement of surface roughness dependence of thermal contact resistance under low pressure condition[C]. 2015 International Conference on Electronics Packaging and iMAPS All Asia Conference, Kyoto, 2015: 381-384.

[28] Li Y Z, Madhusudana C V, Leonardi E. On the enhancement of thermal contact conductance: Effect of overloading[C]. International Heat Transfer Conference Digital Library, Kyongju, 1998.

[29] Yeh C, Wen C, Chen Y, et al. An experimental investigation of thermal contact conductance across bolted joints[J]. Experimental Thermal and Fluid Science, 2001, 25(6): 349-357.

[30] Jalalpour M, Kim J, Taha M R. Monitoring of L-shape bolted joint tightness using thermal contact resistance[J]. Experimental Mechanics, 2013, 53(9): 1531-1543.

[31] Mcwaid T, Marschall E. Thermal contact resistance across pressed metal contacts in a vacuum environment[J]. International Journal of Heat and Mass Transfer, 1992, 35(11): 2911-2920.

[32] Rogers G. Heat transfer at the interface of dissimilar metals[J]. International Journal of Heat and Mass Transfer, 1961, 2(1/2): 150-154.

[33] Williamson M, Majumdar A. Effect of surface deformations on contact conductance[J]. Journal of Heat Transfer, 1992, 114(4): 802-810.

[34] Clausing A. Heat transfer at the interface of dissimilar metals-the influence of thermal strain[J]. International Journal of Heat and Mass Transfer, 1966, 9(8): 791-801.

[35] Lewis D, Perkins H. Heat transfer at the interface of stainless steel and aluminum-the influence of surface conditions on the directional effect[J]. International Journal of Heat and Mass Transfer, 1968, 11(9): 1371-1383.

[36] Veziroglu T N, Chandra S. In Direction effect in thermal contact conductance[C]. International Heat Transfer Conference, Paris, 1970.

[37] Xian Y, Zhang P, Zhai S, et al. Experimental characterization methods for thermal contact resistance: A review[J]. Applied Thermal Engineering, 2018, 130: 1530-1548.

[38] Pettes M T, Shi L. Thermal and structural characterizations of individual single-, double-, and multi-walled carbon nanotubes[J]. Advanced Functional Materials, 2009, 19(24): 3918-3925.

[39] Mavrokefalos A, Pettes M T, Zhou F, et al. Four-probe measurements of the in-plane thermoelectric properties of nanofilms[J]. Review of Scientific Instruments, 2007, 78(3):

034901.

[40] Zhang X, Fujiwara S, Fujii M. Measurements of thermal conductivity and electrical conductivity of a single carbon fiber[J]. International Journal of Thermophysics, 2000, 21(4): 965-980.

[41] Hirotani J, Ikuta T, Nishiyama T, et al. Thermal boundary resistance between the end of an individual carbon nanotube and a Au surface[J]. Nanotechnology, 2011, 22(31): 315702.

[42] Tang X, Xu S, Zhang J, et al. Five orders of magnitude reduction in energy coupling across corrugated graphene/substrate interfaces[J]. ACS Applied Materials and Interfaces, 2014, 6(4): 2809-2818.

[43] Tang X, Xu S, Wang X. Corrugated epitaxial graphene/SiC interfaces: Photon excitation and probing[J]. Nanoscale, 2014, 6(15): 8822-8830.

[44] Chen J, Zhang W, Feng Z, et al. Determination of thermal contact conductance between thin metal sheets of battery tabs[J]. International Journal of Heat and Mass Transfer, 2014, 69: 473-480.

[45] Qiu T, Tien C. Femtosecond laser heating of multi-layer metals-I. Analysis[J]. International Journal of Heat and Mass Transfer, 1994, 37(17): 2789-2797.

[46] Qiu T, Juhasz T, Suarez C, et al. Femtosecond laser heating of multi-layer metals-Ⅱ. Experiments[J]. International Journal of Heat and Mass Transfer, 1994, 37(17): 2799-2808.

[47] Razeeb K M, Dalton E, Cross G L W, et al. Present and future thermal interface materials for electronic devices[J]. International Materials Reviews, 2018, 63(1): 1-21.

[48] Ruan K, Shi X, Guo Y, et al. Interfacial thermal resistance in thermally conductive polymer composites: A review[J]. Composites Communications, 2020, 22: 100518.

[49] Zhang X, Chao X, Lou L, et al. Personal thermal management by thermally conductive composites: A review[J]. Composites Communications, 2020, 23: 100595.

[50] Xiao T, Fan X, Fan D, et al. High thermal conductivity and low absorptivity/emissivity properties of transparent fluorinated polyimide films[J]. Polymer Bulletin, 2017, 74(11): 4561-4575.

[51] Ma H, Tian Z. Effects of polymer chain confinement on thermal conductivity of ultrathin amorphous polystyrene films[J]. Applied Physics Letters, 2015, 107(7): 073111.

[52] Zhang T, Luo T. Role of chain morphology and stiffness in thermal conductivity of amorphous polymers[J]. The Journal of Physical Chemistry B, 2016, 120(4): 803-812.

[53] Bai L, Zhao X, Bao R Y, et al. Effect of temperature, crystallinity and molecular chain orientation on the thermal conductivity of polymers: A case study of PLLA[J]. Journal of Materials Science, 2018, 53(14): 10543-10553.

[54] Haggenmueller R, Guthy C, Lukes J R, et al. Single wall carbon nanotube/polyethylene nanocomposites: Thermal and electrical conductivity[J]. Macromolecules, 2007, 40(7): 2417-2421.

[55] Huang Y F, Wang Z G, Yu W C, et al. Achieving high thermal conductivity and mechanical reinforcement in ultrahigh molecular weight polyethylene bulk material[J]. Polymer, 2019, 180: 121760.

[56] Shen S, Henry A, Tong J, et al. Polyethylene nanofibres with very high thermal conductivities[J]. Nature Nanotechnology, 2010, 5(4): 251-255.

[57] Zhu B, Liu J, Wang T, et al. Novel polyethylene fibers of very high thermal conductivity enabled by amorphous restructuring[J]. ACS Omega, 2017, 2(7): 3931-3944.

[58] Ma J, Zhang Q, Mayo A, Ni Z, et al. Thermal conductivity of electrospun polyethylene nanofibers[J]. Nanoscale, 2015, 7(40): 16899-16908.

[59] Cao B Y, Li Y W, Kong J, et al. High thermal conductivity of polyethylene nanowire arrays fabricated by an improved nanoporous template wetting technique[J]. Polymer, 2011, 52(8): 1711-1715.

[60] Singh V, Bougher T L, Weathers A, et al. High thermal conductivity of chain-oriented amorphous polythiophene[J]. Nature Nanotechnology, 2014, 9(5): 384-390.

[61] Kikugawa G, Desai T G, Keblinski P, et al. Effect of crosslink formation on heat conduction in amorphous polymers[J]. Journal of Applied Physics, 2013, 114(3): 034302.

[62] Zhang L, Ruesch M, Zhang X, et al. Tuning thermal conductivity of crystalline polymer nanofibers by interchain hydrogen bonding[J]. RSC Advances, 2015, 5(107): 87981-87986.

[63] Xu X, Zhou J, Chen J. Thermal transport in conductive polymer-based materials[J]. Advanced Functional Materials, 2020, 30(8): 1904704.

[64] Xiao F, Naficy S, Casillas G, et al. Edge-hydroxylated boron nitride nanosheets as an effective additive to improve the thermal response of hydrogels[J]. Advanced Materials, 2015, 27(44): 7196-7203.

[65] Jing L, Li H, Tay R Y, et al. Biocompatible hydroxylated boron nitride nanosheets/poly(vinyl alcohol) interpenetrating hydrogels with enhanced mechanical and thermal responses[J]. ACS Nano, 2017, 11(4): 3742-3751.

[66] Zeng X, Ye L, Yu S, et al. Artificial nacre-like papers based on noncovalent functionalized boron nitride nanosheets with excellent mechanical and thermally conductive properties[J]. Nanoscale, 2015, 7(15): 6774-6781.

[67] Zeng X, Sun J, Yao Y, et al. A combination of boron nitride nanotubes and cellulose nanofibers for the preparation of a nanocomposite with high thermal conductivity[J]. ACS Nano, 2017, 11(5): 5167-5178.

[68] Rahman M M, Puthirath A B, Adumbumkulath A, et al. Fiber reinforced layered dielectric nanocomposite[J]. Advanced Functional Materials, 2019, 29(28): 1900056.

[69] Wu K, Wang J, Liu D, et al. Highly thermoconductive, thermostable, and super-flexible film

by engineering 1D rigid rod-like aramid nanofiber/2D boron nitride nanosheets[J]. Advanced Materials, 2020, 32(8): 1906939.

[70] Wu K, Lei C, Huang R, et al. Design and preparation of a unique segregated double network with excellent thermal conductive property[J]. ACS Applied Materials and Interfaces, 2017, 9(8): 7637-7647.

[71] Yuan H, Wang Y, Li T, et al. Fabrication of thermally conductive and electrically insulating polymer composites with isotropic thermal conductivity by constructing a three-dimensional interconnected network[J]. Nanoscale, 2019, 11(23): 11360-11368.

[72] Wang X, Wu P. Preparation of highly thermally conductive polymer composite at low filler content via a self-assembly process between polystyrene microspheres and boron nitride nanosheets[J]. ACS Applied Materials and Interfaces, 2017, 9(23): 19934-19944.

[73] Wu Y, Xue Y, Qin S, et al. BN nanosheet/polymer films with highly anisotropic thermal conductivity for thermal management applications[J]. ACS Applied Materials and Interfaces, 2017, 9(49): 43163-43170.

[74] O'Brien P J, Shenogin S, Liu J, et al. Bonding-induced thermal conductance enhancement at inorganic heterointerfaces using nanomolecular monolayers[J]. Nature Materials, 2013, 12(2): 118-122.

[75] Sun F, Zhang T, Jobbins M M, et al. Molecular bridge enables anomalous enhancement in thermal transport across hard-soft material interfaces[J]. Advanced Materials, 2014, 26(35): 6093-6099.

[76] Chen J, Huang X, Sun B, et al. Highly thermally conductive yet electrically insulating polymer/boron nitride nanosheets nanocomposite films for improved thermal management capability[J]. ACS Nano, 2018, 13(1): 337-345.

[77] Li Y, Xu G, Guo Y, et al. Fabrication, proposed model and simulation predictions on thermally conductive hybrid cyanate ester composites with boron nitride fillers[J]. Composites Part A: Applied Science and Manufacturing, 2018, 107: 570-578.

[78] Zhang X, Zhang J, Zhang X, et al. Toward high efficiency thermally conductive and electrically insulating pathways through uniformly dispersed and highly oriented graphites close-packed with SiC[J]. Composites Science and Technology, 2017, 150: 217-226.

[79] Yu S, Lee J W, Han T H, et al. Copper shell networks in polymer composites for efficient thermal conduction[J]. ACS Applied Materials and Interfaces, 2013, 5(22): 11618-11622.

[80] Yao Y, Sun J, Zeng X, et al. Construction of 3D skeleton for polymer composites achieving a high thermal conductivity[J]. Small, 2018, 14(13): 1704044.

[81] Waheed S, Cabot J M, Smejkal P, et al. Three-dimensional printing of abrasive, hard, and thermally conductive synthetic microdiamond-polymer composite using low-cost fused

deposition modeling printer[J]. ACS Applied Materials and Interfaces, 2019, 11(4): 4353-4363.

[82] Yuan Y, Wu W, Hu H, et al. The combination of Al_2O_3 and BN for enhancing the thermal conductivity of PA12 composites prepared by selective laser sintering[J]. RSC Advances, 2021, 11(4): 1984-1991.

[83] Cho H B, Nakayama T, Suematsu H, et al. Insulating polymer nanocomposites with high-thermal-conduction routes via linear densely packed boron nitride nanosheets[J]. Composites Science and Technology, 2016, 129: 205-213.

[84] Lin Z, Liu Y, Raghavan S, et al. Magnetic alignment of hexagonal boron nitride platelets in polymer matrix: Toward high performance anisotropic polymer composites for electronic encapsulation[J]. ACS Applied Materials and Interfaces, 2013, 5(15): 7633-7640.

[85] Chung S H, Kim H, Jeong S W. Improved thermal conductivity of carbon-based thermal interface materials by high-magnetic-field alignment[J]. Carbon, 2018, 140: 24-29.

[86] Yu H, Li L, Zhang Y. Silver nanoparticle-based thermal interface materials with ultra-low thermal resistance for power electronics applications[J]. Scripta Materialia, 2012, 66(11): 931-934.

[87] Chhasatia V, Zhou F, Sun Y, et al. Design optimization of custom engineered silver-nanoparticle thermal interface materials[C]. 2008 11th Intersociety Conference on Thermal and Thermomechanical Phenomena in Electronic Systems, Orlando, 2008: 419-427.

[88] Raj P M, Gangidi P R, Nataraj N, et al. Coelectrodeposited solder composite films for advanced thermal interface materials[J]. IEEE Transactions on Components, Packaging and Manufacturing Technology, 2013, 3(6): 989-996.

[89] Sharma M, Chung D. Solder-graphite network composite sheets as high-performance thermal interface materials[J]. Journal of Electronic Materials, 2015, 44(3): 929-947.

[90] Carlberg B, Wang T, Liu J, et al. Polymer-metal nano-composite films for thermal management[J]. Microelectronics International, 2009, 26: 28-36.

[91] Luo X, Peng J, Zandén C, et al. Unusual tensile behaviour of fibre-reinforced indium matrix composite and its in-situ TEM straining observation[J]. Acta Materialia, 2016, 104: 109-118.

[92] Gao Y, Liu J. Gallium-based thermal interface material with high compliance and wettability[J]. Applied Physics A, 2012, 107(3): 701-708.

[93] Tang J, Zhao X, Li J, et al. Gallium-based liquid metal amalgams: Transitional-state metallic mixtures(TransM2ixes) with enhanced and tunable electrical, thermal, and mechanical properties[J]. ACS Applied Materials and Interfaces, 2017, 9(41): 35977-35987.

[94] Tang J, Zhao X, Li J, et al. Liquid metal phagocytosis: Intermetallic wetting induced particle internalization[J]. Advanced Science, 2017, 4(5): 1700024.

[95] Tutika R, Zhou S H, Napolitano R E, et al. Mechanical and functional tradeoffs in multiphase liquid metal, solid particle soft composites[J]. Advanced Functional Materials, 2018, 28(45):

1804336.

[96] Wang X, Yao W, Guo R, et al. Soft and moldable Mg-doped liquid metal for conformable skin tumor photothermal therapy[J]. Advanced Healthcare Materials, 2018, 7(14): 1800318.

[97] Sargolzaeiaval Y, Ramesh V P, Neumann T V, et al. High thermal conductivity silicone elastomer doped with graphene nanoplatelets and eutectic gain liquid metal alloy[J]. ECS Journal of Solid State Science and Technology, 2019, 8(6): 357.

[98] Zhao L, Chu S, Chen X, et al. Efficient heat conducting liquid metal/CNT pads with thermal interface materials[J]. Bulletin of Materials Science, 2019, 42(4): 1-5.

[99] Ge X, Zhang J, Zhang G, et al. Low melting-point Alloy–Boron nitride nanosheet composites for thermal management[J]. ACS Applied Nano Materials, 2020, 3(4): 3494-3502.

[100] Wei S, Yu Z, Zhou L, et al. Investigation on enhancing the thermal conductance of gallium-based thermal interface materials using chromium-coated diamond particles[J]. Journal of Materials Science: Materials in Electronics, 2019, 30(7): 7194-7202.

[101] Kong W, Wang Z, Wang M, et al. Oxide-mediated formation of chemically stable tungsten-liquid metal mixtures for enhanced thermal interfaces[J]. Advanced Materials, 2019, 31(44): 1904309.

[102] Kempers R, Kerslake S. In-situ testing of metal micro-textured thermal interface materials in telecommunications applications[J]. Journal of Physics: Conference Series, 2014, 525: 012016.

[103] Antartis D A, Mott R N, Das D, et al. Cu nanospring films for advanced nanothermal interfaces[J]. Advanced Engineering Materials, 2018, 20(3): 1700910.

[104] Barako M T, Roy-Panzer S, English T S, et al. Thermal conduction in vertically aligned copper nanowire arrays and composites[J]. ACS Applied Materials and Interfaces, 2015, 7(34): 19251-19259.

[105] Barako M T, Isaacson S G, Lian F, et al. Dense vertically aligned copper nanowire composites as high performance thermal interface materials[J]. ACS Applied Materials and Interfaces, 2017, 9(48): 42067-42074.

[106] Feng B, Faruque F, Bao P, et al. Double-sided tin nanowire arrays for advanced thermal interface materials[J]. Applied Physics Letters, 2013, 102(9): 093105.

[107] Lin C H, Izard A G, Valdevit L, et al. Mechanically compliant thermal interfaces using biporous copper-polydimethylsiloxane interpenetrating phase composite[J]. Advanced Materials Interfaces, 2021, 8(1): 2001423.

[108] Macris C G, Sanderson T R, Ebel R G, et al. Performance, reliability, and approaches using a low melt alloy as a thermal interface material[C]. Proceedings of IMAPS, North Bend, 2004: 4.

[109] Zhu L, Hess D W, Wong C. Assembling carbon nanotube films as thermal interface materials[C]. Proceedings of 57th Electronic Components and Technology Conference, Sparks, 2007: 2006-2010.

[110] Lv P, Tan X W, Yu K H, et al. Super-elastic graphene/carbon nanotube aerogel: A novel thermal interface material with highly thermal transport properties[J]. Carbon, 2016, 99: 222-228.

[111] Zhang X, Yeung K K, Gao Z, et al. Exceptional thermal interface properties of a three-dimensional graphene foam[J]. Carbon, 2014, 66: 201-209.

[112] Dai W, Ma T, Yan Q, et al. Metal-level thermally conductive yet soft graphene thermal interface materials[J]. ACS Nano, 2019, 13(10): 11561-11571.

[113] Dai W, Lv L, Lu J, et al. A paper-like inorganic thermal interface material composed of hierarchically structured graphene/silicon carbide nanorods[J]. ACS Nano, 2019, 13(2): 1547-1554.

第六章
高效散热器

第一节 概念与内涵

随着电子器件与设备高集成度的发展，热流密度不断增加，散热问题已经成为限制电子设备发展的技术瓶颈之一。如果热管理技术的散热速率小于电子器件产热速率，则电子器件与设备温度会持续升高。这不仅会大大降低可靠性，还会导致器件与设备的故障甚至损伤毁坏，特别是高功率、高性能电子芯片，其热流密度可达 $100\sim1000W/cm^2$。对于低热流密度的电子器件与设备，通过流体自然对流或强制对流的方式就可以达到冷却效果。然而，针对热流密度大于 $100W/cm^2$ 的电子器件与设备，采用传统的空气自然对流或强制对流的散热方式难以达到散热的目的，需要使用换热系数不低于 $10\,000W/(m^2\cdot K)$ 的高效传热技术。一般地，对于不同类型、不同散热密度负荷的电子器件与设备，应采取不同的热管理方式，以保证其安全可靠地运行。近年来，在电子器件与设备热管理技术发展历程中，出现了两种增强散热冷却效果的互补方法[1]。一种方法旨在通过消抑、减少热界面层来降低热阻，而另一种方法侧重于通过提高散热器内部的传热系数。本节主要探讨后者，即高效散热器。

目前，散热器常用的冷却方式有空气自然对流、空气强迫对流、液体强迫对流、池沸腾、射流冷却、微通道冷却和喷雾冷却等。图 6-1 列举了几种典型散热方式的传热系数范围。从图 6-1 中可以看出，空气对流具有较低的传热系数，射流冷却、微通道冷却和喷雾冷却三种散热方式具有较高的传热系数。表 6-1 比较了各种电子器件与设备冷却方法的优缺点、局限性和成本等情况。从表 6-1 中可以看出，虽然空气对流换热系数很低，但其成本低廉，简单可靠，因此被广泛地应用于低热流密度电子器件与设备热管理。与风冷散热方式不同，液体相变冷却技术具有较高的传热系数，被认为是解决高热流密度电子器件与设备最有效的散热方式[2]。然而，相变冷却系统较复杂，安装维护成本较高，且在运行过程中可能会出现温度和压力的非稳定性波动。

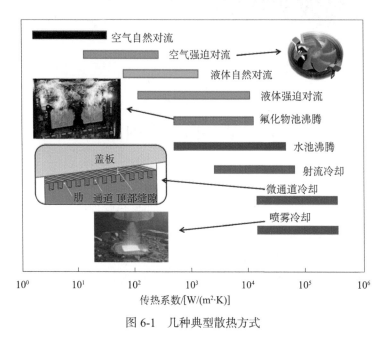

图 6-1　几种典型散热方式

表 6-1　电子设备冷却方式优缺点对比

冷却技术	主要特点	优点 / 有效性	缺点 / 限制	成本情况
空气自然对流	应用于低热流密度电子设备	低成本，简单可靠，无噪声	散热能力低，所需传热面积大	成本最低
空气强迫对流	采用强制风机等	技术成熟，广泛地用于数据中心冷却，非常可靠，低维护，设计安装简单	低传热系数，需要外边动力部件（风机），有噪声	动力部件安装，成本略高于自然对流
液体强迫对流	采用动力部件，利用工质显冷却	与空气强迫对流相比，传热系数较高	风机或泵产生噪声	液体循环，安装和维护的成本较高
液体相变	利用相变换热	传热系数最高	易出现压力和温度波动	系统复杂，安装维护成本较高

　　射流冲击冷却是指液体工质在压差作用下，通过射流孔或狭缝高速冲击到热源表面上进行换热冷却，当高速流体直接冲击热源表面时，在热源表面上形成较薄的边界层（或附面层），具有较高的传热系数[3-5]。根据场协同理论，温度梯度方向与流场方向的协同程度越好，传热效能越高。针对涉及大面积热源的电子器件与设备热管理需求，也可以采用阵列射流的布置方式[6-8]。但是，这时所需射流冷却流体的流量大，冷却表面温度梯度较大。对于这样的应用场景，可以采用两相射流冷却提高散热能力和温度均匀性[9, 10]。

　　微通道两相换热技术因具有较大的比表面积（即表面积 / 体积），呈现出较高的传热系数，被广泛地应用于电子器件与设备热管理[11-15]。例如，水冷却微通道的散热能力可达到 1000W/cm^2。然而，在高热流密度条件下，微通道散热技术存在压降大和稳定性较差等缺点，从而会降低电子器件与设备的运行效率和可靠性[16, 17]。

　　喷雾冷却是利用喷嘴雾化成高速飞行细小液滴与热源表面接触而实现散热。细小液滴具有更大的比表面积，液滴直接撞击换热表面，在换热表面形成一层薄薄的液膜，以相变和对流换热等方式从表面带走大量的热量[18-20]。与射流冲击冷却相比，喷雾冷却雾化液滴作用区域广且均匀；喷雾冷却作为一种新型的两相散热技术具有较高的传热系数、良好的均温性和较小的工质需求量等优点。

　　无论采用何种散热方式对电子器件与设备进行冷却，电子设备产生的热量最终都要通过高效散热器传递到环境中。基于所使用的冷却工质和传热效能，可以将散热器分为风冷散热器、单相液冷散热器和相变散热器。

第二节　面临的挑战和存在的问题

一、紧凑式风冷散热器多目标优化设计方法

　　风冷散热器的性能主要受翅片结构参数和流体流动方式的影响，可以通过热阻和压降等参数分析对其性能进行评价。在实际应用中，通过优化翅片结构类型（如圆形、方形、三角形、椭圆形、六角形等）、翅片尺寸、翅片

布置方式（直线或交叉）和翅片数量实现散热器传热性能最大化，而这往往以增大散热器压降和重量为代价，难以实现热阻和压降最优化均衡设计。翅片的设计和优化应当结合流体流动方式。目前，旁通流对各种结构翅片散热器的影响规律还不清楚，需要进一步研究。此外，严苛的现实是：电子器件与设备的热流密度在增加，而可以利用的散热空间往往在减小。在紧凑的散热空间中，在满足小型化、轻量化的条件下，进一步降低风冷散热器的传热热阻和流动压降是比较困难的。

二、单相液冷散热器流阻–热阻协同设计

与风冷散热器相比，液冷散热器结构紧凑，散热能力强，已成为新一代芯片冷却技术的首选，各种类型的液冷散热器也应运而生。虽然液体冷却具有较强的散热能力，但随着热流密度负荷进一步地增加，电子器件与设备温度分布不均匀的问题越来越突出。温度分布不均匀性主要是由以下两种原因造成的：①冷却液温度沿流道逐渐升高，对流传热系数随着边界层的增厚而减小，导致沿流道温度梯度的产生；②发热元件热流密度分布不均匀引起的局部热点问题。为了解决温度分布不均匀性问题，必须减小传热热阻，而只追求降低热点温度可能会增加流动阻力。因此，难以达到热阻–流阻双目标协同设计要求。小型化、高集成化方向发展的电子器件与设备的热管理面临着热流密度负荷大、温度分布不均匀和压降大等问题是电子器件与设备有效运行和长使用寿命的主要挑战。迫切需要设计新型的高效低阻流道结构，实现流道结构的热阻和流动阻力的协同优化设计，解决电子器件与设备温度分布不均匀和压降大等问题。

三、相变散热器稳定性和临界热流密度提升方法

（一）微通道中的沸腾稳定性

两相微通道散热器利用冷却工质的相变潜热换热，不仅具有较高的传热系数和良好的温度均匀性，而且大大降低了冷却工质的流量。微通道内部相变换热过程包括高过冷沸腾、低过冷沸腾、饱和泡态沸腾、膜态沸腾等阶段。然而，在实际应用中，微通道沸腾冷却器中广泛存在着流动沸腾不稳定

性。这种不稳定性总是伴随着严重的逆流，液体供应可能会出现危机，然后出现干涸现象，导致相变沸腾换热表面的临界热流密度提前发生。与此同时，由于剧烈相变过程的发生，流动压降出现波动较大和迅速增加的现象，从而导致壁面温度大幅度振荡。虽然冷却工质的高流量和高入口过冷度可以使整个微通道处于过冷沸腾换热状态，一定程度上延缓流动沸腾不稳定性的发生，但高流量和高入口过冷度也会增加泵功与相变换热系统的复杂程度。为了将微通道引入更多散热系统中，使其得到更广泛的应用，必须研究抑制流动不稳定性和改善热工水力性能的解决方案，设计新型流道结构，以解决流动不稳定性问题。

（二）两相射流临界热流密度提升方法

单相射流冷却效果受射流冲击流动的雷诺数影响较大。当面向大功率散热需求时，工质流量需求大，使系统的整体功耗和体积较大，不利于提高集成度。与常规单相射流冷却相比，两相射流冷却技术由于利用冷却工质的相变潜热，具有传热效率高、工质流量小和温度均匀性高等优点。两相射流沸腾传热特性主要受射流速度、射流距离、过冷度、射流孔阵列和壁面粗糙度等因素的影响，影响因素较多且换热机理较复杂。一般地，增大喷射宽度、喷射速度或液体过冷度，可以延缓核沸腾，提高临界热流密度。然而，对于高热流密度下两相射流冷却的理论和数值研究报道较少。在高热流密度下产生的大量气泡，如不能及时排除，气泡快速生长聚集成气膜阻塞通道，不仅会引发两相流动不稳定性，导致散热表面传热系数下降和进出口压力振荡及压降增大，而且会促使临界热流密度提前发生，减弱两相散热能力。对于射流冲击冷却的光滑表面，虽然流动阻力较小，但两相传热所需的壁面过热度大，且临界热流密度小。总体上，提高两相射流临界热流密度和冲击冷却过程稳定性是亟待解决的问题。

（三）紧凑空间喷雾冷却高效传热技术

喷雾冷却的散热能力主要受喷雾压力、质量流量、液滴粒径分布、液滴速度、喷雾角度、喷雾距离和喷嘴孔径等因素的影响。研究人员对喷雾冷却进行了大量的实验研究，根据各影响因素已经建立了一些预测临界热流密度和传热系数的经验关联式，这对喷雾冷却技术的应用起到一定指导作用。但是，由于实验条件、工质类别和工作环境的不同，依据有限实验数据整理所得的经验关联式适用性较低，而且各因素对喷雾冷却性能的影响具有一定关联性，难以单独分析某一因素对传热性能的影响。面对新一代电子器件与设备高热流密度负荷的热管理技术需求，必须从喷雾特性、流体热物理特性、流固耦合作用、外部工作环境和系统优化设计等多方面开展基础性研究工作，研发高效紧凑型喷雾冷却方法与技术[21,22]。

第三节 研究动态

一、风冷散热器

虽然空气自然对流或强制对流的换热系数较低，但风冷散热器以其价格低廉、设计简单、使用方便和可靠性高等优点，在低热流密度电子器件与设备冷却中得到了广泛的应用。

风冷散热器是一种应用于低热流密度电子器件与设备冷却系统的散热元件，常用的典型风冷散热器如图 6-2 所示，包含底板和翅片两个部分，主要是被用来增加电子元件的传热面积。风冷散热器的优点是成本低、安装简单、使用便捷、制造工艺可靠，通常采用铜或铝等高导热系数材料。在实际应用中，风冷散热器的大小和形状取决于电子器件与设备的形状和安装空

图 6-2　一种典型的风冷散热器[23]

间。翅片结构类型和尺寸大小是影响其换热效能的重要因素。需要强调的是，冷却工质（如空气）的流动方式对散热器的传热性能具有重要的影响。因此，风冷散热器的选择和应用必须考虑翅片布置方式、结构形状和流动方式等综合因素的影响。

（一）布置方式

为了提高散热器的传热和流动性能，翅片主要采用了直列和交错两种布置方式，如图 6-3 所示。研究表明，交错布置的翅片在散热和压力梯度方面均优于直列排列；在充分发展的流动条件下，直列布置的传热系数和压降均较低；在相同的泵功率和换热面积下，直列布置的换热效果更好；在相同的热负荷和质量流量条件下，交错布置比直列布置对传热面积的要求更低[24]。另外，工作流体的流动状态也是散热器设计重要参数之一。当流体流动雷诺数较小时，换热热阻随雷诺数的增加而减小；当雷诺数达到一定值时，热阻趋于平缓，强化传热能力受到限制。因此，盲目增加雷诺数会造成风机等动力部件功率的无效消耗，散热器的优化设计和使用应综合考虑翅片布置方式与流动特性。

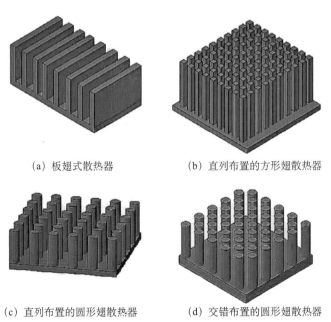

(a) 板翅式散热器　　　　　(b) 直列布置的方形翅散热器

(c) 直列布置的圆形翅散热器　　　(d) 交错布置的圆形翅散热器

图 6-3　各种散热器的类型及布置方式[24]

（二）翅片结构类型

如图 6-4 所示，可以在板式翅片上设计圆形、六角形、方形和三角形六边形等不同形状的小孔用于增强换热。基于湍流流动模型的数值研究发现，具有小孔的翅片结构比无小孔的翅片结构具有更小的流动阻力和更优的传热性能[25]。在平行流动条件下，可以通过在翅片上引入穿孔来降低流体流动阻力，且增加穿孔的数量比增加穿孔的直径效果更显著。在垂直冲击流动条件下，带有穿孔的翅片结构比无穿孔结构具有更高的努塞尔数和更低的压降。总体来说，穿孔不仅提高传热性能，而且降低压力损失[26]。研究发现，流动换热的努塞尔数随开孔数的增加单调增加，且风机所需泵功率减小。在散热片上开孔可以提高风冷散热器对计算机 CPU 的冷却效果，还可以减轻散热器的重量。在此基础上，采用共轭传热模型研究了顶部开槽和穿孔对翅片的影响。优化了针肋密度和针孔的设计，进一步提高了换热性能，降低了风机功耗[27, 28]。需要指出的是，过量的开孔数可能导致固体肋片的有限传热表面积的过度减少而反过来抑制对基板的散热。

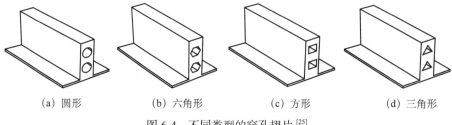

(a) 圆形   (b) 六角形   (c) 方形   (d) 三角形

图 6-4   不同类型的穿孔翅片[25]

（三）仿生拓扑优化设计

传热热阻和流动压降是评价散热器性能的两个关键指标。为提高风冷散热器性能，主要从翅片尺寸、翅片形状（板肋或针肋）、直列布置或交错布置和流动类型等几个方面进行优化。随着电子器件与设备朝着小型化、紧凑化和高功率方向的发展，风冷散热器除了具有较高的传热性能，还必须满足小巧轻便的需求，而传统的设计方法难以实现多目标优化设计要求。拓扑优化方法是一种新颖的设计方法。在形状和结构设计上具有极大的自由度，可以在有限的空间体积下以传热热阻和流动压降为目标函数，实现双目标均衡设计。图 6-5 是德国弗劳恩霍夫增材制造技术研究所设计的一种具有拓扑结构的散热器。然而，通过拓扑优化方法获得的散热器结构往往更加复杂，传统加工技术难以制造，而基于 3D 打印技术的制造方法有助于复杂构型的实现。拓扑优化方法为散热器高性能、小型化和轻量化的设计提供了可能性[29]。博伊德公司针对航空航天和军事应用等轻量化散热需求，设计了厚度为 0.025～1mm 的折叠式仿生翅片，最大化设计传热面积以实现更高的导热性能，同时将材料用量减至最少。国内华为技术有限公司针对轻薄笔记本的散热需求，设计了安放在狭小的空间里的鲨鱼鳍形状翅片。他们采用 0.15～0.2mm 的超薄 S 形翅片，改善了气体入口条件；通过设置 79 片超薄翅片，增加了翅片对气流的约束作用，避免了涡流的产生，使气流快速通过，大大提升了散热效果。

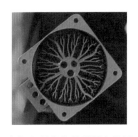

（a）参数优化设计结果　　（b）拓扑优化设计结果　　（c）拓扑优化散射器实物图

图 6-5　拓扑优化散热器[29]

二、单相液冷散热器

单相冷却过程中不发生冷却工质的相变，是利用循环冷却工质流经热源表面的温度变化——显热实现散热，水就是最实用的液态循环冷却工质。近年来，单相液冷散热技术得到广泛的应用，如 IBM 服务器[30] 和 Asetek 服务器[31] 等。与传统风冷散热方式相比，液冷散热技术具有更好的散热优势。传统风冷散热是利用风扇强制空气流动实现电子器件与设备的散热，而液冷散热技术是利用液态工质带走电子器件与设备产生的废热。液态冷却工质的密度、比热容和导热系数均比空气大得多，使得液冷散热系统的散热性能更加优越。对于相同的散热负荷要求，液冷散热系统的能耗低，节能效果更明显。随着电子器件与设备需要排散的热流密度负荷不断增加，温度分布不均匀的问题开始凸显，其中包括沿冷却工质流动方向和热流密度分布不一的高温热点表面。因此，为了提高电子器件与设备的温度分布均匀性，需要对液态工质流道结构进行流动与传热强化的协同设计。

（一）常规流道结构设计

如图 6-6 所示，人们对斜翅片、圆柱翅、梯形翅等不同流道结构进行了大量的研究[32-35]。与平直流道相比，这些流道结构可以诱导流体的二次流动，破坏原来稳定的流动边界层，使之重新发展，从而强化了对流传热，但这种强化换热会带来流动压降损失[36]。液冷散热性能一般通过温度分布、传热系数、压力损失和摩擦系数等参数进行综合评估[37]。图 6-7 展示了一种波浪形结构。流体会在波浪形结构产生旋涡，虽然产生了小部分的压力损失，但是在很大程度上增强了流体混合，提高了传热性能和温度均匀性[38]。对于图 6-6(c) 所示的歧管式进出口微通道结构，研究发现，当雷诺数为 295 时，可以使热阻降低 19.15%，压降降低 1.91%。该新型微通道结构能够激发二次流产生，从而有助于热边界层的再发展，因而提高了微通道流动传热特性[39]。一般地，对微通道强化换热结构进行优化设计，应根据散热需求在强化换热与压降损失之间选择一个合适的折中平衡方案。

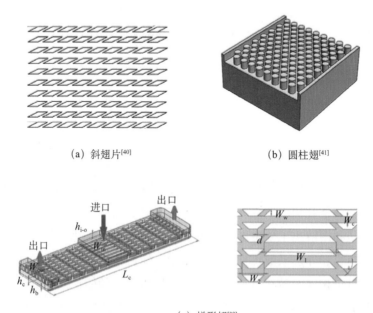

（a）斜翅片[40]　　　　　　　　　　　　　（b）圆柱翅[41]

（c）梯形翅[39]

图 6-6　不同类型的流道结构

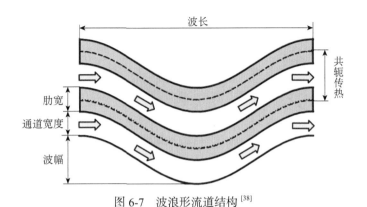

图 6-7　波浪形流道结构[38]

（二）仿生拓扑流道结构设计

人体内的血液循环系统实际上是一个进化程度优良的高效热质传递系统，结构非常特殊，呈分叉树形，从主动脉到毛细动脉大约经过了 30 次的分叉，而且高层次和低层次的分叉结构都是相似的。类似结构还有人体的呼吸循环系统和叶脉结构等。这类结构可以称为分形结构。分形分叉产生了越来越多的小尺寸通道，也使流动面积有了大幅度的增加，不同尺寸血管构成的网络遍布人体全身，满足人体循环需要。在此类分形结构中，传热传质相当有效。借鉴这种分形结构，人们设计了类似分形网络微通道散热器。研究发现，分形流道散热器比传统的平直通道散热器具有更强的散热能力。如图 6-8 所示，针对温度分布不均的问题，设计了独特的仿叶脉流道结构[42]。根据芯片表面温度分布、努塞尔数和压力损失等参数对流道结构性能进行评估的结果表明，优化后的仿叶脉流道结构可以使电子芯片表面温度分布更加均匀，流动阻力损失最小。图 6-9 是一种 Y 形流道结构，通过多目标优化得到泵送功率低和热阻小的 Y 形流道结构，多目标优化设计展示了更高的热管理与热设计能力[43]。

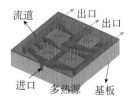

图 6-8　仿叶脉流道结构[42]

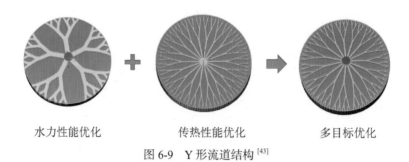

水力性能优化　　　　　　传热性能优化　　　　　　多目标优化

图 6-9　Y 形流道结构 [43]

图 6-10 是受自然界生物体热质传递现象的启发，基于拓扑优化方法设计的一种仿生流道结构 [44]。优化设计综合考虑流动耗散功和热柔度两个目标函数，在流动功耗最小的情况下得到散热能力最大的流道设计方案。通过在局部热点下方构建更密集的流道分布，并增大该区域的流量分配，可以提升对这些局部热点的散热冷却能力。如图 6-11 所示，分叉和汇合的结构特征对散热性能有重要影响，拓扑流道的分支与汇合促进多股冷热流体混合，使得流体边界层重新发展，从而可以提高局部对流换热系数。显然，基于仿生学基本原理的拓扑优化设计为高热流密度电子器件与设备的热管理提供了一种可行且有效的技术途径。

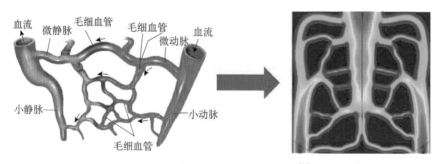

图 6-10　仿生拓扑优化流道结构 [44]

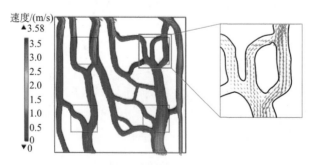

图 6-11　拓扑流道结构 [44]

三、相变散热器

（一）微通道流量分配均匀性和沸腾稳定性设计方法

微通道换热器具有较大的比表面积，是适应电子器件与设备热管理技术发展的需求而设计的一类结构紧凑、轻巧、高效的散热器。1981 年，Tuckerman 和 Pease 发表了他们的开拓性研究工作，将微通道换热器应用于解决高热流密度电子设备，所设计的微通道散热器结构如图 6-12 所示[45]。如果流动工质在微通道内部发生相变，则换热性能或者传热系数远远大于同类冷却工质的单相显热交换。与单相散热器相比，可以显著地降低在实现排散相同热负荷需求时的冷却工质流量，而且微通道两相冷却具有较好的温度均匀性。所以，微通道散热器被认为是解决高热流密度电子设备散热的有效技术途径之一[2]。

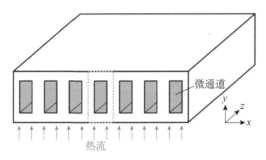

图 6-12　微通道散热器结构示意图 [45]

根据水力直径 D_h 的不同，可以将微通道进行以下分类[46]。

细小通道：$200\mu m < D_h \leqslant 3mm$。

微通道：$10\mu m < D_h \leqslant 200\mu m$。

过渡微通道：$1\mu m < D_h \leqslant 10\mu m$。

纳米通道：$D_h \leqslant 1\mu m$。

在实际应用中，要综合考虑微通道散热器的流动和传热特性，微通道的几何结构是影响其传热性能的关键因素。可以通过设计进出口歧管和新型肋结构等方法，改善微通道流量分配均匀性、临界热流密度和沸腾稳定性[47, 48]。

1.歧管设计

如图 6-13 所示[49]，歧管一般被分为分叉型和连续型两种结构。连续型歧管结构是一种最常见的结构，一个主入口直接分为多个流道，每个流道都与主入口相连。分叉型歧管是一种树状结构，其中一个主入口又可以分成几个分支。分支的水力直径小于主入口，水力直径较小的分支会造成压力损失较大。针对冷却液流量分布不均匀导致电子器件与设备温度分布不均匀的问题，可以通过最小化泵功率和表面温度分布来寻求最优流形设计，合理的分叉结构能提高流量分布的均匀性[50, 51]，从而可有效地改善热源温度分布的不均匀性。研究结果表明，梯形歧管的流量分配较均匀[52]；直角歧管微通道的流量分布比相应的钝角歧管均匀[31]。歧管的优化设计也考虑热源面积、流动雷诺数、进出口位置等因素。通过对不同形状的歧管结构的歧管管径和形状等参数的优化设计，可以得到如图 6-14 所示的几种典型的歧管结构[53]。

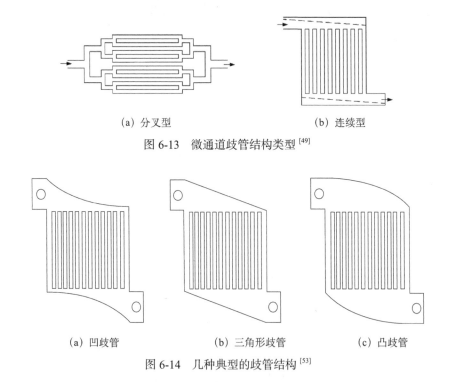

(a) 分叉型　　　　　　　　　(b) 连续型

图 6-13　微通道歧管结构类型[49]

(a) 凹歧管　　　　(b) 三角形歧管　　　　(c) 凸歧管

图 6-14　几种典型的歧管结构[53]

2. 抑制两相沸腾换热不稳定性设计

微通道两相沸腾换热被认为是解决高功率密度微电子器件散热问题的一个有效技术途径。沸腾相变换热具有优异的散热性能和良好的等温特性。然而，在实际应用中，微尺度流动沸腾换热过程经常会遇到流体不稳定流动的干扰，给维持稳定的两相沸腾换热过程带来困难。而且，这种不稳定性可能伴随着严重的逆流，容易造成下游干涸及过早地出现临界热流密度，抑制了壁面的两相传热过程。与此同时，流动不稳定性还会引起压力波动，从而导致壁面温度的大幅振荡，将导致壁面热疲劳现象。因此，为了将微通道两相沸腾换热引入高热流密度电子设备的热管理系统中，就需要解决冷却工质沸腾流动不稳定性问题。

根据振荡周期的长短和发生机理，微通道内冷却工质的动态流动不稳定性可以分为长周期流动不稳定性和短周期流动不稳定性两类。长周期（>1s）的流动不稳定性总是由冷却工质两相之间的热不平衡效应或通道上游的可压缩体积（如进气室和连接管等）的影响引起的，这种类型的流动不稳定性，通常可以用流动参数的剧烈振荡程度来表示，可以通过实验方法实现细致的观察，微通道沸腾开始时的快速气泡生长不稳定性和压降振荡一般都属于这种流动不稳定性。短周期（几十毫秒）的流动不稳定性可能由多种情况引发，包括成核状态下气泡的快速生长膨胀、环状流状态下干燥和液体再润湿之间的快速过渡、蒸气和液态工质之间强冷凝导致的气塞急剧收缩等。短期的流动不稳定性还包括振荡幅度、周期较小的不稳定密度波（约为通道中流体停留时间的 1.5～2 倍）和流型过度振荡。需要进一步了解各种运行条件下的短周期（几十毫秒）波动，以提供抑制流动不稳定性的解决方案。

目前，主要有两种比较成功的抑制流动不稳定性的方法。第一种方法是引入压降元件（入口限流器或阀门），以提高进气歧管压力，然后防止逆流到上游通道，如图 6-15(a) 所示[54]。第二种方法是改进受热面结构，一般可以分为通道底壁面改进和通道侧壁面改进两大类［图 6-15(b)[55]］。通道底壁面改进包括人工成核点、金属多孔或纳米线、涂层、位于通道上游的种子气泡触发微加热器及具有不同锐度和排列的微针鳍等；通道侧壁面改进包括凹入空腔、带有喷嘴和辅助通道的主通道、扩展微通道和带有多孔壁的微通道等。例如，采用微针肋结构代替实心壁而研制的多孔壁微通道散热器，利用多孔壁的连通效应，可以使核态沸腾提前发生，在不到 2ms 的时间内触发整个通道的核态沸腾流动，抑制沸腾流动的不稳定性，延长两相流动的持续时间[16]。人们研制了一种开放式微通道，微通道上方的开放空间平衡了微通道之间的压力分布，缓解了压降，也可以抑制流动不稳定性，提高两相沸腾传热的稳定性[56]。类似地，在微通道的高度和宽度方向上设计逐渐拓宽的结构，提供了额外蒸汽流动通道。这种结构不会造成过大的压力损失，可以消除上游气泡膨胀引起的流动逆转，抑制工质流动不稳定性[57]。

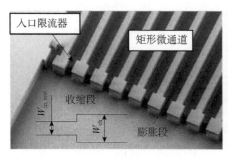 

(a) 入口限流器　　　　　　　　　　　(b) 多孔壁

图 6-15　抑制流动不稳定性的方法

（二）射流冷却强化传热技术

如前面所述，射流冷却方法是指冷却工质在压差作用下通过微孔形成具有极高动能的高速射流流体而冲击在被冷却表面上，在接触固体表面的瞬间，流体流动方向突然由轴向转变成径向，在冲击区形成非常薄的边界层，因而具有极高的传热系数。图 6-16 为电子器件射流冷却剖面图[58]。根据场协同理论，射流冲击的流体速度场与热源热流场协同效应好，可以达到对局部热点的强化冷却目的[59]。

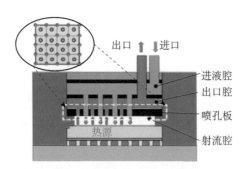

图 6-16　电子器件射流冷却剖面图[58]

针对需要被冷却的大面积热源表面，使用阵列射流冷却，不仅可以提高平均传热系数，还可以提高固体表面的温度均匀性。对于阵列射流冷却，相邻射流孔间距较小时，相邻射流流体之间相互卷吸形成负压区，使得两股射流相互吸引，最终汇聚于一点。根据这一现象，可将射流流动分为两个区域，即汇聚区和联合区。在汇聚区内部，两股射流流体相互卷吸、干扰，最终导致在射流流体包围区内形成负压区；速度分布和射流流体的扩展宽度均与单孔射流时的情况有所不同。阵列射流由于相邻孔之间的相互影响，其射流流动要比单孔射流复杂很多，影响阵列射流对流换热系数的因素很多，包括喷射方式、换热表面结构和射流工质等。

图 6-17 为带有核沸腾射流冷却示意图[60]，与单相喷射冷却相比，相变喷射冷却方法换热效果更好，在高功率密度电子设备散热中有较大的应用前景。相变射流由于冷却工质在射流冲击过程中发生相变换热，冲击射流区域内的流动和换热情况比单相射流冷却更复杂。目前，有关射流沸腾冷却的研究还相对较少。

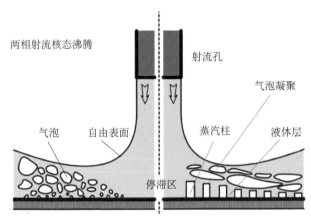

图 6-17　带有核沸腾射流冷却示意图[60]

射流沸腾冷却由于冷却工质的相变汽化，具有较高的传热系数，但在高热流密度下形成的气泡快速生长聚集会阻塞通道。根据顶板对气泡的约束程度，定义了三个压降区域，即无约束区、约束区和约束聚结区。在前两个区域，压降保持相对恒定，而在最后一个区域，压降随着热流密度的增加而增大。在高热流密度下，快速增长的气泡受到顶板的约束，并且由于阻塞了横流通道而引发两相流不稳定现象。这种现象类似于微通道沸腾中的气泡限制，导致下游周期性干涸和再湿润，最终可能导致临界热流密度的提前发生。增大射流宽度、射流速度或冷却工质过冷度可以延缓核态沸腾的发生，增大临界热流密度。一般地，射流距离对核沸腾主导区的平均传热系数影响不大，但存在一个最佳距离使临界热流密度达到最大。可以通过增大出口尺寸及时排除气态工质，抑制两相流的不稳定性。为了增强射流两相换热性能，在换热表面可以制作微针肋、粗糙、烧结多孔层等表面微结构。这些表面微结构在射流沸腾换热过程中具有显著的强化作用，起到相得益彰的作用，使核态沸腾提前发生。另外，在冷却基液中添加纳米粒子也可以大大提高换热系数和临界热流密度。

1. 微结构表面强化换热

在射流冲击表面制作微结构来强化换热性能，这类微结构不仅可以增大传热表面积，而且周期性的微结构还可以抑制边界层的发展。微结构形状及布置阵列方式对流体流动和传热性能均有较大的影响[61-63]，图 6-18 为不同类型表面微结构示意图。例如，在射流冷却表面设计交错分布的方形针肋结构，可以显著地提高换热性能，为射流冷却表面的优化设计提供了参考结构[64]。

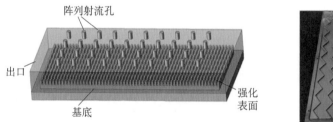

图 6-18　不同类型表面微结构示意图[61, 64]

2. 纳米流体强化射流冷却

随着高功率电子器件与设备的发展，冷却工质自身的低导热性能已成为研究新一代高效冷却技术的主要障碍之一。采用纳米技术，能够制备获得更高传热性能的工质：在原来的纯液体中加入纳米颗粒制备纳米流体，可以提高原来纯工质的导热系数[65-67]。纳米流体作为一种新型的热载体，在射流冲击冷却的强化换热方面同样具有很大的潜力。例如，科研人员以纯水为基液，采用粒径分别为 25nm 和 100nm 的 Cu 颗粒制备获得了不同浓度的纳米流体，实验研究了纳米颗粒浓度、雷诺数、喷嘴–板间距离、流体温度和纳米颗粒直径对纳米流体射流冲击换热和流动特性的影响。结果表明，添加的悬浮纳米颗粒显著地提高了基液的对流换热系数，体积分数为 3.0% 的纳米流体的对流换热系数比纯水高 52%[66]。

（三）喷雾冷却影响因素和优化设计

喷雾冷却如图 6-19 所示，液态冷却工质通过喷嘴雾化成高速飞行细小液滴，其具有更大的比表面积，直接撞击换热表面，在换热表面形成一层薄薄的液膜，并通过沸腾相变和对流等方式带走大量热量。与射流冲击冷却和微通道散热技术相比，喷雾冷却作用区域广且均匀；作为一种新型的两相散热技术，其具有较高的传热系数、良好的均温性、较少的工质需求量等优点，被认为是解决未来小平台机载设备高热流密度电子器件最有效的散热技术之一。

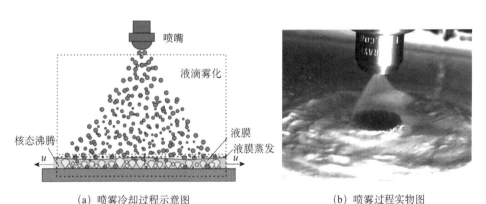

(a) 喷雾冷却过程示意图　　　　　　　　(b) 喷雾过程实物图

图 6-19　喷雾冷却[68]

喷雾冷却传热机制较复杂，包括液滴撞击、膜流动、液膜蒸发、核态沸腾和二次核态沸腾等多种散热方式；喷雾冷却的传热性能主要受喷嘴类型、进口温度、背压、喷雾距离和换热表面结构等多种因素的影响，且这些因素相互影响。因此，研究喷雾冷却技术需要考虑各种不同因素的综合影响。

1. 雾化特性

雾化特性主要由喷嘴性能决定，高压液体在狭窄的导流槽中被挤压分流，并以很大的速度从喷嘴喷出。由于剧烈的湍流和突然的压力下降，液体工作液被撕裂并粉碎成微小的液滴。在喷雾强化换热中，雾化特性起着决定作用。液滴的粒径、速度、通量和喷雾角度等参数直接影响换热效能,是优化喷雾冷却传热性能的关键因素。需要指出的是,液滴雾化特性的不均匀性可能会导致被冷却表面温度的非均匀分布。对于有些应用场景,必须关注这类问题,因为散热表面温度均匀性对电子器件的热控制非常关键,局部温度过高将会影响芯片的安全可靠性[69]。

2. 表面改性

表面改性可以显著地提高喷雾冷却的换热性能,包括亲疏水表面、表面粗糙度、表面涂层和几何微结构等。不同特征尺度的表面改性对换热的增强机制也有所不同。纳米微结构表面形成的毛细力作用可使液膜铺展,延缓壁面干涸,提高可承受临界热流密度;而稍大尺度的微结构表面通过增加成核位置、扰动液膜和延长三相接触线长度来改善传热过程。微结构表面可以产生比宏观结构表面更繁密的三相接触线,使得三相接触线的延伸成为微结构强化换热的主要机制之一[70]。

3. 喷雾冷却系统优化设计

喷雾冷却系统已经在超级计算机、军用雷达、航天器和混合动力汽车等不同应用场景的高散热负荷的热控系统中得到初步应用。在实际应用中,喷雾冷却系统覆盖多个离散热点或大面积热源时,需要适应不同结构的设备和不同的热控环境等,如流体管理、喷嘴方向和喷雾策略等。目前,由于喷雾冷却系统复杂、部件繁多、影响因素众多,喷雾冷却往往难以取得最佳的散热效果。下一代的喷雾冷却系统必须具备体积小、质量轻、控温均匀和适用性强等特点。需要综合考虑工质喷雾特性、工质热物理特性、流固耦合作用、外部工作环境和系统结构等多方面因素,研发高效紧凑型喷雾冷却系统与装置。

第四节　未来发展趋势和建议

一、风冷散热器散热／结构一体化设计方法

风冷散热器的传热性能主要由风扇流动特性和散热翅片的换热特性决

定。常规翅片厚度增加会引起流道阻塞，导致流阻增加，翅片过薄，又会导致导热热阻增加，散热器的热阻和压降难以实现协同设计。为了满足新一代电子设备紧凑空间散热需求，在未来的研究中，可以建立风冷散热器系统传热流动分析模型，以散热器热阻最小化为优化目标，同时考虑散热器散热表面积、流动压降、重量、噪声和体积大小等要求。研制紧凑空间环境下的风扇、翅片和结构组件一体化散热系统，建立包含送风方式和翅片构型在内的一体化模型。可以优先考虑放射状散热翅片构型，一般采用鲨鱼鳍或者波浪形等仿生翅片。基于熵产最小化原理和优化算法，研究风冷散热器热交换过程和压降引起的热力学损失，分析散热器基板厚度和散热器翅片结构参数对散热器散热能力的影响。运用控制变量法，对风冷散热器热阻、压降、噪声和重量等性能指标进行设计，提出风冷散热器散热 / 结构一体化设计策略，为紧凑式风冷散热器散热 / 结构一体化优化设计提供依据。

二、单相液冷散热器多目标优化设计方法

针对高密度集成电子器件与设备的散热需求。采用拓扑优化方法，以传热热阻和流动压降最小化为目标函数，设计仿生拓扑流道结构。拓扑流道结构在分支或汇流结构特征应当有利于冷热流体的充分混合，促使流体边界层破坏和重新发展过程持续交替，提高局部对流换热系数。特别是对于多个热点离散分布的散热需求，仿生拓扑流道结构能够直接将冷却工质沿不同流道路径直接输送到相应的热点处，避免冷却工质沿同一流道流经多个热点造成工质温度逐渐升高的现象，这种流道结构特征可以使多热点温度分布尽可能均匀接近。采用拓扑优化方法在热点下方设计密集的微通道结构，增加对流换热面积，提高对高热负荷热点的散热能力；热点外区域热源分布较低，则可将流道进行稀疏设计，有利于减小流动压降。另外，对拓扑优化生成的流道结构进行局部改进，通过将肋片结构做成尾翼型或水滴流线型，可以防止肋片后方局部区域换热能力下降，同时有利于减小流动阻力。因此，需要深入研究冷却工质在复杂拓扑结构通道内的流动和传热规律，提出流道结构拓扑优化设计方法。

三、高热流密度相变散热器强化换热与稳定性调控方法

（一）微通道沸腾稳定性提升方法

微通道沸腾稳定性主要与以下几个方面相关：①流道结构特征和流道壁面润湿特性，如壁面润湿可以促进壁面沸腾气泡的快速脱离和液膜的快速补充，从而提升临界热流（critical heat flux，CHF）密度。②流动参数，如流体过热度、过冷度、流量和力等。可以从以下两个方面提高微通道沸腾流动换热过程的稳定性。

（1）建立微纳米尺度的流体流动和相变传热模型，系统分析壁面润湿、壁温和纳米结构参数的综合影响机理。通过细致的微纳尺度的成核沸腾实验，深入研究微尺度效应在流体成核相变过程中的作用。一般地，灵巧的微纳尺度多孔壁可以提供大量的气化核心点，能及时维持连续的补液，避免或延缓壁面干涸。与此同时，需要进一步探究不同时间尺度下微通道流动沸腾不稳定性的机理，为抑制微通道散热器两相换热流动不稳定性提供原理和方法支撑。

（2）液态冷却工质流量和入口过冷度对微通道两相传热与流动行为具有重要的影响。大流量和高入口过冷度可以使整个微通道处于过冷沸腾换热状态，而小流量和低入口过冷度会使微通道大部分区域处于环状流状态。因此，为了准确地预测微通道两相传热与流动行为，设计高效的微通道相变散热器，有必要建立包括流量和入口过冷度等影响在内的模型或经验关联式。

（二）构建复合射流冷却技术

射流冷却作为一种高效的散热技术，具有极高的换热系数。为了进一步提高射流冷却技术的散热能力，使其可以满足更高热流密度电子器件与设备的散热需求，可以通过与其他热管理技术相结合形成复合热沉结构，使其传热性能远优于单一射流冷却技术。

（1）将阵列射流冷却技术与微通道冷却相结合。关于高热流密度条件下两相射流冷却的理论和数值研究相对偏少。为了深刻地认识和理解两相射流冷却中的热质传递过程，需要建立准确可靠的射流冷却模型，系统地分析、揭示不同射流区域的冷却工质的流动、沸腾相变和传热过程与机制，并将微通道的几何结构参数（如通道的纵宽比参数）与射流冷却相关的射流孔径、

射流距离、液体速度和液体过冷度等参数进行耦合分析，综合分析结构参数和运行参数等不同因素的影响规律与耦合效应，得到射流驻点区域和复合射流冷却过程的换热关联式。

（2）射流冷却技术与表面微纳多尺度强化传热技术相结合。在表面微结构强化相变换热方面，常规微小结构和微纳尺度结构作用机制有所不同，灵巧合理的表面微纳结构优化设计可以促进核态沸腾提前发生，降低相变过程发生所需的过热度；在射流冲击表面研制多种尺度和样式的复合微结构，对比研究多种尺度微结构表面对沸腾换热的影响机理和气泡动力学行为。通过操控纳米尺度改变射流表面的接触角和润湿性能，可以加快相变工质沸腾气泡的产生和脱离壁面的速率，提高沸腾换热的临界热流密度。

（三）提高紧凑喷雾冷却相变换热效能

（1）与过冷喷雾相比，闪蒸喷雾具有更好的雾化特性，可以在短喷雾距离下雾化成比表面积比较大的液滴颗粒，可以提高传热效能，适合于研制紧凑喷雾散热装置，提高其在电子器件与设备热管理中的适用性。建立闭环闪蒸喷雾冷却系统，采用具有高比热和高相变潜热及特殊属性（如氟化物）的液态冷却工质，综合研究喷雾压力、质量流量、液滴大小及分布、液滴速度、喷雾角度、喷雾距离和喷嘴孔径等各种因素对传热性能的影响，系统地研究不同影响因素的耦合作用关系与效应，量化评估这些影响因素对闪蒸喷雾冷却传热性能的影响规律。

（2）设计紧凑型喷雾散热模块，研制新型轻质紧凑高效雾化喷嘴，研究包括液滴粒径分布、平均速度和液滴通量等参数对紧凑喷嘴雾化特性的影响机理，以及在紧凑空间中的喷嘴雾化特性；研究喷雾液滴与散热表面的作用过程，特别是气-液-固三相界面的特性，深化研究强化热质传递过程。面对新一代高热流密度电子器件与设备的散热需求，研究喷雾散热系统冷却工质入口参数、工质热物理特性、流道结构和壁面微纳结构特征等多因素协同作用下的喷雾相变换热机理与优化策略，提高喷雾相变换热能力，研发高效紧凑型喷雾相变散热技术。

本章参考文献

[1] Leslie S G. Cooling options and challenges of high power semiconductor modules[J]. Electronics Cooling, 2006, 12(4): 20-27.

[2] Mudawar I. Recent advances in high-flux, two-phase thermal management[C]. Proceedings of the ASME 2013 Heat Transfer Summer Conference, Minneapolis, 2013.

[3] Singh P, Zhang M, Ahmed S, et al. Effect of micro-roughness shapes on jet impingement heat transfer and fin-effectiveness[J]. International Journal of Heat and Mass Transfer, 2019, 132: 80-95.

[4] Wu R, Hong T, Cheng Q, et al. Thermal modeling and comparative analysis of jet impingement liquid cooling for high power electronics[J]. International Journal of Heat and Mass Transfer, 2019, 137: 42-51.

[5] Wei T W, Oprins H, Fang L, et al. Nozzle scaling effects for the thermohydraulic performance of microjet impingement cooling with distributed returns[J]. Applied Thermal Engineering, 2020, 180: 115767.

[6] Wae H M, Yeranee K, Piya I, et al. Heat transfer correlation of impinging jet array from pipe nozzle under fully developed flow[J]. Applied Thermal Engineering, 2019, 154: 37-45.

[7] Wu R, Fan Y, Hong T, et al. An immersed jet array impingement cooling device with distributed returns for direct body liquid cooling of high power electronics[J]. Applied Thermal Engineering, 2019, 162: 114259.

[8] Chen L, Brakmann R G, Weigand B, et al. An experimental heat transfer investigation of an impingement jet array with turbulators on both target plate and impingement plate[J]. Applied Thermal Engineering, 2019, 166: 114661.

[9] Cui F, Hong F, Li C, et al. Two-phase flow instability in distributed jet array impingement boiling on pin-fin structured surface and its affecting factors[J]. International Journal of Heat and Mass Transfer, 2019, 143: 118495.

[10] Mira H C, Weibel J A, Garimella S, et al. Visualizing near-wall two-phase flow morphology during confined and submerged jet impingement boiling to the point of critical heat flux[J]. International Journal of Heat and Mass Transfer, 2019, 142: 118407.

[11] Khan J A, Morshed A, Fang R. Towards ultra-compact high heat flux microchannel heat sink[J]. Procedia Engineering, 2014, 90: 11-24.

[12] Rubio C A, Hernandez G A, Cervantes J G, et al. Cfd study of constructal microchannel networks for liquid-cooling of electronic devices[J]. Applied Thermal Engineering, 2016, 95: 374-383.

[13] Prajapati Y K, Pathak M, Khan M, et al. Transient heat transfer characteristics of segmented finned microchannels[J]. Experimental Thermal and Fluid Science, 2016, 79: 134-142.

[14] Abdoli A, Jimenez G, Dulikravich G. Thermo-fluid analysis of micro pin-fin array cooling configurations for high heat fluxes with a hot spot[J]. International Journal of Thermal Sciences, 2015, 90: 290-297.

[15] Mohammed H A, Bhaskaran G, Shuaib N H, et al. Heat transfer and fluid flow characteristics in microchannels heat exchanger using nanofluids: A review[J]. Renewable and sustainable energy reviews, 2011, 15(3): 1502-1512.

[16] Lxza B, Gdx A, Ytj A, et al. Flow boiling instability characteristics in microchannels with porous-wall[J]. International Journal of Heat and Mass Transfer, 2020, 146: 118863.

[17] O'Neill L E, Issam M, Hasan M M, et al. Flow condensation pressure oscillations at different orientations[J]. International Journal of Heat and Mass Transfer, 2018, 127: 784-809.

[18] Mudawar I. Assessment of high-heat-flux thermal management schemes[J]. IEEE Transactions on Components and Packaging Technologies, 2001, 24(2): 122-141.

[19] Si C, Shao S, Tian C, et al. Development and experimental investigation of a novel spray cooling system integrated in refrigeration circuit[J]. Applied Thermal Engineering, 2012, 33: 246-252.

[20] Pavlova A A, Otani K, Amitay M, et al. Active performance enhancement of spray cooling[J]. International Journal of Heat and Fluid Flow, 2008, 29(4): 985-1000.

[21] Sienski K, Eden R, Schaefer D. 3-D electronic interconnect packaging[C]. Proceedings of Aerospace Applications Conference, Aspen, 1996.

[22] Sohel Murshed S M, Nieto D C C A. A critical review of traditional and emerging techniques and fluids for electronics cooling[J]. Renewable Sustainable Energy Reviews, 2017, 78: 821-833.

[23] Segui J. Increasing productivity and revenue with computational applications[J]. NASA Technical Briefing, 2016, 40(5):14-17.

[24] Khattak Z, Ali H. Air cooled heat sink geometries subjected to forced flow: A critical review[J]. International Journal of Heat and Mass Transfer, 2019, 130: 141-161.

[25] Ismail M F, Hasan M N, Ali M H, et al. Numerical simulation of turbulent heat transfer from perforated plate-fin heat sinks[J]. Heat and Mass Transfer, 2014, 50(4): 509-519.

[26] Chin S B, Foo J J, Lai Y L, et al. Forced convective heat transfer enhancement with perforated pin fins[J]. Heat and Mass Transfer, 2013, 49(10): 1447-1458.

[27] AlDamook A, Kapur N, Summers J L, et al. An experimental and computational investigation of thermal air flows through perforated pin heat sinks[J]. Applied Thermal Engineering, 2015, 89: 365-376.

[28] Al-Damook A, Kapur N, Summers J L, et al. Computational design and optimisation of pin fin heat sinks with rectangular perforations[J]. Applied Thermal Engineering, 2016, 105: 691-703.

[29] Lange F, Hein C, Li G, et al. Numerical optimization of active heat sinks considering restrictions of selective laser melting[C]. Proceedings of COMSOL Conference, Lausanne, 2018.

[30] Zimmermann S, Meijer I, Tiwari M K, et al. A hot water cooled data center with direct energy reuse[J]. Energy, 2012, 43(1): 237-245.

[31] Kheirabadi, A C, Groulx D. Cooling of server electronics: A design review of existing technology[J]. Applied Thermal Engineering, 2016, 105: 622-638.

[32] Hasan M I. Investigation of flow and heat transfer characteristics in micro pin fin heat sink with nanofluid[J]. Applied Thermal Engineering, 2014, 63(2): 598-607.

[33] Ambreen T, Saleem A, Park C W. Pin-fin shape-dependent heat transfer and fluid flow characteristics of water- and nanofluid-cooled micropin-fin heat sinks: Square, circular and triangular fin cross-sections[J]. Applied Thermal Engineering, 2019, 158: 113781.

[34] Selvakumar P, Suresh S. Convective performance of CuO/Water nanofluid in an electronic heat sink[J]. Experimental Thermal and Fluid Science, 2012, 40: 57-63.

[35] Yang D, Wang Y, Ding G, et al. Numerical and experimental analysis of cooling performance of single-phase array microchannel heat sinks with different pin-fin configurations[J]. Applied Thermal Engineering, 2017, 112: 1547-1556.

[36] Rakhsha M, Akbaridoust F, Abbassi A, et al. Experimental and numerical investigations of turbulent forced convection flow of nano-fluid in helical coiled tubes at constant surface temperature[J]. Powder Technology, 2015, 283: 178-189.

[37] Mohammed H A, Gunnasegaran P, Shuaib N H. Influence of channel shape on the thermal and hydraulic performance of microchannel heat sink[J]. International Communications in Heat and Mass Transfer, 2011, 38(4): 474-480.

[38] Sui Y, Teo C J, Lee P S, et al. Fluid flow and heat transfer in wavy microchannels[J]. International Journal of Heat and Mass Transfer, 2010, 53(13/14): 2760-2772.

[39] Yang M, Cao B Y. Numerical study on flow and heat transfer of a hybrid microchannel cooling scheme using manifold arrangement and secondary channels[J]. Applied Thermal Engineering, 2019, 159: 113896.

[40] Lee Y J, Singh P K, Lee P S. Fluid flow and heat transfer investigations on enhanced microchannel heat sink using oblique fins with parametric study[J]. International Journal of Heat and Mass Transfer, 2015, 81(1/2): 325-336.

[41] Shafeie H, Abouali O, Jafarpur K, et al. Numerical study of heat transfer performance of

single-phase heat sinks with micro pin-fin structures[J]. Applied Thermal Engineering, 2013, 58(1/2): 68-76.

[42] Asadi A, Pourfattah F. Effects of constructal theory on thermal management of a power electronic system. Scientific Reports, 2020, 10(1): 1-14.

[43] Yan Y, Yan H, Yin S, et al. Single/multi-objective optimizations on hydraulic and thermal management in micro-channel heat sink with bionic y-shaped fractal network by genetic algorithm coupled with numerical simulation[J]. International Journal of Heat and Mass Transfer, 2019, 129: 468-479.

[44] Hu D H, Zhang Z W, Li Q. Numerical study on flow and heat transfer characteristics of microchannel designed using topological optimizations method[J]. Science China Technological Sciences, 2019, 63(1): 105-115.

[45] Hajmohammadi M R, Alipour P, Parsa H. Microfluidic effects on the heat transfer enhancement and optimal design of microchannels heat sinks[J]. International Journal of Heat and Mass Transfer, 2018, 126: 808-815.

[46] Kandlikar S G, Grande W J. Evolution of microchannel flow passages—thermohydraulic performance and fabrication technology[J]. Heat Transfer Engineering, 2003, 24(1): 3-17.

[47] Fan Y, Lee P S, Jin L W, et al. A parametric investigation of heat transfer and friction characteristics in cylindrical oblique fin minichannel heat sink[J]. International Journal of Heat and Mass Transfer, 2014, 68: 567-584.

[48] Chiu H C, Jang J H, Yeh H W, et al. The heat transfer characteristics of liquid cooling heatsink containing microchannels[J]. International Journal of Heat and Mass Transfer, 2011, 54(1-3): 34-42.

[49] Amador C, Gavriilidis A, Angeli P. Flow distribution in different microreactor scale-out geometries and the effect of manufacturing tolerances and channel blockage[J]. Chemical Engineering Journal, 2004, 101(1-3): 379-390.

[50] Bahiraei M, Heshmatian S. Optimizing energy efficiency of a specific liquid block operated with nanofluids for utilization in electronics cooling: A decision-making based approach[J]. Energy Conversion and Management, 2017, 154: 180-190.

[51] Liu H, Li P. Even distribution/dividing of single-phase fluids by symmetric bifurcation of flow channels[J]. International Journal of Heat and Fluid Flow, 2013, 40: 165-179.

[52] Manikanda K R, Kumaraguruparan G, Sornakumar T. Experimental and numerical studies of header design and inlet/outlet configurations on flow mal-distribution in parallel micro-channels[J]. Applied Thermal Engineering, 2013, 58(1/2): 205-216.

[53] Cho E S, Choi J W, Yoon J S, et al. Modeling and simulation on the mass flow distribution in microchannel heat sinks with non-uniform heat flux conditions [J]. International Journal of

Heat and Mass Transfer, 2010, 53(7/8): 1341-1348.

[54] Prajapati Y K, Bhandari P. Flow boiling instabilities in microchannels and their promising solutions: A review[J]. Experimental Thermal and Fluid Science, 2017, 88: 576-593.

[55] Zong L X, Xia G D, Jia Y T, et al. Flow boiling instability characteristics in microchannels with porous-wall[J]. International Journal of Heat and Mass Transfer, 2020, 146: 118863.

[56] Balasubramanian K R, Krishnan R A, Suresh S. Spatial orientation effects on flow boiling performances in open microchannels heat sink configuration under a wide range of mass fluxes[J]. Experimental Thermal and Fluid Science, 2018, 99: 392-406.

[57] Fu B R, Lee C Y, Pan C. The effect of aspect ratio on flow boiling heat transfer of hfe-7100 in a microchannel heat sink[J]. International Journal of Heat and Mass Transfer, 2013, 58(1/2): 53-61.

[58] Wei T W, Oprins H, Cherman V, et al. Experimental characterization and model validation of liquid jet impingement cooling using a high spatial resolution and programmable thermal test chip[J]. Applied Thermal Engineering, 2019, 152: 308-318.

[59] 钱吉裕, 平丽浩, 徐德好. 冲击角对射流强化换热影响的数值研究 [J]. 2007, 28(2): 65-68.

[60] Qiu L, Dubey S, Choo F H, et al. Recent developments of jet impingement nucleate boiling[J]. International Journal of Heat and Mass Transfer, 2015, 89: 42-58.

[61] Spring S, Xing Y, Weigand B. An experimental and numerical study of heat transfer from arrays of impinging jets with surface ribs[J]. Journal of Heat Transfer, 2012, 134(8): 082201.

[62] Brakmann R, Chen L, Weigand B, et al. Experimental and numerical heat transfer investigation of an impinging jet array on a target plate roughened by cubic micro pin fins[C]. Proceedings of ASME Turbo Expo, Montreal, 2015.

[63] Chen L, Brakmann R A, Weigand B, et al. Experimental and numerical heat transfer investigation of an impingement jet array with v-ribs on the target plate and on the impingement plate[J]. International Journal of Heat and Fluid Flow, 2017, 68: 126-138.

[64] Chen L, Brakmann R A, Weigand B, et al. Detailed investigation of staggered jet impingement array cooling performance with cubic micro pin fin roughened target plate[J]. Applied Thermal Engineering, 2020, 171: 115095.

[65] Nguyen C T, Galanis N, Polidori G, et al. An experimental study of a confined and submerged impinging jet heat transfer using Al$_2$O$_3$-water nanofluid[J]. International Journal of Thermal Sciences, 2009, 48(2): 401-411.

[66] Li Q, Xuan Y M, Yu F. Experimental investigation of submerged single jet impingement using Cu–water nanofluid[J]. Applied Thermal Engineering, 2012, 36: 426-433.

[67] Tie P, Li Q, Xuan Y M. Heat transfer performance of Cu-water nanofluids in the jet arrays

impingement cooling system[J]. International Journal of Thermal Sciences, 2014, 77: 199-205.

[68] Xie J, Wong T N, Duan F. Modelling on the dynamics of droplet impingement and bubble boiling in spray cooling[J]. International Journal of Thermal Sciences, 2016, 104: 469-479.

[69] Cheng W L, Zhang W W, Chen H, et al. Spray cooling and flash evaporation cooling: The current development and application[J]. Renewable and Sustainable Energy Reviews, 2016, 55: 614-628.

[70] Chen K, Xu R N, Jiang P X. Evaporation enhancement of microscale droplet impact on micro/nanostructured surfaces[J]. Langmuir, 2020, 36(41): 12230-12236.

第七章
电子设备热设计方法与软件

电子器件与设备热设计是可靠性设计中的一项关键技术。本章介绍电子器件与设备热设计方法与软件的研究现状，分析、总结热设计中的关键问题与挑战，探讨电子器件与设备热设计方法未来的发展方向。

第一节　概念与内涵

一、电子器件与设备热设计背景

伴随着科学技术的发展，电子器件与设备呈现出小型化、模块化、高集成的发展趋势。相应地，部件与系统的体积缩小，电子器件与设备比功耗和总功耗增加，从而导致热流密度大幅提升，电子器件与设备的温度急剧升高，使得电子器件与设备的故障率越来越高。电子器件与设备因过热发生的故障导致电子器件与设备及系统的可靠性下降，甚至会造成严重后果。为了适应现代电子器件与设备的热管理需要，相关电子器件与设备的热设计技术与方法日益受到广泛的重视。

热设计的目的是防止电子元器件和设备热失效，精确控制电子设备内部所有元器件的温度及其变化，使其在设备的工作环境条件下不超过规定的最高允许温度。最高允许温度可以依据《电子设备可靠性预计手册》（GJB/Z 299C—2006）中元器件失效率与工作温度之间的关系计算得出。

　　电子器件与设备热设计主要满足三个方面的要求：①满足电子器件与设备可靠性的要求，保证电子器件与设备能在规定的热环境下工作；②满足电子器件与设备适应性的要求，保证电子器件与设备对不同环境的适应性；③满足电子器件与设备经济性的要求，需要约束控制整个散热系统的投入、运行及维修成本。值得注意的是，对电子器件与设备热设计和电子器件与设备全寿命周期分析及预测的关联性的研究工作正在逐渐兴起。可以预料，热设计对电子器件与设备全生命周期的科学分析与准确预测的作用将越来越凸显。

　　典型的电子器件与设备热设计方法流程图如图 7-1 所示。

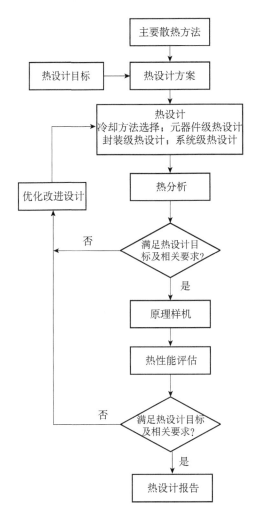

图 7-1　典型的电子器件与设备热设计方法流程图

首先，需要熟悉和掌握热设计相关的标准、规范及其他有关文件，明确目标电子设备的设计要求。

其次，根据电子器件与设备的产热量及限制性使用条件，如工作环境条件、密封性要求、腐蚀性要求、耐久性要求、质量要求和成本要求等，选择合适的热排散冷却技术和冷却工质。如图 7-2 所示，电子设备热设计可以分为芯片级、板卡级、系统级 3 个层次。芯片级热设计是将芯片热点的热量快速扩散，包括高导热芯片封装、高导热衬底（铝硅、金刚石复合材料等）等技术；板卡级热设计是将芯片热量快速传递到机箱或散热系统中，一般采用金属翅片散热器、热管等方法；系统级热设计是将机箱热量快速传递到环境中，主要包括风冷散热器、回路热管、泵驱液冷循环等方式。散热方式的选择直接影响了电子设备的结构设计、可靠性、质量、体积和成本等要素。

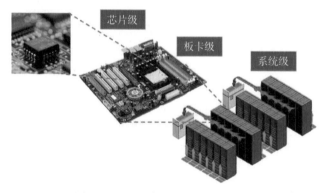

图 7-2　电子设备不同层次的热设计

然后，热管理系统结构选材需要选择散热效果好的材料。根据产热元器件的功耗及比功耗和设备使用环境限制条件选择材料。例如，对于导热板和散热器骨架要选用导热系数高的金属材料（如铝、铜材等）；热传递接触面之间要尽量选用电绝缘性好并导热系数高的介质材料，如导热硅脂和导热垫等绝缘材料。

最后，分析验证散热系统能否达到散热负荷需求。分析验证过程可以通过相关的理论方法和经验准则公式计算得出，也可以通过计算机辅助计算软件进行热模拟仿真得出，目的是提高热设计系统的有效性和降低设计成本。在完成设计后，进行热设计验证分析过程，对电子器件与设备的温度场分布做出预测，发现电子器件与设备可能的散热缺陷或薄弱环节，从而改进优化热设计方案，提高热设计方案的适用性和可靠性。

从图 7-1 中也可以看出，判断是否满足热设计要求，需要通过理论计算来进行初步判断。无论是对热管理系统原始构型的设计还是后续的优化设计，都需要利用数值仿真技术来判断散热设计方案是否达到散热要求。目前，电子器件与设备的研发周期越来越短，散热需求却越来越高，使散热设计成为电子器件与设备设计中不可缺少的一环。作为辅助工具，热仿真分析软件由于具有高效率、低成本和可视化分析等优点，在热设计中的作用越来越突出。

二、数值分析辅助热设计方法发展历程

在 18 世纪以前，人类主要通过实践经验和试验来认识世界，进行各项设计工作。始于 18 世纪，随着微积分等方法的问世，人类开始通过先进的数学工具来开展理论研究、探索自然规律，并采用微积分等方法把各种过程和变化规律归纳为常微分或偏微分方程组。对于难以获得解析解的数学问题，数值求解方法应运而生，数值分析方法也随之开始应用于电子器件与设备热设计领域。由于数值分析的方法具有成本低并且能够模拟多工况的实际使用过程的优点，通过数值分析方法辅助热设计过程可以降低器件设计过程中的验证成本，提前判断散热方式能否达到实际需求。

微分方程可以描述各种物理现象，但是对实际问题的定量分析需要对这些微分方程进行求解。受限于计算能力，从 18 世纪到 20 世纪，人们只能对一些理想条件下的微分方程及方程组进行求解。此时的数值分析技术只能对物理现象进行定性认识，而无法精确计算出各个物理量的结果。从 20 世纪 40 年代开始，计算机的发明和如差分方法、有限元法和有限体积法等一系列数值离散方法的提出，为数值计算分析求解微分方程及方程组提供了必要的手段。计算机的出现使得数值分析方法应用于电子器件与设备热设计领域成为可能，但是由于当时计算机能力的限制，人们在热设计方法上主要还是依靠实践经验和物理实验，数值分析方法只能起到参考与辅助的作用。从 20 世纪 80 年代起，随着并行计算的兴起及数值传热学等研究方法的进步，计算机的计算能力大幅度提高，开始能够精确地求解各种复杂的微分方程问题，数值分析方法逐渐开始替代实验验证过程，成为电子器件与设备热设计验证及

优化的重要手段。

近 20 年来，随着超级计算机及高性能计算的应用，电子器件与设备热设计领域中的数值分析求解的精确性进一步提高，求解过程也更贴近实际，呈现出如下特征。

（1）从温度场单场计算向多物理场耦合计算发展。在现实过程中，物理现象都不是单独存在的。例如，电场计算中由于电阻的存在，会产生多余的热能，热能的增加会让材料产生相应的热应力，从而导致结构和性能的变化。对电子器件与设备实际使用过程的精确模拟不仅需要对单个物理场进行模拟，而且要分析计算实际问题中各个物理场之间的耦合关系，即多物理场数值模拟。在 20 世纪 90 年代以前，由于计算机资源的缺乏，对物理现象的模拟往往局限于对单个物理场的模拟，多物理场模拟仅仅停留在理论阶段。随着计算机计算能力的提高，热设计从温度场单场模拟向多物理场耦合计算发展。

（2）从宏观尺度计算向微介观尺度或多尺度计算发展。随着电子器件特征尺寸接近甚至小于声子的平均自由程，宏观传热规律不再适用，微观产热传热理论体系逐渐发展。同时，介于宏观与微观之间的介观尺度在尺寸上是宏观的，又具有电子运动的相干性，与微观体系相近。其同时具备宏观尺度与微观尺度的特性，因而介观尺度的计算也成为研究的热点之一。电子器件与设备的产热-传热-散热全链条包括了从微观尺度的芯片到宏观尺度的器件的不同尺度下的能量载流子传递与相互作用过程，对这一完整过程的精确仿真不仅涉及微观尺度下载流子的产热传热机理，也包含了多尺度下不同方法的耦合计算，电子器件与设备热仿真开始从单一宏观尺度向微介观尺度或多尺度发展。

三、多物理场耦合热设计方法

众多物理现象都相互关联、相互影响，电子器件与设备的热设计过程也不例外。电子器件与设备的温度场也与器件和设备的电场、力场、流场及结构等其他物理过程息息相关。例如，在电子芯片中，随着芯片温度的变化，芯片内部具有温变特性的参数如封装材料的电热参数及互连线的电阻参数等都会发生较大变化，继而影响电路特性，电路特性的改变会反过来影响功耗等热特性。因此，对芯片温度场的精确模拟需要考虑电与热的相互影响，需要进行电–热多物理场建模与求解[1]，通过在各物理场之间传输的变量或边界特征等的信息将温度场与其他物理场联系起来。

目前，对于物理场的数值分析主要通过（偏）微分方程来描述，对不同物理场的耦合需要分析其控制方程及控制方程中的耦合项（主要为变量），从而将不同物理场联系起来。多学科耦合仿真的关键问题是满足耦合界面的守恒性和连续性。多物理场问题包括但不限于热、结构、流体、电磁和声学问题之间的耦合。耦合可能发生在两种物理模型之间，如热–结构耦合（热应力分析）、流场–结构场耦合（流固耦合）；耦合也可能发生在三种物理模型中，磁–热–结构耦合（电机）、电–热–结构耦合（焦耳加热）、高频电磁–热–结构耦合（射频加热）等；或者耦合也可能发生在四种物理模型（电磁–热–结构–流体）之间的耦合，如射频热探头和电机[2]。

根据相关物理场耦合方式的不同，可以分为变量耦合、边界条件耦合、本构方程耦合和分析域耦合四种耦合方式。这些分类表述如表 7-1 所示。

表 7-1　相关物理场耦合方式

分类	表述
变量耦合	耦合物理场在共享接口上有一个公共的主变量，它们需要在耦合接口上连续
边界条件耦合	耦合物理场没有相同的主要变量，但一个场被视为输出，为其他场提供自然边界条件或源项
本构方程耦合	一个场的主要变量或输出影响材料性质或其他物理模型的本构方程
分析域耦合	某个结构场，为非结构场提供位移边界条件，以影响其分析域

同时，根据耦合引起的非线性程度，这些耦合问题又可以分为强耦合和弱耦合。强耦合一般是指场与场之间相互作用很强，需要同时联立求解耦合所涉及的多场控制方程组的多个方程，强耦合能够获得准确的各场待求变量。弱耦合解法则是在每个增量步内交替求解单个场的控制方程，即先算一个场，后算另一个场，也就是在单个计算步长中并未考虑多场耦合作用，通过把单个物理场在一个计算步长中的结果作为外载荷加于其他物理场来实现两个场的耦合，这种算法相当于在单个计算步长内进行解耦运算，可以大大

加快计算速度。强耦合解法精度高，计算成本更大；弱耦合解法计算效率高，但是计算精度相对差些。

弱耦合有其自身的局限性。例如，在一个场变量对另一个场影响较大的情况下，可能引起求解的稳定性问题。然而，在每个计算步长只能分开计算物理场的数值架构中，无法完全同步考虑这种场与场之间的关联影响情况。

四、微观尺度热设计方法

传统宏观尺度下的傅里叶定律是基于热量扩散输运和输运速度无限大两个基本假设得到的，但是当器件尺度缩小到微观尺度量级（一般认为是亚微米及以下尺度），必须考虑真实条件下微观尺度下有限热传导速度的属性，其传导速度约等于固体中的声速。这表明，原来的宏观传热理论体系对于微观尺度热传递过程已经不再适用。

当前，微观尺度下的主流计算方法有基于粒子动力学的玻尔兹曼输运方法、基于牛顿力学的分子动力学方法和基于量子力学的第一性原理计算方法。特别地，如果是涉及模拟计算热辐射的波动效应，则需要求解麦克斯韦方程。

传热的过程本身是能量的输运。面对微观尺度下传统的扩散方程不再适用的窘境，可用玻尔兹曼输运方程来描述热量输运过程。玻尔兹曼输运方程（Boltzmann transport equation，BTE）基于经典的粒子动力学，将速度和坐标中分子数所占百分比的变化描述为一个随时间变化的非平衡态分布函数。1875 年，玻尔兹曼用它推导了输运过程的黏滞系数、扩散系数和热传导率，所以称为输运方程。需要指出的是，玻尔兹曼输运方程中的碰撞项处理必须能准确地反映粒子相互作用的基本特征，由该方程出发，可以得到宏观输运过程的一系列控制方程。

宏观连续模型不考虑模型的微观分子结构，直接对宏观物理量进行描述，而实际中物体都是由分子构成的，物体的宏观温度是微观热载流子热运动的统计平均结果。分子动力学方法的基本思想就是通过数值求解牛顿运动方程的方式，来获得系统中每个原子的位置及速度随时间的变化，从而可以获取电子器件与设备的宏观物理量，如比热容、扩散系数和导热系数等。分子动力学算法基于数学方程，能够模拟材料内部载流子的运动与相互作用，从而获得许多与粒子有关的微观细节，甚至可以直接模拟发生在一个分子动力学观察时间（1~10ps）内的物理现象，这是实验测量技术很难实现的。分子动力学算法适合于分析计算系统的动态性质和模拟复杂结构，近年来受到了普遍重视与广泛应用。

第一性原理计算方法是根据原子核和电子相互作用的原理及其基本运动规律，运用量子力学原理，经过一些近似处理后直接求解薛定谔方程的算法。对于热传递过程而言，第一性原理可以用来计算玻尔兹曼输运方程涉及的各种散射项。微观尺度下非金属材料的热导率计算就是主要依靠第一性原理非简谐晶格动力学方法来确定晶格热导率的。这种方法基于量子力学和玻尔兹曼输运方程推导而来，不依赖于任何近似或拟合参数，算出的热导率结果与实验值吻合得很好。如果要计算微观尺度下金属的热导率，则需要进一步考虑电子和声子的碰撞过程。另外，第一性原理的分析方法还可以结合洛伦兹模型计算材料的红外发射率，或者结合非平衡态格林函数方法计算固体界面的声子透射率。

五、常用热分析与设计软件（专用、通用）

热传递过程中各种参数的相互耦合性，使得电子器件与设备热分析、热设计和热实验相当复杂，随着电子技术的发展和使用环境的复杂化、设备的微小型化，热流密度越来越高，芯片承受的瞬态热冲击越来越严重，因而热可靠性设计越来越成为电子器件与设备总体设计中一个非常突出的问题。由于计算传热学的发展和计算机的应用与普及，人们从最初直接的理论计算发展为计算机辅助热设计程序。适用于电子器件与设备热特性分析的计算软件结构一般由输入模块（模型、参数）、网格模块、数值计算模块和输出及后处理模块等四部分组成。

（一）涉及电子器件与设备的热分析软件类别

随着数值计算方法与技术的成熟与普及，数值计算程序逐步向商业软件发展。其中，涉及电子器件与设备的热分析软件可以分为两大类。

1.专用的电子器件与设备热分析软件

这类热分析计算软件专门针对电子器件与设备的特点而开发，一个典型特点是软件附带的材料库一般都会有很多典型的电子器件与设备用材料，可以直接调用，方便客户使用。比较适用广泛的软件有 FLOTHERM、Icepark 和 6sigmaDC 等。

2. 通用热分析软件

通用的热分析软件通常都是大型的集成商业软件，不仅可以计算电子器件与设备的热问题，同时也可以处理其他应用场景涉及的多物理场问题，这些软件往往能实现多物理场之间的耦合计算。典型的通用热分析软件有 ANSYS、COMSOL 和 ABAQUS 等。

（二）热分析软件的特点

作为高层次、知识密集度极高的软件，热分析软件有以下特点。

1. 软件拥有基本的案例库

为了描述软件的计算功能与涉及领域，软件都会介绍使用该软件计算的典型问题的案例，这样也可以供用户模仿学习，便于快速使用软件。

2. 软件有友好的用户界面和方便的前处理系统

使用软件的用户可能包括各个领域的工程技术人员，未必都是热设计或数值计算的专业人才，软件一般有通俗、灵活和便捷的输入系统，用户能方便地与计算机及计算软件交流，输入有关信息（如计算条件等）。前处理系统主要是指用于生成网格的软件模块，其对复杂求解区域的网格生成质量是整个软件的一个重要评价指标。

3. 软件有方便的模块接口

用户可以加入自己开发的模块或调用其他软件。软件是不提供源程序的，只提供使用可执行文件的许可。用户要在软件中纳入该软件未包括的一些功能只能通过接口来实现。

4. 软件应有完善的后处理系统

对于计算节点多达几万乃至几百万的计算结果，如果只是以表格的形式输出，用户难以了解数值计算结果的全貌。软件一般都有用图形显示计算结果的功能（包括对图形进行平移、转动和缩放等功能）。有的软件还可以显示迭代过程中守恒的不平衡余量的动态变化过程，使用户能清楚地看到迭代过程的收敛情况。

（三）热分析的数学基础和基本步骤

进行热分析的数值方法是有限元法、有限容积法、有限差分法和边界元法。例如，软件 BETASoft 采用的是有限差分法，软件 Flotran、Algor、ANSYS 采用的是有限元法；软件 FLOTHERM、Coolit、Icepak 采用的是有限容积法。

一般地，采用有限元法、有限差分法或有限容积法进行热分析的基本步骤如下所示。

（1）根据热设计要求，建立电子器件与设备热分析模型（包括 PCB 建模和器件建模等），输入定解条件（如物性参数、热源、流速、初始温度和边界条件等）。

（2）划分网格，进行计算，迭代直到收敛。

（3）后处理，以表格、图形或动画的形式显示温度场和流场等。

不同的数值方法具有不同的特点。有限差分法的数值求解速度较快，但往往局限于规则的差分网格，只适合于较规则的几何形状计算区域和对象；有限元法能对涉及复杂几何形状的问题进行求解，它允许对某些区域（如温度梯度大或最高温度处等）加密网格，且计算精度高，但缺点是占用大量的计算机资源和处理时间；有限容积法则综合了有限元法和有限差分法的优点。目前，大多数的热分析软件采用的数值方法都是有限容积法。

（四）常用的热分析与设计软件

下面列举了一些常用的热分析与设计软件。

1. FLOTHERM

FLOTHERM 是一款专业用于电子散热领域的三维热仿真和优化设计软件，其可以应用于封装元件、系统设备和数据中心等不同层级。在任何实体样机建立之前，用户可以通过 FLOTHERM 软件创建电子器件与设备的虚拟模型，预测产品内部气流流动、温度分布和热量传递过程。根据 FLOTHERM 提供的数值仿真结果，可以识别电子产品可能存在的热风险，改善电子设备或系统热设计方案，进一步提高产品设计的可靠性。

FLOTHERM 是电子系统散热仿真软件，广泛地应用于通信行业、计算机、半导体 / 集成电路 / 元器件、航空航天、国防电子、电力与能源、汽车电子、仪器仪表和消费电子等领域。FLOTHERM 采用了成熟的计算流体力学（computational fluid dynamics，CFD）和数值传热仿真技术，并拥有大量专门针对电子工业而开发的模型库和数据库。应用 FLOTHERM 可以从电子系统应用的环境层、电子系统层、各电路板及部件层直至芯片内部结构层等不同层次，对系统散热、温度场和内部流体运动状态进行高效、准确、简便的定量分析。它采用有限容积法的数值处理结构，可以同时在三维结构模型中模拟电子设备或系统的热传导、热对流和热辐射过程，模拟计算流体温度、流体压力、流体速度和运动矢量等物理场。

FLOTHERM 作为全球第一款专门针对电子器件与设备热设计而开发的仿真软件，可以实现从元器件级、PCB 板和模块级、系统级到环境级的热分析。目前，整个 FLOTHERM 软件市场占有率高达 70%。

2. Icepak

Icepak 是一款专门为电子产品工程师定制开发的专业的电子热分析软件。与 FLOTHERM 相比，其相对突出的优势是能很好地处理复杂的曲面几何结构，采用 Fluent 求解器，集成在 ANSYS 中，可与 ANSYS 其他模块进行耦合分析。

Icepak 可以模拟自然对流、强迫对流、混合对流等流动现象，求解包含热传导、热对流和热辐射的传热模型，可以对电子产品热设计进行瞬态或稳态计算。Icepak 拥有热设计分析所专用的机柜、风扇、PCB 板、阻尼和通风口等模型组件，可以帮助工程师快速地建立电子产品模型。整个软件采用统一的集成化的环境界面，操作使用简单，模型相应的网格生成与计算都可以自动进行。

3. Fluent

Fluent 是目前比较流行的计算流体力学软件包，它包含结构化和非结构化两个版本。在结构化网格版本中有适体坐标的前处理软件，流场计算中的速度与压力耦合采用同位网格上的 SIMPLEC 算法。对流项差分格式纳入了一阶迎风、中心差分和 QUICK 等格式；在辐射换热计算方面纳入了射线跟踪法。Fluent 可以计算的物理问题类型主要有定常与非定常流动、不可压缩与可压缩流动。Fluent 具有丰富的物理模型、先进的数值方法和强大的前后处理功能，功能相对强大。Fluent 采用不同的离散格式和数值方法，可以在特定的领域内使计算速度、稳定性和精度等方面达到最佳组合，是一种比较广谱的流动传热数值计算软件。

4. ANSYS

ANSYS 是融合结构、流体、电场、热、磁场和声场分析于一体的大型通用有限元分析软件，有多数计算机辅助设计软件接口，能够实现数据的共享与交换。该软件主要包括三个部分：前处理模块、分析计算模块和后处理模块。前处理模块提供了一个强大的实体建模及网格划分工具，用户可以方便地面向应用场景来构造有限元模型。ANSYS 软件中的热分析计算模块能计算涉及导热、对流和辐射的传热与传质问题。此外，ANSYS 还可以分析相变、有内热源和接触热阻等复杂问题。软件的后处理模块可以将计算结果以彩色等值线显示、梯度显示、矢量显示、粒子流迹显示、立体切片显示、透明显示和半透明显示等图形方式显示出来，也可以将计算结果以图表、曲线形式显示或输出。

5. COMSOL

COMSOL 软件是一个创建仿真模型、开发仿真 App 的涉及多物理场与过程的仿真平台。COMSOL 提供了一个支持灵活耦合多个物理场的模型开发器，用于建模和解决各种科学与工程问题，同时，COMSOL 中的 App 开发器提供便捷的图形化 App 开发工具，可以将仿真计算过程集成为一个用户App，供其他人调整参数直接计算使用。COMSOL 中建模分析过程的多个步骤（几何模型建立、定义材料属性和边界条件、网格剖分、研究求解及计算结果后处理）相对其他有限元软件如 ANSYS 和 ABAQUS 等操作都更加友好。COMSOL 在大量的预定义的应用模式基础之上，覆盖了传热、流体、电磁场、结构力学、地球科学、化学反应及多场耦合模型和光电转换过程及自定义数学偏微分方程问题。

6. ABAQUS

ABAQUS 软件公司成立于 1978 年，主要优势在于解决非线性有限元问题。ABAQUS 包含了一个丰富的、可以模拟任意几何形状的单元库，能够模拟典型的工程问题。作为通用的仿真工具，其除了拥有计算电子器件与设备的热传导问题的能力，还能实现热电耦合分析、力学分析和质量扩散等复杂问题的求解。ABAQUS 是公认的功能最强大的有限元软件之一，因为其能够计算复杂庞大的力学问题和强非线性问题，同时可以实现系统级的分析计算。由于其优秀的分析能力和模拟复杂系统的可靠性，ABAQUS 被广泛地应用于工业界和学术界。

7. 其他商业软件

除此之外，还有一系列的各具特色和优势的商业软件。部分商业软件的功能对比和数值模拟特性如表 7-2 所示。

专用性软件如 FLOTHERM、Icepak 和 6sigmaDC 等由于针对性更强，涉及的领域相对单一，且具有现成的电子器件库可供调用，学习成本相对较低，在工业界特别是在芯片设计领域应用更为普遍。但是，正因为这些专业性软件的功能较单一，难以满足多物理场耦合计算的精确求解。

通用性软件如 ANSYS、COMSOL 和 ABAQUS 等能够实现不同物理场的耦合计算，因此与实际问题联系更为紧密，在强调求解精度的学术界应用更广泛。相较于专用性软件，上述通用性软件往往缺少相应的电子器件库，建模求解过程相对复杂，学习成本也更高。

第二节　面临的挑战和存在的问题

一、多场耦合强非线性问题的收敛性

多物理场耦合的本质就是将分别针对各单一物理场的（偏）微分方程耦合成为多物理场的（偏）微分方程组。由于能够处理计算物理场之间的耦合关系，多物理场耦合计算更贴近实际问题，求解的精度也相对更高。从前述的强弱耦合的模型公式可以看出，对于多物理场耦合模型，由于其在耦合过程中变量的增多及求解（偏）微分方程组难度的增加，线性问题或非线性问题往往会耦合成为强非线性问题，这些强非线性问题使得收敛性降低，求解

表 7-2　部分商业软件功能对比和数值模拟特性 [3]

功能\软件	FLOTHERM	Icepak	Fluent	THEBES	PHOENICS HOTBOX	FLOTRAN	CFX4	STAR-CD
图形化菜单驱动系统	是	是	是	是	是	是	是	是
自动网格划分	是	是	是	是	是	是	是	是
电子元件级和系统级建模能力	高	一般	一般	高	一般	一般	低	低
模型数据库	是	是	否	是	是	否	是	否
共轭建模	是	是	是	是	是	是	是	是
时间依赖性	否	是	是	是	是	是	是	是
辐射建模	是	是	是	是	是	否	是	是
热应力建模	否	可与 ANSYSMARC 接口	否	否	是	是	可与 ANSYS 接口	可与 ANSYS 接口
离散方法	有限容积	有限容积	有限容积	有限容积	有限容积	有限元	有限容积	有限容积
网格性质	结构化正交网格	非结构化网格	结构化正交网格及曲线网格	结构化正交网格	结构化正交网格及曲线网格	非结构化网格	结构化正交网格及曲线网格	非结构化网格
对流项处理	一阶迎风	流线迎风差分	多选项	未知	多选项	流线迎风差分	多选项	多选项
压力项处理	SIMPLEST	罚函数	SIMPLE SIMPLEC	未知	多选项	SIMPLER	SIMPLE PISO	SIMPLE, PISO
湍流模型	常函数和标准 k-ε 方法	混合长度标准 k-ε、RNG, k-ε 和非线性 k-ε	多选项	无	多选项	标准 k-ε	多选项	k-ε 变体 RNG 和多层 k-ε 模型
方程解法	高斯-塞德尔迭代	多耦合及分立解法	多级收敛的 TDMA	直接求解	多级收敛的多选项	TDMA 和共轭梯度法	多解法	共轭梯度法

注：压力耦合方程组的半隐式方法（semi-implicit-method for pressure linked equations，SIMPLE），压力耦合方程组的半隐式协调方法（semi-implicit-method for pressure linked equations consistent，SIMPLEC），压力耦合方程组的半隐式改进方法（semi-implicit-method for pressure linked equations revised，SIMPLER），求解耦合速度压力的非迭代算法（pressure-implicit with splitting of operators，PISO），三对角矩阵算法（the tridiagonal matrix algorithm，TDMA）。

难度大幅度提高 [3-6]。

在多物理场耦合计算过程中，数值求解的模型会在时间尺度或空间尺度出现强非线性问题。针对这些多场耦合强非线性问题，需要采用一些数值稳定方法对空间域和时间域进行相应的处理，以提高多物理场耦合计算过程中解的收敛性 [2]。

二、跨尺度热分析计算的信息交互匹配

正如上面所述，针对微介观尺度电子器件的产热-传热-散热过程已经有了微观尺度的对应机理可以模拟计算，但计算的能量分布和电-热特性最终需要体现在宏观的电子器件与设备上，因而需要对宏观的电子器件与设备进行模拟，即需要进行微观-宏观的跨尺度问题计算。

精确的数值热模拟分析需要构建从纳米级元器件、芯片封装级到完整的设备级的统一的热传递模型。然而，芯片级的微观热分析方法与封装级或系统级的宏观热分析方法目前仍然是两个相对分离、彼此独立的研究领域。傅里叶热扩散模型已广泛地应用于快速芯片封装级热分析，但是难以准确地捕捉纳米尺度的热效应与热传递机制。芯片级微观建模计算方法技术，如分子动力学和玻尔兹曼输运方程，可以用于模拟纳米尺度的热效应，但由于其计算复杂度高，它们的使用往往仅限于单个芯片，无法应用于系统级设备。针对这样的问题，越来越多的学者运用宏观-微观结合的跨尺度热分析方法来精确模拟从纳米尺度的芯片极点、毫米尺度的器件、到尺度更大的设备的热分布，在尺寸效应强的区域使用微介观计算模型，在宏观尺寸的区域使用宏观热传递理论。这样，宏观与微观尺度的信息通常是相互耦合的，最简单的情况是单向耦合问题，即微观尺度的模型为宏观尺度模型提供变量参数或边界条件，但宏观模型不影响微观尺度下的计算。更为普遍的情况是宏观与微观的模型相互影响，因为两个模型涉及的机理和计算方法不同，模型之间相互影响的处理需要中间参数变量的信息传递过程，这涉及了不同尺度区域界面处相关参数信息的传输匹配问题，基本的依据就是不同类型的守恒方程。

对于跨尺度问题，为了确保数值求解结果的准确可靠，需要保证微观尺度与宏观尺度模型的对应信息的准确交互传递。类似于多物理场计算的强耦合与弱耦合方式，不同尺度模型的耦合计算也可以分为串行与并行两种。串

行方式需要同时计算跨尺度问题，计算难度大，容易出现计算时间过长的问题；并行方式先分开计算微观尺度与宏观尺度的结果，再进行并行交互，这种方式容易出现不同尺度间的迭代过程无法收敛，其原因主要可以归纳为以下 3 点[7]。

（1）微观尺度下计算时间长：由于微观尺度模型相较于宏观尺度模型更为复杂，容易出现宏观尺度求解过程中需要微观尺度提供新的边界信息，若微观尺度下尚未计算出可靠的收敛解，强行提供一个中间的结果，会导致信息传递出现问题，容易导致迭代过程发散。

（2）微观尺度参数敏感性高：微观尺度的模型相较于宏观尺度模型的敏感性更高，收敛性差，当两个尺度传递的参数种类多、频次高时，会使得敏感参数变化过快而导致迭代过程发散。

（3）各尺度计算步长不同：由于微观尺度与宏观尺度的计算步长并不一致，因此会导致宏观尺度的采样频率与微观尺度的计算步长出现错开的情况，从而无法准确执行更新同步的时间奇点，使得交互过程不稳定，出现发散。

对此，需要设计合适的跨尺度信息交互方式，从而实现微观尺度信息与宏观尺度信息的及时交互与准确对应。

三、多尺度热分析问题的高计算资源需求

起初，多尺度问题的相关研究主要集中在化学、生物学和地质学等领域，1976 年，Warshel 和 Levitt[8] 使用多尺度方法成功模拟了生物酶反应，成为多尺度方法发展史上一次突破性的进展，并且因为在复杂化学系统的多尺度模拟方面做出了杰出贡献，获得了 2013 年诺贝尔化学奖，掀起了学术界对多尺度系统理论及应用研究的热潮，随后产生了若干种多尺度分析方法。例如，重正化方法克服了应用微扰理论在量子场论计算过程中发散困难的问题，将场量、参数重新定义，用抵消项消除正规化的发散部分，使计算结果收敛且有意义[9]；均质化方法从微观角度出发，选取代表性体积单元，并求解微观平衡方程可以得到表征体积单元的特征函数，再通过类比得到宏观等效的相应变量[10,11]；边界层方程等渐近分析方法也已成为求解常微分方程和偏微分方程的关键工具[12,13]。与此同时，电子设备与器件的微小型化使得人

们更加关注微观物理过程与机理，与电子器件与设备热设计相关的热科学领域也开始应用多尺度数值模拟方法对电子器件与设备进行仿真分析。

一方面，随着电子器件特征尺寸不断减小，其特征尺寸已经小于或接近声子平均自由程，微观产热–热传递理论开始应用于芯片产热–传热问题的数值计算。但是，微观尺度的能量耗散与分布最终都要体现于宏观尺度的电子器件，由此产生了从微观到宏观的跨尺度热传递问题。同时，芯片集成度也随着特征尺寸的减小不断增高，从最初的单个芯片只能集成几十个晶体管，发展到目前的单个芯片可以集成几十亿个晶体管，晶体管数量级的不断上升使得计算求解难度非常大[14]。

另一方面，随着大型电子设备和大规模数据中心的出现，电子设备及系统的空间尺度进一步扩大。相应地，对这些大规模设备和系统的计算分析也横跨了从纳米级、毫米级、米级、到百米甚至千米级的多尺度，这种大规模的多尺度问题也往往受限于计算资源而无法实现精准计算和模拟分析[15-18]。

针对上述问题，需要通过优化计算资源的分配来解决跨尺度及多尺度数值模拟计算问题。

第三节　研究动态

一、强非线性问题的稳定方法

对于多物理场耦合形成的强非线性方程组，在时间积分和非线性迭代过程中需要采用一些数值稳定方法来提高计算的效率和收敛性。下面介绍目前针对空间域和时间域的稳定方法及非线性迭代过程中的稳定方法。

（一）空间域稳定方法

对于空间域的稳定方法，以对流–扩散方程的离散格式为例。在对流–扩散方程中非线性问题主要是解决非线性对流项的离散问题。无因次的贝克列数表示了对流与扩散作用的相对大小，当对流扩散方程中贝克列数的绝对值很大时，表示对流作用很强，流体扩散作用就可以忽略，此时对流作用占主导地位。但是强对流项的离散导致有限元系数矩阵的不对称性，可能会引起数值解的振荡，收敛性下降，计算难度上升。例如，采用中心差分离散方法时，若网格贝克列数大于等于 2，计算的解就会出现非物理振荡，难以收敛。为了改进强非线性问题中的矩阵的质量并获得稳定解，需要一些空间域的稳定方法。

1. 中心差分法

中心差分法是基于用有限差分代替位移对时间的微分，对位移一阶求导得到速度，对位移二阶求导得到加速度。中心差分法具有二阶精度，常用于离散扩散项。然而，当应用中心差分法来离散网格贝克列数大于 2 的对流项时，易发生数值振荡。因此，中心差分法一般应用于网格贝克列数小于 2 的情况。

2. 一阶迎风法

为了克服网格贝克列数大于 2 时采用中心差分法造成的数值解的振荡，早在 20 世纪 50 年代，就出现了迎风法，这种方法不仅考虑了流动方向对导数差分计算式的影响，也考虑了网格界面上函数取值方法的影响[19]。

采用迎风方式来离散对流项时，二阶导数项仍然采用分段线性的型线来离散。由于一阶迎风法离散方程系数永远大于零，所以在任何计算条件下都不会出现数值解的振荡现象。

一阶迎风法的截差阶数低，使得相同网格下计算结果的误差相对于其他方法较大。特别是当网格贝克列数小于 2 时，采用中心差分法的计算结果要比采用迎风差分的结果误差更小。在软件的调试过程或者是计算的中间过程中，例如，多种网格的粗网格计算或非线性问题的迭代过程中，一阶迎风法由于其具有绝对稳定性的特点被广泛地采用。

3. 流线迎风法

当网格贝克列数较大时，采用经典的 Garlerkin 法求解 NS 方程会引起数值波动，针对定常对流扩散问题，出现了流线迎风（streamline-upwind/Petrov-Galerkin，SUPG）法，可以有效地解决对流项引起的解的振荡问题[20]。在此基础上提出了双时间步法，针对定常与非定常问题的求解，同时改进了计算精度和计算效率[21]。然而对于黏性不可压缩流动问题，可以通过变量分裂法将速度场和压力场解耦，使单元速度和压力采用同阶插值函数，易于对混合场进行有限元空间离散[22]。

（二）时间域稳定方法

1. Newmark-β 法

Newmark-β法是一种具有适当积分参数的线性分析无条件稳定方法，其结合了中心差分法和反向欧拉法的优点，在积分参数满足一定条件的情况下，可以满足二阶精度的无条件稳定[23]。

因为 Newmark-β 法具有无条件稳定、二阶精度高和无振幅衰减等优点，在实际分析中得到了广泛利用。然而，当进行强非线性分析（如大变形动力分析）时，Newmark-β法在非线性的迭代过程中可能会变得不稳定，甚至无法收敛，此时，在时间积分方法中引入数值耗散可以提高收敛性。即可以通过增加时间积分参数来引入人工数值阻尼。当时间积分参数的值变大时，会引入数值耗散来抑制高频响应，从而提高数值求解过程的收敛性。

2. α 法

为了提高 Newmark-β 法非线性迭代过程的收敛性，需要通过调整积分参数引入数值耗散。然而，当调整时间积分参数来抑制高频响应时，低频响应也受到很大影响，导致精度不高。针对这个问题，α法可以用来克服上述缺点。对于线性分析，α法是无条件稳定的。在非线性迭代过程中，其与用户控制的高频阻尼相结合，具有良好的精度，表现出良好的收敛性。

3. 修正矩阵法

对于极薄壳结构，转动自由度相关特征值变得非常高。那么，时间步长的标准将非常小，不切实际。改进的旋转自由度质量矩阵可以解决这一问题。该修正质量能够降低最大频率，削弱高阶振动模型，从而稳定薄壳结构的动力解。

对于数值格式，其稳定性和精度总是相互冲突的，数值收敛性越好往往会使得数值解的精度变低。实际模拟过程中的关键为在可以使用的计算内存足够大和时间成本可以接受的情况下，尽量地提高数值计算的精度；或者是在精度能够满足要求的情况下，尽量地减少计算时间，减少时间成本[24-28]。因此，需要选择合适的方法（即数值模拟中的稳定方法）来满足上述要求，得到符合实际的模拟结果。对于强非线性的多物理场数值求解问题，可以通过经验判断选择既能保证收敛性又能保证计算结果可靠性的平衡方案。

（三）非线性迭代过程中的稳定方法

1. 松弛因子

非线性迭代过程中最主要的稳定方法是采用松弛因子[29-32]。松弛因子的主要作用是控制变量在每次迭代中的变化，变量的新的取值为原值加上变化量乘以松弛因子。松弛因子的使用可以调节控制收敛的速度和改善收敛的状况，当松弛因子为1时，相当于未采用松弛因子；当松弛因子大于1时，为超松弛因子，可以加快收敛的速度；当松弛因子小于1时，为欠松弛因子，可以改善收敛条件，便于数值求解过程的稳定，但会减慢收敛的速度[33]。

松弛因子可以应用于多类求解参数，包括求解变量、弱耦合载荷传递的界面载荷及系统的其他非线性参数，其可以减慢收敛速度，使非线性迭代过程稳定。例如，在 Fluent 中求解非线性问题时，一般使用松弛因子控制变化量。并且，对于不同的变量，在同一个求解过程中可以采用不同的松弛因子，在保证收敛的情况下加快收敛速度。所以，松弛因子的最优选择是使非线性系统在保证收敛稳定性的同时收敛速度最快化。

2. 定常问题的惯性松弛

对角占优矩阵能够便于求解的收敛，而惯性松弛方法可以使得方程组在对角线上更具有优势[34]。这种方法主要用于求解可压缩压力方程和湍流方程。

将非精确的邻近点与外梯度结合起来而出现了一种关系松弛混合邻近外梯度算法[35]。与现有的其他相关算法相比，该算法继承了惯性外推和松弛外梯度策略的良好收敛性，并且继承了混合邻近外梯度算法的相对误差准则。

二、跨尺度热分析的信息交互匹配方法

如图 7-3 所示，为确保跨尺度信息的准确交互，需要在同时求解宏观尺度与微观尺度问题过程中，建立对应的热分析计算参数信息交互匹配方法。不同尺度区域之间的信息交互问题可以转换为尺度之间边界条件信息的传递采样与对应问题，从而可以通过边界条件约束和平均化方法连接各尺度区域，得出相应的多尺度热分析计算过程中的信息交互匹配方法。

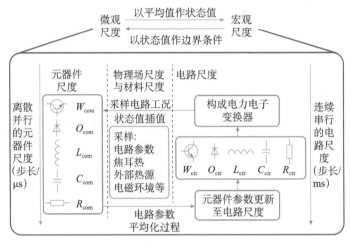

图 7-3　多尺度交互策略 [7]

微观尺度采用小步长的短时运行方式，仅要求在宏观尺度更新信息前求得稳态解，来代替全时间域的求解过程。通过各尺度求得稳态解的时间信息，自适应得到不同尺度区域之间交互的时刻。通过平均化方法将微观尺度信息延拓至宏观尺度中大步长的长时运行，实现微观尺度到宏观尺度的数据融合，消除上述尺度间迭代过程无法收敛的现象 [7]。

目前，针对跨尺度问题的信息传递过程，有一系列提高跨尺度信息传递准确性同时提高收敛性的计算方法，下面针对其中应用较广泛的一些计算方法做一般性说明。

1. 广义数学均匀化方法

广义数学均匀化（generalized mathematical homogenization，GMH）方法 [36,37] 直接从分子动力学（molecular dynamics，MD）方程的基础上构造了等效连续介质描述。该方法将位移场构造为多时空尺度的同时进行渐近展开，同时其允许将粗尺度模型分解为一系列离散的单元问题和具有多尺度的各种顺序连续体问题 [38]。这一系列离散的单元问题可以解释为分子静力学问题，其中一个单元受到不同顺序的宏观场。连续介质方程可以组合起来构造非局部连续介质描述 [37,39,40]，或者可以求得慢时间尺度的封闭解，从而得到一个时间尺度下的代数方程组 [38]。GMH 理论能够使用的条件是时间尺度和空间尺度必须可分离。例如，如果更快的小尺度模型的基本事件与使用较慢的粗模型计算的流程细节在同一时间尺度上发生，那么时间尺度就不能分离。同样，当移动信号的波长是细微尺度特征的数量级时，则无法实现空间尺度的分离。

2. 准连续介质方法

准连续介质（quasicontinuum，QC）方法涉及一种连续介质描述，其中本构方程直接从原子模型的角度考虑。该方法巧妙地将分子静力学与有限元方法相结合，在变形梯度较小的规则区域采用代表性原子作为计算点。在其原始形式[41]中，QC方法是针对简单的布拉维晶格制定的，其假设原子均匀变形。在更普遍的异质原子间相互作用的势能的情况下，QC方法变为解决一个单元问题[42]。在这种比较普遍的情况下，QC方法类似于GMH理论，因此它可以看作数学理论的工程对应方法。

3. 基于单元划分的多尺度富集方法

基于单元划分的多尺度富集（multiscale enrichment based on partition of unity，MEPU）方法[43]可以认为是GMH方法[44]和单元划分方法[45-47]的耦合利用。MEPU方法适合于粗糙尺度的连续介质描述或粗粒度离散公式。它主要是为了将数学均匀化理论的适用范围扩展到尺度分离可能无效的问题上，如在非周期解上或粗糙解可能在单元域上迅速变化的问题。MEPU方法可以归入采用对近似空间进行层次分解的方法范畴。为了降低计算成本，设计了类似均匀化的积分方案。粗尺度元素的高斯点的函数值被以高斯点为中心的单位单元域上计算的平均值所代替。

4. 变分多尺度法

变分多尺度法（variational multiscale method，VMS）[48]可以看作一种等效的粗尺度单元构建方法。与传统的有限元方法相比，VMS主要是通过将标量场分解成粗尺度解和细尺度解之和。VMS需要满足解的细尺度信息在给定的网格上不能被捕捉的假设，细尺度解可以通过分析或数值的方法来确定。

5. 异质多尺度方法

异质多尺度方法（heterogeneous multiscale method，HMM）是针对多尺度计算的一个通用框架型方法[49]。异质这个词是用来强调不同尺度下的模型可能具有不同的属性，例如，微观尺度下的分子动力学和宏观尺度下的连续力学。HMM的核心思想是，当宏观尺度下的模型在局部区域缺少条件或者本构关系时，通过在这些区域求解微观模型来得到所需要的宏观尺度信息。

HMM 允许最大化地利用在不同尺度下的对特定问题的不同求解方法。

6. 粗粒度分子动力学方法

粗粒度分子动力学（coarse-grained molecular dynamics，CGMD）方法是在固定的热力学条件下，从分子动力学方程发展出粗粒度的汉密尔顿方程[50]。代表性的原子被强制保留了细尺度原子的平均位置和动量（类似于 QC 方法）。相应的粗粒度汉密尔顿被定义为热力学标定的细尺度汉密尔顿在位移–运动量空间中的平均值。

7. 不连续伽辽金法

不连续伽辽金（discontinuous galerkin，DG）法以类似数学均匀化的方式构造位移场的不连续富集，但它没有引入多个空间坐标。这就造成了解的连续近似。为了控制不连续造成的误差，采用了 Babuska 的过采样思想[51]。文献 [52] 给出了 DG 法的广义定义，用于将连续层面的细尺度特征嵌入粗尺度描述中。

8. 无方程法

无方程法（equation-free method，EFM）是指细尺度问题在粗尺度域的一些采样点进行演化[53]。这些采样点由原子尺度的单位单元表示。与前述信息传递方法不同的是，在 EFM 中，粗尺度问题被假定为未知。一旦计算出细尺度上后续两个时间步长的解，然后限制在粗尺度上，那么在 $t + \Delta t$ 处的粗尺度解就可以通过时域的投影积分或外推得到。

三、多尺度热分析问题的计算资源分配

对于既包含微观尺度又包含宏观尺度的问题，由于微观尺度与宏观尺度的控制方程不同，需要混合微观计算方法与宏观方法进行计算。由于这种混合方法的计算资源需求较大，目前主要采用分域法来求解此类混合计算问题，如图 7-4 所示[54, 55]。整个计算域可以划分为三个区域：使用微观计算方法的微观区域、使用宏观傅里叶定律的宏观区域和两者之间的重合区域。在微观区域，采用分子动力学或玻尔兹曼输运方程等计算方法进行计算；对于受微观计算影响较小的宏观区域，采用傅里叶热传导方程等简化处理方法来代替复杂的微观计算；对于重叠区域，在这个区域交换两者计算方法的解来获得整个计算域的全解，其中的关键是确保能量守恒定律的遵守。

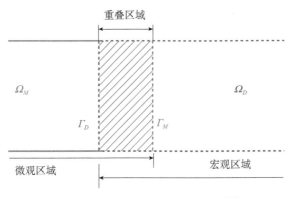

图 7-4　热传导问题分域法示意图 [54]

大规模的数据中心是一个典型的多尺度系统。虽然数据中心设备的尺度都属于宏观尺度，但从其整个系统到局部的发热器件空间尺度达到十几个量级的跨越。如果对整个数据中心按照同一网格尺度精准建模，所需的计算资源巨大，甚至会导致相关计算目标难以实现。所以，针对数据中心的热管理分析，必须采用多尺度数值模拟方法开展必要的分析计算，需要对计算资源进行合理分配，在精度达到要求的情况下，加快收敛速度。

如图 7-5 所示，针对数据中心的精准模拟，人们提出了一种"由上至下"的多尺度建模方法：①初级系统采用粗网格简略计算温度场和流场，作为下一级边界条件；②在下一级系统的特定位置加密网格（图 7-6）并进行计算；③重复第②步，持续递进，直到追踪到最初的产热层级。通过如此的多尺度模型计算，既保证了产热器件计算精度，也降低了大规模计算区域的计算资源需求，实现对源头温度场的精准建模与感知。

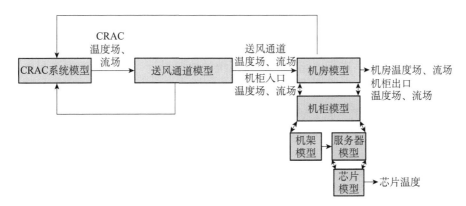

图 7-5　"由上至下"多尺度建模方法 [56]

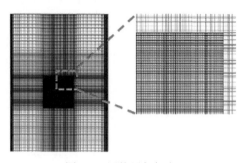

图 7-6　网格局部加密

第四节　未来发展趋势和建议

一、电子设备多层次协同设计方法

（一）散热与电路设计协同

目前电子器件与设备的设计方式通常还是先满足功能电路的电学性能需求，再在电路设计的基础上进行散热设计。这种设计流程有一定的局限性，一方面两种设计的集成度和吻合度相对较低，电路设计无法与热管理系统设计同时进行，未经散热优化的电路难以有效地排散电子器件与设备工作中的产热量；另一方面散热设计只是直接在确定好的电路上进行的，也无法对集成电路的分布提供指导性信息，甚至出现两种设计方案不相容的局面。如图7-7 所示，电路设计和散热设计分开独立进行会导致电路后期改版次数增多，成本提高。

随着多物理场耦合仿真技术的成熟，应当在电路设计的过程中同时直接考虑热管理问题，进行电路与热管理系统的协同设计，提前确定好满足电路要求下的温度最优化分布，则可以减少后续热排散资源的需求，精简整个电路／散热设计过程，可以大幅度地降低后期改版次数，从而节约电子器件与设备的研制时间与成本。

（二）散热与器件设计协同

针对嵌入式微通道，瑞士洛桑联邦理工学院电气工程研究所功率和宽带

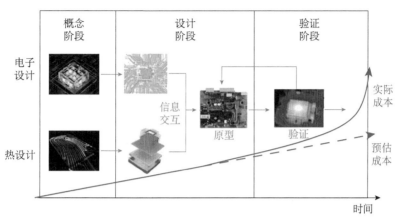

图 7-7　电路设计 / 热设计分开流程

隙电子研究实验室团队首先提出了器件与散热器协同设计技术，将器件及其衬底上的嵌入式冷却微通道进行一体化设计和制备，冷却通道直接嵌入在芯片的有效区域下方，从而实现冷却剂直接撞击热源，提供局部和有效的散热，最高的热流密度可达 $1700W/cm^2$ [57]。实行电子器件与散热协同设计，一方面可以减少器件本身的散热热阻，从而降低器件的散热需求；另一方面，在器件设计过程中可以直接针对产热元器件进行散热设计，减少了产热元器件到散热器之间的传热热阻，从而实现精准散热设计。

目前，电子器件与散热器的协同设计技术主要应用在嵌入式微流体散热领域，传统的散热领域尚未应用这种技术。随着器件与散热协同设计技术的发展与成熟利用，传统的风冷、液冷也可以通过这种方式降低产热器件的散热资源需求，从而更好地实现电子器件与设备热管理目标。

（三）数值仿真与设计加工协同

电子器件与设备设计主要通过计算机辅助设计（computer aided design，CAD）、计算机辅助工程（computer aided engineering，CAE）和计算机辅助制造（computer aided manufacturing，CAM）等流程。例如，CAE 中的很多计算软件虽然有 CAD 的信息接口，但还是属于相互独立的软件。这些不同软件的相互独立，容易出现数据不兼容或者仿真结果无法验证等情况。

目前，已经有很多 CAD 软件开始在其平台上加载仿真功能。以Solidworks 为例，作为一个建模软件，已经可以实现模型的简单计算。虽然这些 CAD 软件的仿真计算功能还比较简单,但能在一个平台上实现 CAD/CAE/CAM 三个流程的一体化协同,实现整个设计流程的精确指导,这是未来工业界的一个研究热点。

二、热设计软件模块化集成和大规模实际问题的精确求解

多物理场耦合仿真的终极目标是提供对研究对象真实情况和过程的精确模拟。目前,如 COMSOL、ANSYS 和 Altair 等软件可以数值求解多物理场问题,但仍难以获得准确的数值解。在理论层面,软件只能通过特定的接口将表述不同物理场的偏微分方程串联成偏微分方程组,涉及多物理场耦合的问题求解难以通过统一的偏微分方程组进行描述。因此,在理论层面上,数值计算结果就存在不确定性;在工程层面上,数学模型的简化、网格的划分精度和兼容性问题都会进一步增大数值求解误差。所以,准确的多物理场交叉耦合仿真计算仍然是仿真软件未来最具挑战性的工作之一。为了提高多物理场交叉耦合计算的精度,下面介绍一些发展方向。

(一)物理模型模块化与集成化

现今的多物理场计算软件,如 ANSYS 和 COMSOL,采用各自的计算模块计算不同的物理场,然后通过不同的耦合方式耦合起来,这种耦合计算方式可能将各自计算模块的误差进一步放大,造成整体的计算结果精度下降。

随着多物理场计算的发展和研究的不断深入,需要构建一套集成统一的代码平台来实现在一个环境中不同物理场的耦合计算,实现不同物理场模型的集成化仿真,从而减少计算数据在不同计算模块中传输带来的误差。

(二)大规模实际工程问题的多物理场模拟

有限元方法作为一种数值计算方法很早就被提出来了,因为需要大量的计算资源,所以一直发展比较缓慢,在计算机出现之后才出现质的发展。现在,自由度超过千万的刚度矩阵组装,齐次和非齐次线性方程组求解时间在普通台式机上仍然相当耗时,因此仿真软件对计算机硬件具有高度的依赖。半导体领域的摩尔定律同样适用于数值仿真软件,所以每次硬件出现新的革新,都会很快应用到仿真软件上。从早期的台式机多核多进程多线程,到

后来的刀片服务器、网络分布式计算，再到图形处理器（graphics processing unit，GPU）计算，以及现在的上百万核、千万核的超级计算机和 AI 芯片，将来可能应用的量子计算机，都是在用硬件方法加速数值仿真中的大规模计算。

目前的数值模拟特别是多物理场模拟仍然停留在小规模工程问题或科学问题的认识分析，受限于可利用的计算资源，难以完成大规模实际工程问题的多物理场精确模拟。随着一些大规模的电子设备及超大规模数据中心的持续发展，需要进一步优化计算资源来满足大规模实际工程问题的多物理场模拟。同时，从另一层面来说，大规模实际工程问题的多物理场模拟对计算资源的需求也会催生并行计算和大规模计算中心的出现，两者之间会相互促进，共同发展。

三、研发具有自主知识产权的热分析与热设计软件

毋庸讳言，热分析与热设计商业软件的市场一直被欧美国家垄断，目前国内缺少有竞争力的商业热分析与热设计软件能够与之抗衡，而且现有国外热设计软件中的核心或敏感模块对我国是禁运的，长期依赖于国外热分析与热设计软件对我国电子技术发展极为不利，亟待研发具有自主知识产权的热分析与热设计软件。

目前，国内热设计和热管理领域存在"重硬件，轻软件"的问题，主要有以下几方面的原因。

（1）研发软件是一项长期的工作，需要十年甚至更长的时间才能弥补与国际成熟商业软件的差距。

（2）热分析与热设计软件的研发成本巨大，对于企业来说，如果没有来自企业之外的资金支持，这种庞大的研发成本往往难以承受。另外，由于软件具有可复制性，知识产权保护面临挑战，软件的盈利前景不被资本市场看好，社会资本缺乏耐心与韧性。

（3）国内热分析与热设计软件缺少成熟的用户反馈。在国外商业软件的发展过程中，用户反馈对软件的迭代升级起到了相当重要的作用。即使国内研发的软件功能和性能接近国外软件，如何吸引用户用新的软件替换在用的国外成熟软件，获得足够多的反馈数据也是软件研发的一个重要问题。

虽然目前我国在热分析与热设计软件领域全面落后于西方发达国家，但仍有一定的研究基础可以保证能够研发出具有自主知识产权的相应软件。首先，国内有一定的软件开发基础，在20世纪70年代就有一定专有程序的开发经验。其次，我国并不缺少在热设计、数值仿真和软件工程等领域的人才，但需要在计算力学、计算数学、数据结构、计算机图形学、并行计算、软件工程等诸多方向进行针对性训练，使得这些人才能够胜任热分析与热设计软件研发工作。最后，随着我国对软件知识产权保护的重视，可在一定程度上激发软件企业和研发人员的积极性。当然，研发具有自主知识产权的热分析和设计软件需要国家层面积极引导，实现资源的合理调配，加大投入并集中国家和企业的优势力量协同攻关，并促进国产软件的研发和推广应用。

研发具有自主知识产权的热分析与热设计软件，是我国一项具有重大战略意义的大事。我国作为一个现代化的工业大国，不可能长期依赖引进国外的技术和软件。因此，研发热分析与热设计软件，提高相关领域的产品研发水平和产品竞争力，推动国产软件在工业领域的应用普及是当务之急。

本章参考文献

[1] Sha W. The challenges and remedies of multiphysics modeling: A personal view[C]. 2017 IEEE International Conference on Computational Electromagnetics, Kumamoto, 2017.

[2] Zhang Q, Cen S. Multiphysics Modeling: Numerical Methods and Engineering Applications Tsinghua University Press Computational Mechanics Series[M]. Amsterdam: Elsevier, 2015.

[3] 赵惇殳. 电子设备热设计 [M]. 北京：电子工业出版社，2009.

[4] Zhang W, Feng F, Venu-Madhav-Reddy G R, et al. Space mapping approach to electromagnetic centric multiphysics parametric modeling of microwave components[J]. IEEE Transactions on Microwave Theory and Techniques, 2018, 66(7): 3169-3185.

[5] Na W, Zhang W, Yan S, et al. Automated neural network based multiphysics parametric modeling of microwave components[J]. IEEE Access, 2019, 7: 141153-141160.

[6] Bengzon F, Larson M G. Adaptive finite element approximation of multiphysics problems: A fluid-structure interaction model problem[J]. International Journal for Numerical Methods in Engineering, 2010, 84(12): 1451-1465.

[7] 刘运华，张波，谢帆，等. 多尺度和多物理场的电力电子变换器建模方法初探 [J]. 电力

系统自动化, 2020, 44(16): 61.

[8] Warshel A, Levitt M. Theoretical studies of enzymic reactions[J]. Journal of Molecular Biology, 1976, 103(2): 227-249.

[9] Wilson K G, Kogut J. The renormalization group and the ε expansion[J]. Physics Reports, 1974, 12 (2): 75-200.

[10] Bensoussan A, Lions J L, Papanicolaou G C. Asymptotic Analysis for Periodic Structures [M]. Amsterdam: North-Holland Publishing Company, 1978.

[11] Pavliotis G A, Stuart A M. Multiscale Methods: Averaging and Homogenization[M]. New York: Springer-Verlag, 2008.

[12] Bender C M, Orszag S A. Advanced Mathematical Methods for Scientists and Engineers[M]. New York: McGraw-Hill Book Company, 1978.

[13] Kevorkian J, Cole J D. Perturbation Methods in Applied Mathematics[M]. New York: Berlin: Springer-Verlag, 1982.

[14] 宣益民. "电子设备热管理" 论坛综述 [J]. 学部通讯, 2020, 11: 30-43.

[15] Keller G, Tighe M, Lutfiyya H, et al. DCSim: A data centre simulation tool[C]. IFIP/IEEE International Symposium on Integrated Network Management, Ghent, 2013: 1090-1091.

[16] Bari M F, Boutaba R, Esteves R, et al. Data center network virtualization: A survey[J]. IEEE Communications Surveys and Tutorials, 2013, 15(2): 909-928.

[17] Dayarathna M, Wen Y, Fan R. Data center energy consumption modeling: A survey[J]. IEEE Communications Surveys and Tutorials, 2017, 18(1): 732-794.

[18] Zhang H, Shao S, Xu H, et al. Free cooling of data centers: A review[J]. Renewable and Sustainable Energy Reviews, 2014, 35: 171-182.

[19] Courant R, Issacson E, Rees M. On the solution of non-linear hyperbolic differential equations by finite differences[J]. Pure and Applied Mathematics, 1952, 5(3): 243-269.

[20] Brooks A N, Hughes T J R. Streamline upwind/Prtrov-Galerkin formulation for convection dominated flows with particular emphasis on the incompressible Navier-Stokes equations[J]. Computer Methods in Applied Mechanics and Engineering, 1982, 32(1/2/3): 199-259.

[21] Jameson A. Time dependent calculation using multigrid with applications to unsteady flows past airfoils and wings[C]. Proceeding of AIAA 10th Computational Fluid Dynamics Conference, Reston, 1991: 1-8.

[22] Nithiarasu P, Codina R, Zienkiewicz O C. The characteristic-based split (CBS) scheme: A unified approach to fluid dynamics[J]. Numerical Methods in Engineering, 2006, 66(10): 1514-1546.

[23] Bathe K J. Finite Element Procedures[M]. Upper Saddle River: Prentice Hall, 1996.

[24] Bossavit A. Towards mimetic discretization schemes for coupled problems in elasto-electro-

dynamics[C]. Proceedings of Wilhelm and Else Heraeus Seminar, Paris, 2011.

[25] Ammar T H. A dynamic problem with adhesion and damage in electro-elasto-viscoplasticity[J]. Palestine Journal of Mathematics, 2016.

[26] Shao Y, Adetoro O B, Cheng K. Development of multiscale multiphysics-based modelling and simulations with the application to precision machining of aerofoil structures[J]. Engineering Computations, 2020, 38(3): 1330-1349.

[27] Hammami O. Architecture frameworks, multiobjective optimization and multiphysics simulation: Challenges and opportunities[C]. Systems Conference, Vancouver, 2015.

[28] Wang J H, Zhong C L, Zhou Y, et al. Multiobjective optimization algorithm with objective-wise learning for continuous multiobjective problems[J]. Journal of Ambient Intelligence and Humanized Computing, 2014, 6(5): 571-585.

[29] Majumdar S. Role of underrelaxation in momentum interpolation for calculation of flow with nonstaggered grids[J]. Numerical Heat Transfer Fundamentals, 2007, 13(1): 125-132.

[30] Chatwani A V. Improved pressure-velocity coupling algorithm based on minimization of global residual norm[J]. Numerical Heat Transfer Part B Fundamentals, 1991, 20(1): 115-123.

[31] Durbin T, Delemos D. Adaptive underrelaxation of picard iterations in ground water mdels[J]. Ground Water, 2010, 45(5): 648-651.

[32] Yu B, Ozoe H, Tao W Q. A modified pressure-correction scheme for the SIMPLER method, MSIMPLER[J]. Numerical Heat Transfer Part B Fundamentals, 2001, 39(5): 435-449.

[33] Arroyo F, Arroyo E, Li X, et al. The convergence of block cyclic projection with underrelaxation parameters for compressed sensing based tomography[J]. Journal of Computational and Applied Mathematics, 2014, 22(2): 197-211.

[34] Kichigina A O, Ivanov A I. The influence of the inertial medium relaxation component on the kinetics of "hot" transitions[J]. Russian Journal of Physical Chemistry B, 2012, 6(2): 175-180.

[35] Shen L. Over relaxed hybrid proximal extragradient algorithm and its application to several operator splitting methods[J]. Journal of Mathematical Analysis and Applications, 2017, 448(2):727-749.

[36] Fish J, Schwob C. Towards constitutive model based on atomistics[J]. Journal of Multiscale Computational Engineering, 2003, 1: 43-56.

[37] Chen W, Fish J. A generalized space-time mathematical homogenization theory for bridging atomistic and continuum scales[J]. International Journal for Numerical Methods in Engineering, 2006, 67(2): 253-271.

[38] Fish J, Chen W, Nagai G. Nonlocal dispersive model for wave propagation in heterogeneous media. part 1: One-dimensional case[J]. International Journal for Numerical Methods in

Engineering, 2002, 54(3): 331-346.

[39] Fish J, Chen W, Nagai G. Nonlocal dispersive model for wave propagation in heterogeneous media. part 2: Multi-dimensional case[J]. International Journal for Numerical Methods in Engineering, 2002, 54(3): 347-363.

[40] Chung P W. Computational method for atomistic homogenization of nano-patterned point defect structures[J]. International Journal for Numerical Methods in Engineering, 2004, 60(4): 833-859.

[41] Tadmor E B, Ortiz M, Phillips R. Quasicontinuum analysis of defects in solids[J]. Philosophical Magazine Letters, 1996, 73(6): 1529-1563.

[42] Tadmor E B, Smith G S, Bernstein N, et al. Mixed finite element and atomistic formulation for complex crystals[J]. Physical Review B Condensed Matter, 1999, 59(1): 235-245.

[43] Fish J , Yuan Z. Multiscale enrichment based on partition of unity[J]. International Journal for Numerical Methods in Engineering, 2010, 62(10): 1341-1359.

[44] Babuska I, Caloz G, Osborn J E. Special finite element methods for a class of second order elliptic problems with rough coefficients[J]. Siam Journal on Numerical Analysis, 1994, 31(4): 945-981.

[45] Melenk J M, Babuska I. The partition of unity finite element method: Basic theory and applications[J]. Computer Methods in Applied Mechanics and Engineering, 1996, 139(1-4): 289-314.

[46] Moes N, Dolbow J, Belytschko T. A finite element method for crack growth without remeshing[J]. International Journal for Numerical Methods in Engineering, 1999, 46(1): 131-150.

[47] Hughes T J R. Multiscale phenomena: Green's functions, the dirichlet-to-neumann formulation, subgrid scale models, bubbles and the origins of the stabilized methods[J]. Computer Methods in Applied Mechanics and Engineering, 1995, 127(1-4): 387-401.

[48] Weinan E, Engquist B. The heterogeneous multi-scale methods[J]. Communications in Mathematical Sciences, 2004, 1(1): 87-182.

[49] Rudd R E. Coarse-grained molecular dynamics for computer modeling of nanomechanical systems[J]. International Journal for Numerical Methods in Engineering, 2004, 2(2): 203-220.

[50] Osborn I. Generalized finite element methods: Their performance and their relation to mixed methods[J]. Siam Journal on Numerical Analysis, 1983, 20(3): 510-536.

[51] Farhat C, Harari I, Franca L P. The discontinuous enrichment method[J]. Computer Methods in Applied Mechanics and Engineering, 2001, 190(48): 6455-6479.

[52] Kevrekidis I G. Equation-free coarsegrained multiscale computation: Enabling microscopic simulators to perform system-level tasks[J]. Communications in Mathematical Sciences,

2003, 1(4):715-762.

[53] Picu R C. On the functional form of non-local elasticity kernels[J]. Journal of the Mechanics and Physics of Solids, 2002, 50(9): 1923-1939.

[54] Hua B, Jie C, Gu X, et al. A review of simulation methods in micro/nanoscale heat conduction[J]. ES Energy and Environment, 2018, 1(39): 16-55.

[55] Li H L, Hua Y C, Cao B Y. A hybrid phonon Monte Carlo-diffusion method for ballistic-diffusiveheat conduction in nano- and micro- structures[J]. International Journal of Heat and Mass Transfer, 2018, 127: 1014-1022.

[56] Samadiani E, Joshi Y, Mistree F. The thermal design of a next generation data center: A conceptual exposition[J]. Journal of Electronic Packaging, 2007, 130(4): 93-102.

[57] Erp R V, Soleimanzadeh R, Nela L, et al. Co-designing electronics with microfluidics for more sustainable cooling[J]. Nature, 2020, 585(7824): 211-216.

第八章
电力电子设备热管理技术

第一节　概念与内涵

电力电子技术是指使用电力电子器件对电能进行变换和控制的技术，而 IGBT 作为电力电子电路的核心，结合了 MOSFET 和双极型晶体管（bipolar junction transistor，BJT）的优点，是一种新型的功率半导体场控自关断器件。近年来，电力电子技术得到了迅速的发展，在冶金和可再生能源等各个行业得到了广泛的应用，在频率较高的中高功率应用中占据主导地位。本章首先以 IGBT 为例介绍电力电子技术发展现状，接着梳理总结焊接型 IGBT 和压接型 IGBT 的热特性，最后介绍电力电子设备的不同热管理方式。

一、电力电子设备的发展现状

电力电子技术是实施电能的传输、处理、存储和控制的技术，它不但保障电能安全、可靠、高效和经济地运行，还要将能源和信息高度地集成在一起。电力电子器件已日益广泛地应用和渗透到能源、交通运输、先进设备制造、航空航天和航海等重要领域[1]，以 IGBT 为代表的新型功率半导体场控自关断器件得到了迅速发展。

表 8-1 为主要应用领域中关键电力电子应用装置或系统。

表 8-1　主要应用领域中关键电力电子应用装置（系统）

应用领域	关键的应用装置（系统）
先进能源	大功率高性能 DC/DC 变流器；大功率风力发电机的励磁与控制器；风力发电用永磁发电机变频调速装置；大功率并网逆变器；储能装置等
电力	高压直流输电系统（包括海上风力发电用岸上轻型高压直流输电装置等）；灵活交流输电系统（包括静止无功补偿器、静止无功发生器、潮流调节器等）；有源电力滤波器；动态电压补偿器；电力调节器；电子短路限流保护器等
重大、先进设备制造	大功率变流器及控制系统；大功率高精度可程控交、直流电源系统；高精度数控机床的驱动和控制系统；快中子堆，磁约束核聚变用高精度电源
交通运输	大功率牵引、变频调速装置及系统控制器；电力牵引供电系统电能质量控制装置和通信系统
激光	超大功率脉冲电源
航空航天	400Hz 大功率供电系统；高效、高可靠性驱动器、推进器和电源；全电化机载综合电力系统
现代武器装备	高速鱼雷发射器电源；电磁炮、大功率激光武器驱动电源；大功率固态发射机等
舰船	高可靠性分布式供电系统；高效、高可靠性驱动器、推进器和电源；全电化机载综合电力系统
环境保护	高压脉冲电源及其控制系统
前沿科学研究	特种大功率电源及其控制系统

以 IGBT 为核心元件的大容量电力电子系统具有多物理场强耦合的属性，在电、磁和热等方面均呈现出复杂的动力学特征[2]，其内部及各器件之间是一个集电磁场、温度场和应力场相互耦合、相互作用的复杂多物理场环境。上述多物理场耦合问题随着电流等级的增加变得更为严重[3]。商用 IGBT 的功率范围如图 8-1 所示，可以看出单个 IGBT 功率最高已经达到万瓦级别[4]。

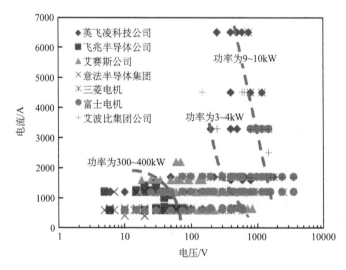

图 8-1　商用 IGBT 的功率范围[4]

　　IGBT 在 1985 年进入实际应用，目前已经成为主流电力电子器件，在 10～100kHz 的中压、中电流应用范围占有十分重要的地位。IGBT 及其模块 ［包括智能功率模块（intelligent power module, IPM）］已经涵盖了 0.6～6.6kV 的电压和 1～3500A 的电流范围，应用 IGBT 模块的 100MW 级的逆变器也已有商品问世。图 8-2 为未封装的 IGBT 实物图[5]。

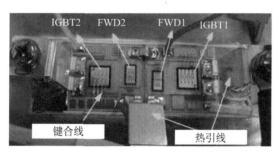

图 8-2　未封装的 IGBT 实物图[5]

　　IGBT 一般封装为功率模块形式。一个 IGBT 功率模块内实际包含很多的 IGBT 芯片，例如，一个比较典型的 3300V/1200A IGBT 模块中就具有 60 块 IGBT 裸芯片和超过 450 根连线。这些并联的 IGBT 裸芯片固定在同一块陶瓷衬底上，以保证良好的绝缘和导热，这类模块可以非常容易地安装在散热器上。

　　但是，这种封装结构使 IGBT 模块只能采取单面冷却，因而增加了在大电流条件下导致器件损坏的可能性。因此，发展了陶瓷封装的双面散热 IGBT 模块，这样可以为中压大功率应用提供与圆盘形密封、双面压接的门极关断晶闸管（gate turn-off thyristor, GTO）同样程度的可靠性。高功率的 IGBT 模块具有一些优良的特性，如 IGBT 构成的变流器具有较高的功率密度和较低的成本，其他特性包括：能实现 di/dt 和 du/dt 的有源控制、有源箝位、易于实现短路电流保护和有源保护等，但是导通损耗高、硅有效面积利用率低、损坏后会造成开路等缺点限制了高功率 IGBT 模块在高功率变流器中的实际应用。

　　随着半导体行业技术的不断发展，以 IGBT 为代表的电力电子器件的功率密度将不断升高，同时对电力电子设备性能及紧凑型的要求也在日益提高。出于对设备可靠性的考虑，热管理技术的发展必须跟上电力电子技术的发展。

二、电力电子设备的热特征

尽管普通电子器件与设备的热分析理论和技术已经得到了较多的研究，但是这些理论和技术往往难以直接应用于电力电子器件，主要原因是电力电子器件的特性与普通电子器件并不相同：一方面电力电子器件的材料、封装形式、功率密度和体积不同于普通电子器件，另一方面电力电子器件通常工作在开关状态，这也不同于普通电子器件。以 IGBT 器件为例进行分析，IGBT 可以分为焊接型 IGBT 和压接型 IGBT，分别具有不同的热特征。

（一）焊接型 IGBT 器件热特征

图 8-3 为 IGBT 模块内部结构图。在 IGBT 模块里，数个功率半导体芯片（IGBT 芯片和二极管芯片）被集成在一块共同的基板上。这些芯片的底面被焊接于（或被粘贴于）一块衬板（绝缘基片）的金属化表面，该衬板的作用是在保证良好导热性能的同时提供相对于模块基板的电气绝缘。芯片的上表面被金属化，它的电气连接可以采用细的铝制键合线用键合的方式来实现[6,7]。目前常用的衬板绝缘材料有氧化铝、氮化铝、氧化铍和碳化硅等，常用的陶瓷表面金属化技术有直接铜键合（direct bonding copper，DBC）、活性金属钎焊（active metal brazing，AMB）和厚膜铜（thick film copper，TFC）等。

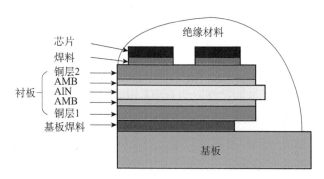

图 8-3　IGBT 模块内部结构图[6,7]

IGBT 器件热失效机理主要包括与封装相关和与芯片相关两个方面。

1. 与封装相关的热失效机理

如图 8-4 所示，与封装相关的失效机理包括器件内部引线键合点处翘曲、脱落和由疲劳引起的钎料层剥离和龟裂两个方面。

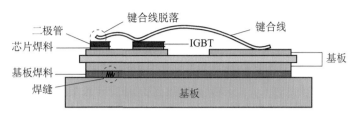

图 8-4 典型 IGBT 内部结构[6,7]

功率循环所引起的发射极引线脱落被认为是最主要的失效机理,因为它通常发生在焊点出现热疲劳之前。实际上,IGBT 键合点的引线要承受非常高的电流,键合点处散热性能较差,产生的焦耳热在此处聚积。铝引线和硅基板 CTE 差异较大,会在键合点处产生较大的剪切应力,这种施加在器件引线上的热应力的周期性变化会导致脱落从引线键合点及其下方开始发生,且从边缘向中心发展,当裂纹扩展至连线中心时,引线与金属镀层的电气和机械连接均会因脱落而开断,而且这种脱落呈现出一种多米诺骨牌效应。为了提高电气连接的可靠性,功率模块的各芯片均通过多根引线并联引出,一根引线的脱落会导致其他引线负荷电流增大,进而导致局部温度和整体平均温度进一步升高,加速其他引线的脱落。引线脱落是 IGBT 失效的常见诱因,尤其是当模块在功率循环的条件下更是如此。研究表明,引线问题引起的 IGBT 失效率高达 49%,因此无焊接点和无引线的压接式 IGBT 得到越来越多的关注。

另一个与封装有关的热失效原因就是焊点的疲劳。功率器件在热冲击作用下,绝缘极板与铜底板的 CTE 不同导致两者的焊接层将产生剪切力,如果热应力一直重复,焊接层将发生龟裂,随着龟裂范围的不断扩大,将使得热传导的有效面积不断减小,进而导致热阻逐渐增大。作为正反馈,热阻增大导致局部温升增高,继而引起剪切力进一步增大,最终导致器件的失效。通常焊点疲劳呈现一种损耗特性,其发展相对缓慢。到目前为止,绝大多数功率半导体器件仍然存在焊点,所以上述机理仍然是影响器件可靠性的一个重要因素。

2. 与芯片相关的热失效机理

与芯片相关的失效机理,即器件在长期运行中由于过应力和损耗,引起器件性能的恶化直至损坏。

对于芯片方面，本征载流子的浓度随着温度的升高而呈指数式增大趋势，故在足够高的温度下，即使是掺杂的半导体，也将随着温度的升高逐渐转变为本征半导体，这种半导体本征化的作用，将会导致 PN 结失效。硅材料最大工作温度为 267℃，而半导体温度过高将会导致集电极漏电流的增大，温度达到一定值，漏电流呈指数增长趋势，正反馈导致器件的损坏。

温度的升高还会显著地影响芯片的性能。温度升高，通态压降升高，开通损耗增加，使得 IGBT 损耗显著增加。IGBT 功耗在低温阶段主要由导通功耗和开关损耗组成，与温度近似呈线性关系，而在高温阶段加上断态功耗后随温度呈指数特征上升。一旦结温波动达到或超出非稳定点，IGBT 结温将会上升，使得 IGBT 功耗与传热功耗间的不平衡关系进一步加剧，结温与功耗将进入持续上升的正反馈状态，这种现象称为"热奔"[8]。器件温度的升高使得耗尽区载流子的寿命增加，从而降低了载流子衰减和复合的速率；而电流放大系数随温度的增加也使得更多的电流需要复合，两者共同作用使得电荷消失的时间加长，延长了关断过程，因此器件的关断时间随温度的上升而增加，即开关速度降低。

综上所述，随着 IGBT 器件电压增高，功率容量增加，集成化程度增加，电力电子器件的热流密度不断增加，器件的过热已成为其自损和失效的首要原因。为了保证电力电子设备的正常工作，必须将器件的工作温度控制在允许的最大结温之内，所以电力电子设备的有效热管理就成为与装置电气设计同等重要的问题。

（二）压接型 IGBT 器件热特征

压接型 IGBT 模块是一种具有新型封装结构的功率模块，具有无焊接点、无引线、可靠性高、双面散热、低热阻、宽安全工作区、高功率密度和独特的失效短路模式等特点，广泛地应用于高压直流（high voltage direct current，HVDC）输电系统、铁路牵引、风力发电和高压大功率工业装备驱动等诸多领域[9]。图 8-5 和图 8-6 为 Westcode 公司分别在 2002 年和 2013 年提出的第二代与第三代压接型 IGBT 结构[10,11]。

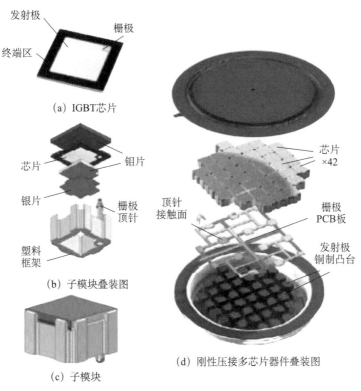

（a）IGBT芯片

（b）子模块叠装图

（c）子模块

（d）刚性压接多芯片器件叠装图

图 8-5 第二代压接型 IGBT 结构[10]

图 8-6 第三代压接型 IGBT 结构[11]

压接型 IGBT 的压装方向与其电场同轴同向，适合于直接堆叠式串联应用，其在失效后可形成稳定的短路电流通道，不影响串联系统中其他 IGBT 器件的运行。这一特点使得压接式 IGBT 适合于高压直流输电系统，静止无功补偿装置（static var compensator，SVC）等需要多只器件串联的应用场合。由于其结构特征使其具有显著优点，内部的对称结构设计带来了极低的内部杂散电感（产生开关过电压、电磁噪声与器件的寄生电容共振等问题）分布，芯片之间杂散电感一致，改善了器件内部的均流特性。大功率压接型 IGBT 器件通过发射极和集电极双面同时进行散热。同时，其内部通过压力直接连接，无引线键合和焊接层，打破了传统器件键合点和焊层失效的瓶颈，提高了器件在苛刻条件下的长期可靠性。

目前，压接型 IGBT 也存在着突出的热管理问题，表现在热损耗、局部热量聚集和热机械应力等方面。由于机械结构设计的差异，集电极和发射极散热路径不一致，使发射极热阻约为集电极热阻的 2.4 倍，在实际应用过程中会带来双面散热条件不一致、排散热量不均匀，造成两个电极台面的温度差异，影响了系统整体的散热效能。通过调整发射极铜柱高度和集电极铜块厚度等方法，可以降低发射极与集电极之间的热阻差异，提升系统整体散热效能。器件的高功率热流密度需要散热器在有限的散热面积下排散大量的废热，这对散热器的设计提出了严峻的挑战。

第二节 面临的挑战和存在的问题

电力电子设备性能的不断提高，导致了产热通量的不断增长，一方面需要通过降低设备的损耗从而有效地控制其温度；另一方面需要有效地排散这些热量，以将设备温度保持在可允许的限值内。与此同时，设备的小型化及紧凑化趋势，特别是移动系统，也对可用的冷却系统及冷却资源施加了严格的空间和操作限制，因此电力电子设备的热管理变得越来越具有挑战性。

一、通用电力电子器件结温在线测量方法

半导体芯片的结温是反映其工作状态的重要参数，可以通过它直接提取

相关模块在运行期间的热循环的信息和其他重要信息，如模块剩余寿命的预测与评估。电力电子器件的实时结温测量非常困难，必须仔细考虑测量方法的选择。图 8-7 给出了针对特定应用选择或设计的温度测量系统的主要问题[12]。

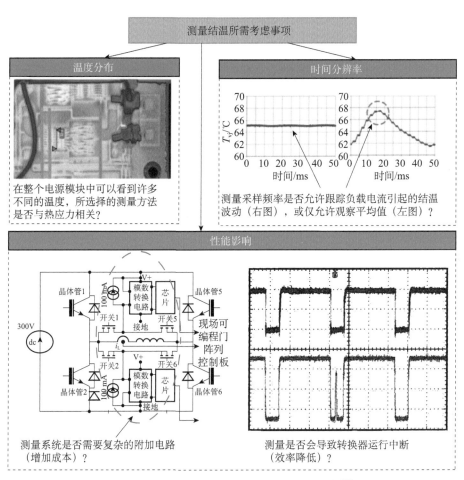

图 8-7　结温测量方法选择与设计的考虑因素[12]

通过对现有结温测量方法的梳理，可以发现这些测量方法距离实际应用还存在一些难以克服的问题[13]：①在不改变换流器拓扑结构和运行状态的前提下进行在线测量；②分析外部条件对温敏参数的影响；③分析老化对温敏参数漂移的影响；④保证结温测量数据的准确性。

迄今，还没有通用的结温在线检测技术问题的解决方案，相关研究工作仍在继续，以期建立并确定适合 IGBT 模块的在线结温测量技术。因此，通用的器件结温在线实时测量方法成为电力电子设备热管理的关键问题。

二、非平稳工况电力电子器件结温管理方法

电力电子器件经常被用于航空航天、工业自动化、交通运输和可再生能源发电等非平稳工况领域。如图 8-8 所示，环境温度和功率的变化会产生循环加热或冷却过程，这会导致半导体功率器件的结温也随之大幅度波动，由于各层材料的 CTE 不同，当结温变化时，材料层之间会产生机械热应力。虽然所有的界面都会因不同的 CTE 而承受应力，但据观察，铝和硅片及陶瓷基板和基板之间的焊料会受到很大的影响，对于频繁重复的热循环，材料的膨胀和收缩会导致焊点的疲劳，从而导致老化，严重的会造成功率半导体器件的失效和损坏。

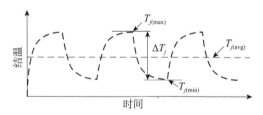

图 8-8 功率器件结温变化

目前，使用最广泛的结温调节方法是通过调节开关频率和负载电流来调节功率损耗与控制稳态及瞬态热应力。Murdock 等[14] 实现了一个基于区域的控制器，其中包含预定义的热操作模式，根据结温波动和最大结温来分配操作模式，例如，过大的结温波动会激活高功率循环策略。这些控制策略可以进一步扩展，包括模块特定健康状况的控制模式。该结温调节方法具有控制简单、不需要增加额外硬件的优点，但是它不能单独地调整某一个 IGBT 的热载荷。除了调节开关频率，其他结温调节方法也都有一定的局限性，如实现电路复杂，增加了新的安全隐患等。

如果没有有效的结温管理方法，器件结温可能很快就会超过限制温度，严重影响半导体器件的工作性能、安全性和可靠性，使开关断速度、通态压降、电流拖尾时间、关断电压尖峰和损耗等性能指标下降，过高的温度甚至会导致整个器件乃至整个系统模块的损坏。因此，通过减小温度波动幅度或降低平均温度水平来控制部件的热循环从而有效地提高半导体器件的寿命期

望成为电力电子设备热管理的关键问题之一。

三、功率半导体器件封装热管理技术

由于最新一代基于硅的半导体功率器件的出现，可以处理具有高电压、大电流和低损耗的功率转换，而基于碳化硅等化合物材料的半导体功率器件则进一步提高了功率密度。功率密度的增加导致器件和封装层的温度更高，因此对封装内热击穿或热机械应变方面的可靠性提出了更高的要求。

对于相同的电压和电流额定值，碳化硅器件的尺寸可以比硅器件小得多，这为更紧凑的功率模块设计提供了可能，而模具尺寸的收缩会导致热阻的增加，这意味着碳化硅器件的功率模块封装需要更加注重散热。由于碳化硅器件具有快速功率脉冲的极度集中的热流密度，因此不仅需要降低封装的热阻，而且还需要提高封装的热容量，提高器件抗热冲击的能力，将这些快脉冲引起的峰值温升降到最低。功率模块组件由许多元件组成，这些元件在整个散热路径中都有一定的热阻。然而在高压系统中，钝化层、封装剂和电介质材料必须足够厚以避免被击穿。厚度的增加可能导致过高的封装热阻，而热容量又过低，因而限制了封装在稳态和瞬态下的散热性能，加剧了可靠性风险。

因此，分析未来碳化硅封装所需的特性并开发功率半导体器件新型封装热管理技术成为电力电子设备热管理的另外一个关键问题。

第三节 研 究 动 态

一、基于过温保护的外部热管理技术

外部热管理是指对功率模块的散热方式和散热速率进行调整，其本质是改变模块外壳至环境的热阻。从外部热管理技术的研究现状来看，基本都是以过温保护为控制目标，大部分研究都没有涉及平滑热应力冲击方面。

（一）热传导技术

基于热传导的方案是更有效地将热量从热源转移到可以热排散的区域，这一方面的研究包括TIM、封装材料的开发和高热导率的热扩散装置的研发。

1. 热界面材料

热界面材料主要是用于填补两种材料接触面间的空隙，可以降低热阻、增加热传递效率，在电力电子封装模块的各个组成部分的热连接中发挥了关键作用。理想的热界面材料具有高导热性，可以减少热界面材料本身的热阻，同时也具有高柔韧性，保证在较低安装压力条件下热界面材料能够充分地填充接触表面的空隙，减小热界面材料与接触面间的接触热阻。相关内容的更详细介绍见前面的章节。

2. 高导热封装材料

封装材料是半导体芯片与集成电路连接外部系统的主要介质，在封装元器件的寿命和某些特定功能方面起着非常重要的作用。理想的封装材料应满足如下性能要求：①高的热导率，保证器件正常工作时产生的热量能及时散发出去；② CTE 需要与半导体芯片相匹配，避免在升温和冷却过程中两者不匹配而导致的热应力损坏；③电气绝缘性能；④综合的力学性能，封装材料对电子元器件需要起到机械支撑的作用。因此，为了保证电气系统具有良好的性能和稳定的功能，封装材料必须满足所需要的电、力学、热和化学特性。常见的封装材料可以大致分为金属材料、陶瓷材料和半导体材料、聚合物材料等。

3. 热扩散装置

具有高热交换能力的热扩散装置通常利用冷却工质相变的高均温性和高热质传递属性，更有效地将废热从高温区域传递至低温区域。热管就是一种非常理想的热扩散装置，它可以使集中热源在更大的表面积上排散，从而将热源处的高热流密度降低到一个较小且易于管理的水平，可以通过常规冷却方法进行向环境的热排散。热管利用内部饱和工质蒸发和冷凝的循环来进行热量的传输，不同类型的热管已得到了广泛应用，如电子设备冷却、太阳能设备、热交换器、航空航天、医疗应用和运输系统。无论在热管的蒸发段还是冷凝段，其内部空腔中的工质均处于饱和状态，在蒸发段受热发生相变产生的饱和蒸汽向热管冷凝段流动，流动过程中的压降一般很小，因而热管蒸发段和冷凝段的工质饱和温度也没有明显的差异。利用热管或者热管的各种变形结构对电力电子设备进行均温散热具有良好的效果[15]，如环路热管、脉动热管和重力热管等。

对于环路热管（loop heat pipe，LHP），蒸发器的设计尤为重要，因而引起了许多研究人员的兴趣。在早期，LHP 一般是由单圈金属管或多圈弯曲金属管形成的，这就导致了 LHP 不能很好地与 IGBT 模块相匹配，影响了 LHP 的散热能力，使得 IGBT 的散热效果不理想。为了改善 LHP 和 IGBT 之间的热接触，出现了将蒸发器夹持或嵌套在板中形成的单冷凝器或双冷凝器 LHP[16-18]。相关研究表明，后者的传热性能优于前者，然而这种结构中的蒸发器是夹紧或嵌套的，将导致接触热阻显著增加，从而削弱热管的传热能力。图 8-9 是一种自然冷却型环路热管散热器[19]，其结构、毛细泵、冷凝流道及蒸发流道形成串联相变循环回路，该散热器利用毛细力驱动工质循环流动，设备产生的废热通过工质的相变流动从蒸发板传递至冷凝板，再通过自然对流从冷凝板释放到外部环境。该散热器通过风冷与相变换热过程耦合为具有非均匀分布多器件的电力电子设备提供了新颖的热管理方案，能够有效地控制大功率电力电子设备在自然对流环境下的温度，且为非均均匀分布的器件提供了良好的均温性能。

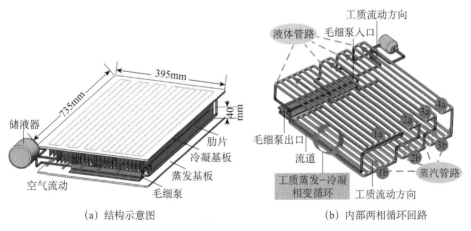

(a) 结构示意图　　　　　　　　　(b) 内部两相循环回路

图 8-9　自然冷却型环路热管散热器

与 LHP 相比，脉动热管（pulsating heat pipe，PHP）是一种结构更简单、应用更广泛的紧凑型冷却设备[20]。Wei 等[21] 开发了一种用于电动汽车电池冷却的多回路 PHP。这种 PHP 首先夹在一个扁平的金属基板上形成一个单独的散热片，然后将多个散热片和平板电池交替组合以实现散热。显然，这种平面夹紧方法增加了金属的接触热阻和热导率。研究结果表明，电池组的平均温度可以控制在46.5℃以下，加热功率为56W，最大温差可以控制在1～2℃。人们研制了不同结构类型的脉动热管：直接在PCB上加工的微型开环脉动热管[22]，该热管可以在亚环境压力下与介质流体一起工作，在电子封装层中产生较少的应力；用铝板制作的用于集成热扩散装置的脉动热管；将铜管嵌入铝和低碳钢基底制作的闭环脉动热管[23,24]。Huhman等[25]证明了嵌入式PHP能够冷却IGBT模块，在17kW输入功率下，PHP比冷板冷却器具有更好的散热性能和温度均匀性。Qu等[26]将微槽结构引入毛细管多回路型PHP中，实验结果表明，该结构能有效地降低热管的启动功率或启动温度，提高传热性能。将工作介质改为纳米流体[27,28]，不仅改善了工作流体的热物理性质，而且提高了热管的热性能，这是一种利用非结构变化来改善传热性能的方法。对小空间内部冷却而言，紧凑型PHP可以提供最有前途的解决方案[29]，但由于PHP板上分布着大量的小脉动通道，只能加工成小尺寸、低功耗的散热器，因此很难实现大尺寸、大功率IGBT的散热。为了与IGBT接触，通常需要在PHP的热端夹一块平板，这会导致附加热阻升高，影响其传热性能。Maydanik等[30]和Burban等[31]提出的两种三维结构可以应用于IGBT的散热，其散热量可达千瓦级，其中提出的弯曲多回路PHP具有将热阻降低到0.13K/W的能力，但这种立体PHP含有大量的直立毛细血管，占据了大量的空间。此外，管束在运行过程中容易产生振动和噪声，管束与平面蒸发端的焊接紧密性也难以保证。

应用于IGBT冷却的LHP和PHP除了引起上述问题，LHP回路中相邻的直线段和PHP的相邻通道都受到了相对的隔离，使得相邻管内的工质无法直接交换，导致LHP和PHP在工作时不同通道间的温度分布不均匀及表面温度不均匀[32]，引起IGBT局部过热，影响其使用寿命[33]。

基于传统重力热管在IGBT模块冷却中所表现出的高适应性和高可靠性，加上结构简单、价格低廉的特点，传统重力热管作为IGBT冷却方式的主要手段受到越来越多的关注。研究结果表明，传统的重力热管可以对6kW的IGBT进行有效的冷却，同时也可以解决IGBT模块局部高温的问题[34]。针对机车IGBT模块，研制了一种由多个重力热管插入衬底的IGBT冷却器。实验表明，在风速为5～7m/s、散热器进气温度为30～45℃的条件下，冷却器基板的工作温度为70～90℃，当基板温度保持在80℃时，散热量达到

5400~7400W[35]。对不同工作流体的重力热管的大量实验结果表明[36-39]，纳米流体的加入使热管的热效率显著提高。引入双管重力式冷凝器[40]，冷凝器采用高性能相变材料，即低熔点金属（low melting point metal，LMPM），研究结果表明热管的传热性能得到改善，在1000W加热功率的循环热冲击下，基板底部的最高温度不超过85℃。通过将传统的重力热管插入一个装有复合相变材料的容器中，即浸渍有水合物的泡沫铝，它们能够满足城际列车的一组4~5个IGBT模块的冷却和散热要求[41]。综上所述，文献[34]~[41]大多采用嵌入传统重力热管的金属基板形成平板蒸发器，有的将热管嵌入装有复合相变材料的容器中得到平板蒸发器，不仅能很好地与IGBT模块配合，而且能承受大量的散热。然而，从传热学的角度来看，这种传统的重力热管的使用存在一些明显的缺点：首先，当热管插入基板或插入填充复合相变材料的容器中时，会产生显著的接触热阻；其次，热管之间的热分布调节不均，不利于消除IGBT模块上的温差，局部部件容易过热；最后，基板或复合材料也会形成热阻。图8-10是一种自然冷却型重力热管散热器[42]，该散热器内部利用重力驱动工质流动，工质通过相变将IGBT模块产生的热量由小的蒸发板表面传递至大的冷凝板表面，再通过冷凝板表面与外部环境的自然对流换热，实现热量的有效传输。这种结构不存在传统重力热管嵌入基板所形成的接触热阻，有效地减小了IGBT模块上的温差。

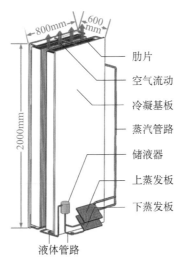

图8-10　自然冷却型重力热管散热器[42]

（二）热电冷却技术

图 8-11 所示热电制冷器件利用热电材料的佩尔捷效应，可以在通入电流的条件下将热从热端转移到冷端，实现电到热的转化，提高模块封装的冷却效果，从而降低芯片结温或适应更高的功耗[43]。热电制冷器件具有体积小、无噪声、没有运动部件等优势，还可以实现主动温度控制，是固态激光器和焦平面阵列探测器等必不可少的冷却装置。

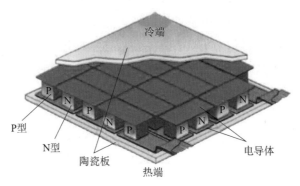

图 8-11　热电制冷器件 [43]

近年来，人们希望利用佩尔捷效应的逆效应，即塞贝克效应，将汽车尾气等废热转化为电能，实现从热到电的转化。在更小的尺寸上，为电子元件（自主传感器、冷却处理器风扇、微型电池等）供电的热电能量回收技术正在得到长足的发展[44,45]。因此，热电或热能转换，特别是高功率部件工作时所散发的热量，正在成为一种新的可再生能源[46]。

IGBT 在工作过程中会产生大量的热量，结内热量的积累会导致器件内部温度过高，将明显缩短器件的寿命。很多研究工作的起源是由于这样一个事实，即建议在 IGBT 上应用一个使用热电模块的冷却系统，以降低内部结温，并从 IGBT 的热量中获取能量。虽然目前受效率和成本等因素的影响，热电制冷器件使用功率仍然较小，但未来有可能通过结合热电制冷器件，对功率器件结温进行精确控制，有利于保证功率器件的寿命、性能和可靠性。大量的研究已经从各个方面进行，包括热电制冷器件的性能分析、热电材料分析、热电制冷器件结构设计及应用等方面[47-53]。

（三）潜热存储技术

相变材料（phase change materials，PCM）的工作过程包括两个阶段：①热量的储存阶段，即把高峰期多余的动力、工业余热废热或太阳能等通过蓄热材料储存起来；②热量的释放阶段，即在使用时通过蓄热材料释放出热量，用于采暖、供热和温度维持等。热量储存和释放阶段循环进行，就可以利用蓄热材料解决热能供给与排散在时间和空间上的不协调性，达到能源高效利用和节能的目的。理想的 PCM 应满足以下条件：蓄热密度高、相变过程中热导率高、体积变化小、很少或者不存在过冷的问题、化学性能稳定、无毒性和腐蚀性，并且容易从自然界获得或者通过人工制备获得。提高 PCM 的相变速率、储热密度、热效率和长期稳定性是目前面临的重要课题。

相变潜热存储解决方案作为一种减轻电力电子设备运行过程中持续温度瞬变的被动方法正日益受到关注[54-56]。然而，由于其有限的冷却能力，必须与其他散热机制（特别是基于对流的冷却方案）配合使用。

（四）对流换热技术

对流换热相比其他方案提供了较高的冷却能力，一般可以细分为空气冷却、直接液体冷却和间接液体冷却三类。空气冷却是非常成熟的散热技术，但在解决尖端电力电子器件中的高密度功耗时很难满足要求。通过简单地用液体冷却的冷板取代传统的风冷散热器，可以使系统的整体热阻大大降低。尽管比空气冷却优越，但不断增长的热通量也使传统的液体冷却系统越来越难以满足散热需求，因而改善液体冷却方案性能的研究受到了日益广泛的关注。这些研究包括使用微通道/微孔结构来增加传热面积，通过射流或喷雾实现新的流体输送方法，以及利用工质流动沸腾的汽化潜热来提高换热系数等。

1. 空气冷却

空气冷却是最简单有效的散热技术，尤其适用于一些简单的电力电子设备，但是自然对流冷却方式具有局限性，其散热能力较低，对于应用于大功率电力电子设备的自然对流散热器，需要采用安装翅片等方式强化其散热能力。

强迫对流冷却通过风扇加速散热器的空气流动从而加速热量交换，散热效果远好于空气自然对流冷却，复杂性大大低于水冷和油冷，可靠性也较高，因此是功率为数百瓦到数百千瓦的电力电子器件的主要散热方式，但是存在噪声大、通风网孔及过滤网组需要定期清理、风扇电机启动电流较高对电机绝缘造成影响、风扇电机使用寿命较低等问题。

通常在热流密度超过 10 W/cm^2 时，风冷很难奏效，且冷却系统体积和重量很大，难以满足总体要求[57]。在风冷方案不能满足要求时，一般采用液冷措施对电力电子器件进行散热。

2. 直接液体冷却

许多单相或两相液体冷却方法，包括微通道冷却、喷雾冷却和射流冲击冷却等，能够提供较高的传热系数和较低的热阻。常规电力模块用导热硅脂安装在散热器上，芯片损耗产生的热量大部分是从底部通过芯片底面到散热器的方向消散的，在这种散热路径中，绝缘基板和导热硅脂的热阻相对较大。由于散热受到模块和散热器接触部分的限制，即使模块本身的热阻变小，也很难减小整体热阻。因此，目前已普遍采用直接冷却方法来替代传统的间接冷却方法。与间接冷却方法相比，直接冷却方法去除了基板和附着的导热硅脂，有研究表明，通过直接液体冷却，IGBT 的热性能有了显著的提高，与传统的间接液体冷却方法相比，直接冷却方法能够降低高达 30% 的热阻。

3. 间接液体冷却

间接液体冷却与直接液体冷却相比有如下特点：①冷却工质不与电子元器件相接触，减少对设备的污染；②可以使用传热性能良好的冷却工质，在热负载和环境条件发生变化时进行温度调节；③使用简单、维修方便。

间接液体冷却系统的设计，主要应保证热源与热沉之间有良好的热传递通道，尽可能地减少传热热阻。冷却液需要具备高导热特性、低挥发性、高沸点、良好的化学物理性质和电性能，常用的冷却工质有水、碳氟化合物、乙醇和乙二醇等。以下主要介绍大功率变流器、高压直流输电换流阀和静止无功补偿装置这三种设备的间接液体冷却技术。

在国际电工委员会（International Electrotechnical Commission，IEC）和电气与电子工程师协会的一系列关于静止无功补偿装置和相应晶闸管阀体的性能和试验方法的标准中均将水冷作为首选的冷却方法，而更将水冷列为高压直流输电唯一可行的冷却方式[58]。

1）大功率变流器的冷却技术

水冷是液冷中最常用的冷却方式，水的强制对流换热系数高达 15 000 W/(m²·K)，是气体强制对流换热系数的百倍以上，因此对大功率电力电子设备，采用水冷的方式冷却效率更高。

水冷的设置取决于电压、电流和经济性等，在低电压和低电流条件下，可以直接采用流水简化冷却系统。在低电压和高电流情况下，可以采用循环水冷却系统。在高电压情况下，必须采用去离子水，以避免电腐蚀和漏电。在某些电力电子设备中，由于涉及电绝缘的问题，需要采用绝缘油、液态金属等介质冷却，其基本原理与水冷相似。

最初用于大功率电力电子设备的水冷系统为直流式水冷系统。但其存在水资源大量浪费，以及含有杂质的出口冷却水排入地下会对水质造成污染等缺点，逐渐被循环水冷系统所代替[59]。循环式水冷系统具有能耗小、水的消耗量低等优点，第一代循环式水冷系统为敞开式结构，这又带来一系列新的问题：①由于喷淋过程中的蒸发，作为冷却介质的水被不断浓缩，需要不时地添加化学阻垢剂，并将过分浓缩的高含盐水去掉，其耗水量占到循环总量的 2%～5%，且会对环境造成污染；②水容易被空气污染，也容易寄生微生物，阻塞管路，需要经常投放化学药剂；③高含盐量及高含氧量的水易造成管路和设备的腐蚀，严重时可导致停运。

因此，水冷系统发展为密闭式冷却循环系统，其循环水不与大气直接接触，通过风–水或水–水换热系统实现的热交换比敞开式热效率高得多，循环水几乎没有消耗，可以采用去离子、软化等方法对循环水进行处理，避免设备腐蚀。图 8-12 为密闭式循环水冷系统的结构图[60]，由内冷水系统和外水冷系统组成。

内水冷系统是一个密闭循环冷却系统，由主循环回路和水处理回路组成。在主循环回路中，冷却水通过可控硅阀和冷却塔来构成循环回路。水处理回路包括离子交换罐、膨胀罐和补水泵。离子交换罐用于去除水中杂质离子，净化水质。膨胀罐用于确保内冷水系统的基准压力，兼有除氧和判断内冷水系统是否泄漏的功能。补水泵用于给系统提供额定的水位和压力。

外水冷系统主要作用是提供合格的喷淋水以冷却内冷水，主要由软化单

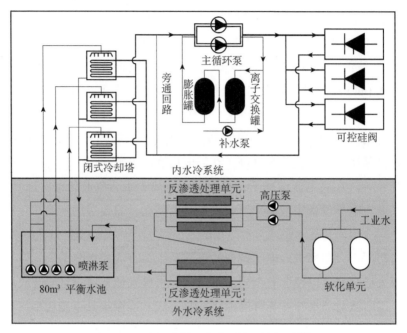

图 8-12 密闭式循环水冷系统的结构图[60]

元、反渗透处理单元、平衡水池等组成。软化罐及再生单元用于去除生水中的钙镁离子，为反渗透处理单元提供合格的软化水。反渗透单元可以过滤水中的金属离子，降低水中的盐分，防止外水冷系统的腐蚀结垢。

图 8-12 中采用的冷却方法为湿式冷却，一般依赖于闭式冷却塔实现，广泛地应用于各种环境温度较高、水资源丰富的地区。我国南方的安顺站、天生桥站、广州站等换流站的换流阀冷系统因环境温度较高或水资源较丰富都采用闭式冷却塔作为外冷却设备。闭式冷却塔由于循环冷却水是闭式循环，能够保证水质不受污染，很好地保护了主设备的高效运行，延长了使用寿命。

喷淋水在闭式冷却塔中循环，为闭式冷却塔本身进行降温，喷淋水不与内循环冷却水相接触，只是通过闭式冷却塔内的换热管束进行换热。风机产生压力差，将冷空气从进风栅外抽入闭式冷却塔；喷淋水从平衡水池泵送入布水器喷淋，喷淋水落入换热管束的外表面上，冷空气与喷淋水发生对流和蒸发，将这部分热量传入空气中，风机将这些空气散流到环境中，在春夏两季环境温度较高时，需要两个循环同时进行。

喷淋水量是从喷淋角度来描述的循环水量，闭式冷却塔的喷淋水量是影响其设备性能的重要参数。喷淋量过少，换热管壁面形成的液膜太薄，容易在表面张力的作用下产生断裂和收缩，不能均匀地对管壁进行覆盖，从而使部分表面不能参与到传热传质过程，使设备的整体冷却效率下降。

闭式冷却塔的优点是冷却水温可以低于空气温度，拥有更大的传热系数和较大的温降，其缺点是耗水，易产生污垢，维护成本较高。

此外，外水冷系统除了上述湿式冷却方式外还有干式冷却方式，干式冷却通过空气冷却器实现，具有耐受严寒、不受水源限制，无须清垢等优点。高压直流输电换流阀、静止无功补偿装置等对水质要求高，采用的空冷器主要为管翅式空冷器，而风力发电换流器由于对水质没有太高要求，一般采用板翅式换热器。在西部寒冷缺水地区，风冷方式应用较广泛，利用多组风机，可以吹冷风至换热盘管外表面，对换热盘管内的内冷水进行散热冷却。

2）高压直流输电换流阀冷却系统

文献[61]针对特高压直流换流阀水冷系统中溶解性气体的析出，产生大量气泡导致的系统水压失稳及氧腐蚀问题，配置了溶解性气体分离旁路系统，采用水泵抽水产生真空的方式进行脱气来解决。脱气罐设置在主循环泵进口，其运行机理为系统水通过泵的抽取作用进入脱气罐，当脱气罐充满水后，入口处电磁阀自动关闭但泵仍然运行几秒，使得抽气管内形成负压，系统气体的溶解度会减小，使水中游离气体和溶解气体释放出来，聚集在脱气罐顶部，此时水电磁阀再次打开，新水进入罐内，聚集在脱气罐顶部的气体通过自动排气阀排出。

国内直流输电工程直流换流站的阀冷系统主要由艾波比（Asea Brown Boveri，ABB）集团公司、广州高澜节能技术股份有限公司许继集团有限公司、国电南瑞科技股份有限公司等厂商提供，文献[62]对ABB公司和广州高澜节能技术股份有限公司的产品系统做出了对比。

ABB公司的技术阀冷却系统具有如下特点：阀内水冷系统关键设备均为双重化配置，提高了系统可靠性；系统测量设备均为双重化配置，避免单个测量设备故障时出现保护误动作；控制保护系统冗余配置，具有较高稳定性；设置水处理回路，持续对阀内冷水进行净化处理；阀外水冷系统冷却容量设有充分冗余，允许单台冷却塔退出进行检修；阀外水冷系统设置两级净化处理设备，保证阀外水冷系统喷淋水质量，防止冷却塔里内水冷管道结垢。

广州高澜节能技术股份有限公司生产的冷却系统具有如下特点：关键表计，如内冷水进阀温度传感器，采用三重化配置，保护采用三取二逻辑，动作可靠；设置自动补水回路，由控制系统根据膨胀罐水位自动启动补水，可靠性较高；每个双重阀顶部总进出水管处设置蝶阀，减少阀塔内水回路故障检修时的排水量，减少维修工作量，缩短维修时间；主水回路加热器统一放置在除气罐内，减少内冷水高速流动时对加热器强烈的冲击，降低加热器的故障率；主循环泵电源采用双回路供电，且和其他设备完全分离，保证主循环泵电源具有较高可靠性；控制回路和信号回路电源双重化配置。

大型换流阀的冷却系统存在一些急需解决的问题，如水泵切换、电力切换过程中出现的故障乃至跳闸，以及内冷水流经设备过程中的热管理问题等，最终导致内冷水泄漏、系统闭锁或设备发热严重导致紧急停运等。国内外曾发生多次因内冷水问题引起的直流闭锁或紧急停运事故，严重影响直流设备利用率。

3）静止无功补偿装置冷却系统

静止无功补偿装置冷却系统多为密闭式循环水冷系统，同样分为外冷系统和内冷系统，工作原理和大功率变流器及高压直流输电水冷系统相似。此外，静止无功补偿装置冷却系统还存在空气冷却方式。文献 [59] 给出了一个 100 Mvar 等级静止无功补偿装置的完全再循环空气冷却系统，其中晶闸管采用强迫风冷，循环空气所携带的热量在蛇形管组成的热交换器中进行冷却，热交换器采用空气-乙二醇组成的冷却液带走热量，冷却后的空气在室内再次流通，形成闭路循环系统。乙二醇则通过蒸发冷却器放出热量，然后再用泵打入空气-乙二醇热交换器，进行再度流通。

在实际应用风冷散热器时，应注意防止过多的尘埃跑进室内。为此，应采用补气装置，以保持晶闸管阀厅对外部大气有一定的正压力，同时补充进来的新风也必须是经过滤处理的清洁干燥的空气。设计中应保持主过滤器至少每小时可以将相当于晶体管阀厅总容积的空气过滤一次。

二、功率半导体器件封装热管理技术

目前，新型功率半导体器件封装技术正在进行尝试，例如，平面封装技术、压装封装技术和三维封装技术等，这些技术的尝试与应用都是为了对器件进行更为有效的散热。

（一）平面封装技术

图 8-13 为应用于 SiC 大功率逆变器模块的小型化双面冷却封装方案，该方案采用新材料，能够承受 220℃以上的高温。通过热模拟和表征，发现这种冷却方式下功率模块的散热性能比传统的单侧冷却式功率模块提高了两倍[63]。

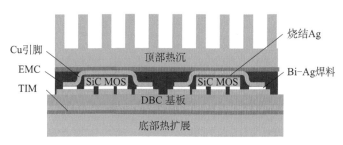

图 8-13　SiC 大功率逆变模块的小型化双面冷却封装方案[63]

电磁兼容性（electromagnetic compatibility，EMC）

图 8-14 为具有双面冷却能力的无引线键合 SiC 功率模块[64]，该模块采用低温共烧陶瓷（low temperature co-fired ceramics，LTCC）作为电介质和芯片载体。为了保护功率模块在工作过程中不被击穿，采用高温介质材料填充 LTCC 与功率模块之间的间隙。在相同的工作条件下，相比嵌入式电力电子模块，基于 LTCC 的双面冷却模块芯片与环境之间热排散的热阻更低。

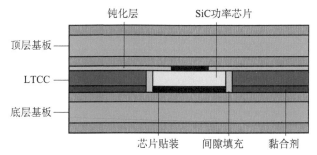

图 8-14　基于 LTCC 的 SiC 功率模块双面冷却封装[64]

图 8-15 为双面风冷功率总线芯片（power chip on bus，PCoB）电力模

块[65]。该模块中带翅片的铜块作为散热器和母线，功率芯片直接与两个母线状基板电气连接。该模块采用钼垫片作为模具与基板之间的 CTE 缓冲层，以降低 CTE 失配引起的热机械应力。

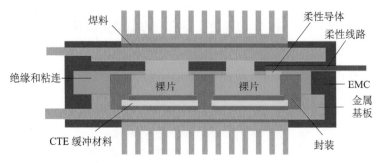

图 8-15　双面风冷功率总线芯片电力模块[65]

（二）压装封装技术

图 8-16 为 SiC 模块的压装封装技术[66]，通过该技术研制了一种具有两个压力组件和三个微通道散热器的叠层原型。在 LTCC 中间层中，使用称为"模糊按钮"的微型柔性压脚开发了一种 SiC 模具压力接触解决方案。为了减小回路寄生电感，设计了基于 LTCC 技术的超薄微通道散热器。

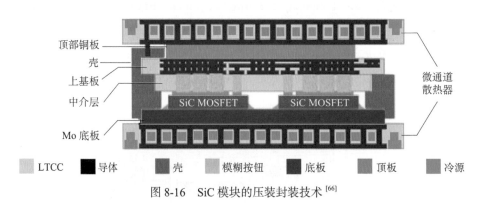

图 8-16　SiC 模块的压装封装技术[66]

（三）三维封装技术

图 8-17 为用于 SiC 二极管的一种芯片规模的无线连接封装技术[67-69]，该技术能够降低寄生热、提高可靠性、降低成本和损耗，与传统的引线键合封装技术相比，该封装的通态电阻降低了 24%。

图 8-18 所示为富士电气为 SiC 功率模块开发的一种铜引脚连接结构[70,71]，传统的铝线连接封装结构、焊点封装结构和硅凝胶封装结构分别被铜引脚连接结构、银烧结接头结构和环氧树脂成型结构所取代。为了进一步降低热阻，在 Si_3N_4 陶瓷衬底上结合了一个更厚的铜块。与传统的氧化铝陶瓷结构相比，铜引脚结构使整体结构的热阻降低了 50%。与传统的硅基引线键合封装相比，采用铜引脚结构，SiC 模块的损耗降低了 57%～87%。

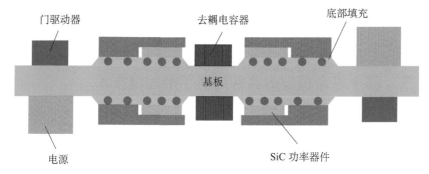

图 8-17　用于 SiC 二极管的一种芯片规模的无线连接封装技术[67-69]

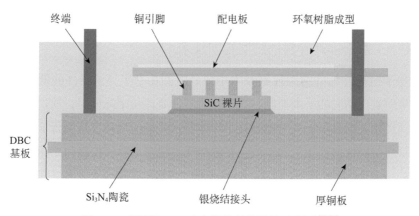

图 8-18　铜引脚 SiC 功率模块封装结构示意图[70,71]

图 8-19 为 2011 年首次引入的 SKiN 双面烧结封装技术[72]，该技术包括将功率芯片烧结到 DBC 基板、将功率芯片顶部烧结到柔性印刷电路（flexible printed circuit，FPC）及将基板烧结到针翅式散热器。目前，它已应用于1200V、400A 相桥臂 SiC 功率模块中。

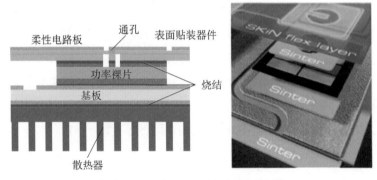

图 8-19　SKiN 双面烧结封装技术 [72]

三、基于寿命模型的器件结温平滑控制技术

采用以减小和平滑器件热应力冲击为目的的热控制策略抑制器件热应力冲击，在不影响器件功率处理能力的前提下，能够增加功率模块的循环次数，延长使用寿命。基于寿命模型的非平稳工况器件结温平滑控制技术主要从器件发热源头上进行温度控制，其中包括了基于损耗补偿的结温控制技术和基于降低损耗的结温控制技术。

（一）基于损耗补偿的结温控制技术

基于损耗补偿的结温控制技术主要是降低功率半导体器件的低频结温波动，从而实现结温的平滑控制。当半导体器件处理功率降低时，通过控制和半导体损耗相关的参量，实时地补偿半导体器件降低的损耗，从而降低其结温波动。目前与器件损耗相关的参量主要包括开关频率、驱动控制和无功电流等。

1. 开关频率

由于开关频率调节简单，不需要增加额外的硬件。基于调节开关频率的补偿损耗方法是目前结温管理技术应用最广泛的结温调节方法。当半导体器件处理功率降低时，可以通过提高开关频率增加开关损耗，从而降低半导体器件的低频结温波动。调整开关频率会同时影响变流器中所有半导体器件的损耗，所以该方法不能单独地调整某一个半导体器件的热载荷。

三相感应电动机在电机启动时，输出功率较小，当达到额定电流工作时会带来较大的结温波动，可以采用变开关频率的控制方式来调节功率模块结温[73]。一种有源热控制器是在变功率分布的情况下减小结温变化[74]。变换器的开关频率是受有源热控制影响的参数，而变换器的工作状态不变。该方法的新颖之处在于利用开关频率变化来防止在功率降低期间半导体过度冷却。结果表明，通过调节开关频率可以减小热循环振幅，从而使组件的寿命增加3 倍。通过调节开关频率，保证功率变换器在任何工作条件下的温度不超过最大允许温度[75]。该策略通过对采样点的优化，使开关磁阻电机（switched reluctance drive，SRD）在较低开关频率下的输出性能优于传统采样方法在正常开关频率下的输出性能。

2. 驱动控制

驱动控制也是一种调节半导体器件损耗的方法。驱动电压和驱动电阻的大小会影响半导体器件的开通和关断的速度，从而影响半导体器件的开关损耗。同时，控制驱动电压还可以使半导体器件工作在线性区，从而影响半导体器件的导通损耗。该方法优点是动态响应快，且受负载影响小。然而也存在调节范围有限的问题，同时需要设计额外的驱动控制电路。

一种双通道低压侧谐振门驱动电路可以提供两个对称的驱动信号来驱动两个 MOSFET[76]。它用恒定电流对 MOSFET 电容进行充放电，栅极驱动损耗和更重要的开关损耗都可以显著降低，该方案可以用于驱动倍流或全波整流结构的同步 MOSFET。通过相应地调节所施加的栅极–发射极驱动信号的幅度来抵消环境温度变化对半导体器件的功率损耗的影响[77]，该方案虽然是为高压 IGBT 定制的，但可以更广泛地应用于 MOS 门控器件。Chen 等[78]研究了栅极驱动电压和栅极电阻对瞬态驱动的影响，针对传统模拟驱动方法的不足，提出了自适应数字驱动方法。该数字驱动电路将 IGBT 的电流和电压数字反馈给 FPGA，动态改变驱动电路的参数，实现闭环 di/dt 和 du/dt 控制，更可靠地保护 IGBT。

一种具有主动热控制功能的有源门极驱动器可以用于改变基于 GaN 晶体管的变换器的损耗[79]，以减少热循环，提高变换器的寿命。如图 8-20(a) 所示，低电平为控制电平，T_{on} 为低电平的持续时间，高电平为正常驱动电平。在半导体器件的开通阶段，以低电平驱动半导体器件，可以降低半导体器件的开通速度，从而增加半导体器件的开通损耗，当器件开通后，如果继续以低电平驱动半导体器件，则半导体器件工作在线性区，从而增加了半导体器件的导通损耗，当半导体器件的损耗达到补偿要求后，驱动电压升为高电平，半导体器件恢复正常导通状态。图 8-20(b) 为施加与未施加主动热控制方法下半导体器件的结温波形对比，可以看出采用结温管理措施的半导体器件的结温波动明显降低。

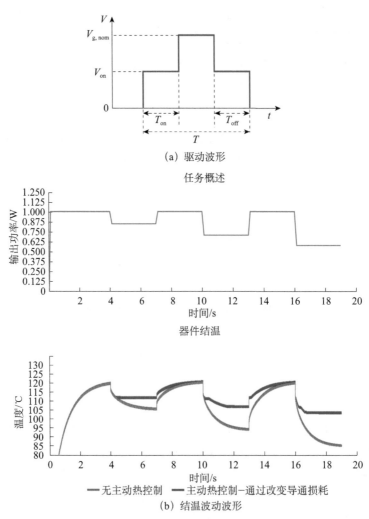

（a）驱动波形

图 8-20　基于驱动控制的热管理方法[79]

3. 无功电流

在变流器并联应用的场合，还可以通过控制无功电流循环来调节 IGBT 的损耗。因为无功功率不仅可以改变变流器输出电压和电流之间的相位角，而且可以改变半导体器件中的电流幅值，从而影响半导体器件的损耗，基于无功电流循环的结温调节方法就是利用无功功率来控制半导体器件的热载荷，该方法可以同时影响 IGBT 的导通损耗和开关损耗。

Ma 等[80]基于三电平并联变流器实现了基于无功功率循环的结温管理。在三电平并联变流器中，每台变流器的无功功率不受电网规范的限制，只受变流器的额定电流及变流器最大调制比的限制，所以当变流器处理的功率降低时，通过在变流器之间引入一定量的无功功率循环，对半导体器件降低的损耗进行补偿，从而降低半导体器件的低频结温波动。图 8-21 显示通过无功功率循环对器件进行结温管理，最大结温波动从 43℃减小到 24℃。该方法可以有效地调节 IGBT 结温，缺点是只能应用在并联的变流器系统中并且会增加二极管的热载荷。

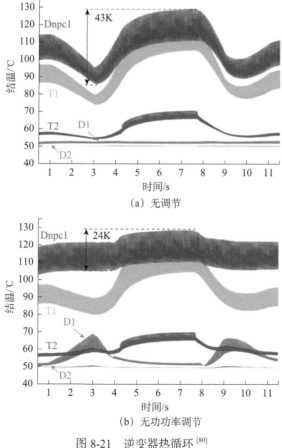

(a) 无调节

(b) 无功功率调节

图 8-21　逆变器热循环[80]

通过分析无功功率的引入对直驱风机系统中变流器模型的结温影响情况，人们提出了一种基于温度给定的无功功率控制方法[81]，该方法优化了直驱风机中变流器上 IGBT 功率模块的结温调节。无功功率结温调节方法应用于双馈风机变流器 IGBT 功率模块的结温调节[82]和光伏变流器 IGBT 功率模块的结温调节[83]。但是，这种调节方式在一定程度上会对变流器的功率输出产生影响，因此该方法应用范围存在较大的局限性。针对安装在封闭柜中的水冷式海上风电变流器在系统因风速变化而导致有功功率骤降时可能面临冷凝而又无法有效地防潮防雾的风险，人们提出了一种基于无功环流调节的防凝策略[84]。该策略能有效地实现功率模块的热控制，通过调节散热器、水冷板和水管的温度，使变流器控制器潜在冷点的温度随时高于露点温度，该策略可以在无需外部设备的情况下为兆瓦级海上风电系统提供冷凝保护。采用基于功率循环的热控制方法，可以提高永磁同步电机驱动系统的可靠性[85]。功率开关的结温随主动热控制的采取而降低，同时逆变器的热循环振幅也随之减小。实验结果表明，该策略能够平衡四种脉冲宽度调制–电压源逆变器（pulse width modulation-voltage source inverter，PWM-VSI）的温度，最大箱体温度由 85.3℃降至 79.3℃。

4. 功率动态分配

文献 [86] 提出了在并联的电力电子集成模块中（power electronics building block，PEBB）动态分配功率的结温调节方法。相对于变流器并联运行一般采用的等功率分配策略，动态功率分配策略可以根据结温动态分配 PEBB 中不同模块的功率，从而降低器件的结温波动。和无功功率循环一样，基于功率动态分布的结温调节方法也只能应用于并联变流器系统之中。

（二）基于降低损耗的结温控制技术

基于降低损耗的结温控制技术主要是应用于半导体器件的过温保护，根据器件的热载荷分布，划分变流器工作区间，当进入热载荷恶劣的工作区间时，通过采用减少开关次数、限制负载电流等方式降低半导体器件的总损耗，从而降低半导体器件的低频、基频结温波动，限制功率器件的最高工作结温。目前该类报道中，用于降低损耗的相关参量主要有开关频率及负载电流、控制策略、直流母线电压等。

1. 开关频率及负载电流

开关频率是一种有效减少损耗的方法。将变流器的工作区间根据半导体器件承受的热载荷进行分段，在热载荷恶劣的工作区间使用更低的开关频率，以降低半导体器件承受的热应力。另外，如果开关频率不能将结温控制在理想的范围内，还可以根据需要限制负载电流，以防止结温过高。通过获得实时结温信息，得到平均结温和结温波动[14]，当结温波动超过设定界限后，根据开关频率和结温的关系进行 PI 调节，使开关频率能够连续平稳变化；通过查表和采用滞环控制的方法[87]，在得到损耗和结温的函数关系基础上对器件结温进行控制，从而提高器件的可靠性；采用滞环频率控制[88]，根据电压（V_{dc}）、电流（I_m）、功率因数（$\cos\phi$）和开关频率（f_s）等条件计算得到实时功率损耗值（P_{loss}），经过结温计算环节得到结温变化量（ΔT_j），根据设定好的结温波动边界，使开关频率在其最大值和最小值处进行切换，完成了温度平滑控制；运用基于开关器件与电机温度实时估计和反馈的电机主动热管理控制策略[89]，通过调节开关频率，可以防止关键元件温度过高。通过调整器件的开关频率，使器件最高结温从 67℃减小到了 51℃。

2. 控制策略

空间矢量脉宽调制（space vector pulse width modulation，SVPWM）可以分为连续脉宽调制和不连续脉宽调制。与连续脉宽调制相比，采用不连续脉宽调制时，半导体器件的开关次数少，总损耗低。Falck 等[74]提出了通过动态调节脉冲宽度调制（pulse width modulation，PWM）频率实现三相逆变器功率模块热管理的解决方案，但未考虑对变换器效率和稳定性的影响。文献 [90]～[92] 提出基于损耗最小的 SVPWM 控制思想，同时该思想不影响变流器的输出性能。Li 等[93]提出了用微处理器实现 Buck 变换器结温在线控制的方法。Musallam 等[94]设计了基于比例积分控制器（proportional plus integral controller，PI controller）的热管理系统来调节 IGBT 模块的开关损耗，从而实现结温的自动调节。Weckert 和 Roth-Stielow[95]指出，与 SPWM 相比，采用 FT60 调制时器件的平均结温更低，可以提高变流器的电能变换效率。Chen 等[96]采用改变 SVPWM 的调制序列的方式实现结温平滑控制。通过改变开关调制方式对结温进行控制实现起来简便，且动态响应快，但也存在调节范围有限和滤波器设计困难等缺点。文献 [97] 采用了基于不连续脉宽调制的主动热控制策略，在保持良好电能质量的前提下，降低了功率波动下半导体的热应力。图 8-22 为采用不连续脉宽调制策略前后结温对比，该策略有效地降低了半导体器件结温，但该策略仅适用于多个变换器连接到同一个栅极馈线上的情况。

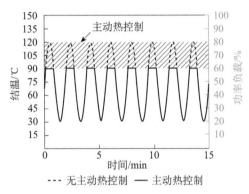

图 8-22　基于不连续脉宽调制的主动热控制 [97]

3. 直流母线电压

直流母线电压会影响半导体器件的开关损耗，既可以降低直流母线电压，也可以有效地降低半导体器件的热载荷。通过改变变流器直流侧母线电压的方式影响开关的驱动波形 [98,99]，可以实现器件结温的调节；通过动态地调节直流母线电压的电压值，可以调节功率器件的开关损耗 [98]；在一项针对风力涡轮机变流器的研究中，利用风速分布自适应地改变直流侧电压值，用于降低器件损耗，从而提高系统的效率及可靠性 [99]。然而，通过调节直流母线电压影响开关驱动波形的方法，其控制策略较复杂，实现难度大且调节效果不太明显。

第四节　未来发展趋势和建议

随着半导体功率器件技术的日新月异、电力电子拓扑和控制芯片的快速发展，电力电子技术大大推动了智能电网、新能源分布式发电系统、电气化交通和数据中心等国家战略性新兴产业的快速发展，是现代科学、工业和国防等国家科技重点发展领域的支撑技术 [100]。高性能、高功率电力电子器件与技术领域的发展，提出了一系列热管理技术的新问题和新挑战，必须推进电力电子功率器件及设备热排散技术的同步发展。

一、非平稳工况器件结温测量方法研究

一种精确的动态结温测量方法对器件及设备的设计和运行都大有裨益：实时温度信息可有利于改进因温度导致故障状态的监视技术，也能优化基于温度的提高芯片可靠性和利用率的控制算法。然而模块内部结温的精确测量是半导体可靠性研究领域的一个难题，理想的状态监视技术不需要任何电气或专用传感器来观察功率模块中的退化，而是基于物理模型。然而，包括热、电、电热、热机械和老化方面的全面的解决方案并不存在。已有的研究结果都主要关注结温测量方法本身，而忽视了结温的具体应用及对结温测量方法提出的要求。

（一）芯片集成温度传感器

芯片集成温度传感器作为一种新型的直接测量方法，可实现在线测量，其关键在于提高集成制造工艺，降低集成温度传感器和功率芯片之间的热容，提高测量元件及系统的响应速度用于更快的瞬态结温测量。通过在芯片表面集成更多的温度传感器，可以得到表面温度分布信息。

（二）饱和压降法

负载电流下饱和压降法也是一种具有潜力的在线结温测量方法，既可以实现状态监测，又可以进行结温测量。在标准功率循环试验中，同样会监测负载电流下的饱和压降，如果将其用于结温测量，那么可以实现结温测量和结温应用的统一，但是如何消除或补偿连接端子电阻的影响及考虑器件老化的影响是使用该方法之前必须考虑的问题。

（三）动态温敏参数法

动态温敏参数法是近年来广受关注的结温获取方法，这类方法可以在每次开关过程中实现在线测量而不需要改变换流器运行状态。对于高压大功率电力电子器件，基于模块特性的测量方法实现在线应用更加容易，尤其是栅极内部电阻，对应地需要发展主动功率循环试验方法，被测器件在动态开关过程中进行加速老化试验，并采用相同的结温测量方法。

（四）温度影响温敏参数机制研究

深入研究温敏参数受温度影响及其变化的物理机制，明确不同方法代表的结温意义，分析这些方法的影响参数、老化影响、一致性、线性度和灵敏度等指标，探索在不改变结构和运行状态的前提下进行在线测量的方法，实现结温测量与实际需求相结合。

二、基于器件损耗控制的内部热管理策略研究

半导体功率器件作为最脆弱、最昂贵的元件之一，正确的热管理对其更可靠、更具成本效益的能量转换起着重要作用。散热器设计属于外部热管理领域，它可以降低功率器件的平均温度和最高温度；而所有基于器件损耗控制的结温调节方法均属于内部热管理的范畴。对于功率模块的内部热管理，不同的控制策略可能会对功率模块的结温产生较大的影响，通过调整控制策略，可以大大降低模块内部的热冲击，延长使用寿命。

（一）电力电子设备全局结温管理策略研究

目前，关于结温调节的研究大多集中在外部散热器设计或单个模块的热控制上，而对系统级的内部热管理研究较少。实际上，单个器件的结温调节方法与整个系统的结温调节方法有很大的不同。后者不仅需要考虑功率模块本身，还需要考虑整个系统的功率处理能力是否受到影响。因此，一个完整的热管理策略不仅要考虑组件级别，还要考虑系统级别，它既要保证稳定性，又要保证效率。通过对结温调节方法的研究，探索一种统一的热管理设计策略，提高系统的可靠性和稳定运行，为系统的全面健康管理和寿命延长技术及降低成本开辟新方向。

（二）多参量联合结温调节方法研究

现有平滑结温波动的控制策略研究对调节平均结温有一定效果，但对减缓器件结温波动效果还不显著。大量的研究结果表明，单一结温调节方法存在一定的局限性，许多时候不能完全满足系统要求。例如，基于调节开关频

率的结温调节方法不能单独调节一个功率半导体器件的热载荷，但是其调节能力较强；基于等效关断轨迹的结温调节方法可以单独调节每一个功率半导体器件的热载荷，但是其调节能力较弱[101]。若将两种结温调节方法相结合，不但可以单独调节每一个半导体功率器件的热载荷，还可以进一步增大结温调节能力。所以多参量联合结温调节方法具有很大的优势，有待于进一步的研究。

（三）内部热管理策略可靠性验证

当前，内部热管理策略的理论研究与效果评价都是以半导体功率器件的寿命模型为基础的，但是其推广应用还是需要实践的检验。内部热管理策略的实践检验可以先从实验室开始，例如，在加速老化实验中加入结温调节方法，检验内部热管理策略的可靠性，对出现的问题再做进一步分析，从而逐步将内部热管理策略推向于实际工程应用。

三、应用于碳化硅器件的新型封装热管理技术

电力电子模块的冷却系统设计已成为成功实施的关键组成部分，而有效的热管理方案必须与其封装紧密结合，才能获得最大的效益。半导体发展趋势从硅基器件向碳化硅基器件转变，而由于封装固有的局限性，现有的标准封装方法被认为是向更高性能系统转移的技术障碍。

在未来的功率模块封装中，减小芯片散热路径上的传热热阻是封装热管理技术的关键。未来碳化硅封装热管理应考虑以下一些研究方向：

（1）减少或消除热路径中的许多封装层从而降低热阻。

（2）同样需要在芯片顶部进行散热，以实现模块极低水平的热阻，这可能需要将互连方法更改为更大面积的接头。

（3）封装层界面采用先进材料有助于降低封装的热阻。例如，用于模具连接与散热器的材料可以分别用导热系数更高的接头和碳基复合材料代替。

对于目前正在研究的新型封装技术，由于技术变化或使用都是逐渐进行的，考虑到及时的市场可用性，模块制造商通常会继续采用经过验证的传统功率模块封装技术，因而新型封装技术还需要得到充分的验证才能得到广泛应用。

本章参考文献

[1] 钱照明，张军明，盛况．电力电子器件及其应用的现状和发展 [J]．中国电机工程学报，2014, 34(29): 5149-5161.

[2] 孙培德，杨东全，陈奕柏．多物理场耦合模型及数值模拟导论 [M]．北京：中国科学技术出版社，2007.

[3] 马瑜涵，陈佳佳，胡斯登，等．IGBT 电力电子系统小时间尺度动态性能分析与计算的电磁场–电路耦合模型 [J]．电工技术学报，2017, 32(13): 14-22.

[4] Qian C, Gheitaghy A M, Fan J, et al. Thermal management on IGBT power electronic devices and modules[J]. IEEE Access, 2018, 6: 12868-12884.

[5] Zhou L, Wu J, Sun P, et al. Junction temperature management of IGBT module in power electronic converters[J]. Microelectronics Reliability, 2014, 54(12): 2788-2795.

[6] 吴文伟．电力电子装置热管理技术 [M]．北京：机械工业出版社，2016.

[7] Yerasimou Y, Pickert V, Dai S, et al. Thermal management system for press-pack IGBT based on liquid metal coolant[J]. IEEE Transactions on Components, Packaging, and Manufacturing Technology, 2020, 10(11): 1849-1860.

[8] 汪波，罗毅飞，张烁，等．IGBT 极限功耗与热失效机理分析 [J]．电工技术学报，2016, 31(12): 135-141.

[9] 窦泽春，刘国友，陈俊，等．大功率压接式 IGBT 器件设计与关键技术 [J]．大功率变流技术，2016(2): 21-25.

[10] Högerl J, Paulus S. Housing for semiconductor chips: US, U.S. Patent 6576995[P]. 2004-12-19.

[11] Golland A, Wakeman F J, Neal H D. Power device cassette with auxiliary emitter contact: US, U.S. Patent 20150102383[P]. 2015-04-16.

[12] Baker N, Liserre M, Dupont L, et al. Improved reliability of power modules: A review of online junction temperature measurement methods[J]. IEEE Industrial Electronics Magazine, 2014, 8(3):17-27.

[13] 陈杰，邓二平，赵雨山，等．高压大功率器件结温在线测量方法综述 [J]．中国电机工程学报，2019, 39(22): 11.

[14] Murdock D A, Torres J E R, Connors J J, et al. Active thermal control of power electronic modules[J]. IEEE Transactions on Industry Applications, 2006, 42(2): 552-558.

[15] 屠传经．重力热管式换热器及其在余热利用中的应用 [M]．杭州：浙江大学出版社，1989: 9-10.

[16] Gabsi I, Maalej S, Zaghdoudi M C. Thermal performance modeling of loop heat pipes with

flat evaporator for electronics cooling[J]. Microelectronics Reliability, 2018 (84): 37-47.

[17] Li J, Lv L, Performance investigation of a compact loop heat pipe with parallel condensers[J]. Experimental Thermal and Fluid Science, 2015, 62: 40-51.

[18] Li J, Lin F, Wang D, et al. A loop-heat-pipe heat sink with parallel condensers for high-power integrated LED chips[J]. Applied Thermal Engineering, 2013, 56 (1/2): 18-26.

[19] Chen H, Li Q. Experimental investigation on the thermal performance of a series loop with uniform temperature[J]. International Journal of Heat and Mass Transfer, 2018, 124: 629-638.

[20] Nazari M A, Ahmadi M H, Ghasempour R, et al. A review on pulsating heat pipes: From solar to cryogenic applications[J]. Applied Energy, 2018, 222: 475-484.

[21] Wei A B, Qu J, Qiu H H, et al. Heat transfer characteristics of plug-in oscillating heat pipe with binary-fluid mixtures for electric vehicle battery thermal management[J]. International Journal of Heat and Mass Transfer, 2019, 135: 746-760.

[22] Kearney D J, Suleman O, Griffin J, et al. Thermal performance of a PCB embedded pulsating heat pipe for power electronics applications[J]. Applied Thermal Engineering, 2015: S1359431115013848.

[23] Yang H, Khandekar S, Groll M. Performance characteristics of pulsating heat pipes as integral thermal spreaders[J]. International Journal of Thermal Sciences, 2009, 48(4): 815-824.

[24] Hemadri V A, Gupta A, Khandekar S. Thermal radiators with embedded pulsating heat pipes: Infra-red thermography and simulations[J]. Applied Thermal Engineering, 2011, 31(6/7): 1332-1346.

[25] Huhman B M, Boswell J, Ma H B, et al. Evaluation of the efficacy of oscillating heat pipes for pulsed power naval applications[J]. Naval Engineers Journal, 2015, 127(1): 75-81.

[26] Qu J, Li X, Wang Q, et al. Heat transfer characteristics of micro-grooved oscillating heat pipes[J]. Experimental Thermal and Fluid Science, 2017, 85: 75-84.

[27] Nazari M A, Ghasempour R, Ahmadi M H, et al. Experimental investigation of graphene oxide nanofluid on heat transfer enhancement of pulsating heat pipe[J]. International Communications in Heat and Mass Transfer, 2018, 91: 90-94.

[28] Nazari M A, Ahmadi M H, Ghasempour R, et al. How to improve the thermal performance of pulsating heat pipes: A review on working fluid[J]. Renewable and Sustainable Energy Reviews, 2018, 91: 630-638.

[29] Lin Z, Wang S, Chen J, et al. Experimental study on effective range of miniature oscillating heat pipes[J]. Applied Thermal Engineering, 2011, 31 (5): 880-886.

[30] Maydanik Y F, Dmitrin V I, Pastukhov V G. Compact cooler for electronics on the basis of a

pulsating heat pipe[J]. Applied Thermal Engineering, 2009, 29 (17/18): 3511-3517.

[31] Burban G, Ayel V, Alexandre A, et al. Experimental investigation of a pulsating heat pipe for hybrid vehicle applications[J]. Applied Thermal Engineering, 2013, 50(1): 94-103.

[32] Karthikeyan V K, Khandekar S, Pillai B C, et al. Infrared thermography of a pulsating heat pipe: Flow regimes and multiple steady states[J]. Applied Thermal Engineering, 2014, 62 (2): 470-480.

[33] Perpiñà X, Pitona M, Mermet-Guyennet M, et al. Local thermal cycles determination in thermosyphon-cooled traction IGBT modules reproducing mission profiles[J]. Microelectronics Reliability, 2007, 47 (9): 1701-1706.

[34] Gernert N J. Heat-pipe/heat-sink technology improves 6kW cooling[J]. Power Electronics Technology, 2009, 35(10): 32-34.

[35] Aihua L, Ying J, Liang Y, et al. Experimental study on heat dissipation performance of traction rectifier heat pipe air cooler[J]. Journal of Refrigeration, 2013, 34 (5): 90-94.

[36] Sarafraz M M, Hormozi F. Experimental study on the thermal performance and efficiency of a copper made thermosyphon heat pipe charged with alumina-glycol based nanofluids[J]. Powder Technology, 2014, 266: 378-387.

[37] Sarafraz M M, Hormozi F, Peyghambarzadeh S M. Thermal performance and efficiency of a thermosyphon heat pipe working with a biologically ecofriendly nanofluid[J]. International Communications in Heat and Mass Transfer, 2014, 57: 297-303.

[38] Sarafraz M M, Pourmehran O, Yang B, et al. Assessment of the thermal performance of a thermosyphon heat pipe using zirconia-acetone nanofluids[J]. Renewable Energy, 2019, 136: 884-895.

[39] Ramezanizadeh M, Alhuyi N M, Ahmadi M H, et al. Experimental and numerical analysis of a nanofluidic thermosyphon heat exchanger[J]. Engineering Applications of Computational Fluid Mechanics, 2019, 13(1): 40-47.

[40] Yang X H, Tan S C, He Z Z, et al. Finned heat pipe assisted low melting point metal PCM heat sink against extremely high power thermal shock[J]. Energy Conversion and Management, 2018, 160: 467-476.

[41] Mustaffar A, Reay D, Harvey A. The melting of salt hydrate phase change material in an irregular metal foam for the application of traction transient cooling[J]. Thermal Science and Engineering Progress, 2018, 5: 454-465.

[42] Chen H, Li Q. Experimental study of a novel heat sink for distribution level static synchronous compensator cooling[J]. Science China Technological Sciences, 2020, 63(9): 1764-1775.

[43] Tian Y, Vasic D, Lefebvre S. Application of thermoelectricity to IGBT for temperature

regulation and energy harvesting[C]. IEEE International Symposium on Industrial Electronics, Hangzhou, 2013.

[44] Gyselinckx B, Hoof C V, Ryckaert J, et al. Human++: Autonomous wireless sensors for body area networks[C]. IEEE Custom Integrated Circuits Conference, San Jose, 2005.

[45] Leonov V, Vullers R J M. Wireless microsystems powered by homeotherms[C]. Proceedings of European Conf Smart Systems Integration, Paris, 2007.

[46] Gou X, Xiao H, Yang S. Modeling, experimental study and optimization on low-temperature waste heat thermoelectric generator system[J]. Applied Energy, 2010, 87(10): 3131-3136.

[47] Wang B L. A finite element computational scheme for transient and nonlinear coupling thermoelectric fields and the associated thermal stresses in thermoelectric materials[J]. Applied Thermal Engineering, 2017, 110: 136-143.

[48] Zhu W, Deng Y, Wang Y, et al. High-performance photovoltaic-thermoelectric hybrid power generation system with optimized thermal management[J]. Energy, 2016, 100: 91-101.

[49] Guzella M D S, Cabezas-Gómez L, Guimarães L G M. Numerical computation and analysis of the numerical scheme order of the two-dimensional temperature field of thermoelectric coolers cold substrate[J]. International Journal of Applied and Computational Mathematics, 2017, 3(1): 1-16.

[50] Chen M, Gao J, Kang Z, et al. Design methodology of large-scale thermoelectric generation: A hierarchical modeling approach in SPICE[C]. Industry Applications Society Meeting, Florida, 2011:1-7.

[51] Chen W H, Wang C C, Hung C I, et al. Modeling and simulation for the design of thermal-concentrated solar thermoelectric generator[J]. Energy, 2014, 64(1): 287-297.

[52] Siouane S, Jovanovié S, Poure P. Influence of contact thermal resistances on the open circuit voltage MPPT method for thermoelectric generators[C]. IEEE International Energy Conference, Leuven, 2016: 1-6.

[53] Chen M, Rosendahl L A, Condra T J, et al. Numerical modeling of thermoelectric generators with varing material properties in a circuit simulator[J]. IEEE Transactions on Energy Conversion, 2009, 24(1): 112-124.

[54] Chang T C, Lee S, Fuh Y K, et al. PCM based heat sinks of paraffin/nanoplatelet graphite composite for thermal management of IGBT[J]. Applied Thermal Engineering, 2017, 112: 1129-1136.

[55] Hao G, Zhou L, Ren H, et al. Study on thermal buffering effect of phase change material on press-pack IGBT[J]. International Journal of Heat and Mass Transfer, 2020, 154: 119584.

[56] Mustaffar A, Reay D, Harvey A. The melting of salt hydrate phase change material in an irregular metal foam for the application of traction transient cooling[J]. Thermal Science and

Engineering Progress, 2018, 5: 454-465.

[57] 揭贵生, 孙驰, 汪光森, 等. 大容量电力电子装置中板式水冷散热器的优化设计 [J]. 机械工程学报, 2010, 46(2): 99-105.

[58] 陈建业, 吴文伟. 大功率变流器冷却技术及其进展 [J]. 大功率变流技术, 2010(1): 15-24.

[59] 陈建业. 大功率电力电子装置冷却系统的原理与应用 [J]. 国际电力, 2002 (4): 48-52.

[60] 刘凯. ±500kV 换流站阀冷系统水质监督与结垢分析 [J]. 湖南电力, 2015, 35(4): 41-43.

[61] 周丹, 张钧嘉, 贾瑞清. 特高压直流换流阀水冷系统真空脱气研究 [J]. 真空科学与技术学报, 2013, 33(1): 9-12.

[62] 朱皆悦. 高压直流输电阀水冷系统的对比分析 [D]. 北京: 华北电力大学, 2014.

[63] Woo D R M, Yuan H H, Li J A J, et al. Miniaturized double side cooling packaging for high power 3 phase SiC inverter module with junction temperature over 220℃ [C]. IEEE 66th Electronic Components and Technology Conference, Las Vegas, 2016: 1190-1996.

[64] Zhang H, Ang S S, Mantooth H A, et al. A high temperature, double-sided cooling SiC power electronics module[C]. IEEE Energy Conversion Congress and Exposition, Denver, 2013: 2877-2883.

[65] Xu Y, Husain I, West H, et al. Development of an ultra-high density power chip on bus (PCoB) module[C]. IEEE Energy Conversion Congress and Exposition, Cincinnati, 2017: 1-7.

[66] Zhu N, Mantooth H A, Xu D, et al. A solution to press-pack packaging of SiC MOSFETs[J]. IEEE Transactions on Industrial Electronics, 2017, 64(10): 8224-8234.

[67] Seal S, Glover M D, Wallace A K, et al. Flip-chip bonded silicon carbide MOSFETs as a low parasitic alternative to wire-bonding[C]. IEEE 4th Workshop on Wide Bandgap Power Devices and Applications, Fayetteville, 2016: 194-199.

[68] Seal S, Wallace A K, Zumbro J E, et al. Thermo-mechanical reliability analysis of flip-chip bonded silicon carbide Schottky diodes[C]. IEEE International Workshop on Integrated Power Packaging, Delft, 2017: 1-5.

[69] Mantooth H A, Ang S S. Packaging architectures for silicon carbide power electronic modules[C]. International Power Electronics Conference, Budapest, 2018: 153-156.

[70] Horio M, Iizuka Y, Ikeda Y. Packaging technologies for SiC power modules[J]. Fuji Electric Review, 2012, 58(2): 75-78.

[71] Ikeda Y, Iizuka Y, Hinata Y, et al. Investigation on wirebond-less power module structure with high-density packaging and high reliability[C]. IEEE 23rd International Symposium on Power Semiconductor Devices and ICs, San Diego, 2011: 272-275.

[72] Beckedahl P, Buetow S, Maul A, et al. 400A, 1200V SiC power module with 1nH commutation inductance[C]. 9th International Conference on Integrated Power Electronics

Systems, Nuremberg, 2016: 1-6.

[73] Blasko V. On line thermal model and thermal management strategy of a three phase voltage source inverter[J]. Proceedings of the 1999 IEEE Industry Applications Conference, Phoenix, 1999, 2: 1423-1431.

[74] Falck J, Andresen M, Liserre M. Active thermal control of IGBT power electronic converters[C]. Conference of the IEEE Industrial Electronics Society, Florence, 2016.

[75] Yang Q, Ma M, Yang S, et al. An active thermal management strategy for switched reluctance drive system with minimizing current sampling delay[J]. Microelectronics Reliability, 2020, 114: 113835.

[76] Yang Z, Ye S, Liu Y F. A new dual-channel resonant gate drive circuit for low gate drive loss and low switching loss[J]. IEEE Transactions on Power Electronics, 2008, 23(3):1574-1583.

[77] Wu T, Castellazzi A. Temperature adaptive IGBT gate-driver design[C]. Proceedings of the 2011 14th European Conference on Power Electronics and Applications, Birmingham, 2011.

[78] Chen G, Yong W, Xu C, et al. Adaptive digital drive for high power and voltage IGBT in multi-MW wind power converter[C]. Power Electronics and Motion Control Conference, Harbin, 2012.

[79] Prasobhu P K, Raveendran V, Buticchi G, et al. Active thermal control of GaN-based DC/DC converter[J]. IEEE Transactions on Industry Applications, 2018, 54(4): 3529-3540.

[80] Ma K, Liserre M, Blaabjerg F. Reactive power influence on the thermal cycling of multi-MW wind power inverter[J]. IEEE Transactions on Industry Applications, 2013, 49(2): 922-930.

[81] Zhang J, Chen G, Xu C. Thermal smooth control for multi-MW parallel wind power converter[C]. Tencon IEEE Region 10 Conference, Xi'an, 2013.

[82] Zhou D, Blaabjerg F, Lau M, et al. Thermal behavior optimization in multi-MW wind power converter by reactive power circulation[J]. IEEE Transactions on Industry Applications, 2014, 50(1): 433-440.

[83] Yang Y, Wang H, Blaabjerg F. Reduced junction temperature control during low-voltage ride-through for single-phase photovoltaic inverters[J]. IET Power Electronics, 2014, 7(8): 2050-2059.

[84] Zhang J, Wang J, Cai X. Active thermal control based anti-condensation strategy in paralleled wind power converters by adjusting reactive circulating current[J]. IEEE Journal of Emerging and Selected Topics in Power Electronics, 2017, 6(1): 277-291.

[85] Yan H, Zhao W, Buticchi G, et al. Active thermal control for modular power converters in multi-phase permanent magnet synchronous motor drive system[J]. IEEE Access, 2021, PP(99):1.

[86] Huanhuan W, Khambadkone A M, Yao X X. Control of parallel connected power converters for low voltage microgrid-part Ⅱ: Dynamic electrothermal modeling [J]. IEEE Transactions on Power Electronics, 2010, 25(12): 2971-2980.

[87] Weckert M, Roth-Stielow J. Lifetime as a control variable in power electronic systems[C]. Emobility-Electrical Power Train, Leipzig, 2010.

[88] Wei L, Mcguire J, Lukaszewski R A. Analysis of PWM frequency control to improve the lifetime of PWM inverter[J]. IEEE Transactions on Industry Applications, 2011, 47(2): 922-929.

[89] Lemmens J, Vanassche P, Driesen J. Optimal control of traction motor drives under electrothermal constraints[J]. IEEE Journal of Emerging and Selected Topics in Power Electronics, 2014, 2(2): 249-263.

[90] Chung D W, Sul S K. Minimum-loss strategy for three-phase PWM rectifier[J]. IEEE Transactions on Industrial Electronics, 1999, 46(3): 517-526.

[91] Nejadpak A, Mirafzal B, Mohammed O, et al. Effects of different switching algorithms on the thermal behavior of IGBT modules under pulse-load conditions[C]. Conference of the IEEE Industrial Electronics Society, Glendale, 2010.

[92] Wei L, Kerkman R J, Lukaszewski R A, et al. Analysis of IGBT power cycling capabilities used in doubly fed induction generator wind power system[J]. IEEE Transactions on Industry Applications, 2011, 47(4): 1794-1801.

[93] Li G, Zhiming C, Kruemmer R, et al. Thermal coupling model for IGBT power modules in an on-line temperature control system[J]. Microelectronics, 2003, 33(4): 294-297.

[94] Musallam M, Acarnley, P P, Johnson C M, et al. Power electronic device temperature estimation and control in pulsed power and converter applications[J]. Control Engineering Practice, 2008, 16(12):1438-1442.

[95] Weckert M, Roth-Stielow J. Chances and limits of a thermal control for a three-phase voltage source inverter in traction applications using permanent magnet synchronous or induction machines[C]. Proceedings of the 14th European Conference on Power Electronics and Applications, Birmingham, 2011.

[96] Chen G, Zhang J, Miao Z, et al. Adaptive thermal control for power fluctuation to improve lifetime of IGBTs in multi-MW medium voltage wind power converter[C]. Power Electronics Conference, Hiroshima, 2014.

[97] Youngjong K, Markus A, Giampaolo B, et al. Discontinuous-modulation-based active thermal control of power electronic modules in wind farms[J]. IEEE Transactions on Power Electronics, 2019, 34(1): 301-310.

[98] Lemmens J, Vanassche P, Driesen J. Dynamic DC-link voltage adaptation for thermal

management of traction drives[C]. IEEE Energy Conversion Congress and Expo, Denver, 2013.

[99] Trintis I, Munk-Nielsen S, Abrahamsen F, et al. Efficiency and reliability improvement in wind turbine converters by grid converter adaptive control[C]. 2013 15th European Conference on Power Electronics and Applications (EPE), Lille, 2013.

[100] 杭丽君, 闫东, 胡家兵, 等. 电力电子系统建模关键技术综述及展望 [J]. 中国电机工程学报, 2021, 41(9): 1-14.

[101] 王博. 基于寿命模型的 IGBT 模块结温管理研究 [D]. 重庆: 重庆大学博士学位论文, 2018.

第九章
数据中心热管理技术

第一节 概念与内涵

一、数据中心的发展历程

数据中心是实现大规模高速数据信息运算、存储、传输和交换等业务的服务平台。近年来，人工智能、云计算、大数据、大规模物联网及 5G 等高新技术的快速发展对数据中心存储和数据处理能力提出了前所未有的挑战，全球数据量、数据中心规模和数量均呈现出爆发式增长。根据 Statista 全球统计数据库的《全球大数据市场调研和分析报告（2022 年）》统计，全球数据总量将从 2010 年的 2ZB 增长到 2025 年的 181ZB，增长近 90 倍（图 9-1）[1]。

据中国信息通信研究院的《数据中心白皮书（2022 年）》指出，2017 年全球数据中心业务市场（包括托管业务、内容分发网络业务及公有云业务）整体规模为 465.5 亿美元，而 2021 年全球数据中心业务市场整体规模增至 679.3 亿美元，较 2020 年增长 9.8%。预计 2022 年市场规模将达到 746 亿美元，增速总体保持平稳（图 9-2）[2]。

我国的数据中心建设起步相对较晚，但近年来迅猛发展。一方面，互联网行业客户由于自身业务发展的需要，对数据中心资源的需求旺盛；另一方面，5G、云计算、大数据等网络架构的迅速演进和网络应用的不断丰富对互联网数据中心（internet data center，DC）机房和带宽提出了巨大需求。中国

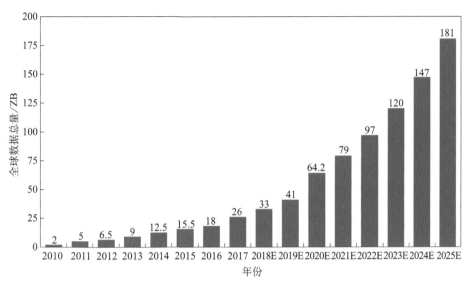

图 9-1　2010～2025 年全球数据总量预测（2022 全球大数据市场调研和分析报告）[1]

E 表示估算值及预测值

数据来源：https://www.statista.com/statistics/871513/worldwide-data-created

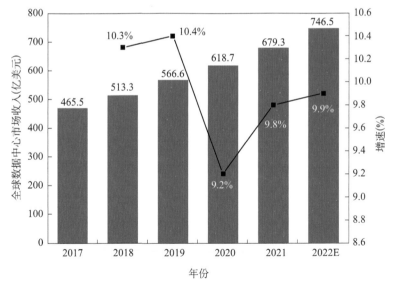

图 9-2　全球数据中心市场规模[2]

E 表示预测值

信息通信研究院的《数据中心白皮书（2022 年）》指出，2021 年我国数据中心行业市场规模达到 1500 亿元左右（我国数据中心市场收入指数据中心基础设施相关业务收入，包括机柜租用、带宽租用、服务器代理运维等服务，不包含云计算业务收入，主要依据数据中心牌照企业的收入数据统计计算），近三年年均复合增长率达到 30.69%，随着我国各地区、各行业数字化转型的深入推进，我国数据中心市场收入将保持持续增长态势（图 9-3）[2]。

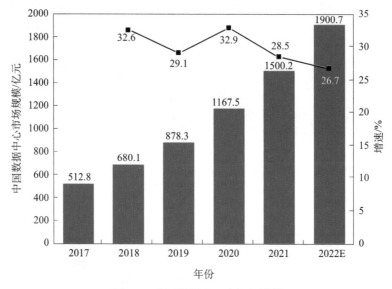

图 9-3　中国数据中心市场规模 [2]
E 表示预测值

数据中心的迅速发展及其数量规模的不断壮大使数据中心的能源消耗和碳排量不断激增；另外，数据中心的高性能需求不断推动着电子元器件及设备高密度封装技术的快速发展，也导致数据中心机房中单机能耗越来越高。如图 9-4 所示，根据现有的数据预测表明，信息和通信技术（information communication technology，ICT）的总电力需求将在 21 世纪 20 年代迅速上升。在 2030 年，ICT 的用电量可能超过全球总量的 20%，而数据中心的用电量超过 ICT 总用电量的 1/3[3]。

《中国数据中心冷却技术年度发展研究报告 2019》指出，2014 年我国数据中心耗电量约为 829 亿 kW·h，占全国总用电量的 1.5%；2015 年我国数据中心电力消耗达到 1000 亿 kW·h，约相当于三峡水电站同期的发电量；

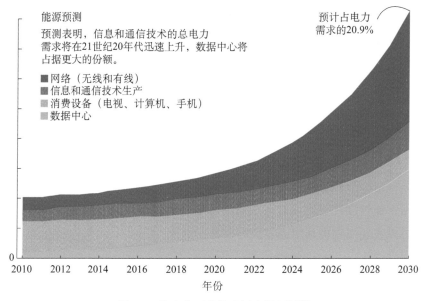

图 9-4　信息和通信技术用电量预测 [3]

2016 年我国数据中心耗电量超过 1108 亿 kW·h，占全国总用电量的 2%，和农业的总耗电量相当；2017 年我国数据中心耗电量达到 1250 亿 kW·h，超过 2017 年三峡水电站全年发电量（976.05 亿 kW·h）和葛洲坝水电站全年发电量（190.5 亿 kW·h）之和。按照我国 2013 年出台的《关于数据中心建设布局的指导意见》，一个标准机架的功率为 2.5kW；而目前大型及以上数据中心单机架的功率约为 5kW，而大型及以下数据中心单机架的功率为 2kW；2020 年全国数据中心大型机架总数约为 304 万架，其中相比 2019 年新增约 48 万架，新增数据中心的平均能量利用效率指数（power usage effectiveness，PUE）为 1.42，新增机架平均功率为 4.8kW，2020 年数据中心的总能耗为 2044 亿 kW·h[4]。数据中心的高能耗严重制约了其运行的经济性，同时也会对环境和气候变化造成不可忽视的影响。

二、数据中心的热管理问题

数据中心能耗主要包括信息技术设备能耗、冷却系统能耗、供配电系统能耗等部分，其中设备能耗和冷却能耗的占比分别约为 50% 和 40%[5]。数据中心热管理系统的基本组成如图 9-5 所示，主要由设备直接冷却和冷却系统换热两方面构成，两者紧密结合又相互影响，通过冷却方式及传热过程控制等热管理技术的实施，实现从芯片到信息技术设备到外界环境的热排散过程，其中芯片等电子元器件的冷却并不是孤立进行的，必须基于冷却方式和机房环境的换热过程来综合考虑。服务器芯片及封装组件的冷却系统如图 9-6 所示。CPU 等电子元件发热量的 90% 以上是通过中间结合层–TIM 以高密度热流形式传导至作为吸热与放热部件的空冷散热器（heat sink）或者液冷换热板（cold plate），剩余热量则被传递至封装基板以低密度热流形式向设置环境放热。空冷散热器或液冷换热板与机房内的冷却空气或循环冷却水进行热交换后，通过制冷与空调设备或者冷却塔将热量排放到外界环境（其中部分能量可以实现回收再利用或能量再生）。

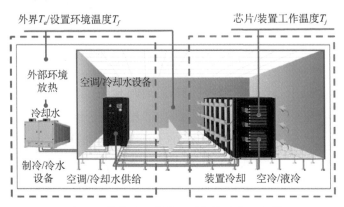

图 9-5　数据中心热管理系统的基本组成 [5]

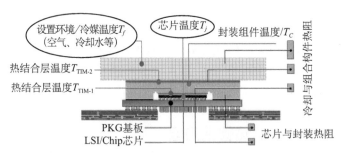

图 9-6　服务器芯片及封装组件的冷却系统 [5]

当前，冷却系统的设计和制造已成为数据中心最具挑战性的工作之一，首先需要对数据中心各部分的温度限制和热负荷情况有全面的了解。服务器主要由高度集成的微处理器、附加存储器（dual inline memory modules，DIMM）、输入/输出设备、磁盘驱动器和电源等部件组成。就热负荷而言，微处理器热流密度约为 100W/cm²，目前仍在快速增长，是服务器的主要耗能部件。传统数据中心每个机架的功耗约为 7kW，充分利用时功耗为 10～15kW，装载刀片服务器的机架功耗接近 21kW，部分高性能机柜的能耗可达 30kW。就允许的温度限制而言，微处理器和 DIMM 的温度（即工作温度 T_j）通常限制在 85～95℃。硬盘驱动器的限制温度远低于微处理器和 DIMM，工作温度长期高于 45℃时的故障率会增加，但也有一些制造商将最高限制温度设定为 60℃[6-8]。但对于高端服务器或大规模超级计算机装置的冷却设计，出于保障系统运行可靠性和降低电力消费的考虑，CPU 芯片及其他主要电子元器件的工作温度通常会被设定为远低于限制温度，甚至被控制在 60℃以下。以日本理化研究所和富士通公司共同推出的超级计算机系统"京/K-Computer"为例，在低温水冷 16℃条件下，系统所有的 18 万个 CPU 及其控制芯片的工作温度都被控制在 30℃以下，从而实现了系统故障率和芯片电力消耗的大幅度降低。

数据中心热管理技术包括芯片冷却、信息技术设备散热、机房环境的冷却供给（包括制冷、空调与冷却工质输送等）和外界环境放热等，目的是在保障各种电子元器件与设备可靠运行的同时，结合冷媒传输与传热过程，实现包括设备和冷却系统在内的数据中心总体能量利用效率的最大化。如何解决数据中心系统及装置的高效热转移–高热流冷却–精准化热管理问题、降低数据中心的能耗以实现碳中和已成为促进当前数据中心热管理技术发展的当务之急，也是能源与环境可持续发展所面临的重要挑战之一。上述高热流密度冷却和高效率换热的要求，已经接近甚至超过了传统冷却（空冷为主）方式热管理技术的能力极限，促使着相关学科和行业开始进一步探讨包括液冷方式在内更有效的新型热管理技术。

目前，基于冷/热通道的风冷依然是一种普遍采用的机房散热形式。以水冷板和浸没式冷却为代表的液冷技术弥补了风冷散热能力不足的问题，IBM 公司的水冷背板机柜和日立公司的"点制冷单元"等技术取得了良好的散热效果[9-11]。但是，数据中心冷却系统中依然存在诸多机理问题和技术挑战。例如，内部流道的设计是水冷背板机柜中冷板性能的关键，传统冷板面临的均温性和流动阻力等问题的解决需要引入先进的设计思想和方法。浸没式冷却系统沸腾与冷凝耦合的相变传热传质机理尚不清晰，强化换热方法也有待进一步发展。此外，液冷系统结构设计更加复杂，传统机房中引入液冷系统势必带来部署难度和成本问题，现阶段仍缺乏系统综合设计方法。自然冷却技术充分地利用环境冷源进行冷却，如雅虎 Lockport 鸡舍数据中心直接利用室外新风降温[12]，有效地降低了系统能耗，但受当地环境气候和地理条件的影响较大，应用存在一定的局限性。除改进冷却系统外，片上任务管理通过对芯片不同区域负载的调控实现了局部降温、均温性提升，是解决散热问题的一种新兴技术，但片上任务管理的实际问题往往更为复杂，如何提升任务管理算法和对策的适用性、容错性是待解决的关键问题。

三、数据中心的能效评价与节能

合理的评价指标不仅能够判断数据中心热环境的优劣，而且有助于明确数据中心冷却系统的能量转换方向，对于实现信息技术设备的高效、安全、可靠运行，满足能源可持续发展的要求具有重要意义。PUE 是评价数据中心能耗的一个重要参考指标，其表示数据中心消耗的总功耗 P_t 与服务器功耗 P_s 的比值，二者差值为数据中心中暖通空调等非计算类基础设施和载流导线电阻等引起的电能损失。因此，实际数据中心 PUE 的值势必大于 1，PUE 越接近 1 越好。《中国数据中心冷却技术年度发展研究报告 2019》显示，截至 2017 年底，随着新建大型、超大型数据中心上架率的提高，全国在运行超大型数据中心平均运行 PUE 为 1.63；大型数据中心平均 PUE 为 1.54，最高水平为 1.2。2018 年，超大型数据中心平均 PUE 为 1.41，大型数据中心平均 PUE 为 1.48，预计未来仍将进一步降低。机架入口温度的评价指标可以用 β 指数表示：

$$\beta = \frac{\Delta T_{\text{inlet}}}{\Delta T_{\text{rack}}} \tag{9-1}$$

式中，ΔT_{inlet} 为机房空调（computer room air conditioning，CRAC）送风和机架入口之间的温差；ΔT_{rack} 为经过服务器机架的温升[13]。由于服务器机架中入口高度不同，每个机架不同位置的 β 指数也不同，取值在 0～1，β 等于 0

或大于 1 时无空气再循环或机架过热。

数据中心的能源利用效率通常采用供热指数（supply heat index，SHI）、回热指数（return heat index，RHI）、机架冷却指数（Rack Cooling Index，RCI）和回热温度指数（relative temperature index，RTI）进行评价。基于对实际数据中心的大量研究，SHI 和 RHI 可以用于对大型数据中心的热环境进行表征，可表示为

$$\text{SHI} = \frac{\delta Q}{Q + \delta Q} \tag{9-2}$$

$$\text{RHI} = \frac{Q}{Q + \delta Q} \tag{9-3}$$

式中，Q 为数据中心所有机架的总散热量；δQ 为进入机架前冷空气的焓升[12]。SHI 反映了数据中心的再循环效应，有助于理解数据中心室内的对流换热，其理想值为零。SHI 与 RHI 之和为 1，当 SHI 接近 0 或 RHI 接近 1 时，表示冷热空气微弱混合，具有较高的冷却效率。RCI 用于表示特定机架布局下的机架冷却效率，可以表示为

$$\text{RCI}_{\text{HI}} = \left[1 - \frac{\sum (T_x - T_{\text{max-rec}})_{T_x > T_{\text{max-rec}}}}{(T_{\text{max-all}} - T_{\text{max-rec}})n} \right] \times 100\% \tag{9-4}$$

$$\text{RCI}_{\text{LO}} = \left[1 - \frac{\sum (T_{\text{min-rec}} - T_x)_{T_x < T_{\text{min-rec}}}}{(T_{\text{min-rec}} - T_{\text{min-all}})n} \right] \times 100\% \tag{9-5}$$

式中，下标 HI 和 LO 分别代表温度范围内的热端与冷端；T_x 为每个机架的入口平均温度；n 为入口总数；$T_{\text{max-rec}}$ 和 $T_{\text{min-rec}}$ 分别为由指南或标准推荐的最高温度和最低温度；$T_{\text{max-all}}$ 和 $T_{\text{min-all}}$ 分别为指南或标准所允许的最高温度和最低温度[14]。RCI 的值越高，表明服务器机架中的热环境越理想，冷却系统越有效。RTI 值用于分析机架附近的空气旁路或再循环空气水平，当其高于或低于 100% 时，分别会引起旁路气流和再循环气流。RTI 的值可按式（9-6）计算：

$$\text{RTI} = \frac{T_{\text{ret}} - T_{\text{sup}}}{\Delta T_{\text{equip}}} \times 100\% \tag{9-6}$$

式中，T_{ret} 为回风温度；T_{sup} 为送风温度；ΔT_{equip} 为整个设备的温升[15]。

近年来，上述评价指标已较成熟地应用于数据中心热性能和能效研究。Cho 等[16]利用 SHI、RHI、RCI 和 RTI 等参数对 46 个不同数据中心计算流体力学模型的热性能进行了比较分析。研究结果表明，18℃是数据中心地板下空气分配（underfloor air distribution，UFAD）系统最佳供电温度，冷通道封闭时该温度将提升到 22℃，采用评价指标对数据中心进行全面的热性能评估和单项参数研究将越来越重要。对于小型数据中心而言，当 SHI 和 RHI 分别为 16% 和 74% 时，服务器机架过冷超过 25%，同时采用数据中心级和服务器机架级指标进行评估能够更准确地反映数据中心冷却系统的整体性能[17]。

对于某些采用液冷方式和环境自然冷却的新型数据中心来说，在大幅度减少甚至基本消除制冷与空调用电的情况下，PUE 可以降至 1.10 甚至更低。数据中心建设阶段的 PUE 评估较困难且可能存在较大误差，其原因如下：①电力系统和暖通空调设备通常按照极端负载情况设计，因此当负载不足时，这些设备的效率往往低于其铭牌的额定值。如果根据各基础设施组件的铭牌参数进行评估，很可能夸大了数据中心的实际效率，导致 PUE 的值高于实际。基础设施部件产生的热量，如暖通空调系统布线的发热，在评估过程中也应加以考虑。②数据中心在实际运营过程中可能采用了虚拟化技术，通过减少服务器的使用来降低总能耗，此时 P_s 的值下降，但基础设施组件所消耗的电力可能不会随着 P_s 成比例地减小，从而导致 PUE 的值增大。作为对 PUE 的改进，能量利用效率（energy utilization efficiency，EUE）可以更好地表征数据中心的能源效率情况，表示为

$$EUE = \frac{E_t}{E_s} \tag{9-7}$$

式中，E_t 表示数据中心在一段时间内消耗的总电能；E_s 为服务器在相应时间内消耗的电能[18]。

数据中心的气流管理采用负压（negative pressure，NP）比、旁路（bypass，BP）比、再循环（recirculation，R）比和平衡（balance，BAL）比等参数表征：

$$NP = \frac{T_{sup}^{uf} - T_{sup}^{C}}{T_{ret}^{C} - T_{sup}^{uf}} \tag{9-8}$$

$$BP = \frac{T_{out}^S - T_{ret}^C}{T_{out}^S - T_{sup}^{uf}} \qquad (9\text{-}9)$$

$$R = \frac{T_{in}^S - T_{sup}^{uf}}{T_{out}^S - T_{sup}^{uf}} \qquad (9\text{-}10)$$

$$BAL = \frac{T_{out}^S - T_{in}^S}{T_{ret}^C - T_{sup}^C} \qquad (9\text{-}11)$$

式中，T_{sup}^{uf} 为地板下送风室的送风温度；T_{sup}^C 为 CRAC 送风温度；T_{ret}^C 为 CRAC 回风温度；T_{out}^S 为服务器机架出口温度；T_{in}^S 为服务器机架入口温度。NP、BP 和 R 分别表示了负压流、旁通流和回流的影响，其值接近 0 时表示影响较小。BAL 由服务器机架中实际空气分配和所需空气分配之间的平衡确定，在 CRAC 进出口温度分别等于机架进出口温度的理想条件下 BAL 的值为 1[19]。

当前，绿色节能已成为当下信息技术基础设施建设的潮流。早在 2011 年，Facebook Prineville 数据中心采用无压缩循环的纯自然风冷却系统，PUE 值达到 1.07。Uptime Institute 发布的《2018 数据中心调查报告》显示，2018 年全球数据中心平均 PUE 为 1.58；Google 尽可能地使用蒸发冷却，提高服务器机房中的温度以减少冷却功耗，将机器学习用于提高能源效率，已于 2007 年实现了碳中和，在 2017 年达到数据中心 100% 可再生的状态；微软数据中心已实现了碳中和，其最新的数据中心 PUE 值为 1.05～1.15。曙光信息产业股份有限公司实现了国内首个冷板式液冷服务器的大规模应用项目落地，PUE 值可降至 1.05 以下；阿里巴巴集团张北云联数据中心利用阿里云自主研发的飞天操作系统，采用无架空地板弥散送风、热通道密闭吊顶回风、预制热通道密闭框架和自然冷源最大化利用等冷却技术，实现了年均 PUE 值为 1.23；未来采用阿里巴巴浸入式液冷冷却系统，可以使数据中心 PUE 逼近理论极限 1.0[4]。虽然国内部分企业数据中心已达世界先进水平，但互联网数据中心发布的《2019 中国企业绿色计算与可持续发展研究报告》（该报告调查了 200 多家大型企业）显示，2019 年依然有 85% 的受访企业数据中心 PUE 的值在 1.5～2.0，我国数据中心整体用能效率还偏高（表 9-1）。

表 9-1　我国企业能效管理调查受访企业数据中心 PUE 值分布 [4]

PUE	2015 年	2019 年
<1.5	8.1%	12.9%
1.5~1.8	29.5%	39.1%
1.8~2.0	37.2%	46.0%
>2.0	25.2%	2.0%

为了实现数据中心能量利用效率的最大化，除了高效精准化冷却技术，余热回收与利用技术和可再生能源集成与储能技术也是具有经济性、环境友好性的重要发展方向。信息技术设备和冷却系统共同运行消耗的大量电能最终转化为废热排向环境。如果能够实现这部分废热的回收再利用，这对于提高数据中心的能源利用率、降低运营成本具有重要意义。芬兰、瑞典等北欧国家已有采用废热实现区域供暖的研究 [20,21]，废热发电、制冷等余热回收形式近年来也受到广泛关注。然而，数据中心废热温度受器件工作温度限制，通常不超过 85℃。废热回收温度低、废热回收系统与现有数据中心的协同运行仍是数据中心废热回收与再利用面临的主要瓶颈。

区别于传统数据中心的单一供电模式，利用可再生能源联合供电对于提高数据中心能源利用率、促进节能减排具有重要意义和美好的应用前景。Google 公司和 IBM 公司等企业已开始尝试采用光伏或水力发电等方式驱动其部分数据中心的运行。总体上，目前可再生能源所占比重仍然较小，难以满足数据中心供电需求，其间歇性、随机性的供电特点对数据中心储能系统的性能与管理提出了新的挑战。

第二节　面临的挑战和存在的问题

随着信息技术和信息化社会的发展，大数据中心、5G 基站建设、工业互联网等领域成为我国新型基础设施建设的重点领域，当前社会对数据中心信息传递存储处理能力及能耗水平提出越来越高的要求，使得数据中心热管理科学及技术面临诸多严峻的挑战。如何发挥数据中心在超大规模、超高集成度和超强处理能力等方面的优势，实现我国向数字型社会的转变，同时解决数据中心可靠稳定运行和低能耗低碳排放的难题，依然存在若干关键问题。

一、大型数据中心高效精准化热管理

由于数据信息运算、存储、传输和交换是实时变化的，数据中心整体运行功耗是动态的，并非所有机柜在同一时段均是满负荷的：部分机柜整体功耗超过 5kW，而另一部分功耗可能低于 1kW，这导致机房温度分布不均。就目前主流的机房冷却策略而言，当机房局部区域超温时，全机房采取同步冷却的措施，实现整机房的热控制，这将直接导致空调能耗的大量浪费。为此，如何实现大型数据中心的精准化热管理，在高效冷却高产热机柜的同时降低数据中心的能耗，成为当前数据中心热管理的一大挑战。

（一）风冷机房气流精细组织

在风冷机房气流精细组织方面面临的挑战和存在的问题主要有以下几个方面。

（1）数据中心的风冷效果受送风温度、地板穿孔率和静压层高度等多个因素共同影响，且实际数据中心的运行工况复杂多变，以上因素直接影响数据中心的流场组织和温度分布。因此，应深入探究上述多种因素对数据中心冷却效果的作用机理和影响规律，提升气流组织模型的精确度和适用性。

（2）数据中心冷却机组的运行要克服 250～500Pa 的内部静压压降、100～200Pa 的外部静压压降和约 12Pa 的多孔砖压降，多孔砖流量分布情况将随着机组特性曲线上工作点的微小变动而显著变化，而现有应用研究并未完全考虑上述情况。因此，当数据中心采用对压降敏感的气流方案时，需开展可变流量设备的建模研究。

（3）数据中心处于一个动态环境，其数据处理和计算需求不断变化，仅靠稳态分析不足以满足数据中心可靠性的要求，需研究变工况条件下数据中心的动态建模方法，并基于动态模型分析制冷机组故障等意外情况对数据中心热环境的影响，提出机房设备优化和故障情况下的温升减缓方法。

（4）数据中心气流通道的封闭方式、机架结构和泄漏面积比对气流组织和入口温度影响的研究仍然缺乏。对于机架和服务器分布不均匀的情况，冷热气流的组织变得尤为重要。抽屉式等新型机架布局方法有助于改善气流组织和入口温度，同样值得关注。

（二）高效液冷系统设计理论与方法

在高效液冷系统设计理论与方法方面面临的挑战和存在的问题主要有以下几个方面。

（1）冷板内部流道的设计对其冷却效果至关重要，传统流道结构面临局部热点冷却不足、温度均匀性和流动阻力等问题，可以利用仿生学原理建立新的流道设计理论与方法，进一步提高冷板的流动换热性能。

（2）内部结构复杂的冷板存在制冷剂泄漏的风险，可能会对机房设备造成严重损坏，冷板的高精度制造、装配和流动组织方式需要深入探究。

（3）由于沸腾换热的复杂性，浸没式冷却系统沸腾、冷凝耦合的相变换热机理尚不清晰，产热器件表面不均匀热流分布及表面微结构对气液两相流动的影响规律有待厘清。

（4）相变系统需要良好的密封性，结构设计更加复杂，且冷却液消耗量较大，在传统机房中引入浸没式冷却将带来布置难度和成本问题，现阶段仍缺乏系统综合设计方法。

（5）冷却剂长期浸泡对器件的影响和对人体及环境的友好性仍不清楚，需要研究制备具有高化学稳定性、电惰性、绝缘性和良好热物性的冷却介质。

（三）自然冷却机房环境条件精准控制

在自然冷却机房环境条件精准控制方面面临的挑战和存在的问题主要有以下几个方面。

（1）直接风侧自然冷却受系统设计、控制策略和室外环境空气条件等因素的影响，需进一步解决低温风和降温风复合设计方法、气流组织与优化和智能控制等问题，以提升冷却效果。

（2）直接向机房内送入新风可能引起室内空气的污染，从而导致机房设备故障等问题，需要建立相应的机房新风冷却系统设计方法，综合分析引入新风对机房空气品质、制冷能耗和散热能力的影响。例如，我国北方燃煤发电和供暖地区空气中的硫化物、氮化物及尘埃颗粒等有害物质含量较大，易对元器件及设备造成损伤，需通过物理或化学过滤作用对新风进行处理。引入过滤器后空气流动阻力增大，送风系统能耗随之增加，成本增加，个别环境污染严重地区的过滤成本甚至会超过节省的能耗，需要研究低流阻、多功能、低成本的新风处理方法。

（四）片上任务精准管理方法

在片上任务精准管理方法方面面临的挑战和存在的问题主要有以下几个方面。

（1）目前已有的任务调度模型认为任务之间彼此独立，但随着系统中应用程序越来越复杂，任务间的相互关系也越来越复杂，因此亟须研发考虑任务间相互影响的任务调度模型。另外，目前的任务调度算法大多是针对特定应用背景设计的，难以适应系统环境变化的情况。随着反馈调度和弹性调度技术的兴起，如何设计适用性好的调度算法，针对不同应用环境开展任务弹性调度也成为片上任务管理的关键问题。

（2）异构多核处理器有助于发挥不同处理器各自的优势，但不同处理器在指令集和运行速度等方面存在诸多差异，实际异构环境中还存在通信开销、网卡开销及频率和电压切换开销等不确定因素，核间负载还无法得到很好的均衡。在多核处理器已成为主流的情况下，如何解决上述异构多核处理器任务调度的问题成为关键。

（3）基于一次故障假设的容错调度难以胜任可靠性要求很高的场合。通过增加故障密度假设可以拓宽容错调度的应用范围，但可能的故障分布模式显著增加，调度算法的分析和设计更加困难。因此，一次作业周期中多次甚至任意次故障下容错调度算法有待深入发展。

（4）目前片上任务调度多是针对处理器一级进行的，针对大型数据中心进行的温度感知和任务调度对于整个系统的温度调控、减小冷却成本具有重要意义，但综合考虑数据中心多维资源利用率、服务质量和能耗等方面的理论和技术仍然缺乏。对于多租户数据中心的情况，整个数据中心的协同运作十分困难，资源协同、能耗和成本优化的理论和技术有待进一步研究。对于跨域数据中心的情况，不同地域数据中心节点的运营成本和与客户的物理距离不同，不同节点处同一用户请求服务质量和成本存在差异，此时需要在不同地域的节点间进行合理的资源和任务调度，相应的节点间资源和任务调度及能效优化模型与算法需要进一步研究。

二、大型数据中心低品位废热高效利用

随着数据中心大型化、集中化的发展趋势，数据中心的能耗日益增加，其不可避免地产生大量废热和使用后介质（如冷却空气、冷却水等冷却介质），其直接排放至外部环境后将造成能量的浪费和碳排放的升高。随着我国碳中和远景目标的提出，数据中心的碳减排成为亟须解决的任务。2019 年，工业和信息化部、国家机关事务管理局、国家能源局联合发布了《关于加强绿色数据中心建设的指导意见》，引导数据中心向规模化、集中化、绿色化、布局合理化发展，其中鼓励建设自有系统余热回收利用或可再生能源发电等清洁能源利用系统。但是，受电子元器件与设备运行工作温度的限制，目前数据中心最终排散的废热存在品位低（一般不超过 70℃）、回收成本高（即经济价值低）的局限。如何实现大型数据中心废热高效利用，结合可再生能源的消纳使用来建设零排放绿色数据中心，成为当前数据中心热管理和节能减排的另一大迫切挑战。

（一）废热回收利用

在废热回收利用方面，将数据中心余热回收用于暖通空调和热水系统可以降低数据中心的运营成本，但增加了建设投资成本和系统复杂性，同时面临设备维护和安全的问题。用于预热锅炉给水和生物质生产时，携带废热的工质温度会随着传输距离的增加而显著降低，对数据中心的选址有一定限制，需要建立相应的评价方法对引入余热回收技术的合理性进行分析；将废热用于有机朗肯循环时，同样存在循环工作温度较低，系统整体效率不高；用于清洁水生产（如海水淡化）时需要 75℃甚至更高的废热温度，这已经接近水冷数据中心余热温度上限，更是不适用于风冷数据中心的情况。因此，废热品质的提升及其与余热回收系统的集成也是一个需要解决的科学问题，需要在数据中心设计与建造阶段，开展一体化设计与建设。采用热电和压电方式实现热电转换的成本高，受材料自身性能限制，经济性上缺乏竞争力，高效热电／压电转换机理和材料制备方法有待突破。

（二）可再生能源复合利用技术

在可再生能源复合利用技术方面，虽然已有部分数据中心进行了可再生

能源发电并消纳的尝试，但受地域的限制，数据中心能耗巨大，在很多地区可再生能源发电量往往只能占到总能耗的一部分，而且直接来自可再生能源的电力供应的波动性对数据中心的运行带来负面的影响。随着相关技术的不断进步，生物质能和地热能等其他形式的可再生能源有望被引入数据中心，通过综合利用的方式提升可再生能源所占比例，但目前仍然缺乏将可再生能源与已有数据中心能源供给模块进行有效集成的方法，此外还需要研究不同类型可再生能源之间的协同控制方法。

（三）储能技术集成与管理

在储能技术集成与管理方面面临的挑战和存在的问题主要有以下几个方面。

（1）储能设备与服务器间的接口需要进行合理设计，一方面允许服务器对本地储能系统的主动访问，另一方面能够实现储能系统对服务器功耗进行干预。在协同储能设备与服务器功耗的过程中，要防止与已有的数据中心功耗管理发生冲突。由于与服务器距离的接近，服务器的散热对电化学反应和电池能效的影响尚不清楚。储能设备与数据中心的集成方法研究具有突出的应用价值。

（2）分布式储能单元大多容量较小，充放电运用不善时容易造成无电可用的局面，因此需要研究相应的全局电源管理机制以实现本地服务器与邻近储能系统间的能源借调。随着储能单元在更细粒度层面的集成，亟须一种层次化的分布式储能单元管理方法来控制单元通信和能效开销，同时解决电池堆各个模块之间使用不均匀和快速老化的问题。

第三节 研 究 动 态

一、大型数据中心高效热管理技术

（一）高效冷却技术

1. 风冷技术

数据中心一般布置有多个机架和机柜，典型数据中心的机架按照约 2m

的距离排列。冷 / 热通道是数据中心机房空调冷却系统应用较多的一种散热方法。对于冷空气出风口设计，地板抬升的机房通常采用抬升地板空间作为通风管道，出风口布置在地板上；地板非抬升的机房，出风口布置在天花板上。冷空气通过机架冷通道进入对服务器进行冷却，吸收热量后从机架后方流出。机架按照面对面和背靠背的方式布置，从而形成冷、热空气通道。冷通道中机架正面彼此相对，为机架提供冷空气；热通道中机架背面相对，排出热空气，从而将冷、热空气通道分离。数据中心空调系统通常是根据机架最大功耗和冷空气最大温升来设计的。例如，高效冷却系统中冷空气通常以25℃供应，热空气以 40℃离开机房。根据气流组织的不同，可以分为上送下回、下送上回及侧送上回等形式，不同形式的冷却效果有所差异。对于一个供冷量为 1.1kW/m² 的机房，采用下送风方式时距离送风口最远的服务器的回风温度约为 30℃，而采用上送风方式时的回风温度达到 38℃ [22]。在实际工程案例中，下送风方式可比上送风方式降低约 20% 的运行费用 [23]。

2. 液冷技术

传统强迫风冷最大散热能力只有几十 W/cm² 的水平，难以满足芯片内热流密度可达百 W/cm² 量级的散热需求，因此数据中心热管理系统正从风冷向液冷转变。液冷技术采用冷却液实现各发热器件热量的传输排散，预计液冷技术未来可广泛地应用于 20kW 以上（甚至 100kW）高功率机架的热管理中。苏黎世联邦理工学院研发的第一台热水冷却超级计算机原型 Aquasar 验证了采用热水作为数据中心冷却工质的可行性[24]。常见的液冷技术主要有水冷板冷却和浸没式冷却等。

水冷板冷却技术是将其与产热元器件直接接触，冷却液在泵驱动作用下在水冷板内部流道中流动，并与产热元器件进行热交换，实现对电子元器件的冷却。其内部流道分为直通道、蛇形通道和混合通道等。采用液冷背板的开放式机柜单台制冷量可达 8～12kW，封闭式液冷机柜单台散热功率可提升至 12～35kW，温度分布总体均匀，并可满足故障、维护情况下系统的稳定、可靠运行。在功率为 10kW 的机柜内采用封闭式液冷系统的散热效果可以达到一台 5 匹① 空调的效果，每年节约近 30% 的用电量 [25]。双密封液冷系统则

---

① 1 匹 =1000W。

采用一个内部水回路和一个外部水 / 乙二醇（防冻液）回路将来自服务器 /
机架的热量直接排放到室外环境。内部水回路通过冷板直接从处理器和内存
模块中提取热量，液–液换热器将热量转移到外部液体回路，再通过干式冷
却器排散到室外环境中。这时，服务器的大部分热量是通过水循环冷却的，
因此几乎不需要 CRAC 单元。工业标准冷却能耗占数据中心总能耗的 45%，
而该液冷方案则将冷却能耗的占比降至 3.5%[26-28]。

3. 自然冷却技术

自然冷却技术是利用天然的冷空气或冷水源对数据机房进行冷却，无须
开启机械制冷，实现近零功耗的废热排散，是目前普遍认可的节能效果较好
的冷却技术，包括风侧自然冷却、水侧自然冷却和热管自然冷却等。

风侧自然冷却系统通过引入外部空气实现数据中心冷却，包括直接风侧
自然冷却、间接风侧自然冷却和蒸发冷却等。直接风侧自然冷却技术直接
将室外温湿度适宜的环境冷空气引入数据中心机房内，无须通过常规空调
制冷机组对机房进行降温，其节能效果已在世界多个国家和地区得到验证，
Google 和 Facebook 等公司在北欧、美国等地的直接风侧自然冷却数据中心
的 PUE 接近 1.07[29]。间接风侧自然冷却通过换热器实现外部冷空气与机房内
空气或制冷剂进行热交换，间接实现机房冷却，这样可以减小室外污染物和
过大温湿度变动的影响，可以分为基于空气–空气换热器和基于热管 / 制冷剂
循环的风侧自然冷却两种。京都转轮系统就是一种典型的基于空气–空气换
热器的冷却技术 [30]。Facebook 数据中心、哥伦比亚大学数据中心、腾讯科技
（深圳）有限公司 T-block 西部实验室等均采用了蒸发冷却系统，有效地降低
了这些数据中心的 PUE 值 [31,32]。

水侧自然冷却主要利用自然界中海水、湖水、江河水等天然冷水源，包
括直接水冷式自然冷却系统和冷却塔式自然冷却系统。直接水冷式自然冷却
系统直接利用室外自然低温水源对数据中心进行冷却，Google 的芬兰数据中
心首先探索使用了这一技术，利用靠近北极圈的低温海水对整个数据中心进
行冷却，无须其他冷却设备[33]。微软公司也开展了名为 Natick 的计划，将
数据中心置于苏格兰附近 117 英尺 ① 深的海底，通过流动的低温海水带走数

---

①　1 英尺 =0.3048m

据中心的热量[34]。由于自然和地理条件的限制，目前仅有少数数据中心采用了该技术，难以得到大面积推广。冷却塔式自然冷却系统是利用室外较低的空气温度通过冷却塔制取低温冷水，又分为开式冷却塔直接自然冷却系统、开式冷却塔间接自然冷却系统和闭式冷却塔自然冷却系统等。开式冷却塔直接自然冷却系统中冷却塔制取的冷水直接供机房精密空调使用，容易造成污染，使水质下降；开式冷却塔间接自然冷却系统中的冷水通过板式换热器与机房精密空调高温回水进行换热，实现向机房的供冷；闭式冷却塔自然冷却系统采用闭式冷却塔制取低温水或乙二醇溶液直接供机房精密空调使用。

热管自然冷却技术是通过热管两端的温差驱动液体流动实现散热的，具有高导热、等温性好、热流方向可逆、环境适应性强、机房空间利用率高、无须外界提供动力、冷却液泄漏风险较低等优良特性。当室外温度低于设定温度时，基于热管的空调系统通过室内外的温度差和高度差使封闭管路中工质的蒸发、冷凝达到动态热力平衡，从而将机房内的热量迅速、高效地转移到室外，可以替代传统的 CRAC 系统，同时避免了室外空气直接引入机房内带来的污染问题。

分布式热管系统则是将热管布置在机架内，典型的采用分布式热管冷却系统的数据中心能量效率比（energy efficiency ratio，EER）值可由 2.6 提高到 5.7，PUE 值可由 1.6 下降到 1.35[35]。热管系统与蓄冷系统的结合可以在很大程度上改善热管自然冷却稳定性和可靠性的问题。例如，利用热管热虹吸特性将寒冷地区的冷量储存到蓄冷介质，再利用储存的冷量对数据中心进行冷却，可以降低数据中心的耗电量[36]；基于相变材料（phase change material，PCM）和两相闭式热虹吸管的被动冷却系统白天可以实现设备产热的储存，夜间储存的热量通过热虹吸管转移到周围环境中，这样可降低外部环境温度变化对冷却系统性能的影响[37]。

（二）精准化热管理技术

1. 冷量定向输运技术

通过风道的合理设计，将冷量直接定向输运至产热元器件，实现精准热管理。由于冷 / 热通道技术并不能将冷通道中的冷空气和由机架排出的热空气完全隔离，冷、热空气将发生局部混合，而影响数据中心的冷却效果。因此，在热设计过程中需要进一步解决如再循环空气混合、旁路空气混合和负压等问题[38-40]。例如，对于功耗为 63kW 的单冷通道数据中心，CRAC 出口和冷通道某些位置由于热空气再循环和冷空气旁路造成的温升可达 17℃ [41]。冷 / 热通道密封系统将冷通道或热通道分别密封，可以有效地隔绝冷、热气流掺混，可以使冷却单元的能耗节省 59%[42]。CFD 模拟结果显示，以机房空气处理系统（computer room air handler，CRAH）设定温度为准，冷 / 热通道密封系统的年冷却成本比传统冷却系统下降了 25%，通过在所有机架上设置垂直排气管可以将该值进一步提高到约 40%[43]。

机架能耗和气流分布的不均匀性也容易导致局部热点的出现。一种基于内冷机架的 UFAD 冷却系统可以将冷空气直接输送到不同层级的服务器机架中，较好地解决服务器机架内部热分布不均匀的问题[15]。另外，针对设有风扇辅助穿孔板的数据中心，通过增大风扇与多孔板的间距，可以使服务器机架底部到顶部的气流分布不均匀性减小，冷却性能增强；也可以在数据中心顶棚增设排气道，使得冷通道上方气流温度显著下降，气流垂直分布均匀性得以改善。

2. 液冷热源精准定位技术

强迫风冷散热能力有限，散热能力逐渐无法满足高功率计算设备的热管理需求。通过由风冷向液冷转变，散热措施从机柜向热源中心（服务器 / 芯片）延伸聚焦，实现精准定位热源，直接从产热源头带走热量。浸没式冷却系统通常由蒸发段、冷凝段和循环系统等部分组成。蒸发段中发热器件直接浸泡在绝缘冷却液中，热阻更小。冷却液在器件表面相变换热，相变产生的蒸汽在冷凝段完成冷凝，再经循环管路返回蒸发段继续吸热。浸没式冷却相变换热性能的强化受散热器表面结构、充液率及冷却液自身性质等因素的影响，是当前的研究热点之一。散热器（可以采用多孔表面、涂层表面、微通道结构表面等）能够有效地增强沸腾换热效果。例如，多孔石墨表面对核态沸腾具有强化作用，其最大换热能力比铜平板有显著提升，同时壁面过热度更低[44]；多孔铜表面的换热效果比裸表面高 2～3 倍[45]。另外，不同充液率下产热表面的压头不同，从而影响气泡的产生，因此合适的充液率有助于换热效果的提升[46]。目前，常用的冷却剂工质包括碳氟化合物（FC-72、FC-

87）和氢氟化合物（HFE-7000、HFE-7100、HFE-7300）等。计算机辅助分子设计和优值系数分析方法的筛选表明：C6H11F13 和 HFE-7200 按适当比例混合获得的混合工质的池沸腾效果更佳[47]。

3. 基于任务的片上热管理技术

除了上述数据中心系统级的改进冷却系统措施，针对芯片上局部热点的问题，人们发展了片上热管理技术。基于任务的片上热管理机制主要由温度预测、温度信息共享和任务分配等组成，属于"软热管理–Soft Cooling"范畴。

首先，为了使片上热管理在足够短的时间内做出合理的响应（如性能降低、动态电压和频率缩放），高效、精确的芯片温度预测模型是热响应机制建立、片上热管理实现高效散热和优化的关键。与实时温度感知相比，温度预测可以提前确定高温出现的时间点，从而使温度管理机制能够做出相应的决策来降低功耗，是片上热管理实现高效散热和优化的基础，主要有基于软件和基于硬件两种方法。基于软件的方法采用神经网络等算法预测片上温度，基于硬件的方法主要包括采用硬件传感器直接测量温度和基于简化热传导模型的温度预测两种。目前，传感器对温度或热量的直接探测基本都是基于模拟 CMOS 器件进行的，而集成电路中模拟 CMOS 器件的制造仍存在噪声串扰、电源布线和工艺兼容性等问题。基于简化热传导模型的温度预测将集成电路划分为多个不同的区域，根据材料热物性的不同将各区简化为不同的热容和热阻，并结合热传导关系将各区连接得到完整的热传导网络图，复杂程度更低，同时也比直接测量的方法可操作性更强[48]。

其次，在任务调度过程中需要获取本地节点和其他节点的温度以决定是否执行任务调度，在确定任务迁移目的节点时也需要获取其他节点的温度信息以判断是否向其发送任务调度的请求。其中本地节点温度可以通过温度预测获得，而其他节点的温度信息则需要通过温度信息共享机制来实现。基于多播传输的温度信息共享采用多播路由算法作为核心机制，能够在控制通信带宽占有率的同时实现温度信息的高效、快速传递。最常见的传输机制包括基于树形的多播路由和基于路径的多播路由两种[49,50]。基于树形的多播传输尽可能地沿着一条共用路径传递信息，其中任何一条分支被阻塞后都会导致整个树的阻塞。因此，除非消息很短，否则此通信模式效果并不理想。基于路径的多播传输将目的节点集划分成多个不相交的子集以减小多播路径长度，不同路径的数据传输互不干扰，单个路径的阻塞并不会对其他路径造成影响。

系统在运行初期将待运行的任务分配到不同的 CPU 核中。由于不同的任务具有不同的计算功耗，且任务间存在通信，因此不同的任务分配情况直接关系到系统的功耗分布，从而对系统产热和温度分布产生显著影响。目前，静态任务分配主要通过均衡功耗和分散任务执行区域来达到均衡温度分布、降低峰值温度的目的，主要包括离线算法和在线算法两种形式。其中离线算法充分地利用外部计算资源实现任务分配 [51,52]。例如，一种面向热管理的多核微处理器离线任务分配架构是将通信量较大的任务分配在相近的区域。离线任务分配算法利用外部计算资源完成复杂算法的运算，从而获得更优的初始任务分配结果，但限制了系统初始任务的应用，适应性较弱。在线任务分配算法自动结合下载任务分析任务分配对全局温度的影响，并根据产热或性能评估结果在系统内部对处理器资源进行分配，适应性更强。例如，一种增量在线任务分配算法考虑了未分配任务对处理器核温度分布的影响，减小了任务分配过程中的复杂性，有利于实现任务的快速分配 [53]；一种基于贪婪算法的在线任务分配算法将各 CPU 核的当前温度作为判断依据，将任务优先分配到温度较低的 CPU 核中 [54]。与离线算法相比，在线算法需要消耗系统自身的计算资源，算法复杂性受到一定限制。

除通过任务分配控制运行初期的芯片产热和温度外，系统的安全运行还需要对运行过程进行动态监控并对各区域的任务负载做出及时调整。动态热管理技术通过将过热区域置于空闲状态减少该区域的产热，从而将芯片温度控制在合理范围内，主要包括时间性和空间性动态热管理两种机制。前者通过临时性措施降低热点区域功耗，从而达到控温的目的；后者则采用任务迁移等技术将过热区域的任务迁移或交换，使该区域处于空闲状态 [55-58]。动态电压频率调整和任务迁移是两种最常用的动态热管理技术。动态电压频率调整通过控制电源电压和时钟频率达到控制温度的目的，在嵌入式和高性能服务器等计算系统中具有广阔的应用前景，但系统的计算性能也会随着频率的降低而下降。任务迁移通过交换多核或众核处理器上的任务达到降低温度和多核系统能耗的目的，从而提升处理器性能 [55, 59-64]。当处理器温度情况满足任务调度触发条件时，系统将执行任务调度机制。①热点区域的处理器将向区域发出任务调度请求，并收集反馈的温度信息。②任务调度机制将根据接收到的信息进行判断，将温度最低的处理器作为任务调度的目的处理器。③温度过热的处理器将发送调度信息到目的处理器，完成任务调度操作。以双核处理器为例，处理器上运行 A、B、C 三个不同任务，每个核都可以独立设置时钟频率和电源电压来降低功耗并满足当前负载需求，任务负载采用全速等效负载表示。核 1 上运行任务 A、B 时的全速等效负载分别为 50% 和 40%，核 2 上运行任务 C 时的全速等效负载为 40%。理想状态下可以将核 1、核 2 的频率分别设定为最大频率的 90% 和 40% 以减小功耗，但由于负载的不同，核 1 的温度将高于核 2，因此可以使任务 B 在两个核上做周期性迁移以平衡不同核上的负载。对于核数更多的情况，任务迁移策略更加复杂，往往需要借助特定算法确定。

二、大型数据中心废热利用与节能技术

（一）数据中心废热回收再利用

1. 余热供暖

从数据中心风冷系统排出的废热温度为 35～45℃，具备低品位废热回收供暖再利用的条件。根据数据中心规模和运行条件的不同，其废热再利用实现余热供暖可涵盖的范围包括数据中心本身、单个家庭、居民楼或社区等不同规模的用户。在个人住宅中采用数据中心废热供暖的模式又被称为"数据炉"[65]。美国能源信息署公布的数据显示，家庭供暖消耗的能量占到了美国能源使用总量的 6%[66]，数据中心余热供暖可使每台服务器每年节省 280～325 美元[65]。区域供热是数据中心低品位余热再利用的另一种方式，为数据中心提供额外的运营收入来源。北欧国家冬季寒冷，气温可达−20℃，区域供暖更加普遍[67]。早在 2009 年，欧盟国家已有超过 5000 个这样的区域供暖单元，供热量占到了欧盟居民供热需求的 9.7%[68]。

2. 吸收制冷系统驱动

吸收式制冷系统可以利用数据中心低品位热源加热蒸发器，用于代替或补充蒸汽压缩系统，实现数据中心废热的供冷再利用，也可以降低系统的电能消耗。目前，美国已有利用数据中心废热驱动 10t 级溴化锂吸收式制冷系统

的研究[69,70]。该系统将热量从服务器传输到蒸汽发生器，并将多余的热量转移到储热器中以保证非峰值运行情况下的热量供应，冷却能力可达35.2kW。另外，单个微处理器的废热可直接作为微小型吸收系统的热源，实现制冷的目的。一种比较新颖的方式是以离子液体和5种HFC制冷剂为工质的小型废热驱动吸收式制冷／热泵系统，蒸发器温度为41℃时的制冷能力可达36W[71]。

3. 锅炉给水预热

数据中心废热与朗肯循环的结合也是一种常见的余热再利用技术。虽然数据中心废热品位较低，不足以替代锅炉，但从水冷数据中心提取的废热温度可达60～70℃，可以用于对锅炉给水进行预热，有利于降低化石燃料消耗和污染物排放。以瑞典某175MW燃煤电厂与具有10万台服务器的数据中心联合运行为例[72]，每台服务器产热量为325W，芯片处微蒸发器温度为60℃，采用逆流式换热器作为冷凝器，将电子元器件产生的废热输送到朗肯循环中冷凝器和锅炉高压给水加热器之间，可以使电厂效率提高2.2%，数据中心与电厂年节约成本共计超过4000万美元。

4. 有机朗肯循环

数据中心的废热可以通过有机朗肯循环直接发电。有机朗肯循环可在65℃或更高废热温度下运行，也能在温度低至32℃的情况下运行，但效率随之降低[73-75]。循环的最佳温度范围受工质类型影响，常见的R-134a、苯、甲苯和甲烷等有机工质的工作温度为65～350℃，总循环效率通常在5%～20%。近年来有机朗肯循环逐渐成为将低品位废热转化为电能的主要技术，特别适合于数据中心的余热回收和再利用。

5. 热电转换发电

热电转换模块根据塞贝克效应运行，当对两种具有不同导带能级的材料施加温差时会产生电压，反之当施加电压时则会产生温差。因此，若将热电模块的热端与数据中心废热源耦合，则可以将废热直接转化为电能。标准的单级热电模块可以在高达70℃的温差下运行，热端温度为80～175℃[76]。因此，热电转换模块在捕获数据中心废热时需要与产热的电子元器件紧密耦合，或用于具有较高废热温度的液体或两相冷却系统。热电模块性能可用转换效率和热电优值表示。由于热电模块效率通常只有2%～5%，甚至更低，成本较高，目前应用还不广泛。随着材料方面的不断突破，有望将转换效率提升到15%~20%的水平[76,77]。热电优值通常在小于1及高于2的范围内变化，采用高塞贝克系数、高导电和低导热的材料可提高热电优值。为了与其他技术相竞争，热电优值需要进一步提高到3~4，薄膜纳米热电材料未来具有一定的应用潜力[76,78]。

6. 清洁水生产

数据中心废热可以应用于多效蒸馏系统，实现海水淡化。传统多效蒸馏系统采用锅炉系统产生蒸汽，再通过蒸汽将海水煮沸，排出的水蒸气作为下一阶段的加热介质继续对海水加热，即从每个阶段收集热量，直到废热品质下降到无法继续利用。典型多效蒸馏系统的加热性能、运行和资金成本与阶段数量有关，增加阶段数能降低能源消耗，但建设成本也会随之上升，因此实际系统的阶段数通常控制在4~21[79]。采用数据中心废热代替蒸汽锅炉可以降低多效蒸馏系统的能耗和能源成本。

7. 生物质能发电

有机动植物体生产的生物质能作为一种可再生能源有助于减少全球碳排放，利用数据中心废热处理生物质燃料则可以为数据中心提供额外的收入来源或现场电源。生物质发电主要包括两种方式，一是通过干燥和燃烧如藻类、粪肥等生物材料生产气体。此时数据中心的废热可以用于生物质燃料的干燥过程，温度高于60℃时干燥效果最佳，温度低于45℃时仍然可行[80]。二是通过生物质的厌氧消化过程产生沼气。此时数据中心的废热可以为反应器温度控制和厌氧处理之前生物材料的干燥提供额外热量，此时废热温度需保持在60℃以上。

8. 压电转换发电

压电材料受到机械应力或应变时，其内部电场发生变化并产生电荷。利用该原理，可以将数据中心冷却气流中的湍流振荡直接转化为电能。对于典型压电元件而言，机械能以环境振动或振荡气体膨胀的形式输入。应用于数据中心时，压电设备可布置于CRAC空气供应产生湍流涡流的区域。此时压电效应产生的电能往往处于毫瓦级别，但也有可能满足小风扇或发光二极管照明等局部能源需求，从而有助于降低数据中心运营成本。

（二）可再生能源供能与储能技术

1. 可再生能源供能技术

可再生能源发电技术与数据中心融合发展可为数据中心提供绿色能源输入，极大地降低数据中心的化石能源能耗，对实现零碳数据中心和能源革命具有重要意义。应用较成熟的可再生能源发电技术包括太阳能和风能等发电技术，目前仍然面临着依靠补贴、并网难和弃风限电等问题。随着以数据中心为代表的"新基建"计划的落地，国家发展和改革委员会在《关于 2019 年国民经济和社会发展计划执行情况与 2020 年国民经济和社会发展计划草案的报告》中，鼓励数据中心企业加大能效相关技术研发投入、提升可再生能源使用比例，特别是鼓励第三方超大规模数据中心集群化发展，积极探索建设可再生能源发输用一体化零碳信息基础设施，进一步从需求端根本上推动能源技术革命和能源体制革命。具体来说，由企业在数据中心所在区域自建可再生能源发电场、自建用户变电站，直接将当地丰富的风光资源转换为风电、光电，供数据中心运转使用。微软、Facebook 和谷歌等数字基础设施巨头在全球多地均有可再生能源项目的直接投资或持有。2017 年 Facebook 宣布将在丹麦 Odense 投资建设数据中心，完全采用可再生能源供电。2017 年苹果公司与贵州大数据产业发展有限公司合作在贵州贵安新区建设 100% 可再生能源数据中心，这是中国首个 100% 可再生能源数据中心 [81]。国内秦淮数据集团在山西大同灵丘县依托当地丰富的风光电等新能源，新建了新一代超大规模数据中心，成功地将当地富余的风电和光电就地转化为高效计算产能，并于 2019 年实现了一期、二期项目的 100% 绿色能源供应 [82]。春夏季风电和光电为数据中心的热排散提供清洁能源，秋冬季寒冷的气候直接为数据中心提供自然冷源，其 PUE 最低可达 1.08。

另外，沿海地区也可以利用潮汐能或波浪能发电与数据中心融合运营。例如，Google 公司提出了舰载数据中心技术，在万吨级油轮上设置数据中心，通过波浪能和风力发电机为服务器供电，同时将低温海水作为自然冷源实现对数据中心的冷却。2018 年 6 月，微软公司在苏格兰奥克尼群岛建设北方群岛（Northern Isles）大型海底数据中心，该数据中心利用海水的流动，以潮汐涡轮机完成潮汐能转换发电，在海底环境直接完成热能交换充当空调系统，同时海岸上还采用风力发电机和太阳能电池板为当地居民提供电力。

2. 可再生能源储能技术

储能系统对可再生能源数据中心具有重要作用：①作为能源缓存对可再生能源发电系统偶尔产生的峰值负载进行管理；②改善光伏风电等可再生能源输出的不连续和不稳定性，即在可再生能源供给过剩时适时吸纳储存，供给不足时放电弥补电力缺口。目前，数据中心储能技术主要包括铅碳电池、锂离子电池、全钒液流电池、燃料电池和飞轮储能等。

传统数据中心的储能设备主要以非间断电源的形式存在，大部分非间断电源都采用铅酸电池作为储能元件，但铅酸电池面临着占地面积大、故障率高、维护成本高及使用寿命短等问题。目前数据中心负载特性、运行效率、可靠性和运行成本都给储能供电系统带来了全新的发展机遇与挑战，以磷酸铁锂为代表的锂电池具有比能量高、体积小、循环寿命长、温度适应性强、自放电率低、安全环保及易维护等一系列优势，随着锂电池等储能技术成本的下降，光伏风电＋储能系统供电成为数据中心能源供应的新型解决方案。国内阿里巴巴集团已开始探索采用锂电池储能技术打造100%可再生能源数据中心，其张家口数据中心利用张北地区丰富的风能和太阳能，采用了自研分布式储能技术和国际领先的能源互联网技术，可实现最大程度的新能源供电、按需供电，最终可完成100%可再生能源供电[81]。日本京瓷于2019年4月在北海道石狩市建设日本首个100%可再生能源供电的数据中心，该数据中心采用光伏、风力和生物质能及储冷、蓄电池等提供电力，并采用人工智能系统预测用电量，实现高效发电。

第四节　未来发展趋势和建议

一、数据中心超前预测与调控

大型数据中心负载复杂动态的变化特性，导致"机房–机柜–服务器–芯片"多层级的温度分布不均匀，对机房整体的精细化热管理提出了巨大挑战。针对上述问题，基于历史负载变化曲线，采用数据中心多尺度建模和人工智能技术等方法，可以构建数据中心多层级温度预测模型。根据预测模型超前感知现场温度，联合热管理调控系统和高效热管理技术（风冷、液冷、自然冷却等），指导数据中心热排散系统提前实现冷却资源调配调控、提前优化任务分配，实现数据高效精准化调控，将是大型数据中心未来发展的重要方向。

二、100% 可再生能源供能——零排放数据中心建设

为了应对我国 2060 年实现碳中和的目标，大型数据中心应结合自身产业特点，在国家绿色数据中心引导政策下，将数据中心的热管理问题转化为能源管理问题，重点突破低品位废热的高效回收利用技术，打破数据中心能源利用效率受限的瓶颈。大力开发可再生能源（太阳能、风能、地热能、水能等）的有效利用技术，合理设计并充分地利用数据中心内各种冷媒传输和热交换过程中的能量转换，实现近零功耗的环境自然冷却，革命性地建设 100% 可再生能源供能、零碳排放绿色数据中心，将是引导未来数据中心相关技术发展的重要方向。

本章参考文献

[1] Statista. Volume of data/information created, captured, copied, and consumed worldwide from 2010 to 2025[EB/OL]. https://www.statista.com/ statistics/871513/worldwide-data-created[2022-07-02].

[2] 中国信息通信研究院 . 数据中心白皮书（2022 年）[EB/OL]. http://www.caict. ac.cn/kxyj/ qwfb/bps/202204/t20220422_400391.htm[2022-07-02].

[3] Jones N. How to stop data centres from gobbling up the world's electricity[J]. Nature, 2018, 561(7722): 163-167.

[4] 中国数据中心冷却技术年度发展研究报告 2019. 北京 : 中国建筑工业出版社 , 2020.

[5] 黄廷 , 杨琳 , 杨晚生 . 数据机房液冷散热技术研究现状 [J]. 广东土木与建筑 , 2019, 26(2): 66-71.

[6] Pinheiro E, Weber W, Barroso L A. Failure trends in a large disk drive population[C]. Proceedings of the 5th USENIX Conference on File and Storage Technologies, San Francisco, 2007: 17-29.

[7] Sun Microsystems. 600 GByte, 3.5", 15000 rpm Disk Drive Specification-6 GB SAS-2

Interface[EB/OL]. http://docs.oracle.com/cd/E19814-01/820-7290-10/820-7290-10.pdf. [2009-09-09].

[8] Western Digital Technologies, Inc. WD Caviar®GreenTMDesktop hard drives[EB/OL]. http://www.wdc.com/wdproducts/library/SpecSheet/ENG/2879-701229.pdf[2012-01-05].

[9] IBM test labs. IBM Rear Door Heat Exchanger[R]. Technical Report, 2005.

[10] Ellsworth M J, Campbell L A, Simons R E, et a1. The evolution of water cooling for IBM large server systems: Back to the future[C]. 2008 11th Intersociety Conference on Thermal and Thermomechanical Phenomena in Electronic Systems, Orlando, 2008: 266-274.

[11] Hewlett-Packard Development Company. HP Modular Cooling System: Water cooling technology for high density server installations[R]. Technical Report TC070407TB, 2007.

[12] Morgan T P. Yahoo! opens chicken coop data center[EB/OL]. https://www.theregister. com/2010/09/ 23/yahoo_compute_coop[2010-09-23].

[13] Schmidt R R, Cruz E E, Iyengar M K. Challenges of data center thermal management[J]. IBM Journal of Research and Development, 2005, 49(45): 709-723.

[14] Herrlin M K. Rack cooling effectiveness in data centers and telecom central offices: The rack cooling index (RCI) [J]. ASHRAE Transactions, 2005, 111(2): 725-731.

[15] Zhang K, Zhang Y W, Liu J X, et al. Recent advancements on thermal management and evaluation for data centers[J]. Applied Thermal Engineering, 2018, 142: 215-231.

[16] Cho J, Yang J, Park W. Evaluation of air distribution system's airflow performance for cooling energy savings in high-density data centers[J]. Energy and Buildings, 2014, 68: 270-279.

[17] Lajevardi B, Haapala K R, Junker J F. Real-time monitoring and evaluation of energy efficiency and thermal management of data centers[J]. Journal of Manufacturing Systems, 2015, 37: 511-516.

[18] Yuventi J, Mehdizadeh R. A critical analysis of power usage effectiveness and its use in communicating data center energy consumption[J]. Energy and Buildings, 2013, 64: 90-94.

[19] Tozer R, Kurkjian C, Salim M. Air management metrics in data centers[J]. ASHRAE Transactions, 2009, 115(1): 63-70.

[20] Finnish Energy Industries. Energiavuosi 2015-Kaukolämpö[EB/OL]. http://energia.fi/ tilastot-ja- julkaisut[2015-05-06].

[21] Fjärrvärme Svensk. Industriell spillvarme[EB/OL]. http://www.svenskfjarrvarme.se/ Medlem/ Fokusomraden-/Energitillforsel-ochproduktion/Spillvarme[2016-04-02].

[22] 刘威, 许新毅, 邓重秋. 通信机房空调系统节能措施分析 [J]. 暖通空调, 2010, 40(4): 92-96, 100.

[23] 郭春山. 通信机房空调优化节能方案探讨 [J]. 沿海企业与科技, 2008(5): 52-54.

[24] Zimmermann S, Meijer I, Tiwari M K, et al. Aquasar: A hot water cooled data center with direct energy reuse[J]. Energy, 2012, 43(1): 237-245.

[25] 蒋贤国. 高热密度服务器机柜液冷系统的分析和实验研究 [D]. 北京：北京工业大学硕士学位论文, 2012.

[26] Parida P R, David M, Iyengar M, et al. Experimental investigation of water cooled server microprocessors and memory devices in an energy efficient chiller-less data center[C]. 2012 28th Annual IEEE Semiconductor Thermal Measurement and Management Symposium, San Jose, 2012: 224-231.

[27] David M P, Iyengar M, Parida P, et al. Experimental characterization of an energy efficient chiller-less data center test facility with warm water cooled servers[C]. 2012 28th Annual IEEE Semiconductor Thermal Measurement and Management Symposium, San Jose, 2012: 232-237.

[28] Iyengar M, David M, Parida P, et al. Server liquid cooling with chiller-less data center design to enable significant energy savings[C]. 2012 28th Annual IEEE Semiconductor Thermal Measurement and Management Symposium, San Jose, 2012: 212-223.

[29] 朱永忠. 数据中心制冷技术的应用及发展 [J]. 工程建设标准化, 2015(8): 62-66.

[30] Niemann J, Bean J, Avelar V. Economizer Modes of Data Center Cooling Systems[M]. Paris: Schneider Inc White Paper 132, 2011.

[31] 耿志超, 黄翔, 折建利, 等. 间接蒸发冷却空调系统在国内外数据中心的应用 [J]. 制冷与空调（四川）, 2017, 31(5): 527-532.

[32] 黄翔, 韩正林, 宋姣姣, 等. 蒸发冷却通风空调技术在国内外数据中心的应用 [J]. 制冷技术, 2015, 35(2): 47-53.

[33] 数据中心运维管理. 号外：数据中心跳大海事件 [EB/OL]. https://mp.weixin.qq.com/s/aOq56rdAnSDngx67GBu5yQ[2016-06-04].

[34] 陈杨. What！微软将数据中心打造成"海底捞" [EB/OL]. http://server.zol.com.cn/694/6943175.html[2018-08-27].

[35] 田浩. 高产热密度数据机房冷却技术研究 [D]. 北京：清华大学博士学位论文, 2012.

[36] Mochizuki M, Wu X P, Mashiko K, et al. Experimental investigations on cold energy storage employing heat pipes for data center energy conservation[J]. International Journal of Energy Science, 2012, 2(3): 77-83.

[37] Sundaram A S, Seeniraj R V, Velraj R. An experimental investigation on passive cooling system comprising phase change material and two-phase closed thermosyphon for telecom shelters in tropical and desert regions[J]. Energy and Buildings, 2010, 42(10): 1726-1735.

[38] Patankar S V. Airflow and cooling in a data center[J]. Journal of Heat Transfer, 2010, 132(7): 073001.

[39] Cho J, Kim B S. Evaluation of air management system's thermal performance for superior cooling efficiency in high-density data centers[J]. Energy and Buildings, 2011, 43(9): 2145-2155.

[40] Qian X D, Li Z, Li Z X. A thermal environmental analysis method for data centers[J]. International Journal of Heat and Mass Transfer, 2013, 62: 579-585.

[41] Muralidharan B, Shrivastava S K, Ibrahim M, et al. Impact of cold aisle containment on thermal performance of data center[C]. Proceedings of the ASME 2013 International Technical Conference and Exhibition on Packaging and Integration of Electronic and Photonic Microsystems, Burlingame, 2013: 1-5.

[42] Schmidt R, Vallury A. Energy savings through hot and cold aisle containment configurations for air cooled servers in data centers[C]. Proceedings of the ASME 2011 Pacific Rim Technical Conference and Exposition on Packaging and Integration of Electronic and Photonic Systems, Portland, 2011: 611-616.

[43] Shrivastava S K, Calder A R, Ibrahim M. Quantitative comparison of air containment systems[C]. 13th InterSociety Conference on Thermal and Thermomechanical Phenomena in Electronic Systems, San Diego, 2012: 68-77.

[44] El-Genk M S. Immersion cooling nucleate boiling of high power computer chips[J]. Energy conversion and management, 2012, 53(1): 205-218.

[45] Yuki K, Hara T, Ikezawa S, et al. Immersion cooling of electronics utilizing lotus-type porous copper[J]. Transactions of The Japan Institute of Electronics Packaging, 2016, 9: 1-7.

[46] Pal A, Joshi Y. Boiling of water at subatmospheric conditions with enhanced structures: Effect of liquid fill volume[J]. Journal of Electronic Packaging, 2008, 130(1): 011010.

[47] Warrier P, Sathyanarayana A, Patil D V, et al. Novel heat transfer fluids for direct immersion phase change cooling of electronic systems[J]. International Journal of Heat and Mass Transfer, 2012, 55(13): 3379-3385.

[48] Im S, Banerjee K. Full chip thermal analysis of planar (2-D) and vertically integrated (3-D) high performance Ics[C]. International Electron Devices Meeting 2000, San Francisco, 2000: 727-730.

[49] Hu W M, Lu Z H, Jantsch A, et al. Network-on-chip multicasting with low latency path setup[C]. 2011 IEEE/IFIP 19th International Conference on VLSI and System-on-Chip, Hong Kong, 2011: 290-295.

[50] Hu W M, Lu Z H, Jantsch A, et al. Power-efficient tree-based multicast support for networks-on-chip[C]. 16th Asia and South Pacific Design Automation Conference, Yokohama, 2011: 363-368.

[51] Sun C, Shang L, Dick R P. Three-dimensional multiprocessor system-on-chip thermal

optimization[C]. Proceedings of the 5th IEEE/ACM International Conference on Hardware/Software Codesign and System Synthesis, Salzburg, 2007: 117-122.

[52] Zhu C Y, Gu Z Y, Shang L, et al. Three-dimensional chip-multiprocessor run-time thermal management[J]. IEEE Transactions on Computer Aided Design of Integrated Circuits and Systems, 2008, 27(8): 1479-1492.

[53] Lung C L, Ho Y L, Kwai D M, et al. Thermal-aware on-line task allocation for 3d multi-core processor throughput optimization[C]. 2011 Design, Automation and Test in Europe, Grenoble, 2011: 1-6.

[54] Coskun A K, Rosing T S, Whisnant K. Temperature aware task scheduling in MPSoCs[C]. 2007 Design, Automation and Test in Europe Conference and Exhibition, Nice, 2007: 1-6.

[55] Ge Y, Malani P, Qiu Q R. Distributed task migration for thermal management in many-core systems[C]. Proceedings of the 47th Design Automation Conference, Anaheim, 2010: 579-584.

[56] Liu Z, Huang X, Tan S X D, et al. Distributed task migration for thermal hot spot reduction in many-core microprocessors[C]. IEEE 10th International Conference on ASIC, Shenzhen, 2013: 1-4.

[57] Howard J, Dighe S, Hoskote Y, et al. A 48-Core IA-32 message-passing processor with DVFS in 45nm CMOS[C]. IEEE International Solid-State Circuits Conference, San Francisco, 2011: 108-109.

[58] 汪涵. 3D-Noc 全系统仿真器搭建和基于任务调度的温度管理研究 [D]. 上海：上海交通大学硕士学位论文 , 2011.

[59] Cong J, Yuan B. Energy-efficient scheduling on heterogeneous multi-core architectures[C]. Proceedings of the 2012 ACM/IEEE International Symposium on Low Power Electronics and Design, Redondo Beach, 2012: 345-350.

[60] Powell M D, Gomaa M, Vijaykumar T N. Heat-and-run: Leveraging smt and cmp to manage power density through the operating system[C]. Proceedings of the 11th International Conference on Architectural Support for Programming Languages and Operating Systems, New York, 2004: 260-270.

[61] Liu G L, Fan M, Quan G. Neighbor-aware dynamic thermal management for multi-core platform[C]. 2012 Design, Automation and Test in Europe Conference and Exhibition, Dresden, 2012: 187-192.

[62] Ayoub R, Rosing T. Predict and act: Dynamic thermal management for multi-core processors[C]. Proceedings of the 2009 ACM/IEEE International Symposium on Low Power Electronics and Design, San Francisco, 2009: 99-104.

[63] Ebi T, Faruque M A A, Henkel J. Tape: Thermal-aware agent-based power economy for

multi/many-core architectures[C]. 2009 IEEE/ACM International Conference on Computer-Aided Design-Digest of Technical Papers, San Jose, 2009: 302-309.

[64] Chantem T, Hu X S, Dick R P. Temperature-aware scheduling and assignment for hard real-time applications on MPSoCs[J]. IEEE Transactions on Very Large Scale Integration (VLSI) Systems, 2011, 19(10): 1884-1897.

[65] Liu J, Goraczko M, James S, et al. The data furnace: Heating up with cloud computing[C]. Proceedings of the 3rd USENIX Conference on Hot Topics in Cloud Computing, Portland, 2011: 1-5.

[66] U.S. Energy Information Administration. Residential Energy Consumption Survey (RECS) [EB/OL]. http://www.eia.gov/consumption/residential[2019-08-12].

[67] Persson U, Werner S. District heating in sequential energy supply[J]. Applied Energy, 2012, 95: 123-131.

[68] Brunschwiler T, Smith B, Ruetsche E, et al. Toward zero-emission data centers through direct reuse of thermal energy[J]. IBM Journal of Research and Development, 2009, 53(3): 1-13.

[69] Haywood A, Sherbeck J, Phelan P, et al. Thermodynamic feasibility of harvesting data center waste heat to drive an absorption chiller[J]. Energy Conversion and Management, 2012, 58: 26-34.

[70] Haywood A, Sherbeck J, Phelan P, et al. A sustainable data center with heat-activated cooling[C]. 2010 12th IEEE Intersociety Conference on Thermal and Thermomechanical Phenomena in Electronic Systems, Las Vegas, 2010: 1-7.

[71] Kim S, Kim Y J, Joshi Y K, et al. Absorption heat pump/refrigeration system utilizing ionic liquid and hydrofluorocarbon refrigerants[J]. Journal of Electronic Packaging, 2012, 134(3): 031009.

[72] Marcinichen J B, Olivier J A, Thome J R. On-chip two-phase cooling of datacenters: Cooling system and energy recovery evaluation[J]. Applied Thermal Engineering, 2012, 41: 36-51.

[73] Tchanche B F, Lambrinos G, Frangoudakis A, et al. Low-grade heat conversion into power using organic rankine cycles: A review of various applications[J]. Renewable and Sustainable Energy Reviews, 2011, 15(8): 3963-3979.

[74] Vélez F, Segovia J J, Martín M C, et al. A technical, economical and market review of organic rankine cycles for the conversion of low-grade heat for power generation[J]. Renewable and Sustainable Energy Reviews, 2012, 16(6): 4175-4189.

[75] Chen H J, Goswami D Y, Stefanakos E K. A review of thermodynamic cycles and working fluids for the conversion of low-grade heat[J]. Renewable and Sustainable Energy Reviews,

2010, 14(9): 3059-3067.

[76] Martín-González M, Caballero-Calero O, Díaz-Chao P. Nanoengineering thermoelectrics for 21st century: Energy harvesting and other trends in the field[J]. Renewable and Sustainable Energy Reviews, 2013, 24: 288-305.

[77] Johnson I, Choate W T, Davidson A. Waste heat recovery: Technology and opportunities in U.S. industry[J]. US Department of Energy, 2008.

[78] Venkatasubramanian R, Siivola E, Colpitts T, et al. Thin-film thermoelectric devices with high room-temperature figures of merit[J]. Nature, 2001, 413(6856): 597-602.

[79] Li H N, Russell N, Sharifi V, et al. Techno-economic feasibility of absorption heat pumps using wastewater as the heating source for desalination[J]. Desalination, 2011, 281: 118-127.

[80] Ebrahimi K, Jones G F, Fleischer A S. A review of data center cooling technology, operating conditions and the corresponding low-grade waste heat recovery opportunities[J]. Renewable and Sustainable Energy Reviews, 2014, 31: 622-638.

[81] 北极星储能网 . 2019 年储能发展趋势 [EB/OL]. https://www.energytrend.cn/news/20190124-63785.html [2019-01-24].

[82] 刘瑞强 . 绿色供能 100%[EB/OL]. https://new.qq.com/rain/a/20200810A02H4M00[2020-08-10].

第十章

基于软件冷却概念的
电子设备热管理

第一节　概念与内涵

　　软件冷却（soft cooling）概念是相对于传统通过物理组件的硬件冷却技术提出来的，它不需要通过散热硬件来实现，而是根据计算任务与芯片繁忙空闲程度，通过软件调度，合理地调整多核处理器开关状态、处理器频率与电压大小，减小局部单处理器处于高能耗状态的时间与概率，从而避免热耗局部积累和局部热点的形成，实现芯片温度的有效控制。自1996年第一款多核处理器原型系统 Hydra 在斯坦福大学诞生以来，多核处理器提供的成倍效率得到了相关研究人员和商业应用市场的广泛关注。图10-1给出了多核处理器的发展历程。多核处理器最开始仅用于数字信号处理器（digital signal processor，DSP），后来经过几代产品的改进和更迭，开始了蓬勃发展。IBM公司在2001年发布了双核 RISC 处理器 power4，它将两个64位 PowerPC 处理器内核集成在同一颗芯片上，成为首款采用多核设计的服务器处理器。2005～2006年，英特尔公司先后推出了双核奔腾 D、奔腾4至尊版840处理器、酷睿双核处理器、志强双核及四核处理器，成功地将多核系统的设计推向工作站、服务器及个人计算机。此后，陆续发布了八核心的 Ultrasparc T1 处理器、96核的 Cx600 处理器、192核心的自然处理单元（natural processing unit，NPU）及512核心的 Grape-DR。

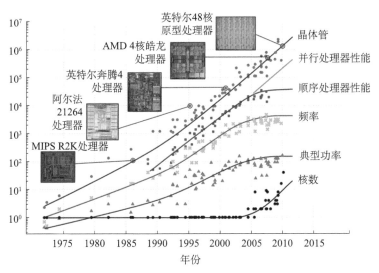

图 10-1 多核处理器的发展历程

图片来源：UC Berkeley Parlab

多核多处理器经过十几年的不断发展与进步，工艺制造水平和性能已有很大的提升，具有多个处理器单元的多核/多处理器已经成为市场的主流。多核多处理器能够提供更强大的性能、更高的可靠性及可移动的优点，并且每个处理器单元能够独立运行。在空间系统、云计算、航空航天、医疗、人工智能和云计算等领域，多核多处理器得到了广泛应用。多核多处理器带来性能进步的同时，也带来了巨大的功率消耗。功耗的增加会导致器件温度升高，进而导致系统可靠性和性能降低，一旦处理器的温度超过阈值，系统极有可能失效，这对某些具有实时计算需求的系统而言，系统失效意味着巨大的损失甚至灾难。因此，对于高集成度、体积小、功耗高的多核处理器而言，功耗过高已经成为半导体器件进一步集成化、小型化发展的主要障碍。处理器的能耗问题及其节能技术已经成为多核处理器系统的关注焦点。

为了保证多核系统的可靠性和安全性，"暗硅"这一概念在 2011 年计算机体系会议（international symposium on computer architecture，ISCA）中被首次提出。"暗硅"是指由于功耗和散热问题的限制，芯片上的多核处理器无法全部同时开启且运行在高频率和高电压下，部分处理器不得不处于一种"暗"的状态，即关闭或运行在较低电压频率等级的现象。这一现象的本质是由于 2005 年 Dennard 缩放比例定律的提前失效而宣告的事实：单位晶体管功耗改进速度比纳米工艺的微缩速度慢，进而导致处理器功耗密度指数上升。受到系统总功耗和散热限制，不得不采用"暗硅"方法，主要是通过动态电压与频率调节（dynamic voltage and frequency scaling，DVFS)的低功耗管理技术来对多核处理器进行资源调度。动态电压与频率调节技术是通过在任务执行时，给予该任务对应的处理器一个能够正常工作的最低供电电压，以此调节工作频率来减小动态功耗的技术。动态电压与频率调节技术在调节时，处理器和片外部件进行同步的时间可能会达到几十毫秒的延迟，并且这一技术必然会导致系统整体的性能下降，延长了任务的执行时间。

不可忽略的是，每次工艺制程的进步，都预示着静态功耗的增加，当前静态功耗已经占据了处理器功耗的主导。为了有效地降低静态功耗，动态功耗管理（dynamic power management，DPM）技术得到了应用。动态功耗管理技术的出发点是在满足系统实时性要求的前提下，根据系统的动态负载尽可能地让系统进入睡眠模式，以减小系统静态功耗。一般而言，处理器有标准（normal）、待机（idle）和睡眠（sleep）三种工作模式，对应的功耗分别为 P_n、P_i、P_s，并且有 $P_n > P_i > P_s$。当系统有任务需要处理时，系统处于 normal 状态并全速处理任务，否则处于 idle 或者 sleep 状态。因此，使用 DPM 策略将系统切换到 sleep 状态以达到节能目的，但三个状态之间的切换有一定的时间开销和能量消耗，因而是否切换状态取决于切换至 sleep 状态下节约的能耗是否大于切换导致的时间延迟和额外能耗。否则 DPM 的这种状态切换就是失效的，只会导致更高的延迟和能耗。状态之间的切换行为是通过对负载的观察来决定何时切换和切换状态，切换的同时还需要保证整体能够满足系统实时性约束和模式切换的时序约束 [1]。

目前，大多数多核处理器都支持 DVFS 和 DPM 这样的新型节能技术，最大限度地减少动态和静态功耗。软件冷却的概念正是基于这一系列的节能技术，通过合理优化片上芯片核心开启状态的分布，并在任务映射环节上针对降低温度这一目标进行优化，将原本区域集中功耗合理分配到片上更大面积区域，从而达到降低片上温度这一目标。

第二节 面临的挑战和存在的问题

片上温度分布是由各个处理器的功耗、开关状态和布局决定的，这当中存在着相当一部分的可优化部分是硬件级和微体系结构方面无法涉及的，只能通过外部的软件经过合理的调度才能实现，这就是软件冷却的出发点。然而，要实现高效的软件冷却，尚面临三个方面挑战：温度场高精度感知和重构、准确的功耗与温度关联模型和高效任务资源调度策略。温度场高精度感知和重构是软件冷却的前提，准确的功耗与温度关联模型是处理器任务调度的关键，高效任务资源调度策略是软件冷却的核心。

一、温度场高精度感知和重构

温度控制是软件冷却的关键目标，只有能够实时感知和重构多核处理器温度分布，及时掌握热点位置，才能实现高效温度控制，因此温度场高精度感知和重构是实现软件冷却的前提。片上处理器温度分布信息一般可以通过布置传感器来采集获取，但受限于功能、空间和成本限制，无法在每个核上布置传感器，因此只能通过有限数量的温度传感器获得有限温度数据。过去芯片设计者试图根据热源结构来布置传感器，但这一方法对于多热源的器件无法奏效。如果不能获得高精度温度场信息，在系统调度时就会给热管理带来许多新的挑战，导致更多的不确定性。因此，相应的热感知技术革新对于电子器件高效的热管理而言十分重要。图 10-2 给出了温度场重构过程的示意图。传感器越多，温度场重构的精度就越高。如何通过有限的传感器，利用

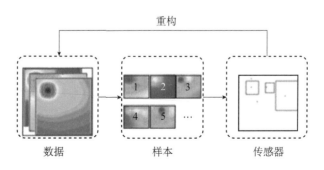

图 10-2 温度场重构过程
数字代表不同的样本，数字 1～5 分别代表样本 1～样本 5

算法在保证一定精度的情况下完成对整个温度场信息的重构成了软件冷却的重要挑战之一。

二、准确的功耗与温度关联模型

处理器功耗产生的自热效应是芯片产热的重要原因，软件冷却通过调整处理器的开启、电压和频率来调整功耗分布，从而来实现芯片温度控制，这一过程的关键是掌握处理器功耗与温度的关系。处理器功耗是由动态功耗和静态功耗组成的。动态功耗是电路内部门状态翻转时，负载电容充放电引起的翻转功耗和短路电流引起的短路功耗共同导致的，其公式为

$$P_d = \delta C_e f V_{dd}^2 \qquad (10\text{-}1)$$

式中，δ 为活动因子；C_e 为与电路中电容相关的系数；f 为芯片的运行频率；V_{dd} 为工作电压。可以看出，动态电压是非常容易计算的，它和芯片的运行速度呈线性关系。图 10-3 为静态功耗和动态功耗随制程的变化。

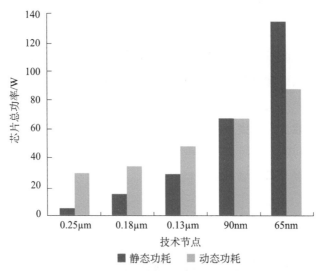

图 10-3 静态功耗和动态功耗随制程的变化

资料来源：http://www.ctimes.com.tw

在 90nm 工艺制程之前，芯片静态功耗和动态功耗相比可以忽略不计。但随着制程能力的提升，目前静态功耗近乎占到多核芯片总功耗的 50% 以上，占据了总功耗的绝大部分。静态功耗主要由亚阈值泄漏电流、栅泄漏电

流、结泄漏电流和竞争电流共同导致。只要能量流过电路，就会产生泄漏电流，因此静态功耗是必然存在的。静态功耗可由式（10-2）计算得到

$$P_s = V_{dd} \cdot I_{leak} \qquad\qquad （10\text{-}2）$$

式中，I_{leak} 是泄漏电流总和。虽然静态电流不受芯片活动的影响，但是其与温度的关系是一种复杂的指数型的非线性关系，这为静态电流的计算带来了很大困难。在一些考虑静态功耗的多核系统动态热管理方法应用中，为了计算静态功耗，通常将静态功耗设置为常数或者基于线性热模型来计算。目前，确实有一些考虑静态功耗的基于线性近似、多项式近似的热模型，但线性近似的热模型存在精度问题，而多项式近似的热模型只能用于单核系统。在考虑静态功耗的前提下，如何最大化保证其精度是目前功耗热模型的关键问题之一。

三、高效任务资源调度策略

高效任务资源调度策略是软件冷却的核心。一个高效的调度策略能够根据功耗合理地分散布置开启核心，针对芯片热点进行有计划的电压调整来限制频率，并且让温度较低的核在下次任务到来时开启，通过这些手段来避免芯片表面出现局部高温热点。一套完整且有效的调度策略包括了资源调度和处理器能耗优化两个方面，其中资源调度需要在系统硬件结构确定的前提下，根据温度约束、热设计功耗约束和资源约束，在任务开始前或者任务开始中进行合理规划并调配片上资源配置，以达到降低最高温度和平均温度的目标，并且在此前提下尽可能地最优化系统性能。此外，资源调度策略还必须满足任务计算和数据访问的需求，避免冲突的产生，其中涉及的问题就包括电压、频率等级选择，以及动态核数调制和应用映射等 [2-4]。鉴于不能一味地通过降低性能来降低芯片温度，还需将系统性能纳入重要指标当中。

在总体功耗不变的情况下，温度分布在很大程度上由任务的映射关系决定，而对于不同系统，使用的资源调度策略也不尽相同，若将调度策略按照系统架构来分类，主要可以分为：①同构系统资源调度。同构系统指多核系统中具有相同架构的处理器，各个处理器间具有相同的优先级、时钟频率和指令集结构。基于这样的系统，其资源调度不需要考虑应用任务和处理器的匹配问题。②异构系统资源调度。系统中的处理器可能存在性能上、功能

上、指令集甚至通信架构上的差异，正是这些差异导致异构系统的调度方法普遍复杂于同构系统。目前，异构系统是处理器发展的重要方向之一，考虑调度策略时也需把异构系统的资源调度考虑进来。

若以运行过程中任务占用的资源是否发生改变为标准，可以分为：①静态方法。静态方法需要在任务执行前确定好调度方案，这样在执行过程中，资源不会发生变化，这样便会使得调度的代价变得较低，针对一些核心数较充裕的芯片更为合适。这样静态方法便可以抽象为一个或几个约束条件下的组合优化问题，使用一些相应的资源规划算法来进行求解。②动态方法。指运行过程中实时监视任务的运行情况，动态的调度策略就需要充分地利用整个系统的资源，如芯片上的温度传感器和转速控制器等设备。动态调度更为精确，过程也更为复杂，在运行这一步时需要充分地了解下一步的任务和任务需求，提前做出下一步的调度决策。动态的调度决策就可能涉及一些核资源配置的优化，甚至改变任务占用核的位置，将带来更高的任务迁移代价，并带来了任务之间数据同步的新问题。

调度问题是个 NP-hard 问题，在多项式时间内无法求得其最优解，即使求得了一个解也无法证明其就是最优解。因此调度问题，包含资源调度和任务映射等，是整个软件冷却的核心部分。如何寻求这样一个求解时间少、求解质量高的调度策略是软件冷却的又一项重要挑战。

第三节 研究动态

一、片上系统温度场感知与重构方法

为了更好地实现降低芯片温度这一目的，在实时调度时就需要获取实时温度信息，而因为受限于空间和功能，只能依靠有限的温度传感器对整个芯片的温度场进行热重构。同时，以调度策略为主的热管理控制又非常依赖热重构的精度，不精确的热重构可能导致错误的预警和不必要的响应，极大地影响调度的可靠性。

仅仅通过有限温度传感器获取的数据，很难直接满足对温度信息较大的需求。一方面受到空间和功能的限制，能布置的传感器数目有限，不能针对每一个热点获取实时的温度信息；另一方面，由于热量集中区域的不断变化，对于一个芯片而言，其热量集中区域不会永远在同一块区域，对于不同的任务可能会有不同的热量集中区域。这导致了热点位置和数量不断变化，难以检测。针对这一问题，根据数量有限的局部传感器的温度信息，在尽可能不失精度和性能的前提下，重构整个温度场分布成为重要手段。这种算法和硬件结合的温度感知手段逐渐成为电子元器件动态热管理中必备的温度感知策略之一，但是仍然面对着许多挑战，如传感器的最优布置和最小传感器数量的确定等问题。

因此，热重构的精度问题变成了一个研究设计的重点。Cochran 和 Reda[2]将芯片的空间可变温度信号看作时间可变的温度信号，并借以频谱技术来实现对多核处理器的热重构。Li 等 [3] 在经典插值算法的基础上，提出基于动态Voronoi 图的距离倒数加权算法来对待差值点进行热重构，取得了热重构精度上的提高，并进一步对原有算法做了改进，精度和均温误差方面有了更好的提升 [4]。通过启发式搜索技术对传感器的位置实施优化 [5]，结合线性加权方法来估计间接测量点的温度，可以实现提高温度检测分辨率的目的。类似地，还有利用贪婪多项式算法来重构温度场 [6,7]。利用本征正交分解（proper orthogonal decomposition，POD）模型对来自离散温度场数据进行降维 [8]，提取温度分布特征，再利用基于 Household 变换的正交直角三角形（quadrature righttriangle，QR）算法来求解得到传感器布置矩阵，使得能够在多项式时间内完成对温度场的重构。图 10-4 给出了基于本征正交分解的温度场重构算法示意图及温度场重构精度与传感器数量的关系。

二、处理器功耗与温度分布的匹配关系

对于目前芯片制程节点（<90nm），静态功耗占据了功耗的主导。静态功耗中的漏电流主要取决于以下几个参数：晶体管器件几何特性、二维掺杂轮廓和工作温度。其中工作温度导致了静态功耗的估计比动态功耗估计复杂得多。因此，建立能够精确地处理静态功耗和温度之间非线性关系的功耗模型十分重要。

研究人员给出了静态功耗和芯片温度之间复杂的函数关系 [9,10]，这也为静态功耗的快速估计方法奠定了基础。早期主要通过 SPICE 软件来模拟不

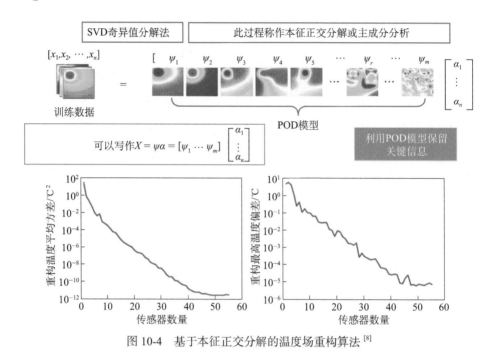

图 10-4　基于本征正交分解的温度场重构算法[8]

同温度下、不同电路类型的电流特性，并基于仿真结果拟合得到泄漏电流和静态功耗的关系模型。这个模型虽然精确，但其计算复杂度限制了实际调度中的应用。利用泰勒级数展开的方法，可以获得静态功耗和温度的线性近似[11]，这是基于线性热模型的处理方式[12]；也有在动态热管理方法中采用二次多项式函数描述静态功耗的热模型[13]。此外，利用 LightSim 技术[14]，通过汉克尔变换得到温度反馈的格林方程，再通过与功耗分布的卷积，也可以成功得到温度分布和静态功耗分布。该方法能够快速估计静态功耗的瞬时分布，但仍不具备用作实时算法的时间复杂度。相比之下，LightSim 方法更适合在设计芯片的初期进行芯片温度和静态功耗的预估，但该方法还存在无法准确计算芯片边缘温度的缺陷。利用泰勒展开式对静态功耗模型和整体热模型的局部进行线性化处理[15]，并运用频率采样方法对大规模热模型进行降阶加速分析过程，可以实现对静态功耗分布的快速确定和分析。当前，一种较新颖的方法是利用一种特殊的循环神经网络及回声状态网络，建立考虑静态功耗的多核芯片热模型[16]。

三、软件冷却系统资源调度策略

目前，已有的动态功耗优化算法可以分为基于核心（per-core）、基于任务（per-task）和基于电压频率岛（voltage frequency island，VFI）三种动态功耗优化方式。基于核心的方式主要是在运行过程中，给每个核心分配一个固定的频率运行；而基于任务的方式，是给每个任务一个固定的工作频率。但这两种方式都略显缺乏灵活性。近年来，基于电压频率岛的功耗管理技术受到广泛关注。在基于电压频率岛的方式中，核心被划分成许多的组，每个组的核心具有相同的内核电压和频率。这样的岛就构成了电压频率岛。同一个岛内的核心可以统一控制其电压和频率，从而可以实现全局异步局部同步的调度策略。在基于核心的方式下，通过对各个核心上实时任务集分配时最小能耗问题的研究发现，对于最早截止期任务优先的调度方法而言，通过均衡分配各个处理器的负载就能够实现很好的能耗优化效果[17]，这是一种较早期的基于核心的方式调度策略。文献 [18] 提出的增长最小频率算法，是一种基于核心的调度策略，该算法着重考虑了周期性任务，并实时进行全局调度。在初始状态时，该算法给每个核心分配最小频率，并结合任务利用率排序和工作频率来决定是否增大核心的频率。针对任务分割模型的多核能耗优化问题的方法是基于任务来进行能耗优化的[19]，任务可以被分割成子任务集并分配到各个核心上按顺序执行。这一方法可以用来解决高利用率实时任务的多核划分调度效率较低的问题。研究发现[20]，对于实时任务下电压频率岛调节方式的多核平台调度问题，当各个核心上负载达到均衡时可以取得能耗调度问题的最优解。然而，实时任务与电压频率岛能耗映射的最优分配方案不仅和负载的平衡有关，还与核心数及电压频率岛激活个数相关。因此，研究人员[21] 提出了针对这个问题的二值分割（binary segmentation，BS）算法，综合考虑了任务划分、频率分配和电压岛激活个数。

由于在制程达到32nm 后，静态功耗成为芯片的主导功耗[22]，对于静态功耗优化方面的算法研究也越来越受到重视，开始采用 DPM 技术（或者 DVFS-DPM 联合技术）来对系统进行静态功耗方面的优化。DPM 技术的优化是在系统空闲时，对处理器的工作状态进行优化切换，这种技术所面临的问题是保证设备空闲时间满足一定的阈值。因此，大部分的研究工作使用了一定的拖延技术，让处于 ready 状态的任务向后推迟，来给设备创造足够满足阈值的空闲时间，从而达到抑制能量消耗的目的。同时，DPM 技术面临的第二个问题就是实时性，在实时系统中，唤醒处理器所需要的时间及拖延任务的时间就必须考虑在内，因为实时系统的实时性约束必须得到满足。对多核系统的静态功耗优化[23,24]可以将一个任务分解为按照顺序执行的子任务集，再分别将子任务映射到各个核心上，从而将问题转化为一个带线性约束的二项式规划问题。求解该问题便可得到处理器核心开关时间设置，借以达到优化系统静态功耗的目的，这种方法是一种离线 DPM 技术。采用 retiming 技术可以消除有向无环图（direct acyclic graph，DAG）任务模型中子任务之间的依赖性[25]，再利用 RDAG 算法将 DAG 任务转化为相互独立的任务分别映射执行。基于此，出现了基于遗传算法的 GeneS 调度策略来搜寻能耗最优解。此外，基于 Time-Triggered 调度方法，还可以将问题转化为标准的混合整数线性规划问题[26]。

能耗优化是基于对芯片的能耗进行优化为出发点，而资源调度的目标则是将给每个任务分配适当的资源，以及将任务合理调度到每一个处理节点上，使程序的总体执行时间最短。但具有软件冷却概念的调度策略则更侧重于不降低芯片性能的情况下，尽可能地降低芯片温度。资源调度策略按照使用方法，大致可以分为基于数学规划算法、基于启发式调度策略和基于随机搜索算法。其中基于数学规划算法最常用的就是整数线性规划（integer linear programming，ILP）或混合整数线性规划算法。数学规划算法在整体上，求解时间随问题规模的增长而指数级增加，但是它能给出问题的最优解，因而仅适合求解一些小规模的问题。启发式调度策略按照调度时采用的策略可以分为列表调度策略、任务复制算法和任务聚合算法。列表调度策略是普遍使用的一类算法，大致思想是按照计算任务的优先级排序的，从高到低分别分配至合适的处理器上，重复直至所有任务分配完毕，常见的有关键路径（critical-path-on-a-processor，CPOP）算法[27]、动态层次调度（dynamic level scheduling，DLS）[28]算法和异构最早完成时间（heterogeneous earliest-finish-time，HEFT）[29]算法。其中 HEFT 算法因为解质量较好且复杂度低而被广泛借鉴。任务复制算法的思想是通过将任务复制并分配到与所复制任务有关系的同一处理器上，这样两个处理器之间需要通信时就可以有效地减少通信的开销，但任务复制算法的调度策略设计上较复杂。任务聚合算法的思想是将任务按照其各自的属性和规则进行分类重组成为一个簇，然后将这样一个簇映射到合适的处理器上，再利用合理的规则来确定簇内任务的执行顺序，进而在整体上提升系统性能，常见的任务聚合算法有异构优势序列集群（heterogeneous dominant sequence cluster，HDSC）算法[30]和综合性启发式任务调度（heterogeneous critical path first synthesized，HCPFS）算法等[31]。启发式调度策略相比数学规划算法上最大的优点就是时间复杂度的问题，但也带来了其解质量不高的难题，即只能保量不能保质。所以启发式调度策略能解决的也只是一些特定结构的问题，不具备普适性。

目前，越来越多的随机搜索算法被发明并投入多核处理器任务调度问题中。随机搜索算法的思想是模拟自然行为。虽然其求解的过程具有随机性，例如，遗传算法中的变异，但这一类算法少了更多的人工干预环节，在某些程度上算法能引导自身接下来的搜索过程，使得整个搜索过程不再是简单的随机搜索过程。随机搜索算法的时间复杂度相比启发式调度策略要高，但是它能在可接受的时间复杂度内，相比启发式调度策略给出一个质量好得多的解。常见的随机搜索算法有模拟退火算法、遗传算法、蚁群算法和粒子群算法等。

四、软件冷却方法的应用研究

对于大规模计算集群的数据中心而言，数据中心能耗管理与优化是一个非常复杂的系统性工程，仅靠外部设备层面的优化是不够的，而数据中心巨大的能耗和周期性的散热需求给了软件冷却展示的舞台。谷歌公司基于神经网络设计了一套能够依据数据中心已有的传感器数据来实时预测整个数据中心 PUE 值的系统[32]。这一套 PUE 的预测模型框架在谷歌公司的各个数据中心都得到了良好的测试结果，其预测的 PUE 精度为 0.4%～0.5%。在能够很好地预测整个系统的 PUE 值之后，谷歌公司开始模拟数据中心热管理系统如出水温度和冷却塔数目等参数对 PUE 值的敏感度。图 10-5 为谷歌公司算法所得预测 PUE 值与实际 PUE 值对比。

随后，谷歌公司团队利用该神经网络算法来模拟 PUE 的优化方向，通过不断地调整优化参数，为数据中心选择了一套全新的运行参数。相比之前

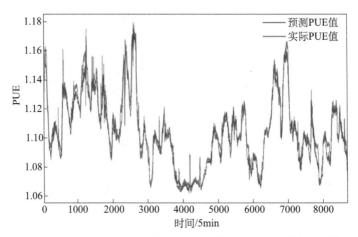

图 10-5　谷歌公司算法所得预测 PUE 值与实际 PUE 值对比 [32]

的运行参数，该数据中心的 PUE 值从 1.22 降低到了 1.18，降幅达到 0.04。通过这项技术不断地优化，谷歌公司在 2018 年左右，使其数据中心的最好 PUE 值达到 1.06，综合值达到 1.12，处于世界最高能效数据中心榜单的前列 [33]。

除了对片上的任务调度能有效地降低温度，通过改变数据中心内部任务分布也能很有效地改善数据中心的温度特性。数据中心内部的温度场也是和任务分布密切相关的，当大部分高功耗状态运行的机组集中在一个角落时，必然导致局部出现热点。热空气也会影响数据中心内部气流紊乱，进一步导致温度特性变差。为此，人们提出经改进的不平衡数据集采样算法（genetic-SMOTE algorithm，GSA）遗传算法来改善任务分布问题，以最大限度地降低此问题导致的冷却费用 [34]。

第四节　未来发展趋势和建议

一、发展面向多核异构系统的实时动态调度方法

异构多核系统集成了多个功能、结构各不相同的处理器核心，能够更加灵活高效地均衡资源配置，降低系统能耗和提升性能。异构多核系统也是当今多核处理器系统重要的发展方向之一。大多数软件冷却方法的调度策略考虑的是同构多核系统，并没有充分地考虑到异构多核系统。因为不同的任务

对于不同架构的处理器有不同的表现，异构多核系统的调度策略相比同构多核系统的调度策略就会更加复杂。目前，针对异构多核系统的调度策略多数采用的是启发式调度策略，求其近似最优解。谷歌公司的深度学习算法已经证明了深度学习的调度策略在软件冷却上的可行性，研究深度学习算法和异构多核的调度策略之间的耦合可能是软件冷却在异构多核系统的趋势之一。

与静态调度策略相比，动态调度策略需要能够更多地考虑环境和任务存在不可预测的扰动，尤其是对于一些到达时刻不明确的偶发任务，动态调度具有先天优势，仅靠静态调度策略来调度得到的调度结果可能和预想结构有较大的偏差，因为实际运行中系统负载和资源等可能随时变化，这些都是可能的扰动因素。因此，为了更好地优化片上的温度特性，动态调度策略必然是软件冷却方法未来的发展趋势之一，合适的动态调度能够很好地处理这些未知的因素。

就动态调度策略和静态调度策略的比较而言，静态调度更像是倾向于从全局的角度来进行调度，而动态调度则更像是基于一个角度进行局部的调度。两种调度方法各有优缺点，因此可以考虑将两种调度的方法进行一个结合，利用静态调度来从全局上提前完成资源分配与映射，在系统负载和资源波动时实时通过动态调度及时修正，以产生更高的可靠性和更优良的节能调度方案。

二、建立任务迁移与任务切换开销的评估方法与评价准则

当前，多核系统的调度策略大部分还没有考虑任务之间抢占和任务迁移的开销问题，大部分研究工作都假设任务之间抢占和任务迁移的开销忽略不计或者已经计算入最差执行时间（worst case execution time，WCET）。然而，已有研究表明[35,36]，任务在处理器之间的迁移和切换造成的开销是不可忽略的，会导致现在按照 WCET 进行的调度缺少可预测性。如何建立有效的任务迁移与切换开销的评价准则与方法，并将其无缝集成到当前调度策略中，还需要进一步加以研究和探讨。

三、发展基于热耗与温度超前预测的智能化软件冷却方法

对于不同的任务类型，即使采用完全一样的调度策略，任务类型对处理

器的使用率的影响很大，进而导致处理器运行时的热耗散存在巨大的差别，并且任务的实际执行时间也会因不同的处理而导致较大的差异，影响调度的进程和效果。特别地，当温度响应时间远远滞后于电信号响应时间时，实际调度过程中存在较大的时间差，因此需要控制系统超前动作，这就需要采用智能化的超前预测算法，提前判断热点出现的时间和位置，从而超前干预抑制局部热点的出现。精准的耗散热量预测和执行时间预测方法能够保证更优良的调度结果及更好的温度场重构精度。

本章参考文献

[1] 陈刚, 关楠, 吕鸣松, 等. 实时多核嵌入式系统研究综述 [J]. 软件学报, 2018(7): 2152-2176.

[2] Cochran R, Reda S. Spectral techniques for high-resolution thermal characterization with limited sensor data[C]. Annual Design Automation Conference, Moscone, 2009: 478-483.

[3] Li X, Rong M T, Liu T, et al. Inverse distance weighting method based on a dynamic voronoi diagram for thermal reconstruction with limited sensor data on multiprocessors[J]. IEICE Transactions on Electronics, 2011, 94(8):1295-1301.

[4] 李鑫. 基于动态 Voronoi 图的多核处理器非均匀采样热重构改进方法 [J]. 全国技术过程故障诊断与安全性学术会议, 贵阳, 2016.

[5] Reda S, Cochran R, Nowroz A N. Improved thermal tracking for processors using hard and soft sensor allocation techniques[J]. IEEE Transactions on Computers, 2011, 60(6): 841-851.

[6] Ranieri J, Vincenzi A, Chebira A, et al. Near-optimal thermal monitoring framework for many-core systems-on-chip[J]. IEEE Transactions on Computers, 2015, 64(11): 3197-3209.

[7] Ranieri J, Chebira A, Vetterli M. Near-optimal sensor placement for linear inverse problems[J]. IEEE Transactions on Signal Processing, 2014, 62(5): 1135-1146.

[8] 李帮俊, 王晨曦, 仵斯, 等. 电子器件动态热管理软硬件实施方法 [J]. 中国科学: 技术科学, 2020, 50(10): 59-76.

[9] Kanduri A, Haghbayan M H, Rahmani A M, et al. Dark silicon aware runtime mapping for many-core systems: A patterning approach[C]. IEEE International Conference on Computer Design, Hartford, 2015: 573-580.

[10] Mesa-Martinez F J, Nayfach-Battilana J, Renau J. Power model validation through thermal measurements[C]. International Symposium on Computer Architecture, New York, 2007:

302-311.

[11] Liu Y, Dick R P, Shang L, et al. Accurate temperature-dependent integrated circuit leakage power estimation is easy[C]. Design, Automation and Test in Europe Conference and Exhibition, Munich, 2007: 1-6.

[12] Chaturvedi V, Huang H, Quan G. Leakage aware scheduling on maximum temperature minimization for periodic hard real-time systems[C]. International Conference on Computer and Information Technology, Bradford, 2010: 1802-1809.

[13] Shi B, Srivastava A. Dynamic Thermal Management Considering Accurate Temperature-Leakage Interdependency[M]. Singapore: World Scientific, 2015: 39-60.

[14] Sarangi S G, Ananthanarayanan G, Balakrishnan M. LightSim: A leakage aware ultrafast temperature simulator[C]. Asia and South Pacific Design Automation Conference, Singapore, 2014: 855-860.

[15] 万家春. 暗硅芯片功耗预算估计技术研究 [D]. 成都 : 电子科技大学硕士学位论文 , 2018.

[16] 郭星星. 基于循环神经网络的多核芯片热管理技术研究 [D]. 成都 : 电子科技大学硕士学位论文 , 2019.

[17] Aydin H, Yang Q. Energy-aware partitioning for multiprocessor real-time systems[C]. Proceedings of the 17th International Parallel and Distributed Processing Symposium, Nice, 2003.

[18] Moreno G, de Niz D. An optimal real-time voltage and frequency scaling for uniform multiprocessors[C]. 2012 IEEE International Conference on Embedded and Real-Time Computing Systems and Applications, Seoul, 2012: 21-30.

[19] Lu J, Guo Y. Energy-aware fixed-priority multi-core scheduling for real-time systems[C]. 17th IEEE International Conference on Embedded and Real-Time Computing Systems and Applications, Toyama, 2011: 277-281.

[20] Liu J, Guo J H. Energy efficient scheduling of real-time tasks on multi-core processors with voltage islands[J]. Future Generation Computer System, 2016, 56: 202-210.

[21] Kong F, Yi W, Deng Q. Energy-efficient scheduling of real-time tasks on cluster-based multicores[C]. Proceedings of the 2011 Design, Automation and Test in Europe , Grenoble, 2011: 1135-1140.

[22] ITRS 2011. International Technology Roadmap for Semiconductors[EB/OL]. http://www.itrs.net/reports.html[2011-08-28].

[23] Chen G, Huang K, Buckl C, et al. Energy optimization with worst-case deadline guarantee for pipelined multiprocessor systems[C]. Proceedings of the Design, Automation and Test in Europe, Grenoble, 2013: 45-50.

[24] Chen G, Huang K, Knoll A. Adaptive dynamic power management for hard real-time pipelined multiprocessor systems[C]. 20th IEEE International Conference on Embedded and Real-Time Computing Systems and Applications, Chongqing, 2014: 1-10.

[25] Wang Y, Liu H, Liu D, et al. Overhead-aware energy optimization for real-time streaming applications on multiprocessor system-on-chip[J]. ACM Transactions on Design Automation of Electronic Systems, 2011, 16(2): 1-32.

[26] Chen G, Huang K, Knoll A. Energy optimization for real-time multiprocessor system-on-chip with optimal DVFS and DPM combination[J]. ACM Transactions on Embedded Computing Systems, 2014, 13(3): 40.

[27] Topcuoglu H, Hariri S, Wu M Y. Performance-effective and low-complexity task scheduling for heterogeneous computing[J]. IEEE Transactions on Parallel and Distributed Systems, 2002, 13(3): 260-274.

[28] Sih G C, Lee E A. A compile-time scheduling heuristic for interconnection-constrained heterogeneous processor architectures[J]. IEEE Transactions on Parallel and Distributed Systems, 1993, 4(2): 175-187.

[29] Chan W Y, Li C K. Heterogeneous dominant sequence cluster (HDSC): A low complexity heterogeneous scheduling algorithm[C]. IEEE Pacific Rim Conference on Communications, Victoria, 1997.

[30] Kanemitsu H, Hanada M, Nakazato H. Clustering-based task scheduling in a large number of heterogeneous processors[J]. IEEE Press, 2016, 27(11): 3144-3157.

[31] 赵欢, 江文, 李学辉. 异构系统中的综合性启发式任务调度算法 [J]. 计算机应用, 2010, 30(5): 1316-1320.

[32] Gao J. Machine learning applications for data center optimization[R]. Google White Paper, 2014.

[33] DTDATA. 谷歌数据中心如何做到高能效? http://news.idcquan.com/gjzx/140875.shtml [2018-04-11].

[34] Yang L, Deng Y, Yang L T, et al. Reducing the cooling power of data centers by intelligently assigning tasks[J]. IEEE Internet of Things Journal, 2017, 5(3): 1667-1678.

[35] Brandenburg B B, Calandrino J M, Anderson J H. On the scalability of real-time scheduling algorithms on multicore platforms: A case study[C]. Proceedings of the Real-Time Systems Symposium, Tennessee, 2008: 157-169.

[36] 李甜甜. 实时系统温度功耗管理的优化方法研究 [J]. 计算机研究与发展, 2016, 53(7): 1478-1492.

第十一章
电子设备热管理学科建设与人才培养

第一节 学科建设与人才培养的必要性

一、学科发展的必然性

如前面所述，随着全球电子工业的飞速发展，电子产品性能的显著提升及人们对于通信设备便携化、微型化要求的提高，电子产品的设计越来越精细、复杂，电子器件与设备也逐渐朝着微型化、集成化及高频化的方向发展。因此，电子器件与设备的热流密度日趋增加，过高的温升将严重影响电子产品工作的可靠性。近年来，高温导致的电子器件热失效问题在所有电子设备故障问题中所占的比例越来越大，严重影响了电子器件与设备的正常使用，对高效、灵活、柔性和智能的热管理技术的需求越来越迫切，电子设备的散热性能已经是产品的一项重要竞争力，很多便携式电子设备制造商甚至把散热性能当作其核心指标之一。

在航空航天领域，随着多电飞机技术的应用、飞行器结构的紧凑化和飞行速度的提升，机载电子设备面临机舱内、蒙皮外热量的双重夹击，现有的散热措施已无法保证电子设备维持在正常工作的温度范围。据美国军用电子质量管理部门统计，在航天电子设备故障中，元器件高温失效占到 55%，且比例逐年升高。在移动通信领域，由于 5G 基站功耗是 4G 基站功耗的

2.5～3.5 倍，其耗散产热量大大增加，原有的基板和翅片设计已无法满足急剧升高的散热负荷需求，各通信厂商的主要应对措施包括采用导热性能更好的器件材料，引进更科学的热管理技术与方法，以及通过 AI 技术对设备功率进行动态控制。

电子器件与设备热管理学科是随着通信和信息技术产业出现而衍生的一个较新的学科方向，随着电子设备新技术的进展而逐步发展。随着电子器件与设备的多样化和高度集成化，电子设备热管理的内涵也不断丰富。然而，与电子设备行业发展的速度相比，电子器件与设备热管理技术的发展速度相对较慢，这既与传热学等学科相应技术的成熟度有关系，也与电子技术领域对电子器件与设备热管理重要性的理解与认识和相关技术的应用有关。传热学自傅里叶导热定律诞生以来，至今已有数百年历史，经典的理论和方法都很成熟。早期的电子器件与设备功率较低，一般的散热技术可以基本满足需求，因此热管理的手段普遍局限于自然对流强化和高导热材料，对于热管理的新方法和新技术的需求不甚迫切。自二十世纪七八十年代后，随着电子器件与设备功率密度的不断提高，高效肋片和强迫对流等手段逐渐发展应用。进入 21 世纪后，由于芯片集成化的进一步提高，相变换热、高效热界面材料、异型热管、冲击射流和喷雾冷却等更加有效的热排散手段不断涌现。传统的散热技术逐渐无法适应飞速发展的电子设备行业的需求，散热问题逐步变成了电子设备行业的一个瓶颈问题，传统的传热理论和技术亟待更新与发展，更高的散热需求需要更多的学科前沿研究和学科交叉的支持。从学科关联上来看，早期的电子设备热管理基本上只涉及传热学和机械设计等学科知识，而当前其相关基础领域已扩大到电子学、材料学、力学、热力学、固体物理和计算机等范畴，在个别方面（如芯片内的热管理），甚至已拓展到纳米科学等物理前沿领域。当前，电子行业的发展势头正如火如荼，各种新装备和新技术不断涌现，摩尔定律不断延续，因此相对应的电子设备热管理的内涵不断丰富，学科的深度和广度必将随之继续开拓与发展，学科建设和人才培养已成必然趋势。

二、专业人才的缺乏

电子设备热管理专业人才的缺乏体现在人才总量的不足和知识结构性失

调上。首先是人才总量的不足。2016 年教育部、人力资源和社会保障部、工业和信息化部等部门共同编制的《制造业人才发展规划指南》指出，2020 年和 2025 年我国对新一代信息技术产业的人才需求缺口预测分别为 750 万人和 950 万人，位居《中国制造 2025》明确的制造业十大重点领域之首。在电子器件与设备热管理领域，根据深圳市盛世华研企业管理咨询有限公司发布的《2019—2025 年中国电子产品散热器件行业市场及竞争发展趋势研究报告》，电子设备散热行业总从业人数占整个电子设备行业的 1/30～1/20，总的人才缺口为 25 万～40 万人。其次是人才结构性矛盾较突出。随着电子器件与设备领域的快速更新迭代，企业对高素质技能性人才的专业能力也有了越来越高的要求。从制造业总体招聘看，有 52.8% 的用人单位对技术等级或职称有明确要求，对技术等级有要求的占 35%，对职称有要求的占 17.8%。从供求对比看，各技术等级和职称的岗位空缺与求职人数的比率均大于 1，劳动力需求大于供给。其中，整个制造业领域中技师、高级技师、高级工程师、高级技能人员的岗位空缺与求职人数的比率较大，分别为 2.01、1.91、1.81 和 1.8。在电子设备热管理领域，由于需要进行大量的设计、仿真、计算和实验活动，专业性很强，对从业人员的知识水平、知识结构和创新能力要求很高，远非普通制造业可比，对高端人才的需求也比普通制造业更加突出。

未来一段时间内，电子器件与设备热管理领域的高水平科研人员和技能型人才紧缺现象无论在数量上还是在结构上仍将存在，而且由于电子设备行业的快速发展，这种状况在短期内不可能缓解，而且某些征候显示未来几年还有继续增大、扩展的趋势，电子器件与设备热设计、分析、评估、仿真和测试等工作岗位均可能出现人才储备不足现象，因此迫切需要高校提供更多合格人才。

三、巨大的市场需求

截至 2018 年，中国电子设备行业企业数量增长至 16 656 家，2013～2018 年，中国电子设备制造企业增加了 3987 家。国家统计局和深圳中商产业研究院的统计数据显示，2018 年中国电子设备行业主营业务收入达到 10.59 万亿元，同比增长 9%。2012～2016 年，我国电子设备行业整体保持稳定增长的态势，增长速度虽有波动，但总体逐年增长。2017 年主营业务收入达到

97 260 亿元，2018 年主营业务收入突破 10 万亿元。根据中商产业研究院的统计数据，2019 年电子设备行业主营业务收入降速减缓，全年电子设备行业主营业务收入为 11.13 万亿元。

电子器件与设备热管理是电力电子元器件不可或缺的重要组成部分。随着技术发展，电力电子元器件及技术本身会不断进行革新换代，但对散热技术的需求只会增加不会减少。前瞻产业研究院《2018—2023 年中国散热器行业市场需求与投资规划分析报告》的数据显示，2017 年我国仅电子设备行业用的各种类型散热器市场规模达到 1386 亿元，相比 2011 年年均复合增长率为 7.46%。而且，从散热器行业主要上市公司产品的毛利率情况来看，毛利率水平在 20%～40%，水平较高，因而判断我国的电子设备散热行业目前正处于高速成长期。

根据数据显示，全球电子设备热管理产品市场规模将从 2015 年的 107 亿美元提高至 2021 年的 147 亿美元，2016～2021 年年复合增长率为 6.6%，而全球热界面材料市场规模也从 2015 年的 7.74 亿美元，预计将提高至 2022 年的 17.11 亿美元，2015～2022 年年复合增长率为 12.0%。

从上述宏观数据可以看出，电子器件与设备热管理领域有着非常广阔的市场前景，未来对人才的需求也会逐步上升。因此，如何更好地培养电子器件与设备热管理领域的高素质人才是社会和高等学校需要面临的问题。

第二节　国外学科建设和人才培养概况

一、美国电子设备热管理的学科建设与人才培养概况

美国是高等教育大众化和普及化最早的国家，拥有全世界数量最多的顶尖大学，是高等教育的世界高地。工程科学作为科学、技术、工程、数学（science, technology, engineering, mathematics, STEM）核心之一，受到各高校的高度重视。在电子器件与设备热设计学科中，课程建设比较成熟，人才培养体系相对成熟，展现出课程内容专业化、课程体系系统化和人才培养实践化的特点。

（一）专业化的课程内容

在美国，电子器件与设备热管理学科一般作为机械工程专业或电子工程专业的分支出现，课程也普遍由机械工程系或电子工程系单独或联合开设。由于学科面向特定行业的特点，课程建设普遍直接面向应用行业。其人才培养模式较专注于学生的个人专业倾向，以促进学生的专业发展为目的，围绕学生建立面向专业培养体系，直接告诉学生通过进修该专业的课程他们将掌握机械电子系统热管理的相关知识，能够从事热设计相关岗位。美国专门开设"电子设备热管理"课程的高校并不是很多，据统计工科排名前100名的高校中仅有普渡大学、佐治亚理工学院、马里兰大学帕克分校（University of Maryland，College Park）、加利福尼亚大学尔湾分校（University of California，Irvine）、加利福尼亚大学河滨分校（University of California，Riverside）、得州大学阿灵顿分校（University of Texas，Arlington）等6所高校目前正开设相应的专业课程。课程一般以面向研究生为主，有些学校开设了本科生/研究生联合课程。

例如，普渡大学机械工程学院开设的"电子设备热管理"课程，在学科介绍中直接将学生的就业和发展前景放在首位，明确了毕业生能够掌握足够的技能得到洛克希德·马丁公司、通用电气公司等企业的就业机会，能够选择热设计工程师、项目工程师等职位，平均年薪达到六万美元。电子设备热管理学科的人才培养目标既为在校学生指明了发展方向，又吸引了有志于此的未来学生，同时也是对社会人才需求的承诺。在课程内容设计环节中，课程内容为16次课堂教学、12次专业讲座和2次学生自己做报告，每次都是2h，都围绕一个目前电子设备热管理领域中的方向展开，内容涵盖了热沉设计、热源设计、热扩散、封装结构散热、两相换热等方方面面。以2009年为例，当年课程聘请英特尔公司、西北太平洋国家实验室（Pacific Northwest Labs）、Thermacore公司、Eaton公司、3M公司、Sony公司和IBM公司等多家单位的16位行业专家做专题报告，直接讲授具体的工程方法和应用实践经验，使学习过该课程的学生具备进入该领域开展工作的必要基础和基本知识。

在佐治亚理工学院，由机械工程系和电子工程系联合开设了Thermal Engineering for Packaging of Micro and Nano Systems课程（ME/ECE6779），

该课程专门面向电子封装结构中的热管理。在课程设计中，课程内容按照学生未来从事的专业所需进行讲授，这种直接面向学生未来专业的培养方式直达根本，面向需求侧的需要，在人才供给侧进行调整，不但在专业素养上培养学生，而且可以对学生的学习动力产生正面激励效果，在电子设备热管理人才的培养中取得了很好的实践效果。

另一种模式是以专业方式面向本科生。例如，地处号称为世界半导体产业中心的美国"硅谷"的圣何塞州立大学，专门为本科生开设"电子设备热管理"课程已达二十余年。该课程明确指出，其目的就是为该地区培养电子设备热管理的专业人才。在课程设计中，教学内容直接与专业挂钩，每个章节分别对应电子设备热管理中的某一专题，其内容涵盖风扇设计、热沉设计、CFD分析手段、热界面材料、冷板和热管等方方面面，相关的标准参照电子工程设计发展联合协会（Joint Electron Device Engineering Council，JEDEC）执行。这种课程体系的设计，使学生具备毕业后直接进入领域工作的能力。

虽然美国开设这种课程的高校并不多，但效果普遍较好。在面向专业的课程体系设计和人才培养理念中，教学目的直接就是培养专业型人才，教学内容按照专业需求进行安排设计，深刻反映出"以专业为中心"的理念，直接为行业提供人才。

（二）系统化的课程体系

美国电子器件与设备热管理领域人才培养的第二个特点是具备系统且全面的相关课程体系。许多高校既有传热学相关基础课程，也有研究前沿课程。在全美工科排名前100名的高校中，超过70%的高校开设了"传热学"等本科基础课程，超过一半的高校开设了"微纳米尺度传热学"相关课程，超过90%的学校有与热管理相关联的课程设置。这种完备的课程体系设置使学生即使没有直接学习电子设备热管理的相关专业课程，但掌握了从基础到最新研究进展的知识，也具备了进一步从事专业学习的基本素质和能力。

华盛顿州立大学机械工程学院开设了先进热力系统、微流体导论、细微加工技术及微/纳米热工程等基础课程，这些课程围绕微型电子设备的传热问题，对微/纳尺度下的传热机理、散热结构设计方法、热管理系统设计方法等进行了清晰的阐述。学生通过修读这些课程获得对微/纳尺度传热的全面认识，继而获得未来从事电子器件与设备热管理行业的基础知识。

麻省理工学院的机械工程系和电子工程系开设了先进热流体系统、多尺度热工程和微尺度传热等相关基础课程，这些课程囊括了研究微小型机械电子设备散热方法所需的基础知识，形成了完善的基础课程体，对电子器件与设备热管理感兴趣的研究生通过修读这些课程可以形成完整的专业基础知识框架，并掌握工程热设计中的技术理念和关键技能。

得克萨斯农工大学设置了热流体系统分析、先进机械热力学和微尺度热力学等相关基础课程，这些学位课程以课堂或者在线两种模式授课，每门课程为32学时，并有额外的实践课程。虽然课程并非专门为电子设备热管理学科设置，但是通过课程的学习可以让学生在电子设备热管理领域打下扎实的专业基础。

俄勒冈州立大学工程学院围绕该课题专门开设了"热管理"和"微尺度流体与传热学"两门课程。"热管理"课程针对先进计算机系统、高功率激光设备和用于聚集太阳能的微型设备等进行热力学研究，目的在于使学生掌握提取、控制和有效利用热能的基本能力。"微尺度流体与传热学"课程针对应用于地面或太空的小型热交换器、电子控制器等设备中的实际热流体问题进行研究，使学生掌握局部喷雾冷却、热管传热等热管理方法。

斯坦福大学机械工程系和电子工程系开设了"电子设备中的能量"和"微型设备传热"等课程，通过这些课程，学生可以掌握电子设备热管理的基础知识，具备学习更工程化技能的能力。

总之，美国虽然大部分高校都没有直接开设"电子设备热管理"或"电子设备热设计"等工程化专业课程，但大多数工科高校对于电子设备热管理的基础课程和前沿课程的设置很广泛。课程体系建设比较系统完善，既涉及电子设备热管理中可能用到的基础理论和方法，又介绍当前国际的最新研究进展。通过这种方式，培养了一大批可以从事电子器件与设备热管理领域相关研发工作的专业人才。

（三）实践化的人才培养体系方法

"电子设备热管理"是一门紧密联系工业实际的学科。热管理或设计的结论或方案往往需要通过实践进行证明，为此，美国的一流高校在该学科人才的培养中非常鼓励学生参与各种实践环节或研究，这也符合学校作为研究型大学的定位，而且学生在科研项目的参与中能够通过思考现象、操作实验、分析结果对电子系统中的传热现象获得真实的研究体验，并且提升了自身的团队合作、人际关系处理等素质能力。

例如，斯坦福大学的电子器件与设备热管理相关课程非常注重与产业界合作。大学经常邀请顶尖公司的技术专家等为学生讲授课程，与学生共同探讨当前电子器件与设备热管理领域面临的实际问题。这种人才培养模式，把人才培养、科学研究和企业发展统合起来，弥补了课堂教学的不足，把以传播间接知识为主的学校教育环境与以直接获取实践能力为主的现实环境有机结合于学生的培养过程之中，为人才培养提供了更广泛的机会和无限的空间。前面所述的普渡大学也一样，课程邀请了多达9家单位的16位知名专家做专题报告。这种方式无疑使学生开阔了眼界，了解了该领域的需求和技术发展方向。同时，普渡大学还鼓励更多学生假期去那些顶尖公司实习，将学习的知识应用到实际中。像IBM公司、英特尔公司和Honeywell公司每年都接受数百名来自相关高校的学生，其中一部分就是从事电子器件与设备热管理。对企业来说，这种模式节省资源，并可以获取一些潜在的相关专业人才；对学生来说，这些经历可以作为学生课程学习活动的一部分获得相应学分，或成为进修读研的加分项，同时为未来从事该行业打下基础。

实践教育的另一个方面是让学生大量参与各实验室的相关研究项目。据统计，全美高校中参与电子设备热管理相关研究的高校超过100家（根据近十年在国际期刊上发表过该学科论文的人员统计得出），作为通讯作者的教师多达400多名，学生数以千计。通过让研究生和本科生参与学科的科学研究，不但符合学校作为研究型大学的定位，同时让学生在科研项目的参与中提高对电子系统热管理内涵的认识，大大促进了对从事该行业工作的后备人才的培养。

二、欧洲电子设备热管理的学科建设与人才培养概况

欧洲拥有世界上数量最多的发达国家，汇聚了众多顶尖高校，作为两次工业革命的发源地，欧洲强盛的经济极大地促进了教育的发展，典型的如

英、法、德等国在电子器件与设备热管理学科方面注重培养创新且具有国际化视野的人才，并在长期实践教学过程中发展出了各具特色的培养模式。

英国高校对于电子器件与设备热管理学科的课程设置较灵活，抛弃了传统的刻板选课框架，机械工程、电气工程与计算机学院的学生通过丰富的选修模块均有机会选择电子设备热管理方向进行深入学习。这种学科综合、选择自由的教学模式，能够筛选出真正对电子器件与设备热管理领域感兴趣而非入学时误打误撞选择的学生，能为有志青年集中更多的优势资源，达到更好的培养效果。如英国开放大学新生入学时不必选择具体专业，只需先选择物理、化学、计算机等学科大类，第一阶段先掌握学科大类的基础知识，之后学生再根据自己兴趣爱好或理想工作去向选择具体研究方向。学校开设了纳米流体热运输、热力学仿真技术等电子设备冷却相关的课程供喜欢该领域的学生选择修习。萨塞克斯大学开设了纳米流体微通道冷却技术课程、锂电池热管理技术课程。牛津大学开设了微/纳尺度热力学、机械电子设备传热等相关课程，供学生自由选择。

法国在电子设备热管理方向的人才培养具有明显的精英教育特征，注重培养人才的创新性与国际化视野。巴黎综合理工学院开设了微尺度能量传递、强化传热等课程。国立巴黎高等矿业学院设立了热力学方法研究中心、系统能源效率研究中心等多个研究机构。在电动汽车方向的硕士培养计划中，学校设立了电机冷却、锂电池热管理等课题，并与雷诺公司等车企进行联合人才培养。为了培养具有国际视野的电子设备热管理方向的工程师，平均每个学生都至少有六个月的海外研究或实习经历，部分同学有机会前往德国柏林或美国波士顿等地进行专业考察。

德国是工业大国，德国高校对于电子器件与设备热管理学科人才的培养严谨而务实。一方面，德国高校实行"宽进严出"的培养制度，学生毕业的淘汰率很高，对学生的自觉性有极强的鞭策作用，一定程度上保证了教学质量；另一方面，德国崇尚以应用为导向的教育，高校与电子设备相关企业、科研机构紧密合作，与美国的校企结合模式不同的是，德国的校企合作重心在学生的实践能力培养上，电子器件与设备热管理学科的学生普遍有3~6个月在企业进行实践活动，而德国企业普遍把这种实践实习作为培养后备力量的社会责任与义务，非常愿意接纳学生参与到企业的运转中。成立于1870年的亚琛工业大学，长久以来被誉为"欧洲的麻省理工"，在其工科博士学位答辩的要求中，学生必须要做出实验样机或系统等实实在在的东西。对于电子器件与设备热管理学科而言，传热实验系统或散热装置的模型是必不可少的，毕业生需要通过实验证明与理论模型的一致性，满足热量传输与控制的要求，而毕业要求中对于发表论文没有硬性规定。慕尼黑工业大学充分地利用慕尼黑这所工业城市的资源优势，其开设的电子器件与设备热管理课程安排密切关注企业需要，设置了大量面向应用的课程，教学安排中包括在航空航天热流体实验室、通信公司研究中心实践等的活动内容，使各阶段的学生都可以胜任应用性的研究，以便将来轻松适应热设计相关的工作岗位。斯图加特大学在工程技术方面的学术造诣深厚，其非常关注激光技术中的仪器散热问题，围绕微 / 纳系统、材料加工中的激光技术等设置了热传递相关课程，该课程体系以科学为基础，以研究为导向，也以应用为导向，学科计划中重点强调了 12 周的实验室实习和工业实习，其课程实习的合作机构包括精密工程设计与制造研究所、医疗器械技术研究所、纳米和微电子系统研究所等。

三、日韩电子设备热管理的学科建设与人才培养概况

日本和韩国的高校很少直接设置电子器件与设备热管理专业课程，但很多高校设置了相关的基础课程。在课程设置方面，比较重视学科的交叉，为在校学生建立更多的跨学科、跨专业的共享课堂，提高教学质量；教学方法上多采用专题研讨和体验式教学模式，提高学生对课堂内容的理解，培养学生对待问题的研究能力，充分启发学生的独立思想；在培养环节，日韩高校普遍比较注重产学结合的措施，让学生提前进入自己以后的职业中进行工作实习，把理论知识转换为实际经验，注重课程设置与社会需求一致，高校在课程设置之初便非常重视与社会需求的接轨，采用学生自主选课机制，使不符合社会需求的课程被自然淘汰。

东京大学开设了若干电子设备热管理学科的一些基础课程，如微尺度传热学、电子封装与能源管理等，传授学生丰富的基础知识。学校还比较注重跨学科领域的交叉课程，如通过机械工程学科与电气电子学科的交叉，把电子器件与设备热设计的相关知识整合到 PCB 综合设计方法课程中。学校每年提供一些实践培训课程，如一系列有关电子设备热管理的高级和专业讲座

（微型热流体系统、纳米/微能源系统等），以培养更加专业的能力。每年有不少学生进入电子设备设计公司（如佳能株式会社、索尼株式会社、日本电气株式会社、日立公司、东芝株式会社和松下电器产业株式会社等）进行实习。学生也可以进入传热与分子热工程实验室（用于碳纳米管和石墨烯等纳米材料的合成、分析和工程应用）、热流体工程实验室、热工实验室（纳米级、微米级的传输现象的基础研究，并应用到开发设计和功能材料）等机构学习电子设备散热的前沿技术。

京都大学的工学研究科从材料性能和流体热输运机理两个角度对电子器件与设备热管理技术进行了深入研究，学校为研究生开设了微纳米尺度流体热输运理论等大量相关课程，以实验室为基础划分了各研究系室。在热物理工程实验室中，基于热力学、传热、流体动力学、光谱学和电磁学、流体和固体的热力学性质、热传递性质、热辐射性质及它们的耦合现象是纳米级到宏观级的，研究方向包括微观热和流体现象的机理、高温能量器件中的辐射热传递、固体中导热的晶格振动分析等。

韩国成均馆大学设置了纳米材料和微尺度热流体工程等电子器件与设备热管理的基础课程，主要讲述本体和纳米材料中热能的传输，电子和声子在热传输中的作用，电子和晶格振动在材料结构上的传输行为，热能转换为电能，以及控制的热流和废热的管理。建立了相应的传热实验室、纳米粒子技术实验室、石墨烯工程实验室、热与质量控制实验室等，培养电子器件与设备热设计的相关人才。

韩国科学技术学院是一所公立研究型大学，学院的机械工程学院在卫星等航天器用的飞秒激光器、激光扫描显微镜等方面的研究较深入，并针对大功率激光仪器的发热控制问题开展了相关研究，学院开设了纳米传热学等电子设备热管理学科加强学生的相关基础理论知识，并与三星集团、STX 集团和乐金集团等公司开展广泛的科研合作与人才交流项目。

浦项科技大学是韩国第一所研究导向型大学，以培养精英人才为特色，其机械工程学院共有 333 名学生、24 名教授和 10 名研究人员，师生比例达到 1:10，为所有学生提供了尖端的研究设备和舒适的科研环境。浦项科技大学机械工程学院将机械电子设备中多尺度热物理现象作为主要研究方向之一，拥有环境热流体工程实验室、微尺度制造实验室和多尺度模拟实验室等科研条件，并为研究生开设了微尺度传热课程。课程旨在提供学生对热传递现象的微观理解，介绍电子、声子和光子的传递现象，讲授对局部热力学平衡假设不成立的微尺度传热问题的分析方法。

第三节　国内学科建设和人才培养概况

一、国内学科建设和人才培养中存在的问题

随着电子设备产业的兴起，国内高校正逐渐加快电子器件与设备热管理学科的建设进度，日新月异的行业发展促进了高校对电子设备热管理方面人才的培养建设。我国电子设备热管理学科的教学起源于 21 世纪初。目前，北京航空航天大学、南京航空航天大学、南京理工大学、电子科技大学、西安电子科技大学、桂林电子科技大学等学校开设了"电子设备热设计"课程。课程类型为面向研究生的选修课，也有少数是本科生或博士生的选修课和研讨课。与国外相比，国内高校在电子器件与设备热管理方面的课程设置、人才培养体系方面具有以下特点。

（一）学科基础课程比较丰富，但前沿课程不足

相比于国外，我国高校对于电子设备热管理学科的基础课程设置比较丰富。据统计，工科排名前 100 名的高校 80% 以上设置了机械工程学科或能源动力学科，基本都开设有"传热学""工程热力学"等专业基础课。但是，这些课程主要的服务对象是传统的热能动力行业，如火力发电行业和内燃机行业等。因此，其后续课程主要紧跟传统热能动力学科的研究前沿，在高年级本科生和研究生课程中也以这些学科方向为主。电子器件与设备热管理学科作为一个发展较快的新方向，尚未进入大部分高校人才培养计划的主渠道。

开设与电子器件与设备热管理相关的前沿课程的学校比较少，大约十几所大学开设了电子器件与设备热管理相关的前沿课程，相比美国前 100 名工科高校中超过半数开设有该学科的前沿课程，无疑国内在该方面显得不足。据统计，国内有 30～40 所高校开设有"强化传热"相关课程，这点与美国相

比也略显不足。

（二）课程的实践属性不强

电子器件与设备热管理是一门实践性很强的学科，在进行课程设计和人才培养时需要大量加入实践元素。美国大学的"电子器件与设备热管理"相关课程都设置有实验环节。如普渡大学的课程涵盖"电子元器件热特性测量""相变换热模块测量""薄膜热物性测量"等多个实验单元。我国的相关课程在实验环节上往往相对欠缺。这种现象导致学生学完课程后仅对理论讲授有些印象，但鲜有实践环节的训练与经验，有的学生甚至连温度信号采集的实际操作运用都存在障碍。

同时，国内电子器件与设备热管理的主要项目和从业人员集中于各大企业和研究机构。由于高校与企事业单位的松散联系甚至脱节，高校的学生很少有机会能到企业或研究所开展系统的实习，其对电子器件与设备热管理的认识和相关经验主要来源于从事电子器件与设备热管理研究的教师的科研项目。近十年，国内120~150所高校的近500位教师发表过有关电子器件与设备热管理的论文，论文数量居世界第一位。由此可以推断，我国培养的电子器件与设备热管理学科的学生主要来自这些高校。但是，由于前述前沿基础公共课程的缺乏，高年级本科生和研究生一般由其导师单独指导，知识结构和培养效率可能存在一定缺陷。

（三）专业单一化严重，缺乏学科交叉

电子器件与设备热管理是一门内涵丰富的交叉学科，包含了机械学、传热学、材料学、物理学和电子学等众多学科，有时候甚至要考虑工程造价等经济学问题。因此，相关人才需要掌握其他学科的基础知识。与欧洲大学通识化的教学模式相比，我国目前的培养体系对学生的专业限制相对固化，专业内涵缺乏弹性。虽然有一些学校在开展"大专业"招生，但机械类和电子类还是完全分开的。同时，各系各专业一般自己开自己的课程，很少有联合开的课程。这种现象造成学生毕业后仅懂自己的专业方向，学电路的几乎不了解机械，学机械的几乎不懂电路，难以适应电子器件与设备热管理的高度专业化复合领域。

二、国内学科建设和人才培养的对策

综上所述，通过国内外电子设备热管理专业人才培养模式的对比和分析，结合我国电子行业发展对电子设备热管理专门人才的需求，提出如下建议。

首先，我国高校目前对于电子设备热管理学科的课程设置不甚合理。当前的课程基础性较好，但前沿课程相对缺乏，大多数高校未能紧跟当今的研究前沿。相应的课程体系建设主要集中于传统的热能动力学科，往往课程设置和课程内容多年不变，对新兴学科的关注度不足，课程设置未能随技术和行业的发展与时俱进。因此，高校应紧跟国家社会经济发展的需要和技术发展前沿，解放思想，让培养计划和课程设置主动随着社会需要而不断改进。

其次，目前课程的实践性不足，具备设立该课程的有条件的高校应当同步加强实验环节的建设，强化学生实践能力。高校应积极争取与各大企业、研究所等热管理人才的需求方进行合作培养，让学生在实践中学习。

应向先进发达国家学习，鼓励一部分学生从课堂教学和实践锻炼两方面跨专业学习其他专业的课程。学校可以开设交叉学科专业或者交叉学科课程，让有志于从事电子设备热管理的学生有更多机会全面学习。

有条件的学校应当利用自身拥有多学科的优势，把涉及电子器件与设备热管理相关的、原本零散的、片段式的和碎片化的培养活动或过程整合为一个密切配合的、系统的、有机的、富有竞争力的专门人才体系，设立跨学科的"电子设备热管理"专业或专业方向，整合已有的资源，加强该方向人才培养的实验教学手段建设；开门办学，加强与国外相关高校、国内外电子行业的公司、企业及研究院所的交流与合作，为电子行业输送高素质的电子设备热管理专门人才，满足我国电子技术与行业快速发展的迫切需求。

第十二章

电子设备热管理技术与学科
发展战略建议

　　当前，我国处于电子器件与设备热管理学科发展的关键阶段。随着电子器件与设备的快速发展和对电子器件与设备热管理内涵及挑战的认识的深入，特别是自主突破"卡脖子"技术瓶颈的紧迫需求，电子器件与设备热管理学科也被赋予了更重要的内涵和使命。电子芯片与器件的微小型化、高集成度、3D 组装结构及高热流密度特征给芯片、器件和设备的温度控制、热管理和能量管理提出了严峻的挑战，带来了许多新的基础科学问题。基于新时期国家发展的战略需求，抓住学科发展的机遇，提出适宜我国电子设备热管理学科发展的建议，包括电子设备热管理技术未来发展趋势与路线图，加强基础研究和跨学科交叉领域研究，打造国家级电子设备热管理研究平台，要加大学科投入、重视学科规划和加强人才培养，发展具有自主知识产权的热分析和设计软件等几个方面。

第一节　电子设备热管理技术未来发展趋势与路线图

　　电子器件与设备热管理已经成为"后摩尔"时代电子技术发展的重大挑战之一。目前，在摩尔定律引领下，集成电路技术节点已经微缩至 5～7nm，集成电路生产正在逼近物理极限，预计 2025 年集成电路技术节点将微缩至

2nm,"后摩尔"时代将在未来十年内到来。对于经典晶体管芯片,在不断追求高性能、高集成度的同时,必将伴随着不断增加的比功耗和总能耗,电子器件与设备面临的热问题也就更严重。器件功耗极限的存在使得当前的器件技术发展正从等比例缩小的"黄金时代"(happy scaling era)走向功耗缩小(power scaling)的"后摩尔"时代,芯片微小型化和 3D 集成将对电子设备热管理技术的发展产生颠覆性影响。

与此同时,电子设备与系统的大型化、超大规模化特征日益明显,系统能耗和待排散热量也在显著提升。我国神威太湖之光超级计算机在2016~2018 年蝉联全球超级计算机 Top 500 性能榜首,有 1065 万个计算核心,计算功耗达到 15.4MW;目前全球性能最强的超级计算机日本富岳号拥有 730 万个计算核心,计算功耗达到 30MW;尤其是随着近年来大数据、人工智能、物联网、5G 通信等数据业务的快速崛起,超级计算机、数据中心等超大规模电子设备的建设迈向了高速发展的快车道,2018 年我国数据中心耗电量占全国总用电量的 2.35%,超过上海市全年用电量(1567 亿 kW·h),未来将很快突破 5%,而在数据中心总耗电量中,用于信息技术设备的散热能耗占比高达 47%,这将改变我国未来能源消耗格局,并对我国能源产业和政策产生深远影响。因此,新型高效的电子散热及节能技术将是我国未来进一步降低数据中心等大型电子设备能耗的关键,也是我国实现碳达峰和碳中和战略目标必不可少的重要一环。

综合电子器件与设备的发展规律及当前电子设备热管理技术发展水平,针对电子器件与设备产热–传热–散热的热传递全过程面临的挑战,本节提出了我国未来电子设备热管理技术发展的趋势与路线图(图 12-1):从全链条多层次热管理、芯片近结点定向热管理、精准化热管理、基于软件冷却智能化热管理和能量综合管理与利用技术等五个方面开展变革性研究,取得颠覆性和创新性突出的成果。在极少数西方国家对我国封锁、遏制不断加码的形势下,更有必要立足把自己的事情办好。建议政府相关部门设立专项经费,部署并启动电子器件与设备热设计的相关研究计划,围绕电子器件与设备热设计面临的一系列挑战,开展基础研究、应用基础研究、关键技术攻关和集成应用示范等研究工作,迎头赶上,使我国电子器件与热设计水平位于国际先进行列,支撑并保障我国电子信息技术的自主、安全的发展。

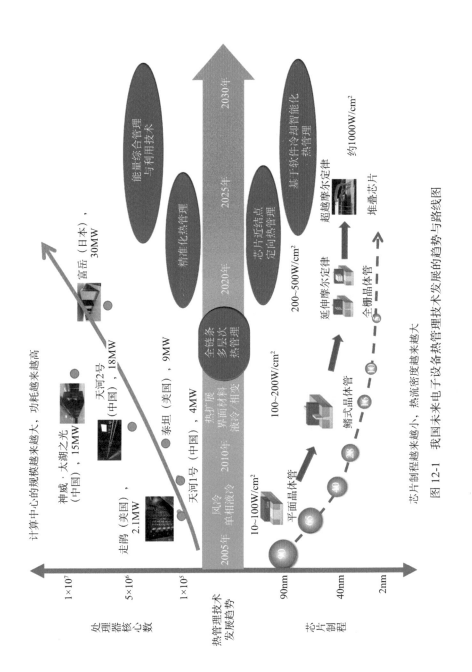

图 12-1 我国未来电子设备热管理技术发展的趋势与路线图

一、发展电子设备产热–传热–散热全链条多层次协同热管理方法与理论体系

电子器件与设备热传递是一个由多环节构成的链条，其热传递过程总热阻一般主要由电子设备的结壳热阻、电子设备与外部热沉间的界面接触热阻和外部热沉散热热阻三大部分组成，涉及器件、界面和热沉等不同层次与不同尺度。以往研究主要侧重于单纯的降低最外层热沉热阻，如开发了各种高效风冷、单相液冷和热管散热器等。但是，随着电子器件与设备功率密度进一步提高，局部效应和界面效应的影响日益显现，例如，结壳热阻与接触热阻占总散热热阻的份额显著增大，已成为整个热排散过程的控制热阻。一味单纯地降低外部热沉热阻，已经无法解决高功率密度电子器件与设备的热控制问题；此外，由于电子器件尺度的持续减小，器件自身热容量不断下降，器件抗热冲击的能力迅速弱化，电子器件局部热点问题日益突出，需要快速及时地排散电子器件内部产生的焦耳热。

因此，电子器件与设备热管理技术亟须从电子设备产热、传热和散热的全链条出发，认知并厘清耗散产热和热排散全过程的影响因素及多尺度温度场的分布规律，阐明热阻分布与匹配机制，建立针对不同环节所采取的热管理措施之间协同匹配方法，形成以实现电子器件结温及其温度分布均匀性有效控制为目标的热管理技术，研究器件、界面和热沉等不同层次的温度控制原理与高效散热技术及方法，在系统层面实现电子器件与设备温度的多层次协同调控，建立器件–界面–热沉–系统多层次协同的高功率密度电子设备热控制方法与理论体系。

二、发展面向超高热流密度芯片近结点定向热管理方法

显而易见，大功率、高性能、高集成度已成为现代电子芯片的发展趋势，这给热管理带来了严峻的挑战。未来高性能芯片热流密度将达到 $1000W/cm^2$ 以上，局部热点的热流密度甚至可达数十 kW/cm^2，已远远超过传统热管理技术数百 W/cm^2 的冷却极限。鉴于电子芯片制程技术发展的困难和"天花板"效应，近年来针对三维堆叠芯片的研究和开发越来越广泛。三维堆叠技术通常使用硅通孔把射频前端、信号处理、存储、传感、致动和能量

源等元件垂直集成在一起，功能密度进一步增强，热流密度进一步提高。如何在极小空间内实现极高热流密度的三维堆栈芯片散热，已成为下一代芯片系统冷却技术面临的主要问题。

以有源相控阵雷达的 T/ R组件散热为例，传统的 T/ R组件为砖式，芯片为二维平面布局，从芯片→热沉→封装→冷板，存在三层散热界面，传热路径较远、界面多、整体热阻大，称为"远程"散热架构。未来射频微系统T/R组件将向瓦片式方向发展，其芯片为三维立体布局。一般大功率芯片在最底层，小功率在上层，多层热源堆叠热耦合效应明显，同时封装体积减小使得体热流密度更大，而 GaN 技术则导致功放芯片的面热流密度剧增，很快将超过 $1000W/cm^2$，三维高集成度将导致 T/R 组件的散热更加困难。实际上，传统冷却方式已难以满足新型高功率电子芯片的散热需求，由此推动了冷却技术由传统的"远程"和"组件"架构向芯片"近结"架构发展，即"热点出现在哪里，散热措施实施在哪里"，通过在芯片加工微通道方式，将冷却介质直接引入芯片结点附近，消除界面接触热阻和组件壳体热阻，能够迅速有效地排散芯片产生的耗散热，极大地提升了器件的抗热冲击能力和散热能力。"近结点"散热技术是适应"后摩尔"时代的未来下一代高热流密度芯片及 3D 堆叠芯片热管理方法与技术的必然趋势，是解决未来芯片 $1000W/cm^2$ 以上热流密度的关键核心技术之一。

三、发展面向大型电子设备和数据中心的精准热管理方法

在 20 世纪 90 年代，几乎所有服务器所消耗的功率都接近于恒定，造成服务器功率变化的主要因素是磁盘驱动器的旋转及温控风扇的速度变化，处理器和内存子系统上的计算负载所导致的功率变化很小，在总功耗中可以忽略不计。近十几年来，数据中心的信息数据处理任务和功能更加多样化，尤其是云计算和虚拟化技术的日益普及大大增加了规模计算的应用与扩展能力，数据中心的数量和规模在不断增大，导致数据中心的能源消耗和由此带来的碳排放量不断激增；另外，数据中心的高性能需求不断推动着电子元器件及装置高密度封装技术的快速发展，也导致数据中心机房中单机能耗越来越高。与此同时，现代芯片技术可以有助于实现低功耗状态，例如，通过改变时钟频率、移动虚拟负载和调整处理器电压等更好地匹配非空闲状态下的

部署工作负载，从而使服务器中各处理器的功耗随时间和任务合理地动态变化。因此，当前数据中心在实际运营过程中，并非所有机柜在同一时段均是满负荷，如部分机柜整体功耗超过 5kW，而另一部分功耗可能不到 1kW。

数据中心的功耗最终都会转变成热能耗散出来。当电子器件与设备的功耗因计算负载而变化时，其产热量输出也会变化，如果数据中心某一处设备的功耗突然增加，就会在数据中心出现局部热点。就目前主流的数据中心冷却策略而言，当出现局部超温时，全机房或者局部机柜区域采取同步冷却的措施，实现整个机房或同区域机柜整体热控制，这将直接导致机房空调能耗的大量浪费。对诸如数据中心这样的大规模和超大规模的电子设备及系统，如何实现精准的热管理是迫切需要高度关注的问题。为此，必须从系统热管理层面着手，实施精准热管理措施，精准化热控制将成为未来数据中心热管理技术发展的重要方向与目标，其中需要重点发展精准化热感知和精准送冷技术，通过精准热感知技术，可以实现数据中心热点精准实时定位甚至超前预测，再通过精准送冷技术在最小的能耗下实现数据中心电子器件与设备的精准高效热管理，避免为了设备或数据中心出现局部高温区，而导致耗费大量能源来对整个设备或数据中心进行全局同步热管理的窘境和浪费。

四、发展基于软件冷却概念的智能化热管理方法

目前，电子器件与设备热管理主要还是通过强迫风冷、液冷冷板、微通道和喷雾等物理硬件方式来进行热量快速输运和排散，从而实现将受控电子设备温度控制在允许范围内。软件冷却的概念与硬件冷却相对应，是一种变革性热管理方法，它不需要通过增加散热硬件和功耗来实现，而是根据计算任务与芯片空闲程度，通过软件调度和科学的任务调配，合理调整多核处理器、多芯片服务器的处理器频率和开关与电压大小等运行状态，从而减小局部单处理器能耗过高的时间与概率，避免热耗局部积累和热点的形成，抑制过高的局部热负荷水平，实现芯片温度的有效控制和计算机资源的最佳配置与利用。

与硬件冷却技术相比，创新性突出的软件冷却方法具有极大的低能耗和低成本优势，不仅不需要增加额外能耗，而且可以促进芯片处理器更加节能。传统冷却方法工况温度每下降 2℃，运行成本会上升 15%～25%，而采

用软件冷却方法，几乎不要增加任何运行成本，还能降低系统能耗。具有多核/多处理器单元的异构系统是当前及未来电子设备发展的主流，尤其是随着人工智能技术的快速迭代发展，软件冷却技术不再局限于通过芯片核心调度来实现节能和温度控制，而是进一步将多核任务调度和冷却系统通过智能化软件有机协调起来，实现电子器件与设备更为高效、节能、智能化的热管理。基于软件冷却概念的智能化热管理技术已表现出巨大应用前景，谷歌公司在 2016 年宣布采用 DeepMind 开发的人工智能系统为谷歌公司的数据中心提供冷却的方案，将数据中心冷却能耗降低 40%，相当于整体 PUE 降低 15%，在 2018 年左右，谷歌公司数据中心的 PUE 值达到 1.06，综合值达到 1.12，处于世界最高能效数据中心榜单的前列。虽然软件冷却的概念刚刚兴起，但在一些发达国家已得到较大重视，我国在这一领域仅有极少数研究报道，亟须引起高度重视。

五、发展电子设备能量综合管理与利用技术

绿色节能已成为当下 IT 基础设施建设的潮流。过去十年间，我国数据中心整体用电量以每年超过 10% 的速度递增，2018 年全年共消耗 1608.89 亿 kW·h 电量，超过整个上海市全年的用电量。国网能源研究院预测，到 2030 年用电量将突破 4000 亿 kW·h，占全社会用电量的比重将升至 3.7%。数据中心能耗主要包括信息技术设备能耗、冷却系统能耗、供配电系统能耗等部分，当前设备能耗和冷却能耗的占比分别约为 50% 和 40%。未来能耗指标及碳排放指标将会成为数据中心的核心竞争力所在。2019 年，工业和信息化部、国家机关事务管理局、国家能源局联合发布了《关于加强绿色数据中心建设的指导意见》，引导数据中心向规模化、集中化、绿色化、布局合理化发展，其中鼓励建设自有系统余热回收利用或可再生能源发电等清洁能源利用系统。由于数据中心废热存在品位低（一般不超过 70℃）、回收成本高（经济价值低）的限制，如何实现大型数据中心的热管理和能量综合管理（排散废热的综合利用和可再生能源及环境冷源在系统热管理中的利用）是当前及未来数据中心热管理发展的首要问题。结合可再生能源的使用，建设零排放绿色数据中心，研究高效低成本的低品位废热回收利用方法与技术和建立综合利用可再生能源、环境冷源的机柜及基站和数据中心的热管理方法，将有效地抑

制快速增长的数据中心耗能需求的趋势，实现有效的节能减排，为实现碳中和目标做出显著的贡献。

第二节　加强基础研究和跨学科交叉领域研究

如前面所述，随着电子技术发展，电子设备热管理学科被赋予新的内涵与外延，出现了一些新特征：①传统的宏观理论与方法受到挑战，电子设备热管理已逐渐拓展到微纳尺度、多尺度、跨尺度的新兴领域，需要探索微观能量载子产生、传递和相互作用规律，需要建立适应电子器件发展需求的新的热管理基础理论和方法。②界面、表面传递效应凸显，改变了经典热管理的理论认识，需要从不同空间和时间尺度，研究电子器件与设备产热、传热与散热全路径中的界面、表面传递规律与调控方法。③高热流密度、尺寸受限、均温性要求高及高低温、微重力、高过载等极端环境条件给电子器件与设备热管理提出了特殊要求。微通道相变冷却、浸没式相变冷却、喷雾和喷淋冷却、芯片嵌入式集成封装冷却等新型散热技术将会越来越多地应用于电子设备热管理领域，尺度微小化、物理场复杂化及工作环境的极端化对传统的热管理方法与技术提出了挑战，需要围绕微小尺度沸腾核化受限机理、高热流密度过冷沸腾与界面性能调控、多场多因素耦合驱动、相间强非线性和非平衡作用传热机理等基本科学问题，探索高热流密度电子器件与设备热管理方法与技术。因此，我国未来在电子设备热管理学科应更加重视基础领域研究的突破和创新。

此外，由于近年来电子器件的快速发展及功耗的快速提升，电子散热已从传统的系统级散热，逐步向封装级、芯片级深入，电子散热技术的研究也不再局限于传热学科，多学科交叉的特征日益凸显。要解决面向下一代高性能、高集成度、大规模电子设备散热瓶颈，需要从新型半导体材料和制备技术、高导热封装热管理材料和先进三维封装技术、高效相变换热技术和元件、系统热管理优化设计等多维度多层次协同攻关。这必然要涉及传热学、微电子学、物理学、材料、力学、机械、控制等多个学科交叉，针对大型数据中心的热管理还将会结合人工智能、大数据等信息技术，因此电子设备热管理是一个典型的多学科交叉领域，需要结合现代信息、物理、材料、化学等学科的新概念、新理论和新方法，充分地考虑器件与设备中的热–电–力–材料的耦合作用，建立创新的热管理方法与技术。

第三节　打造国家级电子设备热管理研究平台

未来十年将成为我国电子信息技术和产业赶超发达国家的窗口期，也是我国在高功率、高集成、高热流密度芯片热管理，以及超大型电子设备、大规模数据中心热管理等核心关键热管理技术领域突破瓶颈和封锁的关键时期。迄今，我国在电子器件与设备热管理学科领域尚未设立国家级研究机构和平台，仅有南京理工大学"电子设备热管理工业和信息化部重点实验室"及中国空间技术研究院（中国航天科技集团五院）"空间热控技术北京市重点实验室"，研究力量分散，研究方向杂散，亟待建设具有较强实力的国家级电子器件与设备热管理技术科研平台，设立相应的国家重点实验室，集聚并建设高水平研究队伍，从电子器件与设备的产热–传热–散热和电学性能等全链条着手，系统深入地开展基础性、前沿性、探索性和原创性的研究工作，突破高热流密度条件下电子器件与设备热控制的技术壁垒，不断形成具有我国自主知识产权的原创的电子器件与设备热管理方法与技术，支撑我国电子行业发展对热管理技术的需求，打破国外对该领域先进技术的封锁，改善我国电子信息行业长期缺乏核心技术、自主创新能力弱、发展受制于人的现状，加速推进我国电子信息行业的转型升级，为我国工业建设和国防安全中的先进电子设备和关键器件的研制提供战略性基础技术。

打造电子器件与设备热管理国家级研究平台，有利于推动我国在电子器件与设备热控制理论与分析方法、热控制技术及环境试验与集成验证技术等方面的基础研究、新原理与新方法和技术攻关及工程转化的综合协调发展。通过持续的创新性研究和协同攻关，形成一批具有自主知识产权的电子器件与设备热控制技术，以及高性能热控材料，高效冷却器，集成热验证系统的设计、加工与制造方法，性能检测方法与设备和环境可靠性评价方法与系统等，打破国外在电子设备热控应用领域内对关键核心器件、设备和仪器的垄断和封锁，为推动我国电子信息技术及行业的转型升级，加快实现我国工业和信息产业的现代化提供重要支撑。

第四节　要加大学科投入、重视学科规划和加强人才培养

目前，我国尚未单独设立电子热管理学科，也未见专门针对电子设备热管理学科的系统发展规划，电子器件与设备热管理方面的研究工作还主要依托动力工程与工程热物理学科，这不仅限制了电子器件与设备热管理理论与方法的进一步发展，也导致相关人才培养难以跟上产业界需求。例如，针对芯片级散热，不仅需要掌握传热学知识，更需要懂得电子器件封装技术及材料等微电子学科知识，这两个学科在目前学科规划系统中分属不同大类学科，交叉机会较少，不利于热管理领域高素质人才的培养。与此同时，随着我国近年来在信息产业的快速发展，尤其 5G 产业已处于世界领先水平，高功率电子设备产品应用和普及，推动我国电子散热产业迅猛发展。目前，仅围绕 5G 散热相关的热管、高导热材料等散热器件和材料供应企业在我国就高达数百家。产业的竞争格局也倒逼企业增加研发投入、加强与高校和研究所的合作，因此电子器件与设备热管理学科也迎来了产、学、研、用合作的最佳机遇期，要充分地发挥高校、研究所、企业的科研、教育、制造等不同社会分工在功能与资源优势上的协同与集成化，加强电子器件与设备热管理技术创新上、中、下游的对接与耦合，从而加快我国电子器件与设备热管理学科和人才培养的发展。

由于电子器件与设备热管理在集成电路产业中的重要性不断提升，热管理已从电子器件设计的末端上升到电子器件设计的始端。二十年前，电子散热还是一个小众的细分领域，产品的机械部分（包括散热解决方案）与电子部分是独立进行设计的。但在今天，热设计作为一个学科领域可能由负责某个产品设计的跨学科团队中一个或多个成员来完成，散热问题需要在产品设计之初就要协同考虑，甚至优先考虑。从集成电路产业界需求的反馈来看，未来既懂得电路设计，又懂得热设计的复合型人才将是亟需型人才。从目前

我国的相关学科规划和人才培养规划来看，亟须从基础研究、关键技术攻关、产业发展和人才队伍培养四个方面进行提前规划，推动我国电子热管理学科和产业的发展。

建议国家设立专门的人才培养与培育扶持计划：面向电子行业的技术发展和需求，积极促进热科学、电子学、物理、机械、力学、材料和计算机等多学科交叉，在现行大类招生的基础上，设立专门的电子器件与设备热管理的专业方向，开设一批前沿性、专业性和针对性的课程，加强相关课程建设和实验室条件建设的支持力度，建设涉及电子器件与设备产热–传热–散热全过程的多尺度实验系统和实践基地，加强与电子行业的企业和研究院所的合作办学和联合培养，强化电子技术及其热设计的基础课程、前沿课程和应用课程的教学过程，学以致用，加强国际学术交流，培养具有扎实的基础知识、熟练的专门技能、较强的创新意识与创新能力、清晰的国际视野、敏锐的专业洞察能力等品质及素养的电子器件与设备热设计的专业人才，支撑我国电子信息技术领域的快速发展。

第五节　发展具有自主知识产权的热分析和设计软件

随着电子器件与设备结构及其应用场景日趋复杂，对热设计提出了更高的挑战。以 5G 手机为例，在与 4G 手机厚度相当甚至更薄的情况下，5G 手机因天线数量增加导致内部结构更复杂、紧凑，芯片功耗增加 4～5 倍，在热流密度显著增大的同时又大大压缩了热量快速输运空间，极大地增加了热设计与热管理的难度。热分析及其设计软件是基于准确描述电子器件与设备产热–传热–散热全过程机制的数理模型、运用数值计算方法和计算机计算功能而建立的计算与仿真软件，从而分析不同运行工况及条件、散热方案、热环境下电子器件与设备或系统的热特性，为系统热设计优化提供关键性的支撑，对于缩短研发周期、降低研发成本、提高产品可靠性，具有关键的基础性应用价值。

目前，电子器件与设备热分析和设计软件主要分为通用性和专业性软件两类。通用性热分析和设计软件通常都是大型的集成商业软件，不仅可以计算电子设备及系统的热问题，同时也可以处理其他物理场问题，这些软件往往能实现多物理场之间的耦合计算，典型的通用热分析和设计软件如 ANSYS、COMSOL、ABAQUS 等；专业性热分析和设计软件是专门针对电子设备的特点而开发的，典型特点是其材料库中一般都会有很多典型的电子器件可以直接调用，方便客户使用，如 FLOTHERM、Icepark、6sigmaDC 等。需要指出的是，目前市场上成熟的商用软件均是欧美发达国家开发的，经过多年市场培育和产品迭代，均拥有成熟的市场环境和庞大的客户群体，而且这些进口软件已经几乎完全占领我国电子器件与设备热设计及热分析市场。我国目前尚未有一款成熟而使用面广的商业化热设计及分析软件面世，甚至目前都难以谈及具有自主知识产权的热设计软件开发，一旦发达国家对我国采取"卡脖子"措施，必将极大地影响我国电子器件与设备开发和研制。因此，具有真正拥有自主知识产权、配套完善、准确适用、功能强大、国际先进的热分析和设计软件，是支撑我国未来新型电子设备研制、电子技术发展的关键性要素之一。

虽然我国在这一领域距离欧美国家尚有一定差距，但是我国仍有极大机会迎头赶上。首先，我国在热设计、数值计算和软件开发人才方面虽然距离欧美国家仍有一定差距，但是并不短缺，已具备了一定数量和水平的人才基础；其次，相比 CAD 等通用性较强的软件，中国电子器件与设备厂商和企业对热分析和设计软件的应用程度还远远不够，用户的依赖性还没那么强，这反倒给中国热分析和设计软件的开发留下一段追赶时间窗口；最后，未来数十年中国蓬勃发展的无人驾驶、人工智能、5G 和物联网、消费电子、车载电子、新能源电池、电源等行业将给电子设备热设计行业发展带来巨大的机遇期，这将是中国电子设备热分析和设计软件发展的巨大驱动力。然而，要充分地利用上述优势，实现我国电子器件与设备热分析和设计软件的自主开发，还需要从国家层面积极引导，实现资源的合理调配，加大投入并集中国家和企业的优势力量协同攻关。考虑到一款成熟的数值计算与仿真软件往往需要十年以上开发周期，而我们国家目前在商业化的热分析和设计软件领域仍处于几乎一片空白的地步，我国在相关软件的国产化方面已到了刻不容缓的时间节点，应尽快启动；同时，要鼓励电子信息行业尽可能地采用国产电子器件与设备热设计与分析方面的软件，并给予一定的包容和扶持，否则错过未来十年的窗口机遇期，可能导致我国在热设计核心技术上长期落后于人。

　　建议设立电子器件与设备热设计与分析软件研制专项，组织动员全国高校、研究院所和企业用户等各方面的力量，开展大协作，协同攻关，把失去的时间夺回来，研制并发展具有我国自主知识产权的电子器件与设备热设计软件。

关键词索引